国家社会科学基金项目 14GJ003-168

航空技术与空中作战

姜明远　等编著

国防工业出版社

·北京·

内 容 简 介

　　本书将人类百余年航空技术发展和空中作战历史，划分为活塞式飞机时代、喷气式飞机时代和信息时代 3 个阶段，分别论述了这 3 个阶段航空技术和航空武器装备的发展进步，以及在航空技术推动下，空中作战样式演变和空中作战理论创新，揭示了航空技术与空中作战之间相互促进、相互制约的发展变化规律。

　　本书可供高等院校航空专业及相关专业师生学习使用，也可作为航空技术和军事理论专业研究人员、航空爱好者和军事爱好者的参考书。

图书在版编目（CIP）数据

航空技术与空中作战 / 姜明远等编著. —北京：国防工业出版社，2023.1
ISBN 978-7-118-12703-4

Ⅰ. ①航… Ⅱ. ①姜… Ⅲ. ①航空-技术-关系-空战-研究 Ⅳ. ①V1②E824

中国版本图书馆 CIP 数据核字（2022）第 199332 号

※

国防工业出版社出版发行

（北京市海淀区紫竹院南路 23 号 邮政编码 100048）
三河市众誉天成印务有限公司印刷
新华书店经售

*

开本 710×1000 1/16 印张 18¼ 字数 322 千字
2023 年 1 月第 1 版第 1 次印刷 印数 1—1500 册 定价 89.00 元

—————————————————————————————————

（本书如有印装错误，我社负责调换）

国防书店：(010)88540777　　　书店传真：(010)88540776
发行业务：(010)88540717　　　发行传真：(010)88540762

本书编委会名单

组　长　姜明远

副组长　韩继兵

成　员　（按姓氏笔画排序）

马　权　包　明　闵永顺　张　宣

张志伟　赵元钧　胡英俊　姜荔峰

倪　智　郭俊晖　彭　薇

前　言

本书揭示了航空技术发展与空中作战样式演变之间的一般矛盾运动规律。航空技术是空中作战的物质基础，航空技术发展促进了空中作战样式变革和空中作战理论创新；空中作战的不断发展，反过来又催生新的航空技术发明与应用。

从 1903 年莱特兄弟发明飞机至今，在航空技术推动下，航空武器不断进步，空中力量不断壮大，空中作战样式不断发展演变，并引起战争形态的巨大变革。人类百余年航空技术发展和空中作战历史，可划分为活塞式飞机时代、喷气式飞机时代和信息时代 3 个阶段。活塞式飞机时代从飞机诞生到第二次世界大战结束，以活塞式发动机技术为标志。航空动力技术、结构技术、材料技术、机载设备和武器技术快速进步，带动航空武器装备性能快速提升。两次世界大战旺盛的军事需求，牵引和刺激了航空技术快速发展。在航空技术推动和战争需求牵引下，空军（航空兵）迅速发展壮大并大规模参与了两次世界大战，对战争进程和结局产生重大影响。空中作战不但将平面战争拉升为立体战争，而且开辟了独立空中战场，将机械化战争推向规模的巅峰，这一时期空中作战的基本制胜机理是能量主导，平台制胜，表现为基于飞机机动性能和火力威力的大机群作战。

第二次世界大战结束至 20 世纪 80 年代，喷气式飞机大量装备空军并不断更新换代，航空技术进入喷气时代。以喷气式发动机为代表的航空技术、电子技术和计算机技术运用于航空装备，空中作战样式和制胜机理出现新的变化，由规模制胜向精确制胜转变。一是粗放式面积轰炸被精确轰炸所取代，空袭编队规模趋于缩小，但突击威力明显增大；二是多机种合同作战成为空中作战的基本形式。

20 世纪末，人类社会跨入信息时代的门槛。以海湾战争为标志，空中作战迈进信息时代。海湾战争、科索沃战争和伊拉克战争等信息化条件下局部战争空中作战实践表明，信息时代的空中作战样式和制胜机理都发生了根本变化，由能量主导、平台制胜向信息主导、体系制胜转变。一是空天一体信息支撑，具有网络中心战特征。二是空战以超视距攻击为主，具有"三全"作战能力。三是空袭以远程精确打击为主，具有"三非"作战特征。

随着人工智能技术、高超声速技术、定向能技术等发展和应用，航空武器装备的结构、用途、作战方式和作战效能将发生重大变化。空中作战体系化、精确化、隐身化特征更加明显，并向着智能化、无人化的趋势进一步发展。

本书参考了相关领域人员辛勤工作的成果，在此向相关作者致以崇高的敬意。

由于作者水平有限，书中难免存在不足，敬请广大读者批评指正。

作者

2022 年 2 月

目　录

绪　论　篇

第一章　航空技术发展对空中作战的影响 ……………………………… 2

　第一节　航空技术发展改变空中作战机理 ……………………………… 2

　　一、航空技术的发展使空中作战能量聚合方式发生革命性变化 ………… 2

　　二、航空技术的发展使空中作战能量的释放模式产生根本性变革 ……… 5

　第二节　航空技术发展促使空中作战形态不断演变 ……………………… 8

　　一、航空技术的发展推动空中作战模式转变 ……………………………… 8

　　二、航空技术创新牵引空中作战方式的创新 …………………………… 10

　　三、颠覆性航空技术引发空中作战规则的改变 ………………………… 13

　第三节　航空技术发展影响空中作战进程和结局 ……………………… 15

　　一、航空技术发展影响空中作战进程 …………………………………… 15

　　二、航空技术发展决定空中作战结局 …………………………………… 17

　第四节　航空技术影响空中力量体系构成与空战理论 ………………… 20

　　一、航空技术决定空中力量武器装备水平 ……………………………… 20

　　二、航空技术发展是调节空中力量体制编制变化的主导因素 ………… 22

　　三、航空技术发展对空中作战思想与理论的构建起基础性作用 ……… 24

第二章　空中作战对航空技术发展的影响 …………………………… 28

　第一节　空中作战影响航空技术发展机理 ……………………………… 28

　　一、空中作战是推进航空技术发展的永恒动力 ………………………… 28

　　二、空中作战是推动航空技术工程化的催化剂 ………………………… 29

　　三、空中作战是检验航空技术应用效果的试验场 ……………………… 31

　第二节　空中作战需求牵引航空技术发展方向 ………………………… 32

　　一、向着更快、更远、更高方向发展 …………………………………… 32

　　二、向着远程化、精确化、可控化方向发展 …………………………… 34

　　三、向着体系化、信息化、智能化、空天一体化方向发展 …………… 36

　第三节　空中作战实践促进航空技术创新发展 ………………………… 37

　　一、推动飞机总体综合技术的飞速发展 ………………………………… 38

二、促进航空发动机技术的持续变革 ······················· 41

三、加快航空武器技术的创新发展 ······················· 43

四、催生机载设备技术的日新月异 ······················· 45

五、推进特种飞机技术的体系化发展 ····················· 49

六、加速无人机技术的快速发展 ························· 55

活塞式飞机时代篇

第三章 活塞式飞机时代航空技术 ······················· 58

第一节 活塞式飞机时代航空技术的形成与发展 ················ 58

一、活塞式飞机初期的航空技术 ························· 58

二、活塞式飞机发展期的航空技术 ······················· 60

三、活塞式飞机成熟期的航空技术 ······················· 64

第二节 活塞式飞机时代航空技术发展的主要特点 ·············· 67

一、航空理论发展牵引试验条件成熟完善 ·················· 67

二、世界大战军事需求带动政策资源倾斜 ·················· 69

三、航空工业发展促使作战飞机大规模量产 ················· 71

四、航空新技术应用快速提升飞机作战性能 ················· 73

第三节 活塞式飞机时代航空技术对航空武器装备性能的影响 ········ 76

一、动力技术对航空武器装备性能的影响 ·················· 76

二、结构技术对航空武器装备性能的影响 ·················· 80

三、材料技术对航空武器装备性能的影响 ·················· 82

四、机载设备和武器技术对航空武器装备性能的影响 ············ 84

第四章 活塞式飞机时代航空武器装备 ····················· 86

第一节 活塞式飞机时代航空平台 ······················· 86

一、飞机的发明与军用飞机标准的确立 ···················· 86

二、飞机由勤务装备向作战武器的转变 ···················· 88

三、机械化战争形成与军用专业机种应用 ·················· 91

第二节 活塞式飞机时代航空发动机 ······················ 97

一、从蒸汽机的发明到汽油内燃机的研制 ·················· 98

二、欧洲多样化生产与美国的标准化制造 ·················· 99

三、气冷式与液冷式技术的应用 ························· 101

第三节 活塞式飞机时代机载武器 ······················· 103

一、航空机枪（炮） ······························· 103

二、射击协调装置 ······························· 105

三、航空炸弹 ·································· 106

四、航空瞄准具 ·· 107

第四节 活塞式飞机时代机载设备 ·············· 108
一、通信设备 ·· 108
二、导航设备 ·· 109
三、雷达设备 ·· 109
四、自动驾驶设备 ·· 111

第五章 活塞式飞机时代空中作战 ············· 113
第一节 活塞式飞机时代空中作战理论 ········· 113
一、制空权理论 ··· 113
二、战略轰炸理论 ·· 115
三、支援地面作战理论 ··································· 117

第二节 活塞式飞机时代空中作战行动 ········· 118
一、空中侦察 ·· 118
二、制空作战 ·· 119
三、战略轰炸 ·· 121
四、支援地面作战 ·· 122
五、以空制海作战 ·· 124

第三节 活塞式飞机时代空中作战特点 ········· 125
一、大机群面积轰炸是空袭作战的基本形式 ······ 125
二、单一机种大机群作战是空战的基本形式 ······ 126
三、空战以目视探测光学瞄准和近距尾后航炮攻击为主 ····· 127
四、单机空战强调高度速度和机动优势 ············ 128

喷气式飞机时代篇

第六章 喷气式飞机时代航空技术 ············· 131
第一节 喷气式飞机时代航空技术发展与进步 ··· 131
一、军事需求推动喷气式飞机航空技术进步 ······ 131
二、涡轮喷气发动机技术的快速发展 ··············· 132
三、喷气发动机技术的演进及应用 ··················· 133
四、飞机机体技术的不断发展与改进 ··············· 134
五、机载武器和电子设备技术的发展 ··············· 135

第二节 喷气式飞机时代航空技术特点 ········· 135
一、航空基础理论得到深度应用 ······················ 136
二、飞机结构设计更趋科学合理 ······················ 137
三、大推重比实现了超声速飞行 ······················ 138

四、机载设备发展速度空前加快…………………………………139

五、战斗机的机动性能大幅提高…………………………………139

第三节　喷气式飞机时代航空技术应用对航空武器装备性能的影响…140

一、加快航空武器多样化进程……………………………………140

二、催生大口径航空武器产生……………………………………141

三、推进航空制导武器的发展……………………………………142

四、促进悬挂发射装置的革新……………………………………142

五、提高火控系统的作战效能……………………………………143

第七章　喷气式飞机时代航空武器装备………………………………145

第一节　喷气式飞机时代航空平台………………………………145

一、喷气式飞机的发展过程………………………………………145

二、喷气式飞机的性能特点………………………………………150

三、喷气式飞机的作战应用………………………………………152

第二节　喷气式飞机时代航空发动机……………………………156

一、喷气发动机的诞生与喷气式飞机时代的到来………………156

二、喷气发动机的基本性能特点…………………………………159

三、喷气发动机的军事应用………………………………………161

第三节　喷气式飞机时代航空武器………………………………164

一、非制导武器……………………………………………………164

二、制导武器………………………………………………………166

三、火控系统………………………………………………………168

四、悬挂发射装置…………………………………………………169

第四节　喷气式飞机时代机载设备………………………………171

一、机载通信设备…………………………………………………171

二、机载导航系统…………………………………………………173

三、机载电子对抗设备……………………………………………175

四、机载雷达设备…………………………………………………179

五、综合航电系统…………………………………………………180

第八章　喷气式飞机时代空中作战……………………………………184

第一节　喷气式飞机时代空中作战理论…………………………184

一、制空权理论的发展……………………………………………184

二、战略轰炸理论的发展…………………………………………187

三、支援作战理论的发展…………………………………………188

四、空地一体战理论………………………………………………189

第二节　喷气式飞机时代空中作战行动…………………………190

  一、小编队近距空战 ·· 191

  二、多机种合同作战 ·· 192

  三、制导武器精确轰炸 ·· 194

  四、"外科手术式"空袭 ·· 195

第三节 喷气式飞机时代空中作战特点 ·························· 196

  一、空袭编队规模趋于缩小，突击威力明显增大 ········ 196

  二、强调集中使用，高强度作战，快速达成作战目的 ···· 197

  三、空战由追求速度高度优势发展为追求机动优势 ···· 198

  四、多机种合同作战成为空战的基本形式 ·············· 199

信息时代篇

第九章 信息时代航空技术 ··· 201

 第一节 信息时代航空技术发展与进步 ·················· 201

  一、信息时代航空技术的发展基础 ······················ 201

  二、信息时代航空技术的发展过程 ······················ 205

  三、信息时代航空技术的发展趋势 ······················ 208

 第二节 信息时代航空技术特点 ·························· 214

  一、综合化 ··· 214

  二、精确化 ··· 215

  三、隐身化 ··· 216

  四、无人化 ··· 216

 第三节 信息时代航空技术应用对航空武器装备性能的影响 ·········· 217

  一、航空武器装备作战效能显著攀升 ···················· 217

  二、航空武器装备战场感知能力发生质变 ·············· 218

  三、航空武器装备信息力成为主导能力 ················· 220

  四、航空武器装备体系构建成为可能 ···················· 222

第十章 信息时代航空武器装备 ·································· 224

 第一节 信息时代航空平台 ······························· 224

  一、性能与构成特征 ·· 224

  二、典型平台 ··· 225

  三、发展历程及发展趋势 ·· 229

 第二节 信息时代航空发动机 ··························· 232

  一、性能与构成特征 ·· 232

  二、典型发动机 ·· 233

  三、发展历程及发展趋势 ·· 234

　　第三节　信息时代航空武器 ··························236
　　　一、性能与构成特征 ····························236
　　　二、典型航空武器 ·····························236
　　　三、发展历程及发展趋势 ························240
　　第四节　信息时代机载设备 ························241
　　　一、性能与构成特征 ····························241
　　　二、典型机载设备 ···························243
　　　三、发展历程及发展趋势 ························245
第十一章　信息时代空中作战 ·······················248
　　第一节　信息时代空中作战理论 ····················248
　　　一、震慑作战理论 ····························248
　　　二、五环重心理论 ····························250
　　　三、效果中心战理论 ··························252
　　　四、空天一体作战理论 ························253
　　　五、"空海一体战"和"全球公域介入与机动联合概念" ·······255
　　第二节　信息时代空中作战行动 ····················257
　　　一、空中威慑 ······························257
　　　二、基于网络的空中信息作战 ····················259
　　　三、以超视距攻击为主的空空作战 ·················262
　　　四、远近结合的精确空袭 ························263
　　　五、空中禁飞 ······························266
　　第三节　信息时代空中作战特点 ····················267
　　　一、信息主导，具有网络中心战特征 ················267
　　　二、空战以超视距攻击为主，具有"三全"作战能力 ········268
　　　三、空袭以远程精确打击为主，具有"三非"作战特征 ·······269
　　　四、空中作战效果显著，具有战略性 ················271
结束语 ·····································273
参考文献 ····································275

绪 论 篇

人类为了实现飞行的理想，经历了艰难曲折的过程。由气球到飞艇，再到飞机，航空技术由低级到高级、由简单到复杂、由机械化到信息化、由单纯航空到空天一体，追随着人类科学发展的脚步，领跑于技术创新的最前沿。按技术划代，人类百余年航空技术发展和空中作战历史，可概括为活塞式飞机时代、喷气式飞机时代和信息时代 3 个阶段。活塞式飞机时代从飞机诞生到第二次世界大战结束，以活塞式发动机技术为标志。第二次世界大战结束后，喷气式飞机大量装备空军并不断更新换代，以喷气式发动机技术为标志，航空技术和空中作战进入喷气式飞机时代。20 世纪末，人类社会跨入信息时代的门槛，以海湾战争为标志，空中作战迈进信息时代。

航空技术的诞生以及在军事领域的应用，开拓了三维战场空间，改变了战争面貌，推动着空中作战内容、方式方法、手段不断创新发展。航空技术发展加快了空中力量的运行速度，延展了空中力量的覆盖广度，改变了空中作战的时空观，使空中作战能量释放途径更加精确、更加高效、更加广阔。航空技术的发展推动空中作战模式由数量规模向迅捷高效转变，由概略轰炸向精确突击转变，由对称对抗向非对称对抗转变。航空技术创新牵引空中作战方式的创新，颠覆性技术则引发空中作战规则的深刻变革。

空中作战的不断发展，反过来又催生新的航空技术发明与应用。新的航空技术迅速物化成航空武器装备，促使以作战飞机为主体的各类航空武器装备向着更快、更远、更高，向着远程化、精确化、可控化、体系化、信息化、智能化和空天一体化方向发展，航空武器的打击精度、毁伤强度、智能程度不断增强。航空技术与空中作战二者相互影响、相互作用，不断发展演变。

第一章　航空技术发展对空中作战的影响

科学技术是第一生产力，是推动社会发展的直接动力。科学技术进步是军事技术革命的先导，并由此决定武器装备的革命。空军的产生与发展，具有鲜明的大工业时代背景，与科学技术发展的关系更加紧密。对于空中作战而言，航空技术对空中作战发挥基础性作用的规律更加明显，航空技术的每一次重大突破和进步，都会连锁性地引发空中战争的作战机理、作战形态与方式等改变，都会对空中作战的进程和结局产生重大影响。在航空技术与空中作战两者之间的相互关系中，航空技术起着主导和支撑性的作用。

第一节　航空技术发展改变空中作战机理

空中作战是以军用飞机为武器平台，通过对敌实施空中打击的作战方式，其作战机理可概括为空中作战能量的聚合与释放的机制，即空中作战力量充分发挥其自身军种属性，将作战能量聚合于战场空间并充分释放的途径和模式。空中力量诞生与发展于大工业时代，迅猛提升于信息时代，具有极强的技术属性，其作战机理蕴含着极强的技术成分，航空技术的每一次重大发展和进步，都必然会对涉及空中作战机理诸要素产生重大影响，并由此引发空中作战机理的重大变化。

一、航空技术的发展使空中作战能量聚合方式发生革命性变化

作战能量聚合于战场，是作战力量发挥其作用的必经阶段。空中力量因其显著的技术属性，航空航天科技的每一次重大进步，都必然对空中作战能量聚合方式产生巨大影响。

（一）航空技术发展加快空中力量的运行速度

空中力量具有天然的速度属性，能有效突破地球表面各种防御设施的羁绊和束缚，对敌方实施迅捷快速空中打击，以迅速达成战争目的。同时，拥有更快的速度，也将在空中作战中拥有较大的优势。因此，如何实现空中力量向战场的快速聚合，成为战争指导者力图实现的重要目标，提升航空作战平台的速度也一直是航空技术的重点发展方向。自空军诞生以来的百余年间，在航空技

术的强力推动下，航空作战平台的速度迅猛增加，空中力量的战场聚合更加迅捷与快速，空中作战呈现出突然、激烈、速战速决的特征。航空技术的发展，在时间维度上增强了空中作战能量向战场聚合的速度。

在飞机发展的初始阶段，即便在飞机的作战性能还极其落后时，为实现比对手更早地进入战场，占据有利的空战位置，对飞行器速度的追求，同样是早期军事航空技术所追求的重要目标。这一时期，在航空发动机技术、新的航空材料和工艺，以及新的气动布局理论的强力推动下，航空器的飞行速度几乎是以火箭般的速度提升。1927 年，英国皇家空军战斗机的最大飞行速度为452km/h，1929 年提高到 529.5km/h，1931 年达到 547km/h，1935 年 9 月，美军将飞机最大速度进一步提高到 566km/h。据统计，从飞行速度的增量来看，1915—1933 年期间，双翼歼击机速度的平均年增量约为 10km/h，轰炸机约为8km/h。安装高空活塞式发动机的单翼歼击机的速度平均年增量在 1933—1946年期间为 30km/h，轰炸机为 20km/h。第二次世界大战期间飞行速度增量约为第一次世界大战期间的 3 倍。

第二次世界大战后期，喷气式发动机出现。喷气式发动机技术一方面极大地提升了飞机的速度，同时，喷气式飞机的后掠翼、垂直起降、鸭式布局等更从根本上颠覆了活塞式飞机的气动外形，彻底改变了军用飞机的机动性，空中作战平台不仅拥有更高的速度，而且拥有更好的空中机动性，空中作战平台的运行速度呈指数提升，超声速成为这一时期作战飞机的速度标准。

信息时代，航空发动机技术持续发展，出现了以矢量推力发动机为代表的新一代革命性航空发动机新技术，装备在第四代喷气式作战平台上，使得空中作战平台的速度不断提高，且在保持高速度的前提下，其机动能力也得到极大改善，高速度与高机动性共存于作战飞机，其空中对抗性能极大提升。以美国F-22 为例，其速度接近马赫数 3，仍可在空中实施机动，使速度与机动性密切结合，形成了第四代喷气式作战飞机所具有的一项特殊性能，即超声速巡航能力，从而可对敌机实施更为迅捷的攻击。

当前，随着高超声速推进技术的不断成熟与完善，空天快速打击装备体系迅猛发展，空中力量对特定地点的力量聚合能力进一步增强，空中力量在数小时内对全球范围内的目标实施即时打击逐渐成为现实。军事航空的实践证明，航空技术的发展，是促使空中力量更加快速和迅捷地向战场聚合的物质基础。

（二）航空技术发展拓展空中力量的覆盖广度

飞得更远，从更远的范围向战场聚合，以增强战场空中作战能力，是空中力量一项核心作战指标，也是航空技术在军事领域长期发展和突破的目标。在航空技术的支撑下，军用飞机航程不断增加，再加上机载武器射程不断增加的因素，空中作战能量向战场聚合的领域和范围不断拓展，空中力量航程的空中作战所涉及的范围不断扩大。航空技术发展，在空间维度上增强了空中力量聚合的广度。

从航空器投入军事运用之始，航空发动机技术、军用飞机飞动布局的改进、军用飞机新材料、新工艺、飞行器控制与操纵技术等一直在持续地发展与改进，军用飞机的航程也随之不断增加，再加上机载武器射程的不断增加，空中作战的范围一直持续拓展。在第二次世界大战期间，美英航空兵就分别对欧洲大陆腹地的德国和太平洋上的日本进行了远程战略轰炸，飞机飞行距离达数千千米。第二次世界大战后的几次局部战争中，空中作战平台的航程一般均达到数千千米，从远离战场的后方基地起飞，对数千千米外的战场目标实施长途奔袭，成为空中力量作战的常用方式。1981年6月7日，以色列出动14架F-15、F-16型战斗轰炸机，单程飞行2000km，偷袭了伊拉克首都巴格达东南约20km处的原子研究中心，使伊拉克"乌西拉克"原子反应堆遭到彻底破坏。1986年的"黄金峡谷"行动，美国空军24架FB-111型战斗轰炸机和5架EF-111型电子战飞机，由位于英国的基地起飞，绕过法国和西班牙，穿过直布罗陀海峡进入地中海，途经4次空中加油，单程飞行10380km，对利比亚实施了远程奔袭。

1991年1月海湾战争，美国空军8架B-52战略轰炸机从本土出发，往返飞行时间达35h，单程飞行1万多千米，对伊拉克战略目标实施空袭。1999年3月科索沃战争，美国空军B-2隐身战略轰炸机从美国本土起飞，单程飞行10000km，到达南联盟空域，投掷卫星制导弹药轰炸南联盟战略目标。2001年阿富汗战争，美国空军B-1B及B-52战略轰炸机从印度洋迪戈加西岛起飞，B-2隐身轰炸机从美国本土基地起飞，联合对阿富汗实施突袭。2003年伊拉克战争中，美国空军从本土出动B-2隐身轰炸机，长途奔袭13000km。当前，依靠航空技术的发展，以及航天技术和空中加油技术的倍增作用，主战军用飞机，航程一般达到了2000km，轰炸机的航程一般都达到6000~10000km，有的则达到14000km。上述空中远程奔袭行动之所以能够完成，有赖于航空发动机、航空导航、空中加油等航空技术的突破性发展。空中力量向战场远程聚能机制，在航空技术进展的基础上得以形成与完善。

（三）航空技术发展改变空中作战的时空观

依靠航空技术进步而带来的空中力量运行速度和覆盖广度的空前提高，也彻底改变了空中作战的时间空间观。传统的旷日持久的空中作战在时间尺度上被大大压缩，过去需要经过持久交战才能决定的胜负，现在只需在较短时间内便可见分晓。同时，以往被攻击一方视为重要屏障的战略纵深，在迅捷快速的飞机面前，也无更多的作战价值。

在科索沃战争中，北约注重发挥自己所拥有的防区外打击优势，充分利用迅速、远程作战能力，将多种作战平台与多种远距离投射弹药灵活结合在一起，在南联盟防空区外对其战略、战役目标进行突击。如从 12000km 之外，出动 B-2A 隐身战略轰炸机实施半临空轰炸；从 2000km 外出动 B-52H 和 B-1B 战略轰炸机实施临空轰炸；从 200～1600km 以外出动战术飞机，在 30km 以外、4～5km 高度发射空地导弹。这种远近结合、高低结合，战略、战役、战术行动结合的成体系的打击行动，使得传统的空中作战时空观被极大改变，在被极大压缩的新型空中作战时空结构内，空中作战能量，以新的方式得以聚合。

此外，在新型空中作战时空结构中，传统的集中兵力原则已逐渐演变为更加强调火力的集中。由于空中力量的快速远程的特点，在对敌有生力量、基础设施、政府机关和首脑等战略性目标实施空袭时，不再需要集结大规模兵力以及大量的机动部署，相比之下，对空中力量的投送将比集结与部署更有作战价值。将火力通过有效的投送行动，使其集中于攻击目标，会取得巨大的作战优势。在科索沃战争中，北约在头 20 天中，发射巡航导弹数百枚，发射弹数、集中火力的强度超过海湾战争 38 天的空中战役。攻击一个目标，甚至动用数十架飞机。正是在航空技术进步而塑造的新型时空观中，空中力量的作战能量以新的集中方式，发挥着新的重要作用。

二、航空技术的发展使空中作战能量的释放模式产生根本性变革

空中作战能量聚合于战场后的释放机制，是空中作战机理中的重要部分，是空中作战能否实现作战目的的关键环节。空中作战的实践表明，空中作战能量的释放，一直沿着精确和高效的方向发展与演化，而这一过程中起最重要作用的是航空技术的发展和改进。

（一）航空技术发展使空中作战能量释放途径更加精确

航空技术应用于空中力量的突破性成果之一，是致力于不断提升空中打击的精度，空中作战能量释放的精度也随之不断提高，并由此引发空中作战能量释放模式的深刻变革。

飞机运用于战争之初，投射的弹药全都是非制导的，对地轰炸时一般使用"光学轰炸瞄准具"，打击的准确性不高，空袭以轰炸面状目标为主。第二次世界大战时，空袭飞机采用了比较准确的环形瞄准具、光学瞄准具、雷达等设备，命中概率较以前有所改进，但并没有本质性的提高。美军在第二次世界大战时为摧毁一个典型目标，平均需要出动 B-17 轰炸机 108 架次，投下 648 枚炸弹。

第二次世界大战后，随着现代信息技术广泛运用于指挥控制和火力控制，机载航空弹药迅速实现了精确制导化。20 世纪 50—60 年代，出现了第一、二代空地/舰导弹，圆概率偏差达到 20～30m。70—80 年代以后，精确制导炸弹发展到第二、三代，其平均圆概率误差为 9.15m，与此相对比的是，1966—1968 年，美军战斗机投掷的非制导炸弹的平均圆概率误差为 128m。据测算，精确制

导弹药的运用使作战效率提高了 26 倍以上。越南战争后期，精确制导武器的使用对一些关键战斗的结局起到了决定性作用。其中对杜梅大桥的精确打击是空中精确打击具有里程碑意义的重要战例。在第四次中东战争、20 世纪 80 年代由西方国家和以色列主导的几场中小规模局部战争中，都主要使用制导弹药实施空中精确打击。20 世纪 90 年代，在海湾战争中，多国部队使用的空中精确制导弹药占使用弹药总量的 8%，实战中共使用了 20 多种精确制导弹药，约 4.3 万枚，这场战争成为战争历史上首次大规模使用精确制导弹药的战争。据统计，第二次世界大战、越南战争期间，飞机投弹的误差在 100～1000m 的范围内，而海湾战争期间，空投激光制导炸弹的精度已经能够达到 1m。海湾战争后，精确制导弹药在总弹药中的比重逐步上升，1999 年科索沃战争为 35%，2001 年阿富汗战争为 59%，精确制导武器的比例首次超过非精确制导弹药，2003 年伊拉克战争为 70%。2008 年以色列军队发动的"铸铅"行动，第一轮空袭即出动 50 多架飞机，在不到 4min 内精确打击了 50 余个目标，半小时内打击的目标超过 110 个。

由上述内容可以看出，正是在航空技术的强力推动下，空中打击的精度不断提高，促使空中作战力量释放模式的变革，并引发空中作战方式的深刻变化。

（二）航空技术发展使空中作战能量释放方式更加高效

如何使得空中作战能量更大程度地释放，对敌方目标给予更加强烈的破坏与摧毁，一直是军事航空科技发展与改革的一个重要目标。随着航空技术在这一领域的发展与突破，空中作战能量的释放效能不断增强，空中力量的作战机制也随之发生改变，空中力量在战争中所承担的使命任务也随之不断拓展和强化。

飞机刚投入军事应用时，仅仅是没有装备任何机载武器的"裸机"。随着空中对峙不断加剧，飞行员把一切可用的陆战武器带上飞机。为解决战斗机射击与螺旋桨的矛盾，飞机"前射化"技术实现突破，极大地增强了飞机的空中作战能力，出现了以德国的"福克"式为代表的高性能作战飞机。同时，航空技术的发展使得航空武器的口径、射速和炸弹重量不断增加，航空武器的威力有了很大增强。第一次世界大战结束时，航空机（炮）的口径由最初的 7.62mm 增大到 30 多毫米，航空炸弹由 2kg 增加到 10000kg，航空火箭弹口径由 37mm 增加到 457mm。在第二次世界大战中，军用飞机由双翼机向单翼机、由木材布料向金属材料、由敞开式座舱向封闭式座舱、由固定式起落向可收放起落。机载火箭、机载无线电通信设备、机载导航轰炸系统等技术的发展，极大地增强了飞机的空战性能和载弹量。据统计，第二次世界大战中轰炸机的相对作战杀伤指数为 415，是第一次世界大战时的 38 倍，出现了千机空战、千机轰炸的大规模空中作战行动。

第二次世界大战后，计算机技术带动自动控制技术、光电子技术、通信和雷达技术在机载设备中的广泛运用，电子、红外、激光等技术融为一体，使常规机载武器向着威力大、射程远、速度快、精度高、杀伤因素多的方向发展，先后研制出空空导弹、空地导弹、精确制导炸弹、巡航导弹等高技术武器弹药；机载火控系统开始进入以软件控制、高速数字处理为中心，具有多功能、跟踪多目标的信息化阶段。正是上述航空技术的发展，推动了机械化空战向信息化空战的过渡，作战效能提高到一个新的水平。

20世纪80年代以来，随着信息技术的不断完善并与传统的航空技术的密切融合，空中力量的作战效能空前提高。具有超机动性能、超声速巡航能力、超视距空战能力和隐身能力的第四代战机研制成功并服役，具备了高空、长航时、隐身、空中预警和作战侦察一体化等性能的无人机开始广泛运用于军事行动中。这一时期，以空空导弹、空地导弹、精确制导炸弹为主要代表的航空武器从第三代发展到第四代，实现了从单一、被动的制导模式向复合、主动制导模式的发展，具备了先视先射能力，导弹射程进一步增大，敌我识别能力有了质的提升。常规型精确制导炸弹具备了全天候、防区外、投射后不管、多目标攻击作战能力，并且还研制出重达近10000kg的巨型精确制导炸弹和小型精确制导炸弹。

提升空中作战能力，使得空中力量具备了极高的作战效能，并引发空中作战机理的变化，数量更少的作战飞机、更少量的投弹量可以实现更大的作战成效。而实现上述变化的物质基础，就是航空技术的发展与进步。

（三）航空技术发展使空中作战能量释放空间更加广阔

从作战效能看，比航空空间更为广阔的航空航天空间具有最优良的通透性，各种频谱信息的流通最为顺畅，是最主要的信息空间，决定了空天战场是信息制高点；航空航天空间具有高优势，以天制空、以空制地、以空制海能够迅速达成作战效果，决定了航空航天空间是火力制高点；航空航天空间具有无障碍通过特性，是垂直机动和高速平面机动的最佳空间，决定了航空航天空间机动制高点。航空航天空间是信息力、机动力和火力的最佳融合空间，如果在空天战场对抗中失去主动，则必然会失去信息优势、机动优势和火力优势。正是在此背景下，空中力量能量的释放空间需要突破航空空间的束缚，向更高的临近空间及航天空间拓展。而这一目标的实现，依托的正是以航天技术为代表的科技发展与突破。随着航天科技的进一步成熟，军用卫星、地球轨道武器等空天武器系统快速投入实践，超高空和超高速军用飞机与军用航天飞机研制试验步伐不断加快，由此而来的是大气层外空间正成为空天作战的重要战场，大气层内外的界限正迅速淡化并最终消失，航空航天空间成为一体化战场将不可避免。谁控制了空天领域，谁就在未来的军事斗争中占据主动权，这已成为世界军事理论界的共识。

军事强国空军在"谁控制空天，谁就能控制地球"的思想指导下，极力加强航天力量建设。美国空军 2001 年成立首支太空战部队——746 空间控制中队以及 527 太空假想敌部队。2005 年 1 月，美国完成了对彗星的"深度撞击"试验。美国空军已经明确提出，2030 年前要从力量结构上完成两大转变：首先实现由航空力量向航空航天力量转变，然后再实现由航空航天力量向航天航空力量的转变。俄军 2011 年成立空天防御兵，初步整合了战略预警、导弹防御、卫星发射和首都防空等力量。2015 年，空天防御兵与空军合并，成立"空天军"。由航空航天技术进步而推动的航空航天一体化进程，使得空中作战力量释放能量的空间更为广阔，并由此带来空中作战机理的深刻变化。

第二节　航空技术发展促使空中作战形态不断演变

航空技术，有其自身独特的属性，根据整体科技水平的发展，沿着其自身的发展规律，不断开发与创造出崭新的技术和应用领域。而这一发展过程都会很快地在空中作战形态上得到反映。自空中力量登上战争舞台之日起，空中力量在战争中发挥作用和效能的方式和途径，就与航空技术的发展密切相关。航空技术的每一次重大突破和创新，都会带来空中作战形态的重大演变。

一、航空技术的发展推动空中作战模式转变

纵观空中作战的历史进程，空中作战模式随航空技术的发展而不断演变的脉络非常明显。航空技术的每一次重大发展和突破，都会推动空中作战模式的转变。

（一）由数量规模向迅捷高效转变

在早期机械化时代的空中作战中，空中力量作战能力提升的主要途径是大规模发展空中作战平台，并利用其机械能承载航空炸弹所蕴含的化学能，实现空中作战效能的聚焦与释放，进而夺取空中作战的主动权。这一作战模式的典型代表，就是第二次世界大战期间的空中作战。这一时期，空中力量的作战能力主要体现在空军武器装备的数量规模上，一次空中作战，双方经常出动上百架飞机，在大规模的"战略轰炸"中，曾多次出现"千机轰炸"。这一作战模式，以美国向日本投掷 2 枚原子弹而达到顶峰。

战后，随着以信息技术为核心的航空技术的快速发展，基于信息系统的体系作战能力成为空军战斗力的基本形态，空军作战能力主要是利用信息流主导物质流和能量流，实现各作战系统效能的综合集成。其基本作战模式，是依托信息化的空中作战武器平台，形成信息化为主体的体系化空中作战能力，夺取

空中作战的行动主动权。与机械化时代相比，其最大的变化，是作战平台的数量已不是作战能力的最关键指标，作战能力的劣势，也很难以人员和装备的数量来弥补，空中战斗力的构成由数量规模型向质量效益型转变，作战模式由兵力与平台集中向火力集中转变，空中作战模式由"大吃小"变为"快吃慢"，空中作战体系的迅捷快速成为赢得空中作战主动权的重要因素。美军从目标信息获取—传输—处理—反馈—作战平台—完成火力攻击的整个过程，海湾战争为48h，科索沃战争缩短为101min，阿富汗战争为19min，而伊拉克战争只需要10min。空中作战更加迅捷高效，发现即摧毁，空中战场实时打击成为可能。

（二）由模糊打击向精确突击转变

控制战争的进程与节奏，始终是军事家们追求的目标。在早期的空中作战中，由于还没有对目标实施精确打击的科技，打击的精度差，当时的空中作战的主体模式是依靠炸弹的数量，对目标实施"面积轰炸"，通过数量巨大的模糊式打击而取得战果。第二次世界大战期间，敌对双方经常实施针对对方整个城市的大面积轰炸，作战过程异常残酷和惨烈。

随着微电子技术、定位导航技术、目标识别技术等的快速发展，空中作战的打击精度逐步提高。第二次世界大战和越南战争期间，飞机投弹的误差，大约为100～1000m，而海湾战争时，激光制导炸弹的精度已能达到1m，而目前较为先进的精确制导炸弹的圆概率偏差已降低到0.3m。机载"战斧"式巡航导弹命中精度可达10m，"斯拉姆"防区外导弹在攻击时，第2枚导弹能从第1枚导弹击穿的墙洞中穿出。

精确制导技术促进精确制导打击装备的发展，这给空中作战模式带来深刻的影响。在技术进步的背景下，空中打击装备迅速跨越了无制导到有制导的门槛，并进入精确制导的新时代。技术先进的一方，可以在一定程度上控制航空武器的杀伤破坏效果，进而精确控制空中作战的节奏和进程。正是靠着精确制导武器装备，机械化时代模糊打击的空中作战模式彻底消失，"面积轰炸"成为历史。精确制导武器的广泛使用，极大地提高了航空火力打击的精确性，使航空火力由机械化时代的"模糊的火力"上升为"精确的火力""灵活的火力""可控的火力"，打击效果成倍增加，并由此形成了"外科手术式""点穴斩首"空中打击等崭新样式，空中作战的面貌为之一新。

（三）由对称对抗向非对称对抗转变

在机械化条件下，作战行动通常在陆、海、空三维空间进行，先打击前沿目标，后打击纵深目标，先突破一线阵地，再突破二线阵地，由此层层推进、渐次展开。由于这一时期航空科技水平还处于较低阶段，任何国家的空军武器装备还不具备跨代超越对手的能力，因此这一时期的空中作战，基本上沿着地面战线推进，而空战只有空中格斗等简单的方式，对地（海）攻击则仅有战略、战役级轰炸方式，且战损率极高，是一种难以持续的作战模式。

随着信息化条件下航空技术的迅猛发展，航空装备的战场感知能力、快速机动能力、精确打击能力、实时指挥能力、综合保障能力等，都在航空技术进步的基础上得到极大提高，空中力量具备了能够在全纵深、多领域同时实施空中作战的能力，传统的空中作战模式被非接触、非线式、非对称模式所取代。

由于空中力量具有远程打击能力，空中力量经常跨洲部署、跨洲机动，传统的前沿与纵深、内线与外线的界限基本消失。由于拥有先进技术一方的空军武器装备可在敌防御范围之外实施作战行动，使其可以在"非接触"条件下打击敌方目标。近期发生的几场局部战争中，军事强国均对敌方重要战略目标实施了远程空中精确打击行动，在付出极小代价的条件下取得了重大战略效果。同时，传统以空中格斗为主要特征的空战战术，也被以空空导弹为核心、以新空战武器为基础的超视距攻击所取代。

另一方面，以信息技术为主导的空中精确打击力量，能够超越敌方的作战部署，直接打击敌纵深目标。通过重点打击敌方的侦察预警、指挥控制和防空系统，瘫痪敌方的整个作战体系，摧毁敌方的作战能力和抵抗意志，夺取空中作战的胜利。这种非线式的对抗模式，已成为军事强国实施空中作战的主要方式。

以非接触、非线式模式为基础，空中力量综合运用远程火力，对敌纵深目标实施非接触火力突击、非线式作战，还可与其他军种一起，在不同作战空间实施非对称作战，空中作战的整体面貌发生了巨大变化。1991年海湾战争中，多国部队通过38天的猛烈空袭，一举摧毁了伊拉克军队的防空、指挥和后勤补给系统，使得伊军苦心孤诣构筑的地面防线形同虚设。1999年的科索沃战争中，北约凭借强大的空中优势，仅以78天的空袭，便迫使南联盟接受其政治条件。2003年，美军也是依托其强大的空中力量，有效实施了"斩首""震慑"等非对称战法，迅速取得战争的胜利。

二、航空技术创新牵引空中作战方式的创新

航空科技及相应的武器装备，是特定的空中作战方式开发与创新的物质基础。新的航空科技的出现，必将导致空军武器装备的改进与发展，并随之导致新的空中作战方式的开发与创新。因此，尽管影响空中作战方式创新发展的因素很多，但航空技术的发展、改进与创新，无疑是最根本的因素。

（一）航空技术促进空中作战新样式的形成与发展

在军事航空的早期，由于航空技术水平相对较低，空中作战的形态还较为简单，航空兵主要执行快速获取和传递情报的任务，在战争中还只是起着基本

的辅助作用。在第一次世界大战战争实践的强烈需求牵引下，航空技术在军事航空各个领域取得了突破性的发展，速度、航程、载弹量均出现较大提高，出现了争夺制空权、强击作战、空潜作战、航空兵与地面部队合同作战、夜间空战、战略轰炸、空中阻滞轰炸和利用空降执行军事任务等作战形式，初步形成了机械化空战的基本样式、基本使用原则和基本战术。

第二次世界大战期间，在航空技术进步的推动下，空中作战的样式更加丰富。如通过在战略轰炸中使用雷达导航、轰炸射击瞄准具、无线电测向和定位系统等，使轰炸精度不断提高；在空中突防中通过使用电子干扰技术干扰对方的防空系统，有效提高了空中突防中的生存能力。这一时期，在航空技术的推动下，军用飞机开始向专业化发展，战斗机、强击机、反潜机等机种的诞生为航空兵遂行多样化任务奠定了物质基础，也直接引发了航空兵与坦克、炮兵和步兵合同作战样式的出现。

第二次世界大战后，信息技术革命在全世界范围内逐渐兴起，自动控制和人工智能技术迅速发展，并迅速应用于航空技术领域，先后出现了精确制导武器、遥测遥感系统、电子对抗技术、自动化 C^3I 系统等数量众多的新的航空技术。这些技术的创新与改革应用于空中作战，空中作战的样式和方法随之不断发展和变化。特别是 20 世纪 90 年代以来，迅猛发展的信息技术、航空航天技术、新材料技术、新能源技术及其他相关技术在军用飞机和航空武器装备发展中的广泛运用，催生出信息化飞行平台、信息化弹药、C^4ISR 系统等，对空中作战形态演变产生了革命性的影响，空中作战的形态、战场的范围、作战的空间、力量的运用、作战的效益、胜负的评估等一系列重大问题发生了巨大变化，形成了"空地一体战""信息攻防战""快速决定性作战""网络中心战""跨域协同"等全新空中作战样式。在空中作战方式创新发展过程中，科技因素越来越突出，影响越来越显著。

（二）航空技术拓展空中作战新战法

作为具有鲜明技术属性的军种，空军作战样式和战术创新发展，高度依赖于航空技术新的发展，其作战方式的实现必须以某种军事技术的充分发展为前提。这一前提，不仅包括质量，而且包括数量。从质量上来说，军事技术发展必须达到能够完成某种作战方式所提出的具体要求；从数量上说，一种更完善的军事技术的出现，只有当其积累到足够数量时，才会对作战方法和作战样式的改变产生重大影响。同时，军事航空技术的发展，决定某种空中作战样式的发展；而一种作战方式提出以后，它的发展也是随着军事技术的进步而不断发展。

第一次世界大战期间，由于航空机枪（炮）有了重要发展，协调式航空机枪的问世、专门为飞机设计的航空机枪"戈斯塔"的出现和第一种航空自动机关炮"别克"炮的研制成功，使得最初的空战得以形成与发展，并由此产生编队攻击方式，出现了迫敌降落战术、撞击战术、尾后攻击战术、偷袭俯冲战术、鱼饵战术、编队作战战术、编队轰炸战术和战斗机护航轰炸战术、"殷麦曼转弯""大圆圈编队战术""拉弗伯雷圆圈"等多种空战样式；星环式机械瞄准具和光学轰炸瞄准具相继出现于战争中，促使对地轰炸作战样式广泛应用于战争实践。

第一次世界大战结束至第二次世界大战期间，军用飞机和航空武器不断创新发展，各种性能优异、特色鲜明的军用飞机、航空武器大量涌现。在此基础上，闪击战、大规模空降作战、大规模战略轰炸、战略空运、空中"绞杀战"、防空作战等新的空战样式不断出现。

第二次世界大战后，由于航空技术的迅猛发展，空中作战样式和战术的创新发展更趋活跃。由于精确制导、自动化指挥、隐身等技术的广泛使用，空中力量从飞机平台到机载武器装备都有重大突破，空战样式和战法的创新呈现出越来越明显的复杂性和多样性：多机种合同作战、远程奔袭作战逐渐演化成重要的作战方式；随着中、远距空空导弹和机载光电探测设备的发展，超视距空战成为一种全新作战样式；精确制导武器的出现和不断完善，使得空中对地突击由面积轰炸转变为对点精确破坏性打击；武器装备电子化趋势的发展，电磁战场的争夺愈加激烈，电子战已经开辟了独立的战场，成为与陆、海、空战场相并列的第四维战场；依靠精干的小规模空中力量，对点状目标实施"高技术、低强度、高精度"的"外科手术"式空中打击，成为具有鲜明时代特征的新型空战样式。

在信息化战争时代，传统航空技术与信息技术的结合更加紧密，航空技术的信息化特征更加明显，并由此带动空中力量的信息化水平上升到一个新的高度，在空天侦察技术、先进传感器技术、精确打击技术、信息网络技术等强力支撑下，空中作战样式和战术由机械化向信息化的转变更加迅速。这一时期，彻底颠覆了以大机群攻防作战、近距空中格斗、临空轰炸等为代表的传统空中作战模式，陆续出现了"超视距"空战、"点穴斩首"作战、"震慑"作战，以及其他"软杀伤"与"硬摧毁"相结合、以远程精确打击为主要手段的新的空中打击方式；产生了空中隐身突击的新样式；创建了以"网络中心战"为核心，由实时化情报网络系统、自动化指挥系统、精确制导武器系统以及电子和信息战系统等有机结合构成的信息化空中作战；产生了以绝对优势的空中力量为基础，剥夺别国制空权形成战慑功能兼备的"空中禁飞区"这一空中力量运用的崭新样式等。

总之，空中作战战法和战术的创新发展，强烈依赖于航空技术的发展。以航空技术为依托，航空兵战斗力水平和空战样式及整个战争形态都发生了革命性变化。

（三）航空技术拓宽空中作战新领域

航空空间是空中力量自诞生以来最主要的作战领域。随着科技水平的提升，空中力量活动的领域逐渐超越传统的天空，空中作战也已绝不仅仅局限于航空空间，而是向比天空更辽阔的临近空间和太空空间拓展。与此同时，随着航空技术与网络技术的密切结合，看似虚拟的网络，也正成为空中力量纵横驰骋的崭新舞台。在科技进步的强力助推下，天空、太空、网空"三空"融合、无缝链接，构成了空军全新的高边疆。

随着弹道导弹、军事卫星、航天飞机、空天飞机、空间站等空间力量的发展，来自外层空间的威胁将不断增大，世界各主要大国正积极研究和试验用于反导、反卫星的多种新技术。同时，随着空天一体装备技术的不断成熟，空天一体的作战方式也不断发展。能从空间实施对地面目标实施精确打击的空天飞机和空天轰炸机已列入军事强国的军事装备发展计划，并已投入研制。同时，为对敌空天装备实施攻击，可能出现使用地基和空基的导弹、定向能武器，向低轨道卫星实施攻击的新型空天作战样式。

未来，网电是最可能改变战争规则的技术领域，不仅将大幅拓展作战空间，也将为其他关键技术发展和应用提供重要支撑。目前，空军所有的作战行动，几乎都是在互联网、局域网，或是陆基、空基或天基的网络中进行的。空军拥有许多必须依赖网络的自动化系统，如空中任务指令系统，其几乎所有信息流都在网电空间内流动，也就意味着与空军，甚至与军事有关的所有信息流都可能受到计算机网络的攻击。因此，网电并不只是与计算机有关的一项技术或工具，而是一个新的作战领域。因此，在虚拟与现实紧密结合的现代战场上，空军又多出了一个崭新的活动领域——网空，这是航空技术与网络技术结合之后，空中作战领域的新拓展。在信息时代，空军每天都在网电空间"飞行"，空军行动越来越依赖网电空间。因此，网电空间与航空空间、航天空间一同被列为空军的战场，空军将在空中、太空和网电空间内实施作战。

三、颠覆性航空技术引发空中作战规则的改变

当前和未来，飞速发展的航空航天科技正在以前所未有的速度进入空天战场，催生出了全球快速打击系统、反导系统、新概念武器为代表的全新空天武器系统。未来，这些颠覆性的空天科技，将引发空中作战规则的改变，空天作战和空天战场很可能以一种全新的面貌出现在世人的眼前。

（一）全球即时打击系统

速度，是空中力量作战效能最鲜明的表现之一。在空战平台的速度接近本身的极限之际，一类崭新的高速空天武器系统正出现于人们的视野之中，并很可能由此而改变长久以来所形成的空中交战规则。

　　高超声速，一般指物体的速度超过 5 倍声速（约合 6000km/h）以上。目前，高超声速空天快速打击飞行器主要包括 3 类：高超声速巡航导弹、高超声速飞机以及航天飞机。此类装备正在向高速度、高精度、隐身化的方向发展。它们采用的超声速冲压发动机被认为是继螺旋桨和喷气推进之后的"第三次动力革命"。如果用一个字来概括此类武器装备的特征，那就是"快"。美国 F-35 战斗机的速度为马赫数 1.6～2.0，而 X-37B 的最大速度为马赫数 25，是 F-35 的 12.5 倍。"战斧"式巡航导弹最大巡航速度为马赫数 0.72（891km/h），高超声速巡航导弹是它的 8 倍还多。如果打击 1000km 以外的目标，"战斧"需要 1h 左右，而高超声速巡航导弹不超过 10min。可以预计，随着高超声速相关技术的成熟，未来的空中作战规则必将随之发生改变。

（二）导弹防御系统

　　当前，能够构成战略威慑并最大限度地实现战略战役目标的导弹战愈演愈烈，对反导技术提出了巨大的挑战。为此，各国都在创新发展新型防空反导相关技术，以此构建新型防空反导作战体系。这一体系的成熟，将很大程度改变现有空中作战的规则。

　　反导武器系统，指摧毁敌方来袭的弹道式导弹（中程、远程、洲际导弹）的武器系统。反弹道导弹按拦截空域，分为高空拦截导弹和低空拦截导弹。前者用于对来袭弹道导弹飞行到大气层外时实施拦截；后者用于对来袭弹道导弹进入目标上空时实施拦截。反弹道导弹主要特点是反应速度快、命中精度高，其中，高空拦截导弹受到普遍重视。实战时，可单独部署使用，也可两者配合部署使用，以提高其拦截概率。反弹道导弹主要由战斗部、推进系统、制导系统、电源系统和弹体等组成。

　　21 世纪初，反导武器开始引进动能、激光等定向能技术。动能武器，即利用磁力加速和发射弹丸，也称电磁炮，是继核弹、破片弹头之后的第三代反导武器。此外，使用机载激光用于战区弹道导弹助推段防御。上述新型反导作战能力的不断成熟，必将引发防空反导作战规则的根本性变化。

（三）军用无人作战系统

　　长久以来，无人作战飞机因性能所限，主要是执行空中侦察、战场监视和战斗毁伤评估等任务的作战支援装备。而随着计算机技术、自动驾驶技术和遥控遥测技术的发展和在无人机中的应用，以及随着对无人机战术研究的深入，无人机在军事方面的应用日益广泛，现代无人作战飞机已成为能执行压制敌防空系统、对地攻击、对空作战等任务的主要作战装备之一。未来，随着军用无人机技术的进一步成熟并广泛应用于空中作战，军用无人机将催生独特的空战战法。无人侦察机、无人作战机和有人战机混合编队或无人作战飞机独立编队集群作战，将对传统的空中进攻作战、防空作战、空中封锁作战等作战样式及作战行动产生冲击，进而改变未来空中作战的编制体制、法规条例、作战原则、战术思想等。可以预见，随着军用无人作战技术的进一步发展、成熟，空中无人作战将改变当前的空中交战规则，空中作战将进入一个新的发展阶段。

第三节　航空技术发展影响空中作战进程和结局

航空技术发展对空中作战的影响，突出地反映在其对空中作战进程和结局的重大影响。不同的航空技术背景，其空中作战的进程差异巨大；而空中作战的结局，很大程度上取决于其所具备的航空技术基础。物质决定意识这一哲学规则，在航空技术与空军作战之间的关系上得到鲜明体现。

一、航空技术发展影响空中作战进程

空中作战进程指空中作战从开始到结束的整体流程，是空中作战的重要表现形式。随着航空技术的不断发展，空中力量的作战能力逐步提高，作战节奏明显加快、作战强度明显变强、打击精度明显提升，从而使得空中作战的进程明显加快。航空技术的发展与空中作战的进程密切相关，航空技术的发展从根本上影响了空中作战的进程。

（一）航空技术进步使空中作战节奏明显加快

空中力量相比于地面力量，本身就具有天然的速度和机动优势。在空中作战中，占有技术优的一方，会充分利用空中力量更高的机动性，高机动性带来的快节奏使对手疲于防备，赢得空中作战的主动权。

在航空技术还未能对空中作战平台的机动性产生重大影响之前，空中作战一般呈现出"线式"的特点，空中作战需要通过战斗和战役成果的逐层累加，最终达成战争目的，这种作战样式一般节奏和进程较为缓慢，耗时巨大。在世界军事进入成熟的机械化时代之前，空中作战一般随地面战局而发展，且空战很难在短时间内结束。

进入成熟机械化时代之后，随着航空科技的发展，航空力量速度及机动性呈迅猛发展之势，空中作战节奏明显加快，战争中传统的前方和后方的界限逐渐消失，空中力量可超越敌方前线，直接对后方战略目标实施空中打击，传统的空间观发生根本性改变，通过对敌方战略目标的直接打击以快速赢得战争胜利，成为一种新的战争机理和战争方式。特别是进入信息化时代后，空中力量因航空科技的发展而具备快速远程精确空中打击能力，高速机动、迅疾打击的空中力量，成为打赢战争的制胜利器，在作战时往往首先到达、首先部署、首先投入使用，并促使军事行动整体进程不断加快。目前，正蓬勃发展的"全球

快速打击系统",把空中作战的快节奏推到一个新的高度。如 HTV-2 超声速飞行器,其飞行速度最大可达马赫数 20,使得"1 小时打击全球任何地点"成为可能。此类武器如投入使用,可极大增快空中作战的进程。以航空技术的发展与进步为基础,空中力量的速度与机动能力快速提升,并推动空中作战进程的加快,是空中作战演化史中一条基本发展路径。

(二)航空技术进步使空中作战强度明显变强

空中作战的强度与空中作战的进程也有密切的关联。作战一方有了比对方更加强大的空中打击能力,夺取空中作战胜利的速度也就越快;而作战双方由于军事技术水平而决定的火力之间的相对差距越小,战争进程也就会越慢,对峙时间就会越长。这其中,空中打击能力强弱,最根本要受制于其所具备的航空技术水平。

在第二次世界大战及之前的空中作战,航空技术还处于萌芽阶段,空中作战的对抗强度较低,且对抗双方基本处于相同的技术阶段,没有明显的能力差距,因此空中作战的进程缓慢、旷日持久。战后,随着航空技术的飞速发展,特别是信息技术的广泛运用,空中力量的作战强度明显提升。这种强度的提升体现于两个方面:一是打击强度增大。1991 年,美国通过 38 天的猛烈空袭,辅以 100h 的地面进攻,迫使伊拉克接受联合国关于从科威特无条件撤军的决议。伊拉克战争,以"斩首"行动拉开战争的序幕,通过高强度的空中打击,战争的进程迅速推进。二是双方空中对抗的强弱对比差距加大。在几次中东战争中,由于掌握了较为先进的电子干扰、预警控制等航空技术,加之应用创新性的战术战法,以色列空军的作战强度明显强于阿拉伯国家,几次中东战争的空中作战进程都异常迅速。同时,对抗双方空中作战强度的强弱对比,也会给弱势一方造成极大的心理震慑,从而加速战争的进程。在海湾战争结束后的战俘审讯中,一位率部投降的伊军营长告知美军他投降的原因是"害怕 B-52 的轰炸"。美军人员查询作战记录后对他的说法提出质疑:"B-52 并没有轰炸过你部的防区。"这位伊军营长解释道:"可我见过被 B-52 轰炸过的阵地!"1999 年的科索沃战争中,北约地面军队未动一兵一卒,南联盟陆军也未打一枪一弹,北约完全依靠高强度的空中打击,迫使南联盟接受其主张的政治条件。由于航空科技水平的差距,强者掌握空天斗争的主动,应用强大的打击能力摧毁对手的战争资源和抵抗能力,迫使对手屈服,从而加速战争的进程,已经成为当今军事强国实施局部战争的常用手段。

(三)航空技术进步使空中作战精度明显提升

决定空中作战进程的另一个重要因素是空中力量的打击精度。空中打击精度对空中作战战争进程的决定作用主要表现为:空中作战的打击精度越高,空中作战的进程也就越快。因此,航空技术决定空中力量打击精度,从而加快空中作战进程，成为一个符合逻辑的链条。

在航空技术处于机械化的初级阶段，由于不具备对地面目标的精确且有效的打击能力，空中力量在战争中所发挥的作用受到较大限制，其战果主要由"面积轰炸"这种"粗放式"的作战样式所获得，对空中作战的进程影响较小。随着以战场感知技术、预警探测技术、精确制导技术等为代表的新技术广泛应用于航空领域，特别是空中精确打击武器的出现，可以直接攻击对手的战略目标、核心目标，使附带损伤降到最低，有效控制空中作战的规模、进程和节奏，使空中作战的进程大大增强，并由此带来战争整体面貌的革命性变化。一方面，由于空中打击具备了对对手战略目标的直接打击和摧毁能力，使得空中作战"首战即决战"的特点日渐突出。空中力量能够通过使用威力巨大的精确制导弹药准确打击所选目标，实施定点清除，使空袭行动既保持了较快的进程，又具有较高的可靠性和很大的安全性，既能减少附带毁伤，又不承担巨大的风险。另一方面，"体系瘫痪"成为航空技术优势一方优先采用的空中作战思想。信息化时代的空中作战，往往从各种作战飞机、弹道与巡航导弹的空中打击拉开序幕，敌方的指挥中枢、侦察监视系统、通信枢纽、高技术武器装备及重要的基础设施等"体系节点"，而不是一线作战部队，成为首轮打击目标。航空技术进步带来的空中力量打击精度的提高，极大加快了空中作战的进程。

二、航空技术发展决定空中作战结局

优胜劣败是战争的普遍规律，强者占优势，弱者处劣势。空中作战具有非常明显的技术属性，航空科技水平的强弱，是空中力量战斗力的一个重要衡量标准，对空中作战的结局将产生重要影响。

（一）空中作战的结局偏向于航空技术占优势一方

空中作战的历史证明，掌握了先进航空科技的一方，在空中战场上更易占据主动。空中力量战斗力的核心要素是武器装备水平，而空军武器装备水平的高低与航空技术的优劣有最为密切的关联。拥有先进的技术，可以通过改进现有武器装备、开发新的武器装备，形成与对手的武器装备差距，从而迅速赢得空中战场的主动权。如掌握了信息技术的优势，就可有效地对敌方实施信息攻防行动，先敌夺取制信息权，从而赢得空中作战胜利的先决条件；比对手在远距离空天打击技术水平上更胜一筹，就可对敌实施单向的非接触、非线式、非对称作战，形成"我打得着你，而你打不着我"的局面；拥有超越对手的空中精确打击技术，就可在体系对抗中占据明显优势，通过空中打击敌方信息系统、瘫痪敌方作战体系，一举取得空中作战的胜利；在航天科技上取得先机，则可率先抢占太空这一世界军事竞争新的战略制高点，加速空天一体进程，以天基与空基力量的密切融合取得空中战场的绝对主动权。如美军近期发动的近几场局部战争，与对手相比占据着明显的技术优势，在战场上形成对对手的技术"代差"，凭借技术优势，取得战争的胜利。总之，空中作战的结局虽与多种因素有关，但起基础性、支撑性作用的，是航空技术水平。航空技术水平落后，在其他领域很难得到有效弥补，并最终导致空中作战的失利。未来，随着航空航天科技的不断发展，航空技术通过开发和改进空中武器装备的作战能力这一途径，将对空中作战的结果产生越来越重要的影响。

（二）航空技术的突破能打破空中作战的平衡态势

空中力量登上人类的战争舞台，本身就被视为一种改变战争规则、打破地面战场平衡的力量，又因为其本身具有了鲜明的技术军种特性，因此，航空技术的每一次重要突破，都能产生打破空中战争平衡的效果，使空中战争的结局向有利于己方的一侧倾斜。

在早期空中作战中，无论是战斗机还是轰炸机，其速度、航程、载弹量、射击速率，甚至射击技术的每一次进步，都会对空战战局产生重要影响。比较鲜明的例子是第一次世界大战时期，荷兰人福克为德国人研制的机载机枪自动协调装备，可使机枪射击时不击中飞机的螺旋桨叶面。这一小小的技术创新使得德国在空战中占据了极大优势，被其对手称为"福克灾难"。在第二次世界大战中，由于地面防空雷达技术的迅速发展，使得对空防御作战能力极大提高。英国正是依靠先进的防空雷达技术，赢得了不列颠防空作战的胜利，并对第二次世界大战的结局产生重大影响。同样，轰炸机制造技术的提高，使得轰炸机的载弹量极大提升，从而使得战略轰炸在第二次世界大战中成为一种主要的空中力量运用样式，并在一定程度上影响了第二次世界大战的结局。

20世纪中期以来，空中力量战斗力的提升对航空技术进步的需求和依赖更加强烈，航空技术对空中作战结局的影响更加明显。微电子技术、光电子技术、激光技术、光纤技术等为主体的信息基础技术，以及以传感器、通信、计算机技术为主体的信息系统技术的快速发展并广泛运用于空中力量，空中作战的结局与战果日益受到其影响。在越南战争中，美军首次使用EA-6型电子战飞机，使其空中作战的战损率由战争初期的14%下降到1.4%。曾使用600余架次飞机、5000t炸弹而未能摧毁的越南清化大桥，只用2枚激光制导炸弹就予以摧毁。1982年以色列与叙利亚之间的空中作战，由于双方在电子干扰技术等方面的差距，曾出现82：0的惊人战果。1999年科索沃战争中，北约电子战飞机对南联盟实施了有效干扰，南联盟预警雷达处于聋哑状态，空中战局呈一边倒的状态。而美国于20世纪70年代末期研究的世界上第一架隐身战斗轰炸机F-117，更是在90年代以后爆发的历次局部战争中，扮演了隐身远程奔袭的关键性角色，在当时使对方的防御体系彻底失灵，空中战局的平衡完全被打破。总之，空中作战历史一再证明，在航空技术率先突破的一方，将在空中作战中占据极大的主动。

（三）航空技术的超越能改变空中战争的被动局面

空中战争与其他战争样式相比，其技术特征明显，航空技术的突破与超越，往往能改变空中战争的被动局面，赢得空中作战最后的胜利。正因为此，各军事强国都不遗余力地进行航空技术创新，希望以航空技术的超越赢得空中战争的主动。即使在没有空中作战的和平时期，谋求航空技术上的突破与超越，也被作为国家争夺战略优势、制衡强大对手的重要内容。

历史上第一座防空雷达，是 20 世纪 30 年代美国和英国分别研制成功的。防空雷达的出现，极大地改变了空中作战的攻防格局，使得在空中作战中原来处于弱势一方的防御者，通过有效的防御作战也能在空中作战中占据有利的地位。在第二次世界大战中，德国意图扭转空中战场的不利局面，于是研制了世界上第一种战术导弹，虽然这种导弹未实际应用于战争，但却对后来的空中战争产生重大影响。此外，世界上第一架电子干扰机，是 1943 年英国空军在空袭汉堡行动中首先使用的，这在很大程度上改变了原来在战略轰炸中，轰炸机战损率极大的不利局面，使得战略轰炸的作战效能得到更大程度的提高。这一时期，一些重要的创新成果常常起到改变力量对比，甚至使战争结局发生逆转的作用。第二次世界大战初期，德国、日本航空兵一度打遍天下无敌手，其原因之一就在于他们拥有 Me-109 和"零"式等性能优异的战斗机；而当英国的"喷火"、美国的 P-47、P-51 和苏联的拉-5、拉-7、拉-11 等战斗机大量投入使用以后，战局随之逆转，英国甚至称"喷火"式战斗机为"英国的救星"。战后，几乎每一次航空技术上的重大颠覆式、超越式发展，都能迅速引起空中战略形势的整体失衡，原先被动的一方，会利用技术突破所形成的优势，重新占据空中斗争态势的有利位置。这一方面，美、苏两国在冷战时期在歼击战斗机的技术领域的激烈竞争所引起的空战优势此消彼长的演变过程，表现得特别明显。

航空技术对现有技术的超越，扭转了空中作战甚至整个军事战略被动局面，促使各国都极力研制、创新航空技术，力求依靠技术创新实现弯道超车，争取战略主动。如当前世界各主要国家，都竞相开展高超声速技术的研制与应用，力图以新的武器装备，使对手原来的防御体系"看不见、打不着"，以致完全失效。可以预见，未来在航空技术领域的竞争将更加激烈，航空技术的超越式发展改变战争被动局面，以及随之带来战略主动的规律，将愈加显著。

第四节　航空技术影响空中力量体系构成与空战理论

空军武器装备，是空军作战能力的基石；空军力量的体制编制，是空军作战能力的组织基础；而空战思想与理论，是空军作战的先导和指引。上述与空军作战能力有密切关联的诸多因素，都受到航空技术的深刻影响，航空技术通过上述因素的影响，提升了空中作战能力，发挥着基础性作用。

一、航空技术决定空中力量武器装备水平

"凡兵有大论，必先论其器"。百余年空中作战的实践证明，发展武器装备，是提升空中作战能力的基石，没有空军武器装备水平的发展，空中作战能力的发展就是空中楼阁。而对武器装备水平起最关键作用的，是航空技术的水平。有什么样的航空技术，就基本对应什么样的武器装备水平。在航空技术某一领域的重大缺陷，会引起整个武器装备体系的系统性短板，造成武器装备水平的整体性落后；而另一方面，在某一关键性领域的航空技术的突破，也会引起武器装备水平的体系性飞跃，从而形成空中作战能力的跨越式发展。

（一）航空技术是武器装备最关键的因素

空军是大工业时代诞生的军种，其武器装备具有非常鲜明的技术性特征，武器装备的发展对航空及相关领域的技术发展有最迫切的需求及依赖，新的科学技术成果，往往最先应用于空军武器装备；同时，相关领域的技术发展，也是促进空军武器装备水平发展的重要因素和动力。

军事航空早期的机械化战争时期，航空技术的每一次进展，都会引发航空武器装备的巨大发展，并在作战中占据相当大的优势。第一次世界大战中，由于法国率先实现了以"前射化"为标志的螺旋桨飞机机载机枪射击技术创新，因此迅速掌握了战场制空权。当德国发明了更为先进的射击同步协调器后，很快扭转了被动局面。此后，由于协约国又设计出一种更为先进的射击装置，因此再次夺得战场制空权。在第二次世界大战中，参战各航空强国不断加强活塞式军用飞机的技术创新，使得活塞式飞机的作战能力几乎达到极限，如美国的B-17 轰炸机，安装了 4 台空冷星形活塞发动机，总功率达到 5000 马力（1 马力≈0.735 千瓦），飞行速度和航程等作战性能都提升到全新的水平。第二次世界大战后，以喷气发动机技术的突破为标志，航空武器装备由活塞时代进入喷气时代。随后，精确制导技术、信息对抗技术、隐身技术、空中加油技术、侦察预警技术等迅速发展并广泛应用于航空武器装备，使得航空武器的作战性能得到整体跃升，航空技术水平已成为制约空军武器性能最关键的因素。例如 F-16飞机使用的 F110 发动机，因采用了大量新材料、新工艺，与第二代战斗机歼-7M

系列所使用的涡喷 7 乙发动机相比，在最大状态下耗油减少 32%，推重比却达到 1：1.4，工作寿命延长 10 倍。正是由于发动机技术的跨代优势，使得"三代机"在空战中对"二代机"占有速度、机动等方面的绝对优势。当前，随着无人航空技术、反导技术、新型航空发动机技术、高超声速技术、军事航天技术的不断突破与发展，空军新型作战力量不断形成、快速发展，使创新性、突破性航空技术引领空军武器装备发展这一规律表现得更为明显。

（二）航空技术缺陷将造成武器装备体系短板

航空武器装备种类众多、体系复杂，相互间构成一个紧密关联的体系。在这一体系中，任何一个部分的缺陷或缺失，都会形成航空武器装备整个体系的短板。

如在早期空中作战中，如果相关诸多技术水平均很出色，但只有航空材料技术处于较低的水平，则飞机的作战性能会大大降低。在第二次大战中表现优异的日本"零"式战斗机，其他方面与普通战斗机差别不大，但就因其采用了"住友金属"作为飞机的主桁梁，其抗拉强度超过其他材料的一倍，使其机身更轻、飞行更快、航程更远。英、美等国的战斗机在许多方面的技术均与"零"式飞机相当甚至更优，但只因其飞机材料逊于日本，就在作战中陷于很大的被动。在信息化时代，航空武器系统的体系化程度更高，在构建高水平的航空武器装备体系时，就不能存在明显的技术缺陷。如航空发动机技术长期不能突破，将严重影响军用飞机性能的提升；作战平台本身性能再先进，但如果数据链技术落后，其信息化、体系化作战能力将大打折扣。航空技术缺陷将对航空武器体系造成重大影响的规律，从反面证明了航空技术水平对空军武器装备水平的关键性影响。

（三）航空技术突破将实现武器装备整体跃升

在第一次世界大战期间的 1915 年初，由于法国率先研究和应用能控制机枪射击与螺旋桨旋转的协调装备——机枪射击协调器，有效实现了机载武器的"前射化"，因而迅速掌握了空中战场优势。在第二次世界大战时期，英国在不列颠战役中，首先使用防空预警雷达，使得防空作战更加有效，空中作战中传统的进攻优势受到重大逆转。在信息化时代，航空技术的突破引起航空武器装备整体跃升的趋势更加明显。空空导弹及空地导弹技术广泛运用于武器装备，使空中武器装备打击的目标范围、覆盖范围及毁伤度均极大地增加。精确制导技术的快速发展并广泛运用，使得空中武器装备的作战精确度和有效性有了极大的发展。隐身技术的突破，使得空中作战平台的突防性能有了革命性发展。特别是近年来，随着全球快速即时打击相关技术、反导技术、军事航天技术的迅猛发展，空军武器装备的作战能力在迅捷性、有效性、精确性、广泛性等诸多方面实现了系统性、整体性的跃升，航空技术发展带动空军武器装备水平发展的规律得到更加鲜明的展现。

二、航空技术发展是调节空中力量体制编制变化的主导因素

作战力量的体制编制，是人与武器装备的结合方式，对军事力量的战斗能力产生重大影响。航空技术对空军体制编制方式有重大影响，其在空军作战的每一个重大领域的突破，都必然会引起武器装备的突破性发展，同时也必然要求作战力量的组织、编成方式等与之相适应，从而引起力量体制编制的调整。航空技术的发展对空中作战力量体制编制起着基础性作用，力量体制编制的形成与完善，其主导因素是航空技术，并随着航空技术的发展及新技术的产生而不断调整与发展。

（一）航空技术发展是空中力量体制编制调整变化的主导因素

恩格斯指出："军队的全部组织和作战方式以及与之有关的胜负，取决于物质的即经济的条件，取决于人和武器这两种材料。"构成军队作战能力最基本的两个因素，是人和武器装备，且两者必须在一定的组织形式之下，才能形成真正意义上的战斗能力，这种组织方式，就是体制编制。与其他军种力量相比，空军作战能力的技术含量更大，其体制编制的调整变化受航空技术发展的影响更明显、更深刻。

首先，航空技术的发展，需要空军作战人员组成的发展和素质的提高。航空技术在某一作战领域的发展，意味着需要相关作战人员去适应这一变化，把其中所蕴含的战争效益发挥到最大值。

其次，航空技术的发展，最直接的反映是武器装备作战能力的提升。对于空军这一高技术军种而言，航空技术的发展，必然引起武器装备性能的提高，一些创新性的航空技术的突破，甚至能形成崭新的武器装备类型。航空技术对空军作战能力的影响，在武器装备上反映得最鲜明、最直接。

再次，航空技术对空军人与武器装备的结合方式有特殊的要求。空军是高技术军种，对航空技术的发展与进步，甚至每一点微小的发展与进步都非常敏感，都能立即对空军作战中人与武器装备的结合方式产生特殊的要求，以便更好地适应这一技术上的进步。这种内在的强烈要求，是航空技术对空军力量体制编制产生影响的内在动因。

（二）航空技术发展影响空中力量体制编制的形成与发展

空中力量自登上战争舞台之日起，其体制编制就不断进行调节和变化，而其中起基础性作用的，是航空技术的发展。在空中力量体制编制的形成、发展与变化重构过程中，航空技术起着基础性的支撑和主导作用。

飞机发明之初，并没有立即导致航空兵的建立。即使那些相对比较重视飞机军用价值的国家，也不过是在陆军设置了飞机连或航空处而已。由于飞机性

能的不断提高及其在战争中的独特作用越来越明显，为了更好地发挥飞行器的军事作用，各国在军队中纷纷成立专门机构，组建了最早的空中力量。第一次世界大战期间，由于航空技术的迅猛发展，飞机的专业化性能得到了大幅度提高，航空兵体制编制也从战争初期的单一航空侦察队，发展到由歼击航空兵、轰炸航空兵、强击航空兵和侦察航空兵等组成的能遂行多种空中作战任务的多兵种机动部队，为后来空中力量体制编制的创新发展奠定了基础，特别是英国在这一基础上在世界上率先建立了独立的空军，为空军在全世界的发展发挥了重要的示范和导向作用。可以说，正是航空技术的发展，促进了空中力量的体制编制的初步形成。

第二次世界大战中，空中作战规模之大达到巅峰状态。为了满足不同的战略需要，各国都在航空武器装备不断发展的基础上，积极调整和改革航空兵部队的体制编制，建设独立空军的思想被世界各国普遍接受。第二次世界大战后，空军在世界范围内普遍成立，成为一支重要的军事力量。促成空军军种成立的一个重要原因，是航空技术的发展，使得空中力量的作战能力空前提高，其在战争中的地位和作用，已使其具备了从其他军种力量中独立成军的能力和功能。第二次世界大战后，信息化技术的迅速发展和高技术航空武器的大量使用，出现了许多新的军种、机型，随之也出现了新的编制部队，如地空导弹部队、电子对抗部队、预警侦察部队、加油机部队等。在这一时期，强国空军几乎每一次航空技术的重大突破，每更新一批新型武器装备，参加每一次较大规模的局部战争，都要进行相应的体制编制调整改革。同时，随着航空技术的发展，航空兵机种日益增多，数量不断增大，技术分工细化，专业性更强。为适应大规模空战发展的需要，最大限度地发挥航空兵的作战能力，各国都从本国的军事战略、科技和经济实力，特别是本国空中力量所处的能力水平出发，按照空中力量运用的不同模式，形成了各国航空兵各具特色的体制编制结构，如防御型、进攻型、攻防兼备型等，而其中的基础性因素，正是航空科技水平。

（三）空中力量体制编制为适应航空技术的发展而调整改革

随着航空技术由低级向高级、由简单向复杂、由单一向复合的发展和演变，新机种、新武器、新装备以及作战新样式和新战法不断出现，空中力量的能力类型不断增加，要求空中力量的编制体制必须不断调整和改革，以有效适应因航空科技发展而带来的作战样式和方法的变化，为空中力量有效发挥作战效能提供有力的组织保障。

航空技术的飞速发展，致使武器装备作战性能极大提高，新的武器装备出现，必然要求"解构"旧的编组，"构建"新的编组。海湾战争后，为达到集中统一、快速反应，保障"全球到达、全球力量"，美国空军对冷战时期设立的空军体制编制进行了大规模的调整，其中指挥管理体制由单一兵种分散管理调整为多兵种集中管理，作战联队编成由单机种改为多机种混编，加强对特种作战和情报部队的指挥与控制，勤务保障体系上层由分散型向集中型转变，下层由协调型向配置型转变。为快速应对发生于海外的突发事件，美国空军组建了航空航天远征部队。航空航天远征部队在使用上具有作战效能高、最小规模的前沿部署、可在全球范围内使用、快速反应、灵活以及可扩充性等突出优点，能够有效应对美军全球应急作战地区不固定，作战对象、作战规模不固定的突出特点，有效地服务于美国的全球战略。此外，针对无人机开始大量应用于实战的情况，美国空军于 2007 年 5 月 1 日组建了第一支无人机系统联队——第 432 联队，其中装备 6 架"死神"无人机和 60 架"捕食者"无人机。信息化时代，伴随着航空技术中信息化因素的不断增强，航空兵的数量因素虽然重要，但质量因素上升到更为重要的地位，建设精干、灵敏、高效、融合的航空兵部队成为世界各国普遍追求的目标。伴随着军用飞机和航空武器装备的升级换代，部分国家的航空兵体制编制经过改革创新，显现出小型化、扁平化、网络化、模块化等特征。

当前及未来，随着航空技术发展，还将催生新的模块部队。随着未来新技术的发展，高能激光武器、电磁脉冲武器、高功率微波武器等定向能武器，电磁轨道炮和电热炮等动能武器，专门用于摧毁或破坏敌装备与设施的化学类武器等将会陆续投入实战，从而催生新的力量模块，促进空军力量结构进一步创新发展。

三、航空技术发展对空中作战思想与理论的构建起基础性作用

空中作战理论，是在空中作战实践中形成和发展的，是有关如何运用空中力量的科学。在空中作战思想与理论的形成、发展与实施过程中，航空技术起到了基础性作用。航空技术发展到什么阶段，空中作战思想与理论就基本处于什么阶段，航空技术发展所显示的发展趋势，也正是空中作战思想与理论的发展方向。

（一）航空技术创新决定空中作战思想与理论的形成与发展

军事航空的历史证明，空军作战思想与理论的形成发展，与航空技术的发展创新密切相关，航空技术的发展推动空中作战思想与理论的形成与发展，在航空技术与作战思想与理论的关系中，航空技术发挥着基础性作用。

飞机被发明并很快运用于战争实践，本身就是航空技术的巨大成就，进而引发人们对于飞机在未来战争中作用的争论和探索，空中作战理论在这一过程中初步形成。第一次世界大战中，随着航空技术在战争实践的牵引下迅猛发展，空中力量在战争中的作用不断提升，职能不断拓展，空中作战理论的创新发展不断加速推进。这一时期的空战理论在总结空战经验过程中，大胆预测了航空

兵的未来发展，提出了一系列关于航空兵建设与使用的重大理论问题，其中杜黑对飞机和空中作战的作用提出了科学的预见，米切尔对美国航空兵的建设进行了积极倡导，并对未来空中作战的作战样式进行了大胆预测，初步形成了以"制空权""空中国防""战略轰炸"等为代表的、对后世产生深远影响的经典空中战争理论。

第二次世界大战期间，在航空技术迅猛发展的强大助推下，空中力量的速度、作战距离、载弹量等作战指标迅速提高，空中作战理论的发展与创新有了更加宽广的空间和更加坚实的基础，空中作战理论随着航空技术的发展而进一步创新，如德国充分利用空中力量快速的特点，开创性地将航空兵与坦克集群紧密结合起来，创造了机械化运动战的崭新作战形式——"闪击战"，将空中力量支援地面作战发展到一个全新的水平；苏军航空兵发展出运用直接航空火力支援、空中掩护、空中封锁、侦察、近距空中支援、航空兵护送等方式实施对地支援作战的理论；英美等国高度重视航空兵的战略运用，充分发挥航空兵战略轰炸的作用，通过总结德国对英国、英美对德国、美国对日本战略轰炸的实践经验，提出了精确轰炸理论，修正了经典战略轰炸理论中的"战略轰炸速胜论"和"轰炸机无往而不胜论"，推动了战略轰炸理论的发展和完善。

战后，在军事航空各领域内的航空技术都取得实质性的发展，特别是随着喷气发动机技术、新的气动布局技术、隐身技术等发展，军用飞机各项性能不断跃升，航空武器装备日新月异，空中力量在现代战争中的战略地位日益凸显，空中力量的使用范围、突击威力和作战能力都有了大幅度的提高，空战样式、方法和手段不断发展，导致空战理论的空前活跃和重大变革，美苏战略核轰炸理论和核反击理论、美军"空地一体作战"理论、苏军"战区战略性战役"理论等的提出，制空权理论、空中控制理论形式与内涵的新发展，都是对这一时期因航空技术的迅速发展而带来的高技术条件下新的空中作战样式和战术战法的理论总结。

（二）航空技术发展决定空中作战思想与理论的实施与实现

空中作战理论对空军建设与运用能起到理论指导作用，但空中作战理论要能在空中作战的实践中发挥作用，具有相关的航空技术是一个必要的条件。没有航空技术的物质基础，不仅难以产生正确的空中作战理论，而且也不会使空中作战理论得以顺利实现。

空军早期理论家杜黑、米切尔，在空中力量应用于军事实践不久，就创立了以"制空权"为核心的空军军事思想与理论，但因为当时空中力量的作战性能还十分薄弱，早期的空军作战理论在实践中并没有得到有效的实施。只是在军用飞机的航程、火力、载量弹、轰炸精度达到一定的程度后，军事理论先驱所提出的一些军事理论设想，才在作战中得到实现，特别是在第二次世界大战中，依靠航空技术的进步而带来的空中力量能力的提升，"战略轰炸"才能从理论变为现实。

在某些情况下，由技术进步而开发出的新武器、新装备，还可补充原来空中作战理论的某些缺失及不足。在早期军事理论先驱看来，空中作战中进攻占据极大的优势，地面防御不可能在进防对抗中占据主动，因而主张把空中力量的全部能力都用于空中进攻。但在空中作战实践中，由于地面防空技术，特别是雷达技术的发展，地面防空的效率极大提高，对空中进攻能力造成重大威胁，并因此形成了完善的防空作战理论。

近一个时期，军事强国陆续推出"五环"目标理论、"全球交战"思想、"战略瘫痪"思想、"网络中心战"思想和"震慑"战略理论等新思想、新理论。一方面，这些理论都是在军事强国的作战实践中逐步形成发展的，其先进的航空技术与频繁的作战实践相结合，为新的空中作战理论不断创新发展创造了适合的环境和土壤。另一方面，其他国家想学习和借鉴其先进的作战思想与理论，但若没有掌握相当的航空技术水平，没有对同一层次的航空技术所代表的空军武器装备的应用与熟悉，对这些技术与武器装备的基础上所建立的军事理论的理解肯定是肤浅和片面的，是难以领悟到其真正的精髓，也难以对作战实践加以正确引导。

（三）航空技术决定空中作战思想与理论的发展方向

随着航空技术的发展，将会出现之前没有出现的新武器、新装备，并由此带来崭新的作战力量、作战样式，由此也必将对作战思想与理论产生强烈的牵引，促进新的空中作战思想与理论的形成与发展。

当前和今后一个时期，随着第四代战斗机相关技术、无人机技术、信息化特征明显加强的机载武器技术等不断成熟和完善，空中作战理论信息化、空天化、无人化、网络化趋势明显；同时，一些未来将对空中作战产生重大影响的新技术，如高超声速飞行器技术、网络攻击技术、大数据、云计算等相关技术正蓬勃发展，甚至有可能改变未来空中作战的规则。空中作战思想与理论必须与航空技术的发展同步发展，创新出新的空中作战思想与理论，如全球快速打击理论、网络战理论、云作战理论等，用以指导面向未来的空中作战，充分发挥具备信息化特征的空中力量的作战效能。在当前航空技术的发展越来越复杂的背景下，空中作战思想与理论的创新发展也越来越与航空技术的发展密切地联系在一起，创新发展的航空技术正成为引领空中作战理论进一步发展的基础性因素。

另一方面，在军事航空的长期实践中可以发现，空军军事理论对军事技术的依赖具有相对性，空军军事理论的创新与发展具有一定的独立性特征，有其自身的发展规律：一是空军军事理论的发展对应于军事技术的发展，在时间上具备一定的延迟性。二是空军军事理论在一定条件还可能超越当时的军事技术水平。如杜黑在军事航空还处于初级阶段时，就提出了"制空权"理论。这很大一部分原因，要归功于空军军事理论家敏锐的洞察力和卓越的理论思维能力。三是同样一种军事技术，可以有各种不同的军事理论与其相适应。四是军事理论对军事技术的发展具有反作用。一种军事理论的形成，不仅是对军事技术发展的反映和适应，而且具有一定的超前性，因而能制约和指导军事技术的发展。总之，在对待军事技术同军事理论的关系上，应坚持唯物辩证法的观点，既要看到军事理论对军事技术的依赖性，又要看到军事理论的相对独立性。

第二章　空中作战对航空技术发展的影响

随着飞机在战场运用范围、使用方式和规模的不断变化，空中作战方法、作战规模、作战样式持续发展，从简单的手投炮弹、手榴弹对地轰炸到投弹架投放专用航空炸弹、精确制导炸弹，由偶然的相互射击发展为格斗空战，由近距空战发展到远距空战再到发射后不管的空空导弹对决、防区外远程精确打击。空中作战实践不断推动着航空技术创新发展，并迅速物化成航空技术装备，促使以作战飞机为主体的各类航空装备的飞行速度、高度、航程等性能持续提升，航空武器的打击精度、毁伤强度、智能程度不断增强；在空中作战实践和航空技术发展的双重牵引下，越来越多地适用于空中作战的各类航空装备应用战场，航空武器装备逐步向成系列、成体系化方向发展。

第一节　空中作战影响航空技术发展机理

人类开启空中作战的时代以后，空中战场便成为航空技术物化成果的试验场和检验场，空中作战不仅直接推动着航空技术持续发展进步，而且还加速催化着航空技术在最短时间内、最大限度地物化成航空装备。

一、空中作战是推进航空技术发展的永恒动力

早期的航空器由于技术性能较差，尽管它的作战使用对于战争进程和结局的实际作用十分有限，但在空中作战中已经初步显示出机动灵活和能担负多种任务的优越性，成为支撑空中作战样式产生、存在、发展的物质基础。空中作战样式的不断发展衍变，从根本上促进了航空技术的迅速发展，是推动航空技术持续发展进步的永恒动力。

空中作战的舞台大幕一拉开，首先催生了专用战斗机，同步推动了航空机枪、专用航空炸弹及瞄准控制技术等相关航空技术的发展。第一次世界大战初期，飞机还没有装备空战武器，飞行员执行侦察任务时遭遇敌机，往往本能地用手枪相互射击进行驱逐。后来，有些飞行员将地面使用的机枪带上飞机作为空战武器使用。1915 年，法国飞机设计师莫拉纳·索尔尼埃在一架"莫拉纳—索尔尼埃"L 形单翼飞机机身的前部，安装了一挺口径 7.62mm 的"霍奇斯基"

机枪。机枪沿航线向前射击，为防止子弹击中螺旋桨，在桨叶上沿枪管方向安装了金属挡板。1915 年 4 月 1 日，法国飞行员罗朗·加罗斯驾驶这种飞机击落 1 架德国侦察机，使这种简易的装置显示出了良好的效果；在随后的 2 周多时间内，他又先后击落 4 架德机，创造了在 16 天内击落 5 架德机的纪录，成为世界第一个王牌飞行员，而他驾驶的、装有桨叶保护板的飞机，给德国空军造成了恐惧。后来，在偏导板技术的基础上，与发动机关联的"机枪协调器"的发明，使得真正的战斗机诞生了。

在第一次世界大战大规模的空中作战实践推动下，西方强国开始建立航空科研机构，空气动力学、实验空气动力学等航空基础理论快速发展，风洞等科研设备初步普及，航空科学体系初步形成。

第一次世界大战结束后，在科学技术发展推动和军事斗争需求的牵引下，低速空气动力学和空气动力试验学全面发展，冯·卡门和钱学森等科学家在高速空气动力学研究方面取得重大突破，为航空技术发展和飞机设计制造提供坚实的理论基础、科学方法与试验手段。1929 年，发动机整流罩研制成功。飞机整流罩技术同样引起飞机设计的一场革命，螺旋桨、翼型剖面、高升力装置、起落架、机体设计技术等得到全面进步，利用废气涡轮增压器、变距螺旋桨、整体铸造飞机发动机汽缸排、可收放起落架、采用铝合金等新材料设计机体流线型气动外形和上单翼等成为推动飞机性能全面提高的重要技术。第二次世界大战的爆发，再次刺激了以喷气式发动机技术为典型代表的航空技术全面快速发展，航空平台、航空武器、机载设备等航空技术发展进入新的历史时期，到 20 世纪 90 年代，在经历几场高技术局部战争的刺激下，精确制导技术、卫星通信与预警技术、全球定位导航技术、隐身技术等高新技术群体"井喷"式发展，航空武器装备系统更趋于精确化、智能化、一体化、隐身化、无人化和空间化，引发空中战争样式的巨大变革。

纵观 100 多年来空中作战发展历程，空中力量走过了一段从作战工具到重要作战手段再到主要作战手段的历程，经历了从担当小角色到担当配角再到主角的转换，完成了从发挥次要作用到发挥主要作用再到决定性作用的跃升。整个过程中，航空技术伴随空中作战的发展而发展，空中作战催生了航空技术的进步，航空技术物化的航空武器装备通过空中作战检验不断更新换代。

二、空中作战是推动航空技术工程化的催化剂

航空技术的孕育从远古时代的人类对飞行的梦想就开始了，航空装备是物化了的航空技术，代表着一定时期航空技术的最新成就和最高水平。航空装备作为空中战场的物质支撑，在空中战场激烈的作战需求下，催生最新航空技术在第一时间转化成实体的航空装备。

　　飞机作为空中作战使用最广泛和最核心的航空装备，是各国军队争先发展的重点，长期以来始终代表了一段时期内最先进的航空技术水平。也正是因为飞机在空中作战中发挥的突出优势和作用，众多最新科技成果对它趋之若鹜，争先恐后地物化在飞机的设计与制造中。空气动力学、空气动力试验学、飞行力学等航空科学成为20世纪最重要的科学领域之一，吸引当时最有才华的科学家，他们的研究成果，为军用飞机技术发展提供坚实的理论基础。从第一次世界大战到第二次世界大战，随着空中作战规模的逐步扩大，空中战场对战争进程和结局的影响极大提升；空中战场地位作用大幅提升，空中作战对航空装备的需求与日俱增，大大加快了各类技术的物化速度，催生越来越多的技术向具有实战功能的航空装备转化。

　　为解决空地、空空联络以及地面对单座飞机的指挥控制问题，真空管收发报机、无线电话先后被运用到飞机上，进行地空（空空）双向电报通信；雷达于20世纪30年代中期达到实用水平并开始用于防空作战，1940年英国已经研制装备用于截击机与轰炸机的瞄准雷达。通信技术、雷达技术在飞机上的应用，使空中作战成为第一种依靠现代科学技术手段进行实时控制的现代作战，极大地提高了空军作战效率。与无线电通信、雷达技术在飞机上的应用相伴而生的，是通信、雷达的对抗技术、告警技术、侦察技术率先在飞机与空中作战的应用。在第二次世界大战中，电子战已经在空中作战中展开，并发挥重要作用。

　　电子计算机于1946年在美国诞生，1952年美国开始在截击机上装备第一代机载电子数字计算机，用来控制飞机的自动跟踪、导航、瞄准、空中攻击和对地攻击。1954年，美国研制成功半主动雷达制导的空空导弹，雷达技术用于空中杀伤武器；1955年，第一代红外空空导弹研制成功，雷达制导与红外制导空空导弹开创了精确制导武器用于作战的先河。

　　为了对抗现代雷达和各种光学传感器的探测，最大限度地保护空中飞机的安全、减小飞机被地面雷达探测发现概率，第二次世界大战以后，世界各国都开始加紧研究隐身技术，隐身技术一出现便最先用于飞机等航空器上，美国先后研制成功具有隐身功能的F-117攻击机、B-2轰炸机、F-22和F-35隐身战斗机。F-117A隐身战斗机，更是凭借隐身技术，在对厄瓜多尔的入侵和海湾战争的第一波次空袭中，成功地避开了雷达的搜索而一举成名。

　　目前，为适应未来空天战场需求，空天技术进入新一轮创新高峰。随着物联网、云计算、大数据、自主系统、3D打印、脑电波控制、光传操纵、5G通信、网络入侵等新一代信息技术快速发展，军用物联网、武器自主控制系统、空天网络武器等将陆续进入战场，空天作战指挥和武器控制智能化将出现质的跃升。同时，单晶材料、热强镍合金、耐火合金材料、特种合金材料、抗腐蚀保护层、新型吸波材料等新材料技术，发动机变循环、超燃冲压动力、高超声速无动力滑翔飞行、高温超导、新型拓扑结构电机等新一代实体机动技术，以及新概念武器技术等历经多年研发即将取得突破，为新型空天装备发展打下坚实基础。

三、空中作战是检验航空技术应用效果的试验场

空中战场为航空技术发展提供了广阔的应用空间。一直以来，为提升军用飞机的作战能力，凡是技术性能、重量、体积适用于飞机的，通信技术、雷达技术、计算机技术、精确制导技术、信息技术等都被首先用到飞机上，并通过军用飞机的战场运用，检验这些技术成果对飞机作战效能带来的影响和变革，空中战场成为测试航空技术水平、改进技术标准、牵引技术发展方向的检验场。将最新航空武器装备投入空中战场，通过空中作战使用检验、试验新技术、新装备的效能，已经成为空中战场的潜规则。

越南战争后期，机载航空弹药实现制导化。为提高作战效果和打击效率，美军迫不及待地将刚刚研发成功的新式激光制导炸弹和电视制导炸弹投入战场。1972 年，美军的"宝石路"Ⅰ激光制导炸弹改进完成后，立即把它投入实战。当年 5 月 10 日美军首先轰炸杜梅大桥，投下 22 枚激光制导炸弹，大桥遭到严重破坏，其中一节桥墩倒塌。次日美军再次出动 4 架 F-4 战机，投下 8 枚激光制导炸弹，炸塌 3 节桥墩，杜梅大桥被完全摧毁。13 日，美军又出动 14 架 F-4 对清化大桥进行攻击，共投下 24 枚激光制导炸弹，使清化大桥失去了使用功能。3 次空袭，只用了 54 枚炸弹，未损一架飞机，就取得了作战的圆满成功。而此前从 1965—1972 年，美军曾对杜梅大桥进行过 113 次空袭，对清化大桥进行过 871 次空袭，共损失飞机 21 架，以两桥为目标投下的炸弹达 1 万多吨，但始终没对两桥构成重伤。

海湾战争中，为检验隐身飞机的实战隐身效果和作战效能技术，美军将所研制的世界上第一种具有隐身特征的 F-117 攻击机投入战场。在战争初期的空袭作战中，美军在海湾部署的 F-117 隐身飞机，以累计仅占整个空袭总数 2% 架次的出动量，成功攻击了 40% 的重要战略目标，让世人第一次目睹了隐身技术的巨大魅力[1]。经过空中实战检验，隐身性能也成为第四代战机的断代技术标准之一。为了检验新型空中预警与指挥控制飞机的战场功效，美国还动用了 2 架正在研制尚未列装的 E-8A 型联合监视目标攻击雷达系统飞机，对敌主要地面活动进行近实时的监视，对掌握的详细战术图像和信息进行处理和存储并传输给用户，帮助指挥员了解情况和进行决策，并适时引导空中飞机和地面炮兵攻击敌高价值目标。E-2C、E-3B/C 型空中预警与指挥控制飞机和 E-8A 型联

---

① 章俭，管有勋. 15 场空中战争[M]. 北京：解放军出版社，2004：399-400.

合监视目标攻击雷达系统飞机在海湾战争中发挥了重要作用，是"沙漠风暴"行动空中和地面作战成功的重要因素之一。

1999 年爆发的科索沃战争，成为第二次世界大战以来使用高新武器装备最多的一次局部战争，以美国为首的北约，使用了西方国家现有武库中除核武器以外的几乎所有先进的、现代化的空袭兵器和正在研制尚未服役的空袭兵器。B-2 隐身战略轰炸机自 20 世纪 80 年代末装备部队后，从未使用过，科索沃战争是首次用于实战。在这场战争中，美国空军出动近 60 架次 B-2 型隐身轰炸机，从美国本土起飞，经空中加油，往返飞行 30h，对南联盟要害目标实施精确轰炸，成功检验了该型机超强的隐身性能、远程奔袭和突防能力以及极其强悍的空中打击能力。同时，北约在科索沃战争中使用了大量的精确制导武器，种类繁多。其中，首次使用了"联合直接攻击弹药"（JDAM）、"联合防区外武器"（JAOW）和"感应引信武器"（SFW）。

在第二次世界大战以后发生的大多数空中战争中，美国和解体前的苏联两个超级大国以及其他一些军事科技发达国家，或者直接参战，或者向参战国家和集团出售和供应包括新型和高技术航空武器装备在内的各种武器和技术装备，使空中战争的空战场变成了检验新式航空武器装备，特别是高技术航空武器装备实战效能的试验场，同时也成为人们观察、研究新型和高技术航空武器装备的一个视窗。通过这个窗口人们观察到，一代比一代性能先进的航空武器装备，在一次次空中战争中得到了日益广泛的运用，显示出前所未有的强大威力和独特能力。

第二节　空中作战需求牵引航空技术发展方向

世界大战对航空技术发展提出强烈需求，空中作战样式演进为航空技术发展提供导向性牵引。空中作战为追求领先对手优势，作战飞机的飞行速度越来越快；为了能够从更远的距离发动对对手的空中打击，飞机的飞行距离越来越远；为了更加准确地打击地面目标，提高空中轰炸效果，同时尽可能减少附带伤亡，空中打击技术精确性逐步提高。同时，航空技术的全面进步，也使得航空技术装备向着体系化信息化方向发展。

一、向着更快、更远、更高方向发展

战争是一台推力巨大的航空发动机，推动着航空技术飞速疾进。第二次世界大战期间，迅猛、突然是空中作战始终强调的核心因素，这种空中作战需求促使航空动力技术不断发展，各种先进航空技术首先聚焦于作战飞机，作战飞机成为展示航空技术最新成果的载体，呈现出飞行速度更快、航程更远、升限

更高的发展趋势。

第二次世界大战结束以后，以飞机发动机和结构技术为核心的航空技术有了明显进步，各国航空技术装备有了较大改观，突出表现是作战飞机的飞行速度有了质的飞跃，飞行高度步步攀升。第一次世界大战时，作战飞机的最大时速只有 220km/h 左右，第二次世界大战前达到 580km/h，第二次世界大战后期则已超过 700km/h，并出现了超声速飞机，空中格斗也追求以速度制胜。飞行高度方面，1912 年，第一次世界大战中成为世界第一个"王牌"的法国飞行员罗朗·加罗斯，驾驶"莫拉纳·索尔居埃"飞机飞到 5610m，突破 5000m 大关，创下当时的飞行高度世界纪录；1920 年 2 月 27 日，美国施罗德少校驾驶"莱普尔"号双翼机，在俄亥俄州德顿基地，首创 10099m 飞行高度纪录。随后，在解决人类高空反应的压力舱发明后，飞行高度纪录再度继续攀升，第二次世界大战期间，美国的 B-25 米切尔式轰炸机、P-39"飞蛇"式战斗机等都突破 8000m 升限，P-38"闪电"式战斗机、P-51"野马"式战斗机和德国的福克-乌尔夫 FW-190A 战斗机则将纪录提高到 10000m 以上。第二次世界大战结束后，航空技术的新进步推动飞行高度纪录继续刷新，1956 年，美国研制成功 U-2 侦察机，是世界上第一种飞过 20000m 高度的实用型飞机。1966 年，美国又装备了 SR-71 战略侦察机，飞行高度达到 26600m。1977 年 8 月 31 日，苏联飞行员费多托夫驾驶米格-25 原型 E-266 飞机创造了飞行高度 37650m 的世界纪录，至今无人打破。

1944 年 7 月 25 日，一架没有螺旋桨的德军"怪"机在慕尼黑上空 9000m 的高度，将当时速度最快的一架英军"蚊"式飞机追得狼狈不堪，最终躲进云层才幸免于难。此后，"蚊"式等其他飞机相继在德军"怪"机的枪口下坠落。这架"怪"机名为 ME-262，动力装置是喷气式发动机，推力远远大于活塞式发动机，其最大飞行速度达到 869km/h，升限达 11450m，机上装有 4 门 30mm 航空机炮，战斗中表现出超群的攻击力[①]。ME-262 的第一声呼啸，响彻战云密布的欧洲天空，也将战斗机带进了喷气式时代的黎明。从朝鲜战争起，超声速喷气式战斗机开始在天空征战、搏杀。此后，战斗机以每 10 年左右更换一代新机的速度迅猛发展。

第一代喷气式战斗机诞生于 20 世纪 50 年代，最大飞行速度为马赫数 1.3 左右，动力装置为带加力燃烧室的涡轮喷气发动机；60 年代，第二代喷气式战斗机开始装备各国空军，显著特点是飞行速度大大提高，最大飞行马赫数超过 2.0；第三代喷气式战斗机于 70 年代中期开始服役，飞行马赫数一般为 1.8～2.5；与第二代战斗机相比，F-15 和 F-16 等第三代战斗机的空战推重比已达到 1.3～

---

① 朱业惠. 飞机发展历程[M]. 北京：航空工业出版社，2007：19.

1.4，提高了约 40%，而且飞行最大速度和最小速度之比达到 13 以上，速度范围和使用包线明显扩大；在加速性能方面，F-15 和 F-16 型机海平面最大水平加速度达到 12m/s 以上，在 9000m 高度，只需用 20s 和 40s 马赫数就能从 0.9 加速到 1.2 和 1.6，比第二代战斗机提高一倍①。而以美国 F-22 为代表的第四代喷气式战斗机都具备超声速巡航能力，确保 F-22 能长时间进行高速飞行，从而在较大范围的空域内进行多次高强度空战，超声速巡航成为第四代战斗机的核心能力标志之一。

在作战飞机速度不断跃升的同时，各种不同用途的作战飞机技战术性能不断提高，升限、时速、航程、载重不断增大。为了增大航程谋求更大的作战半径，还采用加挂副油箱特别是发展了空中加油等技术措施。飞机航程的增大，使得作战半径不断延伸。第一次世界大战末期，歼击机作战半径达到 150km，轰炸机作战半径达 500km，可袭击敌深远后方目标；第二次世界大战时，以"野马"式歼击机为代表，不带副油箱作战半径为 763km，带两个副油箱作战半径达 1370km，可对轰炸机实施全程护航；轰炸机以 B-29 型航程最远，作战半径约 3000km，在对日本本土实施战略轰炸中大出风头。战争末期出现的喷气式歼击机和轰炸机，在战后得到极大的发展，如 20 世纪 50 年代研制的 B-52 型、图-95 型轰炸机进行空中加油后能进行全球不着陆飞行，目前这些装备仍在服役。随着加油技术的成熟，轰炸机和战斗机都能进行空中加油，使它们的作战半径大大增加。从而保证了各种作战飞机能在全战区全纵深作战，特别是轰炸机能进行全球性轰炸突击。现如今的主战飞机作战半径一般都为 1500～2000km，借助空中加油，理论上能在全球范围机动，实现全纵深打击，使得现代战争没有前后方之分。

进入 21 世纪以来，为追求更快的速度、更高的高度，美国等军事强国正在加紧试验临近空间高超声速飞行器技术，从 2010 年开始先后试飞了 HTV-2、X-51A、X-37B 等高超声速无人飞行器，尽管目前这些技术还都处于探索阶段，但从发展的趋势看，高超声速将可能是航空航天技术结合发展的新方向。

二、向着远程化、精确化、可控化方向发展

从飞机运用于战争之初，投射弹药打击的准确性很差。从机枪和炸弹被装上飞机开始，迫切需要解决的就是如何才能打得准、炸得中问题。随着航空技术与战争样式的同步发展，空中作战样式不断演进、作战规模不断增大，空中战争的实践需求不断催生航空武器技术的进步。伴随专用航空武器的出现，各国就开始了机载瞄准设备的探索，航空武器技术呈现出远距离打击、精确打击

---

① 马权. 飞翔的文明——军事航空百年解构[M]. 北京：解放军出版社，2011：54.

和规模可控化发展趋势，在一定程度上成为航空技术全面发展进步的代表。

第一次世界大战初期，飞机上安装的机枪与地面上的机枪基本一样，也采用"星环式机械瞄准具"。飞行员直接用眼睛进行瞄准，使用时必须使眼睛与准星、瞄准环和目标保持在一条直线上。但运动的目标给准确的瞄准、射击带来很大困难。至于轰炸瞄准的问题，由于当时飞机的飞行速度慢、高度低，炸弹的下落基本上被视为一条直线，因此，从飞机上向地面投掷炸弹，都是用眼睛直接瞄准，没有瞄准设备。德国于1917年战争结束前夕，才研制出一种简单的"光学轰炸瞄准具"。为提高空中轰炸的准确性和轰炸能力，美国陆军航空兵（空军）对精确轰炸技术进行了长期的研究，研制出了诺顿马克-15型轰炸瞄准具。直至第二次世界大战时，航空轰炸瞄准技术没有多大的发展变化，飞机基本采用了有一定瞄准能力的环形瞄准具、光学瞄准具、雷达等设备，命中概率较以前有改进，但并没有质的提高。美军在第二次世界大战时轰炸摧毁一个典型目标，平均需要出动B-17轰炸机108架次，投下648枚炸弹。这期间，德国研制了世界上第一种制导弹药——HS-293型机载无线电遥控空舰炸弹，曾经在地中海试用。此外，德国还研制成了V-1飞航式导弹和V-2弹道导弹，运用于不列颠战役。但这个时期的导弹，几乎没有什么打击的准星，基本还是依靠数量轰炸达到打击效果。

第二次世界大战后，美国空军瞄准技术设备从机械技术发展到电子技术、计算机技术、火控雷达技术等。越南战争后期，航弹控制技术从弹道控制发展到激光、红外、电视制导，轰炸精度控制在数米，平均圆概率误差为9.15m。此后，随着现代信息技术广泛运用于指挥控制和火力控制，机载航空弹药迅速实现了制导化，精确打击程度大幅跃升；出现了包括空空导弹、空地导弹和制导炸弹在内的各种机载精确制导武器，它们命中精度高、毁伤能力强。

到了20世纪90年代，空空导弹技术成熟并广泛运用，已具有全天候、全高度、全方向、超视距和多目标攻击的能力，成为先进歼击机（战斗机）的主要空战武器。海湾战争、科索沃战争、伊拉克战争等战争实践进一步证实，空中精确打击能力，已经成为一种必不可少的能力，尤其是在政治限制其减少附带毁伤或平民伤亡的情况下更是如此。1991年的海湾战争，多国部队使用的激光制导炸弹占所使用弹药总数的4.3%，所使用的精确制导弹药占8%，而给伊拉克军队和基础设施造成的破坏却占75%，实战中共使用了20多种精确制导弹药，约4.3万枚，使这场战争成为战争历史上首次大规模使用精确制导弹药的战争。波黑战争中，精确制导弹药的使用占美国作战部队所应用弹药的90%以上，特别是在"慎用武力"作战行动中，北约国家所使用的精确制导武器的数量占了全部投掷炸弹的60%以上。北约作战飞机对所瞄准的重要目标进行空袭，97%的目标遭到攻击，被彻底炸毁或严重破坏的目标数超过80%，保持了较高的毁伤概率。

从精确制导武器诞生以来，20世纪五六十年代，出现了第一、二代空地/舰导弹，圆概率偏差达到20～30m。1965年，美国研制成功世界第一种激光制导炸弹"铺路"Ⅰ型，圆概率偏差为6～7m。七八十年代以后，随着高新技术的发展及在军事上的广泛应用，特别是激光、电视、卫星等制导技术的发展和应用，精确制导炸弹发展到第二、三代，还出现了巡航导弹，使空中打击精度有了质的提高，并深刻改变了空中作战样式。现在，第三代激光制导炸弹的精度达到1m以内。

三、向着体系化、信息化、智能化、空天一体化方向发展

从第一次、第二次世界大战，到朝鲜战争、越南战争、印巴战争、中东战争，再到20世纪90年代以来发生的几次局部战争，空中战场成为战争的重要组成部分，发挥着越来越重要的影响和作用。经过近一个世纪空中战争的洗礼，总体综合技术、发动机技术、航空材料技术、航空制造技术、综合控制技术、航空武器系统、航空电子技术等全方位发展，航空技术装备种类更加齐全配套，呈现出体系化、信息化和空天一体化的显著特征。

空中作战的实践检验和需求牵引，加上军事信息技术的迅猛发展与应用，给航空技术发展带来了划时代的变化。如今，不仅喷气式战斗机已经发展了四代，而且还出现了许多先进的攻击机、预警机、轰炸机、军用运输机、教练机、无人侦察机和武装直升机等军用飞行器，构成了一个完整的航空装备体系。作战飞机整体技战术性能的增强，又同步带动了结构力学、材料学和空气动力学等关键学科的发展。飞机既要能在空中高速飞行和灵活机动地操纵，还要有各种机载设备系统，主要包括导航控制系统、通信系统、发动机调控系统、机内环境控制系统等，作战飞机还有火力控制系统、综合显示系统、救生系统等。近几十年来，计算机、微电子、自动控制、激光等技术获得迅猛发展。吸收这些尖端技术，新型航空机载设备系统的综合化、信息化程度不断提高。

在第三代喷气式战斗机上，其大量使用的航空电子设备，如平面显示器、光栅扫描多功能显示器、活动地图、数据总线等，普遍装有多功能雷达、数字式计算机、雷达系统及新型武器投放控制装置，能够与惯性导航和多普勒导航系统、通信和自动飞行控制系统同时进行地形跟踪和地形测绘，对地面固定和活动目标进行跟踪和测距，还可以控制武器弹药的精确投放，具有全天候空空、空地作战能力。第四代喷气式战斗机与前三代相比，以2005年率先服役的F-22为代表，各项性能有了质的飞跃，标志着如飞行主动控制技术、隐身技术、先

进复合材料技术、推力矢量控制技术、大推重比发动机等众多航空技术逐步成熟，展现出超声速巡航、超机动性能、超视距空战能力和隐身性能的显著 4S 特征。飞机的探测系统除采用火控雷达外，还增加了光电探测手段和航空数据链系统；飞机的平台、火控系统、动力系统高度综合，使三者协调一致；武器攻击能力进一步增强，攻击距离进一步提高，攻击范围进一步扩大，近距格斗导弹均采用多源红外成像体制，中远距导弹采用惯性/指令/主动雷达等多种复合制导方式。

当前，美国正在研发的五代机，将实现马赫数 3～6 的超高速巡航飞行，全向全谱隐身，可遂行进攻性和防御性的制空作战，同时具有导弹防御、空中遮断和近距空中支援等任务的能力，并实现基于物联网的互联互通互操作，具有比四代机航程航时优势，以及更好的生存力、态势感知能力、武器效能和"人—系统综合"能力。从当前发展趋势看，有人战斗机在飞行速度和高度上可能难以有更大突破空间，智能化预计是发展的主要方向。目前，已经提出全封闭式驾驶舱技术、机载武器的自主识别、跟踪和攻击技术、等离子隐身、全频谱吸收涂层等主动隐身技术等设想。未来数十年内，航空技术将继续吸纳以信息、通信与电子技术、先进材料技术、先进能源及动力技术、先进制造技术等为代表的一批基础科学技术，加快推进新型航空航天武器系统的出现和性能提升。同时，各类航空平台、航空电子设备的硬件和软件，许多都是信息与空天时代的重要科技成果，使航空技术呈现出航空航天融合发展的显著特征，其信息化、智能化程度正发生着革命性的变化。

第三节　空中作战实践促进航空技术创新发展

第一次、第二次世界大战的爆发，各类飞机大规模参战，促使轰炸机、战斗机、攻击机、侦察机等专业机种形成。海湾战争、科索沃战争、伊拉克战争、阿富汗战争、利比亚战争和叙利亚战争等现代局部战争中，各种先进的航空兵器大规模、全程使用，在充分检验其作战效能的同时，又通过战争实践催生航空技术的更新发展。军用飞机研制积极采用当时的最新科技成果，机载武器、设备同步发展。战斗机争夺制空权的战斗，促进了航空武器的发展；昼间和夜间轰炸，刺激了轰炸瞄准具、自动驾驶仪、精确制导航空炸弹的发展；空中侦察促进了照相机等侦察技术的发展；为了躲避雷达探测而研制成功隐身技术；航空电子通信技术成为军用飞机的重要技术，无线电通信和导航设备开始成为飞机的重要技术手段。空中作战渗透到战争的各个领域，丰富的空中作战实践不断促进航空技术全面创新发展。

一、推动飞机总体综合技术的飞速发展

两次世界大战、朝鲜战争、越南战争、科索沃战争等空中战争时期，尤其是在以空中格斗为主要样式的空中作战时期，提高战斗机机动性和格斗能力，改善起飞、着陆性能成为空气动力学研究的重点，刺激了包括飞机机体技术、结构技术等在内的飞机总体综合技术不断提高。

（一）飞机机体技术

20 世纪 20 年代后期，为提高飞行速度，在空战中获取更大的机动优势，双翼机逐渐向单翼机过渡，1933 年以后双翼机逐渐被淘汰。米格-19 等第一代喷气式战机采用小展弦比的后掠翼及细长机身以降低激波阻力和安全跨过超声速区；为实现飞机的两倍以上超声速飞行，米格-21 等第二代战机多采用三角翼。三角翼的前缘后掠角一般较大而展弦比较小，临界马赫数较大。当超声速飞行时，机翼容易处在机头马赫锥内，跨声速和超声速飞行的激波阻力较小而气动效率较高。20 世纪 60—70 年代，可变后掠角机翼、近距耦合鸭式布局、边条翼布局、前后缘襟翼、机动襟翼、翼身融合布局等先进外形和气动布局、垂直起降方案等成为这一时期形成的新技术。这一时期，为解决 F-111、F-14、米格-23、图-22M 等战机高速飞行需要大的机翼后掠角、低速飞行需要小的机翼后掠角的矛盾，变后掠翼技术在这些机型上得到普遍运用。

1968 年，美国空军根据越南战争使用二代机经验，提出研制三代机的招标，对飞机的技术性能提出详细的要求，突出了机动性、作战效能、维护管理的技术要求。通过低翼载、大推重比技术，同时采用边条机翼、前缘襟翼、翼身融合、近距耦合鸭式等先进的气动布局，采用新技术理论设计的第三代战机气动特性，机动性、边界飞行能力（最大速度、升限、大迎角飞行能力等）、短距起降性能大幅度提高。在飞机的操纵性上，通过全动平尾技术、惯性耦合技术、双垂尾和腹鳍技术、自动增稳系统技术等的使用，飞机的飞行品质不断提高。

针对 21 世纪的战场环境和作战模式可能发展变化，美俄等航空大国着眼未来战争的发展趋势，充分利用技术储备优势，开始着手研制第四代喷气式战斗机。飞机一体化技术得到应有发展，在飞机设计过程中，将飞机机体、发动机、航空电子设备、武器及外挂系统作为一个整体来设计，使飞机各系统协调，在提高性能、减少重量和降低成本等方面得出最佳结果。在新型战斗机的设计上，普遍使用了翼身融合、近距耦合鸭翼式布局、自适应机翼、隐身、保形设计、推力矢量喷口和放宽静安定度等技术。以 F-22 为代表，此类战机成功地将隐身外形设计技术、低超声速波阻技术、大迎角气动力技术和非定常前体涡控技术等融合在一起，并在隐身性能和机动性能之间取得了很好的平衡；机身采用翼身融合技术，大量使用复合材料，动力装置的设计上采取了大量先进技术，既

提高了飞机的气动性能，又有助于减少飞机的雷达和红外特征，飞机整体具有优良的综合性能。

（二）飞机结构技术

早期飞机的机身只是用于支撑机翼等部件的纵向大梁，随后支撑飞机各部件的纵向大梁等转变为机身，形成刚性结构和"硬壳式结构"两种结构技术。第一次世界大战后期，出现由 4 个纵向大梁、内部隔框、胶合在梁和框上的层板组成的盒式结构机身，被称为上述两种结构结合而形成的第三种机身结构受到青睐。第四种机身技术以德国法尔茨 D-III 战斗机为代表，它是在圆形的机身前部使用许多梁，之后在机身上覆盖一层蒙布而形成气动外形很好的流线型机身。

空中战争的发展对作战飞机性能需求的不断增多，以及全金属结构技术在飞机制造中广泛使用，飞机机身被分割成座舱、设备舱、武器舱等多个功能区。随着作战飞机完成从活塞时代向喷气时代的跨域，飞机结构技术快速发展，机翼、机身、尾翼、起落架和动力装置等结构组成基本固化；为延长飞机结构的疲劳寿命，提升飞机性能，20 世纪 60 年代开始，飞机结构材料选用包括合金钢、钛合金等，到 80 年代，转向了先进复合材料。

经过几十年的发展，计算结构技术、CAD/CAM、建模和仿真等技术的发展，为传统的结构设计和分析提供了新的手段和方法，提高了结构的性能，减轻了重量，降低了成本，并大大缩短了研制周期。目前，为了降低飞机的寿命成本，飞机工业正在发展智能结构，将微电子技术、先进的飞机设计概念与复合材料的工程技术相结合，把微型传感器、微处理器、光纤、压电材料植入飞机的蒙皮和承载结构中，不断提升作战飞机的气动性、机动性和感知能力。

（三）隐身技术

轰炸机深入敌领土突击重要目标，如能不被敌人发现，无疑是最好的办法。这种想法，在第二次世界大战中就存在。第二次世界大战末期，美军占领德国哥达城时，在哥达飞机工厂的车间里，发现了一种奇特的飞机。它既没有水平尾翼，也没有垂直尾翼，甚至找不到明显的机身，有的只是一副干净、利落的机翼。更令人吃惊的是，在它机翼前缘的蒙皮下面，有一层石墨填料，用以削弱雷达的反射信号。用现代的眼光看，它也许算是世界上最早的隐身飞机。这就是霍顿兄弟设计的 GO-229 型喷气式战斗轰炸机[①]。随着冷战的缓和，局部战争条件下常规作战成为作战的基本形式，研制具有隐身功能的战略轰炸机，越来越成为美苏追求的目标，隐身技术因作战需求而诞生。

---

① 李业惠. 飞机发展历程[M]. 北京：航空工业出版社，2007：93.

隐身技术（Stealth Technology）是指改变或减弱目标辐射和反射特征信息使之难以被探测系统发现的技术，目的是为提高武器攻击的突然性和自身防御的有效性，主要包括反雷达、反红外、反声波、反电磁辐射、反可见光隐身技术等。雷达是对飞行器探测的主要技术装备，隐身技术研究最多、发展最快、应用最广的是反雷达隐身技术。

飞行器最早采用的隐身技术主要是使用透明材料，将飞机蒙皮涂刷成各种伪装颜色等反视觉隐身技术。20世纪50—70年代中期，美国在加强基础理论研究的同时，在 U-2 型高空侦察机采取铁氧体吸波材料涂覆表面降低雷达散射截面、降低自身的电磁辐射等技术提高飞机隐身效果。70年代后期，隐身技术的研究取得重大突破。80年代，反雷达、红外、光、声、电子侦察等探测手段的综合隐身技术达到实用水平。90年代，隐身技术首先在轰炸机研制中全面使用。美国空军始于1978年研制的 B-2 隐身战略轰炸机于1997年服役，标志着轰炸机隐身时代的到来，该机隐身布局和表面吸波涂层等通过独特外形设计和材料使用，达到良好的隐身效果，在历次局部战争中发挥了重要作用。

隐身技术发展到 F-22 这一代，已经从过去的以牺牲飞机的机动性能为代价，发展到今天的使隐身性能和机动性能得到较好的统一。从隐身手段来看，过去主要采用隐身外形、隐身材料、隐身结构等技术，向等离子隐身、全频谱吸收涂层等主动隐身技术发展，最近有资料报道俄罗斯正设法采用在飞机机体周围布设等离子发生器，在飞行中释放等离子气体的方法实现飞机的隐身，此法还能够同时减少飞机的飞行阻力，可谓一举两得。更有吸引力的是，这种方法对飞机的外形没有特殊的要求，所以不但不影响隐身飞机的机动性，而且还可以把没有隐身外形的现有飞机改装成隐身飞机。但目前这种技术的可行性和使用效果尚有待深入探讨。

（四）飞行控制系统技术

第一次世界大战时期飞机的人工操纵系统技术，经历由钢索（软式）向以传动杆为主要元件的硬式操纵系统的发展过程。硬式操纵克服了软式系统的严重延迟现象，提高了操纵效果。随着飞机速度、高度、航程的不断提高，对飞行员的体力要求越来越高。20世纪30年代，为减轻驾驶员长时间飞行疲劳，开始使用三轴稳定的自动驾驶仪，用于保持飞机平直飞行。60年代中期，美国人首先提出了主动控制技术概念。

过去的飞机控制技术功能仅是减轻飞行员的工作负担，在飞行中可以接通，也可以断开，对飞机设计不产生直接影响，处于辅助和从属的地位。主动控制技术是一种新技术，在飞机总体设计阶段就主动地把控制系统与气动布局、动力选择和结构设计等项同时考虑，分担了它们所负担的一部分功能，从而使控制技术处于积极、主动的，与气动布局、动力选择、结构安排同等的地位，因此称它为主动控制技术（Active Control Technology，ACT）。采用主动控制技术，可按照控制系统的作用，综合选择飞机的最佳结构外形，降低飞行阻力，减轻飞机结构重量，以获得布局合理、性能先进的随控布局飞机。主动控制技术主要包括放宽静稳定性要求、直接力控制、机动载荷控制、阵风载荷控制、飞机颤振抑制等技术。

随着主动控制技术的不断发展，主动控制技术所包括的内容也在不断变化。其中，主动控制技术的一个发展方向是与火力控制系统、推力控制系统通过计算机有机地综合起来，进行协调控制，形成综合飞行/推力控制、综合飞行/火力控制等综合控制技术，可使空战命中率提高 2 倍，射击的次数和持续时间提高 3 倍，在大进入角和瞄准线角速度大的交战中可扩大攻击范围，并能在前侧方使用机炮实施有效攻击；在空地攻击中，攻击机的生存率提高 4～9 倍，机动进入目标时的武器投放精度与直线进入目标时相同。

二、促进航空发动机技术的持续变革

从人类实现首次载人、可操纵、持续的动力飞行以来，活塞式发动机曾经是航空动力的主力。活塞式航空发动机的性能，在第一次世界大战后有了进一步提高。特别是在 1930 年以后，新的战争苗头已经显露出来，各国重整军备，加快了军事航空的发展速度。在第二次世界大战爆发时，发动机的功率已增加到 600～820kW，功重比提高到近 1.5kW/daN；螺旋桨式战斗机飞行速度已经达到 500km/h，升限达 10000m 左右。

（一）活塞式航空发动机技术

经过第二次世界大战，活塞式航空发动机的性能和产量都达到了历史的最高水平。当时使用的大型发动机功率达到 2500kW 左右，功重比 1.5kW/daN，耗油率为 0.23～0.28kg/（kW·h）左右，涡轮组合发动机的耗油率更低达 0.23kg/（kW·h）。螺旋桨飞机的最大速度从战争爆发时的 500km/h 提高到 800km/h，升限也从 10000m 提高到 15000m。这样的飞行速度已接近于活塞式飞机的极限值，再要依靠活塞式发动机提高飞机飞行速度已非常困难。原因是达到这一速度时，螺旋桨桨尖速度接近声速，空气阻力剧增，导致发动机功率骤然下降。同时，高速气流在机体上产生局部激波，使飞行阻力剧增。这种现象就是声障，它使高速战斗机飞行员们深感迷惑。每当他们的飞机接近声速时，飞机操纵上都产生奇特的反应，处置不当就会机毁人亡。这种情况下，开辟新的动力模式成为必然选择，功率更大、推重比更高的喷气发动机技术应运而生。

（二）涡轮喷气发动机技术

涡轮喷气发动机，是指用涡轮驱动压气机，使进入发动机的空气增压后与燃料混合燃烧，燃气经喷管高速喷出产生反作用推力的发动机。由进气道、压气机、燃烧室、燃气涡轮和尾喷管 5 个主要部件组成。按压气技术分为离心式、轴流式、组合式等类别。它以空气为主要工质，燃料只占工质总量的 2%～6%。由于燃气以 610m/s 的速度从喷管喷出，产生的推力大，因此在相同推力下发动机的迎风面积和阻力小。

早在 1928 年，21 岁的英国空军教官弗兰克·惠特尔提出了喷气热力学的基本公式，1930 年取得涡喷发动机设计的专利。1937 年 4 月 12 日，他研制出世界上第一台离心式涡喷发动机，推力达到 200daN。这一时期，高速空气动力学发展迅速，各类亚、跨、超声速风洞技术和试验技术也得到发展，德国开始建造常规高超声速风洞和试验方法，为飞机突破声障和热障研究试验提供技术手段。1941 年 5 月 15 日，推力为 600daN 的惠特尔 W.1B 发动机装配在格罗斯特公司的 E28/39 飞机上成功首飞。1938 年 10 月，德国人奥海因研制的采用轴流-离心组合式压气机的 Hes3 涡喷发动机在试验中推力达到 400daN，推重比为 1.12，次年 8 月 27 日，装配了德国亨克尔公司的 He-178 飞机实现世界上成功首飞，喷气式飞机研制成功。第二次世界大战后期，涡轮喷气式发动机在实战中初露锋芒、举世瞩目，战争结束后，喷气发动机技术快速发展，强国空军的战斗机、轰炸机、运输机等主战装备快速实现喷气化。美国研制装备了 F-80、F-84、F-86 等大批喷气式战斗机，苏联研制装备了米格-9、米格-15 喷气式战斗机，并先后投入战场。1950 年 6 月 25 日爆发的朝鲜战争，是战争史上第一次喷气式战斗机的交战，成为喷气时代开始的标志。

（三）涡扇发动机技术

涡扇发动机比涡喷发动机多了一个气动参数——涵道比，其定义为外涵道空气流量与内涵道空气流量之比。与涡桨发动机比较，涡扇发动机的外涵风扇在飞机进气道内，可以在跨声速和超声速飞行时工作，从而避免螺旋桨在高速飞行时工作效率低的缺点；与涡喷发动机相比，在燃气发生器相同的条件下，涡扇发动机的空气流量大，排气速度低，因而推进效率高，耗油率低。第二次世界大战结束后的最初几年里，在美国、英国、苏联和法国不断研制出涡喷、涡桨型号不下几十种的同时，英国罗·罗公司发展了一种涡扇发动机，其方案代号为 RB.80。1947 年 4 月开始台架试车，1950 年 1 月推力达 4120daN 设计指标，到了 1952 年正式定名为康维内外涵发动机，又经过 5 年的努力直到 1957 年 7 月才完成定型试验，进入批量生产。这是世界上第一台涡扇发动机，其推力为 5730daN。此后研制的各种飞机，几乎毫无例外地都采用了涡扇发动机，所以也有人称 20 世纪 60 年代为航空史上的"涡扇发动机时代"。

20 世纪 70 年代初，用于第三代战斗机、推重比为 8.0 的加力式涡扇发动机以及用于战略远程运输机和大型、远程、宽机身旅客机的高涵道比涡扇发动机问世，典型的有美国的 F100-GE-100、F100-PW-220、F110-GE-129、

F404-GE-400 等型号，苏联研制成功的 AЛ-31Φ 和 PД-33 等加力式涡轮风扇发动机，以及以美国 TF39、JT911、CF6、RB211，苏联 Д-18T 及 ΠC-90 为代表的高涵道比涡扇发动机。到 80 年代后期 90 年代初期，航空发动机又迎来了一个发展的新高潮，军用飞机要发展新的一代，即第四代战斗机，民用飞机方面则要发展性能更高、可靠性更好的双发大型旅客机。前者要求发展带矢量喷管的、推重比为 10.0 一级的加力式涡扇发动机，后者要求发展特大推力、可靠性极高的高涵道比涡扇发动机，于是，新型风扇/压气机技术、加力燃烧室技术、矢量喷管技术等诸多新技术应运而生，更加先进的新型发动机研制成功。

（四）矢量推力发动机技术

为了提高飞机的超机动性，让飞机在过失速迎角以及低速或零速度时具有控制能力，德国 MBB 公司的飞机设计师沃尔夫岗·赫尔伯斯最早提出了矢量推力发动机概念，目的是利用改变发动机尾喷流的方向提高飞机机动能力，推力矢量控制技术随即得到研究。通过改变发动机排气流的方向，为飞机提供俯仰、偏航和横滚力矩以及反推力，用于补充或取代常规由气动操纵面产生的气动力来进行飞行控制。当飞机发动机的喷管发生偏转，产生不再只是通过飞机重心的推力，同时成为绕飞机重心的力矩，能够产生飞机操纵面的作用使飞机机动。即使飞机的迎角超过规定数值，推力仍能够提供力矩使飞机配平，而且只要机翼能产生足够大的升力飞机就能继续飞行，从而具有超机动能力。

现如今，推力矢量技术仍是崭新的航空技术，目前只有美国、俄罗斯等航空大国掌握，除俄罗斯苏-35、苏-37、T-50 战斗机用的 AL-37FU、AL-31F、AL-41F 发动机和美国 F-22、F-35 战斗机用的 F-119 发动机已经投入使用外，大多数仍处于试验研究阶段。矢量推力发动机是典型的现代高科技产品，代表了一个国家的技术水平和经济实力，是综合国力的某种表征。此外，各种形式的高超声速推进系统也在研制之中，其中包括超声速通流涡扇发动机、超燃冲压发动机和脉冲爆震发动机，预计在 2020—2030 年用于各种高超声速航空器。[①]

三、加快航空武器技术的创新发展

随着空中对抗越来越激烈，专用航空机炮和多管机枪、航空炸弹、航空火箭弹、空空导弹、空地导弹等技术得到发展，机载航空武器趋于多样化。空中作战的丰富实践，不仅使航空武器技术迅猛发展，而且使得空中攻击距离和轰炸精度有了很大的提高。空空、空地导弹的使用标志着空战武器特别是机载精确制导武器的发展取得了重大突破。

---

① 赵群力. 21 世纪初军用航空技术展望[J]. 军用航空技术，2000：13-18.

（一）航空炸弹技术

航空炸弹是轰炸机最基本、最古老的一种进攻性武器，也是历次战争中消耗量最大、种类最繁多的航空投掷武器。为适应各种战争任务和空中作战的需要，航空炸弹通过改进炸弹装料提高杀伤威力，分为核弹和常规炸弹。美国1945年在日本投下了两颗原子弹，开创了使用核炸弹的先例。在20世纪50年代后，美、苏、英、法等国都大力开展原子弹的研制。现在美国已把 B-28、B-43、B-61、B-83 等核炸弹，作为战略轰炸机的标准武器配置。常规航空炸弹的品种发展很快，现在已有杀伤弹、爆破弹、穿甲弹、燃烧弹、照相弹、照明弹、凝固汽油弹、烟幕弹、宣传弹、深水炸弹、集束炸弹、反坦克炸弹、反跑道炸弹以及具有两种以上杀伤效果的多效炸弹等上百种弹型。经过第二次世界大战的实战检验以后，常规航空炸弹有了很大的发展，主要体现在改善气动特性，提高命中精度和威力，制导炸弹和弹药模式化几个方面。尤其由普通炸弹加装制导装置改造而成的制导炸弹，主要用来攻击桥梁、电站、机场、舰船和重要的建筑设施。第二次世界大战末期，德国首先制造成功并试用了制导炸弹。战后的几十年中，由于机载导弹武器的发展，放松了制导炸弹的研制，直到20世纪50年代后期，美国在越南战争中又开始重新研制和使用制导炸弹，包括电视制导、红外制导、激光制导和卫星制导等几种制导方式。

（二）空空导弹技术

空空导弹是在火箭技术和导引头技术基础上形成的空战制导武器，是空中作战不断提升作战效果和打击精度的实践产物，对空中作战产生了革命影响。按照射程分为近、中、远程；按导引头技术分为红外制导和雷达制导空空导弹。

第一代空空导弹从20世纪40年代中期开始研制，50年代中期后装备部队。红外制导的代表型号有美国的"响尾蛇"AIM-9B、英国的"火光"；雷达制导的有美国的"麻雀"AIM-7A、苏联的 AA-1、法国的"马特拉"等。技术特点是电子器件采用电子管，尾追攻击，机动能力差、速度慢，制导精度低，射程3～8km。第二代于60年代初开始装备，典型型号有"响尾蛇"AIM-9D/J、"麻雀"AIM-7D/E、AA-3/4 等，主要用于拦射、攻击轰炸机，尾追攻击战斗机。最大过载达 20g、射程14km 以上，扩大了尾后攻击范围，制导精度有所提高，改进了抗电子干扰性能，具有全天候使用能力。第三代于70年代初开始装备。为适应超视距攻击和近距格斗的要求，首次分成了中远距拦射和近距格斗空空导弹两类。近距格斗的代表型号包括"响尾蛇"ATM-9L/M、"魔术"R-550 等。采用红外被动制导，最小射程 0.3～0.5km，最大 10 多千米；机动过载35g 以上，具有快速跟踪、离轴发射能力，能实施全向攻击，目视近距格斗性能突出；中远距拦射的代表型号有"麻雀"AIM-7E/M、AA-10、R-530Y/D "阿斯派德"和"天空闪光"等。采用半主动制导和复合制导，主要用于中远距拦射攻击，可以全天候、全方位、全高度作战，最大过载 30*g*，射程大于 40km。至 20 世纪末，空空导弹已具有全天候、全高度、全方向、超视距和多目标攻击的能力，成为先进歼击机（战斗机）的主要空战武器。当前空空导弹的主要攻击目标是战斗机、轰炸机和直升机，未来空空导弹攻击的主要对象将包括隐身飞机、体积很小的巡航导弹和无人机。

（三）空地导弹技术

空地导弹是现代战略轰炸机、战斗轰炸机、强击机、武装直升机、反潜飞机的主要进攻武器，结构组成与空空导弹相同，具体气动外形随其功用类型不同而各有特点。

空地导弹自 20 世纪 50 年代初开始研制以来，主要发展了战略空地导弹和战术空地导弹。战略空地导弹携带核战斗部，通常用来装备战略轰炸机和战斗轰炸机，执行核打击任务；战术空地导弹通常用来装备战斗轰炸机、强击机和武装直升机，用于攻击地面和海上目标，完成各种战术使命，执行战场压制、遮断和攻击纵深重点目标的任务。空地导弹技术发展同空空导弹一样，主要体现在制导技术和战斗部的发展上，目前，第四代空地导弹的发展重点是防区外发射，采用复合式精确制导以提高命中精度，中远程空地导弹为了提高突防概率，一般还采用了隐身设计。最具有代表性的如美国的"斯拉姆"（SLAM）AGM-84E 空地导弹，采用惯性中制导和红外热成像复合制导模式，并在导引头中加装了电视制导的视频数据链和全球卫星定位系统（GPS）接收机及处理器。导弹发射后可由载机控制，也可由其他协同作战的飞机遥控。该导弹射程达 110km 以上，可对地面或海面上重要目标实施预定攻击或随机攻击。每枚导弹可设定 3 个预定攻击目标、1 个随机攻击目标。在海湾战争中，该导弹首次使用，展示了极高的命中精度和奇特的攻击方式。

当前，机载航空武器现在已经形成了品种齐全、相互配套的完整系列。采用红外成像导引头和推力矢量控制的新一代近程格斗导弹、超视距发射后不管空空导弹、火力圈外发射精确制导空地武器正陆续投入使用，可以预料将有更多类型、更加先进的航空武器投入空中战场。

四、催生机载设备技术的日新月异

在航空平台不断升级的同时，各类航空机载设备也得到持续的改进，包括机载导航技术、航空电子设备技术、航空火控雷达技术、航空电子对抗技术，尤其以航空火控雷达技术最具代表性。

（一）机载导航技术

机载导航技术是引导载机安全飞行、突防及完成各项预定作战任务、着陆/着舰所必需的技术总称，为飞行人员和自动驾驶仪提供载机的位置、速度和航向等信息，主要有无线电导航技术、惯性导航技术、卫星导航技术等。

第二次世界大战前后，空中作战需求牵引了航空无线电技术的飞速发展，出现了许多新的导航系统。1941 年，英国研制成功仪表着陆系统（ILS）以及精密进近雷达，使飞机能在云层很低、能见度很差的情况下安全着陆。ILS 使飞机着陆成为独立的空中航行阶段，对航空导航具有重大的意义。1946 年成功研制伏尔（VOR）甚高频全向信标台，工作频段为 108～118MHz，连续波工作体制，能为 380km 范围内的飞机指示相对磁北方向的航向。在此期间出现的测距器（DME），工作在 960～1215MHz 频段，在 380km 范围内测量精度为 0.4km。1955 年美国在 VOR/DME 系统的基础上，专门研制了军用"塔康"（TACAN）系统，采用 960～1215MHz 的 L 频段脉冲体制、小体积天线，能为"塔康"台 180km 范围内的飞机同时提供方位和距离。

伴随机载雷达技术、电子技术的发展，多普勒导航雷达技术的同步发展，1956 年世界最早的多普勒导航雷达 AN/APN-81 投入使用以来，多普勒导航雷达得到迅猛发展和广泛应用。此后，在 AN/APN-81 基础上又相继研制的 AN/APN-108、AN/APN-153 、AN/APN-200、AN/APN-128、AN/APN-231 多个型号的多普勒导航雷达，可以提供精确的地速、偏流、风速、风向等信息，被广泛装备在 B-52、KC-135、C-130、P-3A、C-130、EC-121S、RF-101 以及 S-3A 反潜警戒巡逻机和 E-3A 预警机等飞机上。AN/APN-231 系列多普勒导航系统是在 20 世纪 80 年代中期最后阶段开发研制的，是 EA-6A 航空母舰舰载电子战飞机的主要导航系统。1996 年以后，惯性无线电系统取代了多普勒雷达导航系统。

机载惯导系统于 20 世纪 60 年代初开始装备军用飞机，在 80 年代中期以前所使用的基本都是平台惯导系统。随着计算机技术的进步和激光陀螺的逐步成熟，从 80 年代以后国外发达国家所有军机和民用飞机在改装或更换惯导设备时，几乎都选择了激光捷联惯导系统。目前，美国的绝大部分主战飞机都换装了以激光陀螺为核心的第三代标准惯导系统。

机载卫星导航定位系统是 20 世纪 70 年代后发展起来的导航系统，是以人造卫星为导航台的星基无线电导航系统。90 年代以后，机载导航技术在系统技术方面主要是广泛应用惯导与卫星导航系统（GPS 为代表），以及惯导与其他导航系统的双重和多重组合，其中由于惯导与 GPS 的互补性，惯导/GPS 组合已在国内外获得巨大成功，并且应用范围也越来越广泛，目前已发展成为一项专门的技术。

（二）航空电子设备技术

航空电子设备和飞行平台、机载武器一起成为衡量现代作战飞机先进性的三大重要技术支柱，要完成火力控制、通信导航、电子对抗、任务规划管理、座舱显示与控制、飞行控制与管理以及状态监控、检测、记录、告警等功能。早期的机载电子设备主要有机载雷达、无线电通信导航设备及电子显示器等，这些功能要由一组外场可更换的组件（黑箱）来实现，每个黑箱担负一种功能。当时的飞机性能不高，战斗环境不太复杂，要对付新出现的威胁，只需要1～2个黑箱即可。随着飞机技术的发展和武器系统性能的提高，要求飞机能在各种恶劣环境下对付越来越多的威胁，新的作战需求不断增长，新的机载电子设备不断涌现，如惯性导航设备、光电探测侦察设备、电子对抗设备等，对航空电子系统的要求也越来越高。按传统的增加传感器或单方面改进其性能，来适应不断扩大的系统性能和灵活性的要求，遇到难以逾越的障碍。到20世纪80年代，将飞机所有航空电子功能综合起来，在系统内使用通用模块，以获得通用处理能力，提高系统的综合效能，航空电子综合系统应运而生。

20世纪90年代以后，在第三代火控系统基础上，将联合战术信息分发系统和全球定位/导航星系统等组成的通信导航识别系统即CSI系统、飞行控制系统、电子战系统、非航空电子系统（如推力控制）等综合在一起，使它们在作战阶段处于最佳匹配状态，形成统一控制、管理与显示的，高度综合化、自动化、数字化、智能化的第四代火控/航空电子综合系统。在对目标实施攻击时，整个系统处于火力控制状态；而在飞行时，整个系统又转而处于导航状态。因此，原有的火控系统的概念和界面变得模糊和抽象，仅是整个航空电子系统的一种功能状态而已。同时，航空电子系统将向由网络技术支撑、信息融合的更高程度综合和智能化方向发展。

（三）航空火控雷达技术

航空火力控制系统起始于第二次世界大战后期逐渐形成的一种使用雷达的航空火力控制设备。最初的航空火控系统由瞄准具和雷达组成，全部火控计算均由半自动瞄准具完成，雷达仅起搜索目标、测量目标距离的作用。当时，美国用A-4型和MK-16型瞄准具与AN/APG30雷达测距仪构成一系列的火控系统，如空军的MA-3系统和海军的Aero-10系统。苏联应用АСЛ型瞄准具和СРД型雷达测距仪组成多种功能的火控系统。战后，各国相继研制能进行拦截射击的火控系统。这种攻击方式能使攻击机沿直线航迹逼近目标，缩短拦击时间、减小敌机入侵纵深的距离，理论上称为"全向攻击"。

在射击武器和目标探测雷达技术发展的基础上，美国于1951年研制成功能实施从侧面对目标进行自动拦射的E-4型火控系统，相继装备F-86D、F-86L"佩刀"战斗机。20世纪70年代，数字多普勒火控雷达研制成功，使雷达能够进行自适应处理与控制，具有较好的下视能力，实现了数据传输和电视光栅扫描变换，具有边搜索边跟踪、同时跟踪多个分散目标的能力。由新型多普勒雷达、数字计算机、多功能电子平视显示器构成的火控系统，真正具有了"超视距、多功能"的能力,如美国 F-14A"雄猫"战斗机配备的 AN/AWG-9 火控系统,雷达作用距离 150km(对战斗机),能边搜索边跟踪,可同时跟踪 24 个分散目标,锁定 6 个目标攻击,在 2s 内可将 6 枚"不死鸟"导弹射向 6 个分散的目标。80 年代,可编程数字信号、数据处理机研究、机载雷达使用环境、地杂波特性研究方面的成果,超视距、多目标、发射后不管的关键技术得到突破,出现了综合火力控制系统,由任务计算机和系统功能软件完成火力控制系统的综合管理,如美国的 F-16A、F-18,法国的"幻影 2000",英国的"狂风"等装备的火控系统。

90 年代后,合成孔径与相控阵雷达技术在机载火控系统运用。相控阵体制雷达技术进一步向战斗机火控雷达发展,实现了对超远距离的探测和高精度的定位跟踪需要,能远距离探测与合成孔径成像,使分辨力达到 0.3m,能同时跟踪 75 个地面运动目标。如 F-35 飞机上安装 AN/APG-81 有源相控阵雷达和光电式分布孔径雷达,可实现 360° 环视视场并在防区外对目标进行精确探测和识别;处理数据和决策方式由系统自主进行,飞行员在运用其功能时不用再考虑是哪个系统在执行任务。当前,新一代航空火控系统技术将继续向综合化、自动化、智能化的方向发展,重点突破超视距、多目标、发射后不管和精确制导能力以及自动目标识别、威胁判断、攻击目标优先权解算能力,提高系统的可靠性、可维护性和抗干扰隐蔽性能,从而开发出高度自动化、智能化、综合化和高作战效能的下一代新型航空火力控制系统。

(四)航空电子对抗技术

经过第二次世界大战,航空电子对抗技术得到了极大的发展,直到今天在电子对抗中所使用的大部分技术,都在当时出现并广泛运用过,电子对抗装备已相当完备。到战争结束时,美国的全部轰炸机和英国 10% 以上的轰炸机,都装备了电子对抗设备。

第二次世界大战后,电子对抗技术继续发展和完善。20 世纪 50 年代起,苏、美两大集团相继建立起了较大规模的防空雷达预警体系,并开始研制、生产和部署各种型号的地空导弹,展开了激烈的电子侦察与反侦察斗争。美国使用了装有电子信号接收、分析、测向和记录设备的 RB-29、RR-57 以及 P-2V 等型电子侦察机,后来又使用航程远、升限高、设备先进的 U-2 侦察机。在越南战争中,地空导弹第一次大规模用于实战,部分改变了空中作战的战术和模式,使美军的作战飞机面临巨大的威胁。1966 年,美国研制了新型的机载电子告警设备,又从美国运来"百舌鸟"反辐射导弹,才改变了战场上这种被动局面。"百舌鸟"反辐射导弹是第一种用于电子对抗斗争的硬摧毁杀伤武器。它的出现,揭开了电子对抗斗争史上新的一页。美军不仅装备了 EB-66、EA-3B、EA-6A 等专用电子干扰机,还在机载电子干扰设备方面研制了 AN/ALQ-41、

AN/ALQ-76、AN/ALQ-86、AN/ALQ-99 等新型号，使电子干扰战术出现了远距支援干扰、近距支援干扰和伴随电子干扰等样式，电子对抗战术更趋完善。

20 世纪 80 年代以后，电子对抗技术、战术的发展已较为完善。航空电子侦察向航空、航天与地面一体化的方向发展；电子干扰与压制成为任何一场空中作战行动的前奏，并且贯穿于空中作战的始终，成为战争中的重要作战手段。1982 年贝卡谷地的战斗是一场闻名天下的电子战。以色列由于电子对抗措施较全面综合的应用，取得了战争的最后胜利，成为现代电子战的典范。海湾战争中的电子战是迄今人类历史上规模最大、范围最广、强度最高、影响战局最深远的电子战。

电子对抗技术和战术的不断发展和完善，使得电子对抗对战争的影响不断加深，由战术性影响到战役性影响，再到战略性影响，开辟了"电磁空间"战场，致使制电磁权上升到与制空权、制海权平起平坐，甚至更重要的地位。随着微电子技术的发展，航空电子对抗技术与装备向综合化、模块化、通用化方向发展，系统自动化程度不断提高，在进一步扩展工作频段的同时不断提高发射功率，并且呈现出电磁软杀伤与火力硬摧毁一体化发展趋势。

五、推进特种飞机技术的体系化发展

空中作战大大刺激了战斗机的发展，随着战斗机技术的不断发展，轰炸机、军用运输机技术也有相应的发展。此外，根据各种特殊需要，各种特种飞机技术也得到了体系化的发展，例如：为提高电子对抗能力的电子侦察/电子干扰机技术；用于搜索、监视敌机，引导、指挥我机执行作战任务的预警机技术；为延长飞机作战半径而不断发展的空中加油技术等。

（一）侦察机技术

侦察机所遂行的航空侦察，以其活动距离远、覆盖范围广、可靠性高和实时性强等优点，是现代高技术局部战争实施战场军事侦察的主要手段。按机载侦察设备或手段不同，可区分为成像侦察、电子侦察和目视侦察。

客观上说，自从世界有了飞机以后，在相当长的一段时间内，飞机的主要军事用途就是实施航空侦察。以美国为例，直到 1921 年，美国先后共装备了1500 架军用飞机，其中侦察机就占 1100 架之多。在一定程度上可以说，第一次世界大战时期参战各国所装备的飞机，基本上还都是侦察机（观察机或侦察轰炸机）。这个时期，飞行人员主要以目视或借助观察器材对目标进行观察，后来有飞行员把照相机带上了天空形成航空照相侦察技术，以判定目标的位置、型号、数量、动态、运动方向，或在一定空域对指定的地区进行巡逻监视，以掌握目标动态。最早的侦察机所携带的照相机，就是地面人们使用的普通照相机。1915 年，英国皇家空军的莫尔·布拉巴宗中校与索恩顿·皮卡德有限公司合作，设计出世界上第一台实用型可见光航空照相机，并在当年年底开始投产。以这台原始照相机为基础的改进型可见光航空照相机及其所拍摄的侦察照片，成为大战期间最重要的情报来源。第一次世界大战时比较著名的侦察机有：德国阿尔巴特罗斯的 B.Ⅱ型侦察机，奥匈帝国和德国埃特里希的"鸽"式侦察机，法国的布莱里奥 XI-2 型侦察和炮兵弹着观察机、法尔芒 M.F.11 型侦察机、莫拉纳·索尔尼埃 N 型搜索机，英国布里斯托尔的"侦察员"式搜索机和 B.E.26 型侦察机。这些机型基本采用目视侦察或航空照相侦察手段，一般乘员 2 人，在动力装置方面，通常安装功率为 73.5～90kW 的活塞式发动机（侦察轰炸机安装 2～4 台发动机），飞行速度大约为 200～300km/h，续航时间为 3～4h，最大航程达到 400km。

在第一次世界大战以及战后的局部战争中，侦察机对赢得战争做出了重要贡献，其对战争的重要性已得到实践的检验，因此，当第二次世界大战的危险开始在欧洲上空出现时，航空侦察又再度受到有关国家重视，侦察机、航空侦察设备以及航空侦察判读等技术获得迅速发展。在第二次世界大战中，各国装备和使用的侦察机，除个别的如德国研制的 Ar-23-B-1"旋风"型侦察机为专门研制的轰炸侦察机外，其他侦察机基本都是由战斗机、战斗轰炸机、攻击机、轰炸机和运输机等机种改装而成，比较突出的有美国 F-5"闪电"、F-15"黑寡妇"、RF-51 型、RB-17G 型、RB-25 型侦察机，英国的"喷火"式侦察机，D.H."蚊"式高空侦察机，苏联伊尔-2 型、彼-2 型、图-2 型侦察机，德国的道尼尔 Do.17 型、Ju-86R 型侦察机等，这些侦察机的机载侦察设备都有了很大的改进，通常安装一部或几部可见光航空照相机、1～2 部电台、几枚或十几枚照明弹和其他设备。可见光航空照相机可普遍进行垂直照相和倾斜照相。战争后期，雷达侦察设备和专用电子侦察设备也已研制出来，可以侦察敌方的雷达和无线电发射装置的各种有关参数。

第二次世界大战结束以后直至进入新的世纪，虽然再未发生过世界大战，但局部战争和武装冲突此起彼伏，军事斗争需求加速了航空侦察机及其设备技术的发展。可以看出，当时侦察机的战术技术性能，实际上也就是整个军用飞机和整个航空制造业所能达到的水平。在出现战斗机、轰炸机等机种以后，除少数几种机型，如美国在 20 世纪 50—60 年代花费巨资秘密研制的 U-2 和 SR-71、苏联在 20 世纪 50 年代末至 60 年代研制的米格-25P 等型专用侦察机外，各国基本上没有研制过专用侦察机，通常都利用现役的战斗机、轰炸机，甚至运输机改装成为侦察机。也有的国家在研制战斗机、轰炸机时，同时考虑该型机可作为战斗侦察、轰炸侦察两用或多用途型机。

在第二次世界大战结束以后发生的最大规模局部战争——海湾战争中，美国和英、法等国在海湾地区集中了 300 余架侦察机，其中包括 18 架 U-2S、TR-1

和 RC-135 等型战略侦察机，100 架 RF-4C、RF/A-18A/C、RF-14A，"美洲虎"和"狂风"ECR 等型战术侦察机，以及 150 多架无人驾驶侦察机，共进行了 3758架次侦察飞行，为以美国为首的多国部队提供了全天候、近实时的战场目标情报。[①]在科索沃战争中，北约投入了固定翼飞机约 1100 架，其中专用固定翼侦察机 63 架，占 5.7%，为赢得科索沃战争胜利，做出了重要贡献。

随着高新技术的不断发展，高精度、高分辨率、实时、全天时、全天候、远距离、多手段的航空侦察装备将是未来航空侦察技术发展的主要方向。未来的航空侦察技术将进一步向信息化、综合化、通用化和智能化方向发展；侦察平台将向隐身化、侦察打击一体化和无人驾驶飞机小型化方向发展；机载侦察设备将继续追求系统的通用性和配套性，同时大力发展实时侦察设备；人工智能技术将是未来航空侦察地面处理应用系统的发展方向。

（二）电子战飞机技术

第二次世界大战中虽然出现了早期的电子战飞机，但只是把电子干扰设备安装在轰炸机上，作为其自卫的一种武器，掩护自己和编队中其他飞机突防。应该说这些安装了电子干扰设备的轰炸机还不是专用电子战飞机。在 1950 年爆发的朝鲜战争中，美国空军为了减少空袭的损失，对第二次世界大战中使用的电子干扰设备进行了改装，装在 B-25J、B-29 轰炸机上，作为专用的电子战飞机，压制朝鲜的预警引导雷达、火控雷达、无线电探照灯雷达等。这些专用电子干扰机装载的电子设备与器材只是第二次世界大战中的设备与器材的改进型，并没有大的发展，但把其作为主要武器组装在飞机上构成专业飞机，却标志着一个新机种——电子战飞机的诞生。

空中作战环境对空袭作战影响最大的是一体化防空系统的建成，实现了情报探测、传输分析、判断决策、指挥控制全过程的自动化，有效提高了防空作战效能，对空袭作战提出了严重挑战。在空袭作战中，仅仅依靠 B-25、B-29 等早期的电子战飞机和作战飞机的有限电子自卫和火力自卫能力，很难有效突破这种现代化的防空系统。在这种情况下，针对现代化防空系统的核心技术——电子信息技术研制电子战能力更强的电子战飞机势在必行。在作战飞机喷气化和防空作战体系变革对电子战飞机发展的双重需求牵引下，美军加紧研制新型电子战飞机。1956 年，根据美国空军的要求，在轻型喷气式轰炸机 B-66 的基础上，研制成功第一代喷气式电子战飞机 EB-66，并有 B 和 C 两种型号。其中，B 型是装备有 25 部干扰设备的电子干扰机，C 型是装有 33 部侦察干扰设备的电子干扰侦察机，能够对敌方的电子设备进行瞄准堵塞式电子干扰。EB-66 电子战飞机装两台功率各为 4600kW 的 J-71A-11 型涡轮喷气发动机，最大速度为

---

① 海湾战争——国防部致国会的最后报告（上）[M]. 北京：军事科学出版社，1991：149.

997km/h,实用升限为13100m,最大航程5200km,最大有效载荷7000kg。EB-66型机飞行性能与喷气作战飞机相近,能够伴随作战飞机飞行,是世界上最早的有能力为作战飞机提供电子战支援的喷气式专用电子战飞机。

在20世纪60—70年代,美国、英国等研制了与电子干扰机配合使用的电子侦察机。其中,美军在A-3攻击机基础上研制了EA-3B"天空战士"电子侦察机,在C-121运输机基础上研制了EC-121电子侦察机。英国在"彗星"运输机基础上研制了"彗星"电子侦察机。在这一时期,苏联开始大规模研制专用电子战飞机,主要是由开始退役的轰炸机和运输机加装干扰设备和器材改装而成,型号较多,比较杂乱。苏联第一种实用型专用电子战飞机是1970年由雅克-28轻型轰炸机改装而成的雅克-28E。接着,又改装成米格-25P侦察机、安-12电子侦察机、伊尔-14和伊尔-20电子侦察机等。其中,图-16、安-12等几种型号是苏联当时电子战飞机的主要机型。这些电子战飞机,最基本的作战手段是使用"软杀伤"武器,即积极电子干扰机和消极电子干扰机。并形成与空中作战内容相配套的具有不同功能的多种机型,形成电子战系列飞机,主要包括电子侦察机、消极电子干扰飞机、积极电子干扰飞机等。

反辐射导弹于20世纪60年代发展起来,并在越南战争中首次大规模使用,成为电子战中的一种新武器。从1966年起,美军开始在越南战场上使用电子战的"硬杀伤"武器——AGM-45"百舌鸟"第一代反辐射导弹。美国空军把反辐射导弹与作战飞机结合成一体,形成了专门用于攻击各种雷达的"硬杀伤"电子战飞机。美国空军首先改装的"野鼬鼠"飞机是在F-105F战斗轰炸机基础上研制的F-105G。飞机上加装了各种雷达探测设备和电子干扰设备,挂载4枚AGM-45"百舌鸟"或AGM-78"标准"反辐射导弹。F-105G型机的研制成功,标志着"硬杀伤"电子战飞机的诞生,电子战飞机开始具备"软""硬"双重杀伤能力。1978年,又在第二代战斗机F-16基础上研制成功F-16"野鼬鼠"飞机。

美国空军也针对越南战场所表现出的现代空中战场的基本特点,从1975年开始,以FB-111中型轰炸机为基础,加紧研制EB-66的后继机型。1981年,EF-111A电子战飞机交付美国空军使用,共生产42架。EF-111A机上装有先进的电子战设备,电子战能力强,可使200km范围内的敌雷达系统失灵,可遂行远程、近程支援干扰和伴随干扰任务,是世界上唯一能够遂行上述3种任务的专用干扰机。执行任务当中,一旦警戒接收机接收到威胁信号,干扰机自动转入预定程序工作,施放相对应的干扰,并将整个干扰状态显示在电子战军官座位前的显示器上。干扰过程中还可以根据所受威胁大小对威胁源自动排序,优先对威胁大的进行干扰。此外,美国还把C-130H运输机改装成EC-130电子战飞机,专门干扰敌战略战役通信系统。海湾战争中,美军投入了EC-130H、EF-111A、EA-6B等大量电子战飞机进行支援作战,在战争中发挥了关键作用。

苏联也一直积极发展电子侦察、有源和无源干扰设备器材、反辐射导弹及电子战飞机。在研制电子战飞机的同时，研制成功 AS-5、AS-9、AS-11、AS-12 等反雷达导弹，由苏-24、图-16、图-22M 等飞机携带。苏联还将米格-25F 战斗机改装成专门携带 AS-11 的专门攻击地空导弹雷达的反雷达飞机。

从 20 世纪末开始，经过几场高技术局部战争空中作战实践，以美国和俄罗斯为代表的军事强国不断研制新型电子战飞机，比较具有代表性的有 F/A-18G、苏-32 电子战飞机等。电子战飞机呈现新的发展趋势，核心功能主要包括干扰方向更加精确，可同时提供雷达和通信干扰，具备全频段电子支援能力，具有网络式通信系统，在不断增强压制干扰、无源攻击、反辐射摧毁能力的同时，还具有很强的自卫能力等。但电子战飞机也可能向另一个方向发展，正在经历由专用电子战飞机对作战飞机的伴随式干扰，向作战飞机自备电子战设备进行自卫式干扰模式转变，如欧洲 4 国联合研制的 EF-2000 战斗机、法国的"阵风"战斗机、美国的 F-22 和 JSF 战斗机都采用自备式电子战系统，而且正在摒弃吊舱式自卫干扰系统，而采用机内分散配置综合控制的办法去应对未来的电磁环境。

（三）预警机技术

预警机技术产生于第二次世界大战中的美国海军，源自提高雷达天线的高度受限于舰体结构。为及早发现来袭敌机，以延伸舰队的对空探测距离，于是产生了发展空中预警的构想。

第二次世界大战末期，美国海军开始进行以空中预警机取代雷达警戒舰的研究。1944 年 2 月，由美国麻省理工学院主持设计，对一架 TBM "复仇者"鱼雷轰炸机进行了改装，在其机腹下方搭载了 1 部美国通用公司生产的 ALV/APS-20 雷达，制成世界上第一架空中预警机 TBM-3W。从某种意义上说，TBM-3W 型机只能算是一架空中雷达警戒机，只能搭载 1 名飞行员与 1 名雷达操作员，没有任何指挥管制能力。为满足军方加大预警机内部空间以增加雷达设备和人员的要求，美国格鲁曼公司对 S-2 "追从者"（Tracker）舰载反潜机的机体加以改造，装配了 1 部由 AN/APS-20 改进的 AN/APS-82 雷达，其 4.3m×1.2m 的天线，置于机背上 9.5m 长、5m 宽、1.5m 高的椭圆形伞状雷达罩内，天线以 6r/min 的转速实施方位扫描，虽然为提高可靠性稍微降低了雷达发射功率，但对小型目标的探测距离仍可达 150km，还可用单脉冲扫描方式测出目标飞行高度。这种新飞机初期称为 WF-2 预警机，后来改称为 E-1B "跟从者"。

20 世纪 50 年代初期，美国海军改装了 2 架配有 4 台发动机的 C-121 运输机，试验性地装上 2 部搜索雷达，称为 PO-1W，作为新式岸基预警机的原型。1952 年 PO-1W 改称为 WV-1 预警机，后来定型为 WV-2 "预警星"（Warning Star），于 1953 年正式服役，并在 60 年代初期又推出其改进型 WV-2E 型机。

WV-2E 型机在机背上安装了 1 个直径达 11.8m、转速为 6r/min 的旋转圆盘型雷达罩，是世界上第一架装备圆盘形雷达罩的预警机，后来 WV-2 的编号改为 EG-121L。美国空军于 1955 年也正式装备 WV-2 "预警星" 陆基预警机，直到 80 年代初期，空军的 EC-121 型机才完全退役，由新的 E-3A 型机代替。同一时期，苏联以图-114 运输机为载体，研制改装了图-126 预警机，之后随着伊尔-76 大型运输机的推出，以伊尔-76 为雷达载机的新预警机 A-50 研制成功，并于 1984 年服役。

20 世纪 70 年代以后，美国、英国和苏联研制的新一代预警机，采用了能够抑制地面杂波干扰的脉冲多普勒雷达，具备了探测陆地上、低空和超低空飞行目标的能力。同时，机上还装有用于敌我识别、情报处理、指挥控制、通信导航和电子对抗的航空电子系统，使预警机不仅能及早截获和监视低空入侵的目标，还能引导和指挥己方战斗机进行拦截和攻击。这一时期，除美国 E-2、E-3 系列预警机外，还有苏联的 A-50、英国的 "猎迷" 预警机等。80 年代以后微波半导体器件在 S 波段以下的制造技术日趋成熟，主动式相控阵雷达逐渐成为主流。以色列 IAI 公司于 1993 年推出的费尔康雷达预警系统首开预警机配备相控阵雷达的先河，其后推出的新型预警机几乎都一致选用了相控阵雷达，尤其是每个天线单元皆具有独立发射机的主动式相控阵雷达。

随着科技的发展，预警机的作用已经从单纯的远程预警扩展到空中指挥引导等功能。现代高技术战争中，没有预警机的有效指挥和引导，要想组织大规模的空战几乎是不可能的。信息化战争，正进一步提升着预警机的作用。21 世纪的预警机超越了 "千里眼" 的范畴，它集侦察、指挥、控制、引导、通信、制导和遥控于一身，已经成为名副其实的 "空中指挥堡垒"。经过几十年的发展，目前世界上近 20 个国家（地区）已经装备和研制的预警机有十几种，在役的约有 300 架。

（四）空中加油技术

1933 年，苏联的 1 架 TB-1 式轰炸机采用 A.H.扎帕诺万内负责研制的加油设备，成功地给 1 架 P-5 侦察机进行了空中加油。1939 年美国发明了 "套住软管法"，标志着空中加油技术有突破性进展，空中加油的技术概念随之确立。20 世纪 40 年代中期，英国研制出 "绞盘软管" 式空中加油设备，很快在战争中得到应用。

第二次世界大战结束后，东西两大军事同盟集团为争夺斗争的主动和优势地位，展开了以研制核武器及运载工具为中心的军备竞赛。当时战略导弹还未研制成功，可用于运输和投放原子弹的重型轰炸机最大航程只有数千千米，要携带原子弹飞行上万千米进入对方的国土投掷，仅仅依靠自身携带的油料是远远不够的。在这种情况下，研制专用的空中加油机，以延长战略轰炸机的航程，成为军事大国优先发展的项目。这个时期，波音公司研制出更加先进的硬管式（伸缩套管式）空中加油设备。不久，苏联也研制出类似的空中加油设备。1948年，波音公司采用软管式空中加油系统，将正在淘汰的 B-29 轰炸机改装成KB-29M 空中加油机。1949 年 3 月 2 日，美国空军的 B-50 轰炸机经过 KB-29M加油机的 4 次空中加油，实现了环绕地球一周不着陆飞行，航程达到 37523km，标志着空中加油技术达到了一个新水平。

1949 年，英国研制出插头一侧锥管式加油技术和设备，以及编号为 MK 的"伙伴式空中加油"吊舱系统。1950 年，美国研制了 KB-29P 硬管式空中加油机，为满足庞大的机群对苏联进行大规模空中核进攻的需要，将 116 架 B-29轰炸机和 136 架 B-50 轰炸机改装成硬管式空中加油机，初步形成了大规模空中加油的能力。随着军用飞机喷气化后，飞行速度大幅度提高，为研制载油量更大、空中加油速度更快、飞行高度速度与喷气式飞机相匹配的空中加油机，美国空军于 1954 年率先设计世界上第一架专门用于空中加油的 KC-135A "同温层油船"喷气式空中加油机，空中加油机技术进一步提高，大幅提高了作战飞机的航程，使空军具备跨越洲际进行远程作战的能力。在这一时期，苏联空军在图-16 喷气式中型轰炸机的基础上研制了图-16 型空中加油机，组建了喷气式空中加油机部队。到了 20 世纪 80 年代初，美国和俄罗斯分别研制列装了KC-10 和伊尔-78 加油机，代表了世界空中加油技术的最高水平。进入 21 世纪，美国国防部启动了名为 KC-X 的新一代空中加油机项目。KC-X 加油机续航距离预计达 12000km 以上，比 KC-135 加油机航程增加了 4000km 以上，其性能和功能定位都有大幅改进升级，可同时满足美国空军、海军不同受油机群的需求。

未来空中加油技术发展的重点是，克服机翼振动、阵风和空气涡流对输油管稳定性的影响；完善计算机控制技术及摄像监控显示技术。空中加油机将向着大型化和运输加油两用化方向发展，同时不断提高加油机的自动化程度和战场生存能力。

六、加速无人机技术的快速发展

无人机的发展大致经历了无人靶机、预编程序控制无人侦察机、指令遥控无人侦察机和复合控制的多用途无人机的发展历程。军用无人机已经历越南战争、中东战争、海湾战争、科索沃战争、伊拉克战争、阿富汗战争等多次实战考验，有效地完成了多种军事任务，主要包括：照相侦察，抛撒传单，搜集信号情报，实施电子对抗，布撒雷达干扰箔条，施放防空火力诱饵，标识防空阵地位置，实施直升机航路侦察，为武器系统提供目标定位、目标指示、目标动态监视和目标毁伤评估实时情报。实战中无人机的突出战绩，引起了各国军事决策层的高度重视，对无人机在现代战争中的地位和作用，以及其潜在的军事价值，有了更加明确的认识，纷纷加速了对无人机研发的步伐，除美国外，法国、德国和以色列等都有各自的研制型号。

随着微电子、微机电、雷达、光电、数字等技术的发展，未来陆海空天电"五维"一体化的战场中，风险低、效费比高、可靠性强的高性能无人机与信息武器、精确制导弹药一道构成未来空中战争的主要兵器。无人机将从单纯执行军事侦察、监视、搜索等非攻击性任务，发展到对地攻击及轰炸，而且执行的任务内容性质也逐步由简单向复杂过渡；承担的任务范围从战术级发展到战役、战略级；任务性质从支援保障扩展到直接攻击。2001年服役的"捕食者"无人攻击机，具有目标跟踪与发现即打击能力，在反恐战争中多次取得重大战果。2003年服役的"全球鹰"高空长航时无人侦察机，能与美军联合部署的智能支援系统和全球指挥控制系统联结，实时传输图像数据，用于指示目标、预警、快速攻击、战斗评估，可取代U-2侦察机。

目前，无人机成为各国空军重点发展的技术装备，它的普遍使用将推进空中战场向无人化战场发展，成为改变空中作战规则的武器。2010年美国空军首席科学家发布《技术地平线》报告，罗列未来十年甚至更远时间优先发展的科学技术，包括遥控飞行器中自适应自主系统的扩展、精细人机协同和建立具有变形、预测威胁的"弹性网络"等，这暗示未来将侧重发展无人作战飞行器，作战体系将由无人战机和有人战机共同形成有机组合，最终过渡到无人战机完全替代有人战机。

活塞式飞机时代篇

　　活塞式飞机时代从飞机诞生到第二次世界大战结束，以活塞式发动机技术为标志。航空动力技术、结构技术、材料技术、机载设备和武器技术的不断进步，带动航空武器装备性能快速提升。两次世界大战旺盛的军事需求，牵引和刺激了航空技术快速发展。

　　活塞技术初期，飞机采用功率较低的液冷式活塞发动机，飞机上只装有指示各种飞行状态参数的少量机械仪表，如飞行仪表和领航仪表等，飞行员自身佩带少量自卫武器或手抛炸弹，飞机性能和功能有限。活塞技术发展期，飞机大都采用气冷式转缸发动机，随着无线电技术和机载武器技术快速发展，飞机由勤务装备向作战武器转变。活塞技术成熟期，飞机速度不断提高，铝合金单机翼逐渐取代木质双翼；螺旋桨由推进式转变为拉进式；动力装置由单发动机发展为双发动机、多发动机等多种形式；作战武器由手枪、步枪发展为机枪，由偶然的相互射击发展为空战格斗，由手投炮弹、手榴弹发展成由投弹架投放的专用航空炸弹；机载设备开始装备无线电、各种仪表；作战飞机的飞行速度、高度、航程等性能有很大提高。航空装备性能显著提高并大量投入空中作战，对空中作战和战争进程产生重大影响。

　　活塞式飞机时代的空中作战，属于典型的机械化战争形态。空中作战以能量主导、平台制胜，表现为基于飞机机动性能和火力威力的大机群作战。具体体现在：空战以目视探测光学瞄准和近距尾后航炮攻击为主；单机空战强调高度、速度和机动；空空作战的基本形式是大机群空中交战；空袭作战的基本形式是大机群面积轰炸。人们总结空中作战的实践经验，特别是两次世界大战丰富的空中作战实践经验，并将其上升为比较系统的理性认识，逐步形成制空权理论、战略轰炸理论和支援地面作战理论等空中作战理论，空中作战理论又反过来指导空军（空中力量）建设和空中作战实践。

第三章　活塞式飞机时代航空技术

活塞式飞机时代的航空技术是以活塞式发动机技术的应用为标志。从飞机的发明，军用飞机标准的确立，到作战飞机的大规模生产短短经历了十几年。军事需求牵引和刺激了航空科学技术快速发展。随着工业技术革命的推动，航空工业成为西方各国新兴的支柱性产业。英、法、德、美等国纷纷建立飞机和航空发动机生产企业。第一次世界大战之后各国利用相对和平的环境，发展经济和工业，航空技术、工业制造技术和电子技术发展取得重要突破，到第二次世界大战活塞式航空技术发展达到巅峰，为第二次世界大战后快速进入喷气式飞机时代奠定了基础。

第一节　活塞式飞机时代航空技术的形成与发展

从飞机的发明到作战飞机的研制，活塞时代的航空技术快速发展。第一次世界大战爆发后，飞机的用途从最初的航空侦察逐渐扩展，交战国很快开发出第一架真正的作战飞机，木质双翼机成为主要机型。两次世界大战间的技术积累和航空技术的应用，使得全金属单翼机成为主流，新型气冷式发动机和新型液冷式发动机同台竞技，活塞式飞机时代的航空技术达到了顶峰。

一、活塞式飞机初期的航空技术

（一）活塞式飞机初期的动力技术

莱特兄弟在 1903 年 12 月 17 日的首飞中，飞行了 36m、持续了 12s，但却实现了多个世纪以来人类对飞行的梦想，此后，各种各样的飞行器不断出现并逐步完善。1903 年，莱特兄弟在完成世界上第一次有动力的载人飞行时，飞机所用的是功率 9kW 的液冷式活塞发动机。在莱特兄弟第一次飞行后的 10 年间，航空发动机功率由 22～37kW 提高到 74～96kW，最大功率达到 120kW。1906年法国的列昂·拉瓦瓦索欧设计了一种先进的"安东尼特"发动机，这台液冷式 V 形发动机达到了 37kW，而质量只有 50kg，功率重量比达到 0.74kg/kW。此后的几年中，用于飞机的活塞发动机以液冷式为主。

液冷式发动机采用铸铁、钢锻件、黄铜块和铜板等材料，机内封闭的循环液冷系统由大的散热器、储液箱、管路及液体泵等组成，致使发动机沉重、复杂、可靠性差。1908 年前后，法国人劳伦特·塞甘（L. Sequin）和古斯塔夫·塞甘（G. Sequin）兄弟开始了气冷式（利用空气对汽缸，特别是汽缸头进行冷却）发动机的研究，以省掉那些复杂而沉重的液冷装置。塞甘兄弟在汽缸上安装了用以散热的若干个薄金属片（称为散热片）；为了保证空气在汽缸上持续流动，有效地将热量带走，降低汽缸的温度，还将发动机的曲轴固定在飞机上，发动机壳体及汽缸与螺旋桨一体连接。发动机工作时，曲轴不动，机壳、汽缸与螺旋桨一起转动，利用空气与汽缸散热片间的相对运动，带走热量，达到冷却汽缸的目的。由于这种发动机在工作时，汽缸与发动机壳体旋转，因此称为"转缸式（又称旋缸式）活塞发动机"。塞甘兄弟在发动机设计中采用了星形布局，即几个汽缸在曲轴周围径向安置，以保持曲轴周围的发动机质量平衡；为了使燃烧行程平稳，将汽缸数选为 5、7 等奇数。这种奇数缸、星形排列的方式，为以后所有的气冷式发动机所沿用。他们还设计了一个简单的汽化器，将汽油先行汽化，再与空气混合形成富油混合气，然后进入汽缸。由于采取了这些措施，使他们设计的"罗姆"（Gnome）发动机在功重比、功率和可靠性等方面均优于同时代的其他发动机。塞甘兄弟设计的第一台 5 个汽缸的"罗姆"转缸式活塞发动机，可发出 37kW 的功率，功重比为 0.61kW/kg，为莱特兄弟完成第一次有动力飞行所用发动机的 4 倍多。1908 年生产的"罗姆"发动机可产生 52～60kW 的功率。此后，"罗姆"发动机广泛用于各种飞机上。在 1917 年前，"罗姆"转缸式活塞发动机约占航空发动机市场的 80%份额。

（二）活塞式飞机初期的结构技术

1903 年莱特兄弟设计的第一架动力飞行器"飞行者"一号翼展达 12.3m，翼面积 47.4m²，机翼弯度比 1：20，机长 6.43m，连同驾驶员在内的飞机总质量约在 360kg。它的基本结构为鸭式布局，前面有两只升降舵，后面有两只方向舵，操纵的绳索集中连在操纵手柄上。整个双翼机为蒙布和张线支柱结构。驾驶员在机翼中间操纵飞机。1904 年，莱特兄弟制造了第二架飞机"飞行者"二号。它的尺寸同一号相似，飞机总质量约 409kg，由于发动机功率提高到 12kW，因而飞机性能有了很大提高。鉴于"飞行者"二号存在快速转弯失速和失去操纵的问题，莱特兄弟在"飞行者"三号的设计中进行了多项改进：机翼面积略为减少，为 46.78m²，翼展增加到 12.6m；水平升降舵面积有所增大并更加靠前；方向舵面积也有所增大并靠后；原来的发动机保留，但螺旋桨进行了改进。"飞行者"三号于 1905 年 6 月制造完毕。于 1905 年 10 月 5 日进行了飞行试验，飞行时间 38min，飞行距离 38.6km。此后，"飞行者"三号共飞行了 50 次，全面考察了飞机的重复起降能力、倾斜飞行能力、转弯和完全圆周飞行能力、8 字飞行能力。实践表明，"飞行者"三号已具备实用性。

受到莱特兄弟飞机研制和试验的促动,欧洲航空事业在 20 世纪初掀起了新的发展高潮。经过几年的实践,欧洲的航空工程继承了莱特兄弟的衣钵,形成了自己的技术模式,克服了莱特兄弟飞机的缺点,取得了一些突破:完全抛弃了莱特式飞机的固有不稳定结构模式;继承和发展了凯利开创的固有稳定技术;抛弃了莱特兄弟的前向升降舵、后向方向舵模式,继承和发展了由佩诺奠定的尾翼组件结构;吸收莱特的双翼机布局,并结合了哈格里夫盒式风筝的优点;放弃了李林塔尔开创并由莱特兄弟发扬光大的从滑翔机到动力飞机的研制道路,形成了全新的直接研制动力飞机的模式;成功研制实用的航空动力装置;动力飞机研制试验取得了可贵的进展。

(三)活塞式飞机初期的仪表技术

活塞式飞机初期鲜有机载设备,只有一些保证正常航行指示参数的机械仪表。例如,指示各种飞行状态参数的飞行仪表:高度表、空速表、升降速度表、地平仪、转弯倾斜仪、加速度表、迎角指示器等;指示领航所需参数的领航仪表:领航仪、地速偏流角指示器、风速风向指示器、真空空速表、大气温度表、罗盘与航行时钟等。这些指示单一参数的简单机械仪表大都是由敏感元件、传动放大机构(包括拉杆、连杆扇齿、轴齿)、指示装置(包括指针与刻度盘)三部分组成。初期飞机上的气压式高度表和空速表都是通过测量大气静压力和大气动压力来间接测量飞行高度和仪表速度。这种仪表的特点是简单可靠,缺点是精度差。以气压式高度表为例,它是根据标准大气公式设计制造的。标准大气以海平面为基准,以海平面的大气压力 760mmHg、大气温度 15℃为基础。由于大气状况是变化的,因此气压式高度表不能始终指示相对于海平面的实际高度,它指示的只是一个相对于理想的、标准的海平面的高度,也称为标准气压高度。这就存在一个原理误差的问题。另外,气压式机械仪表由于机件的摩擦、间隙和热胀冷缩等因素的影响也会造成一些构造误差。后期飞机的高度仪表为了减少误差往往通过无线电波的反射特性来测量飞行高度。

二、活塞式飞机发展期的航空技术

活塞式发展期飞机大都采用气冷式转缸发动机,双翼机构型、木制材料,通过把上下机翼用支柱和张线连成一个整体,增加结构受力强度,减轻结构重量。无线电技术和机载武器技术快速发展,飞机由勤务装备向作战武器转变。

(一)活塞式飞机发展期的动力技术

在第一次世界大战的 4 年中,各国研制出多种功率为 37~300kW 的发动机,为近 90 种、约 6 万架军用飞机提供了动力。继"罗姆"转缸式活塞发动机之后,法国又推出"勒罗纳"(Le Rhone)9 缸转缸式活塞发动机,功率范围为 82~97kW,曾是多种法国飞机的动力。德国在第一次世界大战期间研制了两种转缸式活塞发动机。分别以"奥伯尔泽尔"（Oberusel）和"西门子"（Siemens）命名，功率范围为82～120kW，但只有后者为战斗机采用并投入使用，作战性能并不理想。转缸式活塞发动机具有气冷、结构较简单、启动时暖机时间短、重量轻等特点，在第一次世界大战中，为许多战斗机所采用，并在战后的几年中被大量应用。但是对于战斗机而言，并不是完全合适的发动机，因为发动机的壳体连同汽缸一起绕着曲轴旋转，产生了可怕的旋转力矩，当飞机做机动飞行（如转弯、拉起）时，就产生了较大的陀螺力矩，影响了飞机的操纵。例如，配置这种发动机的著名的英国"骆驼"（Camel）战斗机，在向左转弯时显得很缓慢（陀螺力矩阻碍飞机向左转弯），而向右转弯时则极快（陀螺力矩促使飞机向右转弯）。另外，转缸式发动机寿命短（约50h）、可靠性差、容易着火，还必须在最大转速或停车状态下操纵，润滑系统所用蓖麻油（作润滑剂用）产生的烟气或油雾使驾驶员感到不舒适等，影响了它在战斗机上的继续使用与发展。固定式的星形气冷式活塞发动机由于有迎面阻力大、飞行速度低、对汽缸冷却不够等问题，而未得到重视与发展，而直列式或V形的液冷式活塞发动机却重新受到重视，并得到大力发展。

在此期间，参战的双方在大量使用转缸式活塞发动机的同时，研制了一些液冷式活塞发动机，并装上了作战飞机，例如，德国研制的"梅赛德斯"（Mercedes）液冷式发动机，功率为90kW；英国罗·罗公司在第一次世界大战中设计和生产了"隼"（Hawk）、"猎鹰"（Falcon）、"鹰"（Eagle）和"秃鹰"（Condor）系列液冷式活塞发动机，均为V形12缸发动机，功率为56～270kW；法国早期的液冷式活塞发动机有"雷诺"（Renault）和"洛林"（Lorraine），它们都是8～18缸的V形发动机，功率为164～596kW；意大利在战时由菲亚特（Fiat）公司生产了两种液冷式活塞发动机，"菲亚特"A-12及"菲亚特"A-14，前者为6缸直列式，后者为12缸V形，功率分别为193kW和540kW。

（二）活塞式飞机发展期的结构技术

活塞式飞机初期的机身完全开放，如1905年的"飞行者"二号。1909年布莱里奥XI飞机的机身前部已经闭合，机身后半部分依旧敞开是为了调整和收紧机身的杆结构。到了1915年，大多数飞机都已经采用封闭式的机身。活塞式发展期的飞机大多采用双翼机构型，主要原因是在当时的航空技术水平下，与一个单独的长的大机翼相比，由支撑杆和张线捆绑在一起的两个小机翼组成的盒式坚固结构在飞行时能提供更大的压力和张力，尤其是在大机动飞行时。这一时期，飞机空气动力学最重要的进展是采用厚翼型取代薄翼型，以斯帕德XIII和福克D-VII为例，它们都是双翼机设计的典范，细微的区别就是斯帕德XIII采用的是保守的薄翼型，福克D-VII采用的是开创性的厚翼型。福克D-VII飞机机翼内部采用了很厚的高强度悬臂梁支撑。与斯帕德XIII飞机的薄翼型相比，福克D-VII飞机的厚翼型能够满足内部悬梁的布置。由于航空技术专家们的认识水平限制，薄翼型一直被认为阻力更小，但直到1918年，许多飞机采用薄翼型在大迎角下过早发生流动分离，从而因较小的最大升力系数导致过早失速。试验证明，真实的翼型作用和风洞模拟有很大不同。厚翼型在高雷诺数下能够产生更高的最大升力系数。这一时期飞机的构造上还有一些显著的进步就是出现了副翼和襟翼。副翼的作用是用于横向控制。莱特兄弟采用的是弯曲机翼作为横向控制的结构，而其后的大多数设计师经过试验证明副翼在控制横向方面更加有效。1909年，亨利·法曼设计了一架称为"亨利·法曼"Ⅲ的双翼机，它的4个翼尖后缘都采用了形似襟翼的副翼进行滚转控制，这是现代复杂副翼的原型。法曼的设计很快被多数设计师采用，机翼弯曲随之成为历史。襟翼的构造也是由亨利·法曼最先于1908年采用。简单的襟翼最早在1914年被英国皇家飞机制造厂用在S.E.4双翼机上，直到1916年之前，这种飞机一直是英国菲尔瑞公司制造的典型机型。然而，这些飞机的飞行员们很少为操纵襟翼担心，因为飞机的着陆和起飞速度已经很低，没有必要使用襟翼。

（三）活塞式飞机发展期的通信导航技术

无线电通信通过无线电波来传输信息，它起源于19世纪末。1864年，英国人麦克斯韦从理论上预言了电磁波的存在，并证明在真空中它是以光速传播的。德国人赫兹于1887年试验成功电磁波的产生和接收。1895年，意大利人马可尼和俄国人波波夫分别进行了无线电通信试验，并研制成无线电收发报机。1910年9月，英国驾驶员实现了人类首次空地无线电通信。无线电台的应用确保了飞机安全和有效执行任务。第一次世界大战中，飞机装备了简易的中波电台，利用这些空地无线电联络设备，飞行员可以执行侦察任务，发现敌军的集结地点和为炮兵报告弹着点。1940年以后短波、超短波电台问世，作用距离更远，指挥控制能力更强。

用无线电设备进行导航的可能性也和通信一样被人们认识到了。在第一次世界大战中，"齐柏林"飞艇轰炸伦敦时就利用无线电进行途中定位，采用的方法是向德国境内的多个无线电台发射无线电信号，这些电台用三角法测出飞艇的位置，然后将飞艇位置信息用电台发送给机组人员。1917年，为救援一支困在德国非洲属地的部队，一艘"齐柏林"飞艇从保加利亚起飞完成了著名的4800km飞行，中途也采用了同样的导航方法。这些事件可以认为是用无线电手段进行飞机导航的开端。20世纪20—30年代，随着人类航空运输事业的兴起和发展，大大加快了人类经济和军事活动的节奏，出现了4航道信标、无线电罗盘以及一些原始的推算导航仪器。但主要依靠的导航信息是航向，这是一种较为粗放的导航方式。第二次世界大战前后，由于军事需求迫切和科学技术发展的推动，导航逐渐发展成为一项专门的技术，形成较为完备的体系，航空无线电导航得到巨大的发展。在这一时期，连续波调频无线电高度表、雷达高度表、气压高度表、精密进场雷达、多普勒导航系统、仪表着陆系统（ILS），甚高频全向信标/测距器（VOR/DME）、塔康（TACAN）、无方向信标（NDB）等设备相继出现并得到了广泛的应用。这些系统还相互搭配，形成了以陆基无线电导航系统为主的较为完备的导航混合体，以满足飞行器在不同航行阶段对导航信息的需求。

（四）活塞式飞机发展期的机载武器技术

第一次世界大战的爆发促进了机载武器的发展。战争初期，飞机主要是配合地面部队作战，进行空中侦察和观察炮兵的弹着点。敌对双方也有飞行员，将手枪或步枪带上飞机，在空中进行对射，这也只是少数飞行员的个人行动。第二次世界大战爆发后，法国飞行员罗朗·加罗斯在一架"莫拉纳—索尔尼埃"L形单翼飞机机身的前部，安装了一挺口径7.62mm的"霍奇斯基"机枪，在桨叶上沿枪管方向安装了金属挡板。德国人仿制了"霍奇斯基"机枪，并加装了射击协调装置。这种射击协调装置依靠螺旋桨本身来控制机枪的发射。德国人将这种机枪安装在灵巧的"福克"式M.5K型单翼机上，形成了专为军用飞机研制的世界上第一挺航空机枪。在此期间，英、法空军也在专为空战制造的"维克斯"F.B.5型飞机上安装了不具有射击协调装置的美国"刘易斯"机枪，这是一种口径为7.62mm，弹盘供弹、重量较轻的陆军制式机枪。由于战争的需要和飞机性能的不断提高，至1918年初，飞机的空中作战能力有了惊人的提高，各国的战斗机都安装了航空机枪，一般2～4挺，有的甚至安装了6挺，射击速度有所提高，口径也增大。此间，法国对37mm大口径航空机炮进行了试验，德国研制生产了专用航空机炮和多管机枪，成为当时的先进航空武器。

航空炸弹是重要机载航空武器之一。飞机用于轰炸，早在第一次世界大战之前就广泛引起了各国的重视。美国于1910年1月就在飞机上试投了3枚重0.9kg的沙袋，一年后又成功地投放了1枚爆炸性的炸弹，取得了一定的效果。1912年，英国也进行了一系列的机上投弹试验，探索空中轰炸的可能性，到1914年对德战争爆发前，英国已拥有26枚重9kg的航空炸弹。据记载，在战争中第一次从飞机上投放炸弹发生在1911年11月1日的意土战争期间。意大利空军少尉吉利奥·加沃蒂，从自己驾驶的飞机上向塔吉拉绿洲地区的土耳其部队投下了4枚重2kg的"西佩利"式榴弹，取得了很好的轰炸效果。第一次世界大战的爆发，对空中轰炸的发展有很大促进作用。战争开始的几周内，法国飞机多次执行近距离攻击任务，轰炸德军前线的纵深目标。德国也应用"齐柏林"飞艇部队和较大的"哥达"式轰炸机部队，对英国东南部的城市和工业中心以及伦敦地区，进行多次轰炸，成为空中进攻战略性轰炸的真正开始。英国皇家海军航空部队的飞机，也对德国的"齐柏林"飞艇仓库及供应仓库等目标进行了轰炸。1915年2月15日，俄国装备了大型4发"伊里亚·穆罗梅茨"号轰炸机的中队，首次对波兰境内的重要目标进行了轰炸。随着战争的发展，到1917

年英国已拥有"汉德利·佩奇"双发大型轰炸机队，该机载弹量达 816kg，航程超过 320km，还拥有载弹量 1542kg 的"超汉德利·佩奇"4 发巨型轰炸机队。由于空中轰炸战斗的需要，促使航空炸弹不断发展。在战争初期，英、德、俄等国已研制了便于飞机携带和投放的航空炸弹，由弹体、头部引信、稳定翼和炸药等部分组成。当时的航空炸弹都由飞行员用手掷向目视内的目标，重量只有几千克，炸药装在弹体内。由于所装炸药的性能不同，炸弹具有不同的功能。第一次世界大战中出现的航空炸弹，仅有爆破弹、杀伤弹和燃烧弹。第一次世界大战不仅使轰炸机和航空炸弹有了迅猛的发展，攻击距离和轰炸精度有了很大的提高，更重要的是，建立空军战略轰炸机队已成为各国共识，是空军发展的重要决策之一。

三、活塞式飞机成熟期的航空技术

活塞式飞机成熟期飞机速度的不断提高使双翼机支柱和张线的阻力越来越大，成为提高速度的主要障碍。这一时期铝合金的应用使得双翼机逐渐被单翼机取代，航空电子和航空武器发展较快，飞机性能显著提高。

（一）活塞式飞机成熟期的动力技术

20 世纪 30 年代后，航空活塞式发动机得到了迅猛的发展，在星形气冷式活塞发动机取得成功的同时，液冷式活塞发动机也重新得到发展。

新型星形气冷式活塞发动机有许多优点：首先，所有汽缸的连杆是连接到曲轴的一个曲拐上，使曲轴做得比较短，发动机刚性好，零件少，重量轻。其次，对汽缸采用气冷，省去了复杂、笨重、易损的液冷系统，又减轻了重量，改善了发动机的可靠性、维修性和生存性，这对作战飞机来讲更为突出。由于这两个优点，星形发动机的功重比在所有结构形式的发动机中最高。但是，星形发动机迎风面积大，给飞机带来的阻力较大，例如，当飞行速度由 160～170km/h 增加到 250km/h，飞机的阻力增加了 1.25 倍。如果没有整流罩的发明，那么星形气冷式发动机可能就不会在活塞式发动机的鼎盛时期占据一席之地。第一台用于美国战斗飞机的星形发动机是 1922 年的 9 缸劳伦斯 J-1。气冷式发动机在海军飞机上应用得那么普遍，以至于在 1927 年功率更大的 9 缸普拉特·惠特尼"黄蜂"（R-1430）、"大黄蜂"（R-1690）和早期的莱特"赛克隆"（R-1750）发动机提供使用以后，星形发动机便成为海军战斗飞机的标准形式。美国国家航空咨询委员会做好了一种圆形整流罩，它不仅把暴露的汽缸罩得比原先采用"减阻环"的更加流线化，而且还改善了冷却效果，并有可能在第一排汽缸后面设置第二排汽缸。1934 年，第一批 14 缸的双排星形发动机出现了，如成功的普拉特·惠特尼 R-1830"双黄蜂"和不成功的莱特 R-1510"双旋风"发动机。到 1938 年，这种气冷发动机和新型的单排莱特"飓风"（R-1820）发动机一起，几乎完全代替了陆军和海军的液冷发动机。

与新型气冷式发动机相比液冷式发动机虽然有一些缺点，但是迎风面积小，可使机头做成比较完善的流线型，这对高速战斗机特别有利。随着战斗机飞行高度增大，受地面火力的威胁变小，液冷式发动机易被损坏的弱点就不突出了。所以，当液冷式发动机使用整体铸造的汽缸排后，发动机总体结构变得简单、耐用，又重新获得发展机遇。英国罗·罗公司在 1927 年设计出"克斯崔尔"（Kestrel）V 形液冷式发动机，到 1939 年发动机功率增加到 660kW。新型液冷式发动机的成熟应用，使英国皇家空军坚定了走液冷发动机的发展道路，因此，20 世纪 30 年代中期，罗·罗公司又开发了著名的"梅林"（Merlin）V 形液冷式活塞发动机，该发动机后来成为第二次世界大战中英国用得最多的发动机。在英国发展"梅林"发动机的同时，美国爱立生公司推出了美国唯一的一种 V 形液冷式 V-1710 发动机，它是第二次世界大战中战斗机用得最多的一种发动机，其最后型号的功率约为 930kW，用于美国第二次世界大战中的几种著名战斗机上：P-38（生产了 9923 架）、P-39（生产了 9558 架）、P-40（生产了 13738 架）及 P-51（后改用"梅林"发动机）。德国于 1936 年推出了戴姆勒-奔驰公司的 D-B601 系列和郡克尔（tankers）公司的"尤莫"（Jumo）发动机，它们都是倒置 V 形液冷式发动机。D-B600（708kW）有几种改型：D-B601（783kW）、D-B603（1305kW）及 D-B605（1342kW）。D-B605 采用了向汽缸中喷水的方式，以短时增加发动机功率。D-B600 系列发动机用于德国多种作战飞机上，但主要是 Me-109 战斗机上。"尤莫"发动机 1936 年推出的 210 型的功率为 522kW，1942 年的 213E 型的功率提高到 1324kW，主要用于德国的轰炸机上。苏联于第二次世界大战前及战时先后发展了单排 9 缸"阿莎"62 型、双排 14 缸"阿莎"82 型气冷式活塞发动机，Am-38、Am-42 V 形液冷式活塞发动机，伊尔-2 型强击机就装备了 Am-38 型发动机，在卫国战争中均发挥了重大作用。

（二）活塞式飞机成熟期的结构技术

在活塞式飞机成熟期，飞机采用金属单翼机构型，主要有以下特征：①机体流线型。采用光滑圆弧形界面的细长机身。②采用 NACA 新翼型的机翼，新翼型在产生相同升力的情况下有更低的阻力。③大展弦比机翼，相比于第一次世界大战时期的作战飞机，第二次世界大战前的典型机型机翼展弦比要大得多。④NACA 发动机整流罩。这种整流罩是 NACA 根据 1928 年开始的风洞测试项目所设计的。将 NACA 整流罩安装在机身上，使发动机气缸不再裸露在气流中，可以降低 60% 的阻力。⑤可收放起落架。固定起落架伸入到空气流之中，产生了很高的阻力，这几乎是第一次世界大战时期作战飞机的典型特征，到了螺旋桨飞机的成熟时代，飞机起落架被巧妙地藏在机身、机翼或者发动机短舱内。⑥分裂式襟翼。翼载越大对应的最大速度也就越高，如何在着陆时维持安全的速度，是工程师们需要解决的问题。全金属单翼机时代设计了分裂式机翼，当分裂式机翼向下偏转时增加了最大升力系数，从而降低了着陆速度。⑦在飞机结构方面，全金属单翼机时代，全金属、铝制、半硬壳式机身、承力蒙皮等飞机结构已经得到应用，成为最新的标准。

（三）活塞式飞机成熟期的雷达探测技术

雷达作为一种军事装备服务于人类是 20 世纪 30 年代的事，但雷达原理的发现和探讨，还要追溯到 19 世纪末期。1864 年，麦克斯韦提出了电磁理论，预见到电磁波的存在。1886 年，赫兹进行了用人工方法产生电磁波的试验，通过实践证明了"无线电"的存在，验证了电磁波的发生、接收和散射。1903 年，德国人威尔斯姆耶探测到了从船上反射回来的电磁波。到 1922 年，马可尼主张用短波无线电来探测物体。他说："电磁波是能够被导体所反射的，可以在船舶上设置一种装置，向任何所需要的方向发射电磁波，若碰到导电物体，它就会反射到发射电磁波的船上，由一个与发射机相隔离的接收机接收，以此表明另一船舶是存在的，并进而可以确定其具体位置。"这是最早比较完整地描述雷达概念的语句。20 世纪 30 年代，重型轰炸机的出现和发展促使人们考虑从远距离探测来袭机群，以便有足够时间向防空部队和护航战斗机发出警报，并使他们做好战斗准备。英国很早就开始用电子手段进行远距离飞行器入侵探测的研究，而其早期利用飞机发动机的红外辐射探测飞机的试验均失败了，原因是当时制造不出灵敏度足够高的探测器。后来考虑飞机的金属结构在受到地面发射的电磁波照射后产生回波，据此英国使用 30MHz 频率进行研究，制造出了雷达。这个发明在第二次世界大战中的不列颠之战中得到了很好的运用，英军的雷达不仅能在目视距离以外发现沿法国海岸集结的德国轰炸机群，而且还能估算出它们的实力，从而使处于待命状态的"飓风"式和"喷火"式战斗机中队可以根据德军每次来袭的规模，精细地计划出动多少架飞机去迎敌。英国地面预警雷达网在挫败德军空袭中所起的作用更是无法估量的，德国空军被迫把注意力转向夜间轰炸；为对付新的威胁，英国电信研究院开始研制一系列机载雷达，这些雷达首先装在夜间战斗机上，由于它们的作用距离不足 2km（在远距离上受地面杂波干扰），截击机只好依靠地面雷达指挥，引导飞机到达目标附近，然后截击机上的雷达才能发现目标。这样的战斗机上需要两名乘员：驾驶员和雷达操作员，判读显示器上那些未经处理的"原始回波"需要有相当高的技巧。几乎是在同时，德国也在着手研制雷达，两年后，当英国皇家空军开始发动大规模夜间空袭时，许多机组成员和飞机成了德国雷达的牺牲品。

（四）活塞式飞机成熟期的机载武器技术

第二次世界大战的爆发大大刺激了航空枪炮的发展。1940 年，法国航空部提出了增大空战武器口径的要求，并于 1942 年规定 20mm 是航空机炮的最小口径，其歼击机普遍装备了 20～30mm 的机炮。英国也正式规定 20mm 机炮是战斗机的标准射击武器，而美国仍采用小口径、射速高的机枪装备飞机，如"布朗宁"M3 机枪，口径 12.7mm，射速为 1200 发/min。第二次世界大战后，战斗机的机炮武器已经标准化，英国空军和美国海军都将 4 门 20mm 的机炮作为军械通用配置方案，苏联则采用大口径的 HP-23 和 HP-30（口径 23mm 和 30mm）航炮装备空军。直至 20 世纪 50 年代中期，美国空军才将在法国 MG-213C 转膛炮基础上研制成功的 20mm M-3P 转膛炮（射速 1500 发/min）和 20mm 的 M-61 型六管炮（射速 6000 发/min）定为标准武器。期间，英、法、瑞典等国也在法国 MG-213C 炮的基础上研制成 30mm 的转膛机炮（射速 1200～1350 发/分）。为提高射速，除转膛机炮外还研制了多管转管式机炮，有 3 管、6 管、7 管几种，如美国 M-60A1 型 6 管 20mm 机炮，由电动机带动炮管、炮门转动，射速可达 6000 发/min。

航空炸弹是轰炸机最基本、最古老的一种进攻性武器，也是历次战争中消耗量最大、种类最繁多的航空投掷武器。增大炸弹口径是提高威力的途径之一，美、苏等国都具有 9072kg 以上大口径的炸弹。核弹（包括原子弹和氢弹）比普通炸弹威力大得多。美国 1945 年在日本投下了两颗原子弹，开创了使用核炸弹的先例。在 20 世纪 50 年代后，美、苏、英、法等国都大力开展原子弹的研制。

第二节　活塞式飞机时代航空技术发展的主要特点

莱特飞机成功飞行后不久，飞机在军事方面就得到广泛应用。从理论研究、试验验证、工业化大生产，到新技术的不断推广应用，为作战飞机的设计和试验建立了坚实的基础。活塞时代的航空技术发展的主要特点有：航空技术的研究具备了科学理论的指导和成熟试验条件的保障；两次世界大战军事需求带动各参战国政策资源倾斜；工业化的不断发展使得作战飞机在车间流水线上大规模生产；活塞式航空技术的不断开发和应用促使作战飞机的速度、升限、航程、安全性、可靠性大幅提升。

一、航空理论发展牵引试验条件成熟完善

飞机诞生的初期，飞机设计基本上是经验性的。当时研制和生产飞机主要是个人行为，或是由私人小作坊生产制造的。那时，许多航空先驱者既是设计师，又是制造家，也是试飞员。随着 20 世纪空气动力学的快速发展，航空学理论研究的价值已逐渐被人们认识到，一些国家和政府纷纷成立科研机构，航空技术的发展也终于走上了科学的道路。

（一）科研机构确立为航空技术发展提供指导

飞机诞生后不久，为提高飞机的飞行性能与完善飞机构造，各国相继成立了航空科学研究机构，从空气动力学、飞机性能、动力系统、结构与材料等方面进行研究。1909 年英国政府率先建立了以瑞利为主席的航空咨询委员会，旨在进行航空学理论研究，协调空气动力学和其他航空课题的研究活动。美国于 1915 年成立了世界上第二个专门的航空研究与协调部门——国家航空咨询委员会（NACA），1958 年改组为美国航空航天局（NASA）。随后不久德国和法国也相继建立了国家航空研究院。1918 年，苏联在茹科夫斯基的直接领导下，创建了中央空气流体动力学研究院。这些研究机构把航空科学理论家和试验工作者在内的优秀专家结合起来，为航空技术和飞机设计、试验建立科学基础。

（二）试验条件完善为航空技术发展提供保障

空气动力学的发展始终与风洞和风洞试验技术紧密联系在一起。直到今天，试验空气动力学仍是气动研究和飞行器设计的一个基本手段。自从 1871 年维纳姆建立了第一座风洞以来，风洞和风洞试验技术得到了长足发展。由于空气动力学的发展和飞机的进步，活塞时代的风洞技术也经历了从低速风洞到亚声速风洞的发展，满足了气动研究和各种飞行器设计的需要。1901 年莱特兄弟曾建造风洞进行翼型试验。同年法国的埃菲尔建造了一座开口式回流风洞，普朗特则设计了闭口式回流风洞。第一次世界大战爆发后，美国提出了发展航空工业的"应急计划"。1917 年正式动工兴建第一个飞机试验中心——兰利航空实验室。陆军和海军也分别在麦克库克和诺福克建立了本军种航空方面的试验机构，这一时期建立起来的航空工业体系也为美国航空工业的后续发展打下了根基。表 3-1 所列为第一次世界大战后美国的主要风洞设施，表 3-2 所列为第二次世界大战前美国的主要风洞设施。

表 3-1　第一次世界大战后美国的主要风洞设施

风洞名称	建设目的	试验马赫数
8 英尺×12 英尺[①]亚声速风洞	军用飞机布局的低速空气动力学研究	0.0～0.26
哈帕低速风洞	解决直升机前飞和颤振问题	0.01～0.2
兰利全尺寸风洞（LFST）	为三军提供全尺寸航空动力气流管理和声学测试以及计算机模拟和研究支持	0.02～0.11
资料来源：中国航空工业发展研究中心. 国外军用作战飞机技术变革及工业发展研究[R]. 2012.		

---

① 1 英尺=0.3048m。

表 3-2　第二次世界大战前美国的主要风洞设施

风洞名称	建设目的	试验马赫数
莱特兄弟风洞	流场的非稳定性和黏性现象的研究，飞机稳定性研究，以及风对建筑物和结构组件的影响研究	0.0～0.25
低湍流度压力风洞（LTPT）	提高风洞的流场品质，从而能够进行襟副翼增升装置类的精细试验研究	0.05～0.5
稳定性风洞	风洞的自由湍流度很低，流场品质高，可进行精确的边界层试验	0.25
20 英尺垂直尾旋风洞	解决战斗机尾旋改出问题	0.0～0.08 0.0～0.15
国家全尺寸空气动力学综合设施（NFAC）	支持气动、结构力学和声学研究，适用于关键部件甚至全尺寸飞机开展新构型气动特性研究	0～0.15 0～0.45
低速风洞	空气动力稳定性、操纵性研究、动态试验、测压测试以及各种流动显示研究	0.04～0.36
资料来源：中国航空工业发展研究中心. 国外军用作战飞机技术变革及工业发展研究[R]. 2012.		

美国政府在第二次世界大战前对航空科研基础设施的建设和投入力度很大，就将主要经费投入到了技术开发和试验中，而不是用来盲目扩大生产规模。第二次世界大战使美国政府认识到空军的重要性，并将其独立出来成立了新的军种。同时，各军种都筹建了各自的航空科研机构，形成了政府、工业界和高等院校在航空科技领域开展研究工作的新局面。美国航空科研设施的建设虽然在启动时间上要比英国和德国晚，但美国航空科研系统的发展起点比较高而且规模非常大，航空试验设备在航空基础研究的规模上也对航空技术的发展有明显的促进作用。

二、世界大战军事需求带动政策资源倾斜

第一次世界大战德国对英国的战略轰炸推动英国建立独立空军，第二次世界大战美国对日宣战、开辟欧洲战场，加快了其军事航空力量的发展，从而牵引航空技术的进步。两次世界大战的军事需求带动参战各国政策和资源向军事航空发展倾斜。

（一）第一次世界大战中英国独立空军建立带动航空工业发展

第一次世界大战期间，英国一直处于传统意义上的大后方。但从 1915 年起，英国本土经常受到德国"齐柏林"飞艇的轰炸。面对来自空中的威胁，英国匆忙建立原始的防空设施，包括拦截气球等。但从 1917 年 6 月 13 日开始，德国先进的"哥达"式轰炸机经常对英国进行日间空袭，使英国人遭受到空前的心理恐慌。英国不得不在一些大城市的防空力量中配备一些飞机，但由于指导思想问题，对德国的"哥达"式轰炸机没有构成很大威胁。在整个前期的对

英轰炸中，德国飞机只有一架被击落。当时，丘吉尔就指出，建立一个真正有责任、有实权的航空部是极其迫切的事情，空中力量应当是联合的、持续的、永久性的皇家防御力量的分支。1917 年，英国内阁成立了防空和航空兵组织委员会，任命陆军中将让·斯姆茨为委员会主席。该委员会对战争局势特别是英国航空兵的实力、作战、组织等问题作了充分的研究和评估。他们于 1917 年 7 月 19 日提交了一份关于防空问题的报告，同年 8 月 17 日他们又提交了一份关于航空兵组织问题的报告。后一份报告建议组建一支包括陆军、海军航空兵在内的独立空军，由航空部集中统一领导。1917 年 8 月 24 日，英国内阁批准了斯姆茨委员会的报告，任命陆军中将、皇家航空飞行队司令戴维·亨德森协调空军的组建工作。1918 年 1 月 3 日，英国航空部正式成立，由罗森默尔勋爵担任部长，亨德森担任副部长。航空部下设航空委员会和航空参谋部。杰出的航空军事家特伦查德少将被任命为参谋部首脑，在特伦查德的领导下，英国航空参谋部立即开始进行皇家海军航空兵和皇家陆军航空兵的合并工作，以原有的战略轰炸部队第 8 旅为基础，组建独立的英国皇家空军。1918 年随着英国皇家空军的建立，刺激和催化了航空技术的发展，航空工业部门和航空研究部门形成一个综合的体系。

（二）第二次世界大战中美国航空力量发展牵引航空技术进步

虽然美国诞生了世界上第一架飞机，但在第一次世界大战期间美国的航空技术水平落后于欧洲，当时美国派给远征军的作战飞机没有一架是美国造的。美国远征军所接收的 6287 架飞机中，来自法国的 4791 架，来自英国的 261 架，仿制英国的 1213 架，其他来源 22 架。20 世纪 20 年代前期美国空军的前身——陆军航空兵一直在争取独立和扩编。尽管有一些国会议员和国会专门委员会的支持，但未能取得成功。1925 年，美国总统柯立芝指示一个委员会调查航空兵独立的问题。该委员会做出的结论是反对航空兵独立，但支持航空兵升为兵团，并享受一些特权。1926 年 7 月 2 日，美国陆军航空兵升格为陆军航空兵团。该委员会建议在增加人力的同时，还制定了一个 5 年采购 1800 架飞机的计划。经济萧条时期，美国航空兵的编制在 1931—1934 年几乎没有增长。1935 年意大利入侵埃塞俄比亚、希特勒正式宣布建立空军，美国的贝克委员会同年提出建立独立空军的要求，建议首先建立一个统管航空兵团全部作战部队的航空统帅部，航空兵团的飞机数量至少应达到 2320 架。1935 年 4 月 1 日，航空统帅部正式在弗吉尼亚建立，由弗兰克·安德鲁斯担任司令官。1938 年 9 月，阿诺德担任航空兵团司令，面对美国卷入第二次世界大战欧洲战场的现实，他指示扩大航空兵的规模，加速飞机生产，每年生产 6000 架。这个计划于 1939 年 4 月得到国会批准。至 1941 年 12 月美国陆军航空兵力量达到 84 个大队，战斗机总数 3305 架，7024 架其他型号飞机。鉴于美国陆军航空兵和海军航空兵在第二次世界大战中发挥的关键作用，第二次世界大战结束后美国国会终于通过了一项成立国家武装部的议案，武装部长下设陆军、海军和空军部长。1947年9月，美国独立空军正式宣布成立。正是军事需求的推动，美国在20世纪40年代确立了航空技术世界领先的地位。

三、航空工业发展促使作战飞机大规模量产

两次世界大战不但是战争双方军事实力的较量，也是双方工业实力为代表的综合国力的较量。第一次世界大战参战飞机多达10万余架，催生了如英国的索普威、法国的巴勒、德国的福克、美国的寇蒂斯等著名公司。第二次世界大战世界工业强国的航空工业科研和生产水平都达到了空前的高度，以美国为例，在第二次世界大战期间共生产30余万架各型飞机。英国、苏联、日本、德国和意大利总产量也达到了40万架。

（一）航空工业逐渐成为支柱型产业

飞机的发明虽属美国，但首先认识到飞机的潜力并致力于发展航空工业的却是欧洲。法国国防部早在1906年就同莱特兄弟商谈购买飞机生产许可事宜。1908年，美国的莱特公司把制造飞机的专利权转让给一家法国联合企业，莱特式飞机终于在法国生产。1909年7月12日，法国国防部购买了第一架仿制的莱特式飞机。此后法国的飞机很快在数量和质量上开始领先，从而得到军方的青睐。在兰斯航空展览会上，法国军事首脑和炮兵部都来参观。炮兵认识到飞机的作用之一是为炮兵指示目标和校准弹着点。军事部布伦将军指示炮兵购买飞机进行试验。不久，法国先后出现了几个航空军事部门，开始各种航空军事试验。这几个部门虽然也就一些小事进行争论，但基本都承认飞机的军事价值。1911年法国共生产了1350架；1912年生产了1427架；1913年生产了1294架。英国、德国和美国后来居上。到1913年，英、法、德、美等国制成的飞机不下70个品种，航空活塞式发动机有30个品种。至1914年，法国成为世界航空中心，拥有20家飞机制造公司和13家发动机制造公司，如蜚声全球的飞机制造公司：法尔曼、瓦赞、纽波特、高德隆、布雷盖、布莱里奥、斯帕德、希斯巴诺—苏莎等。在第一次世界大战期间，英国和法国各生产了5万架飞机，美国生产了1.7万架飞机，各交战国共生产了183877架飞机和235000台发动机。到1918年，全世界已有2000个专业飞机制造公司和80个发动机公司，5年间共生产飞机183877架，发动机235000台，其中英国生产了47800架、法国生产了67982架、德国生产了47637架、意大利生产了20000架、美国生产了15000架。表3-3所列为法国飞机、航空发动机产量（1914—1945年）。

表 3-3　法国飞机、航空发动机产量（1914—1945 年）

年份	飞机总数/架	发动机总数/台
1914	750	1065
1918	23669	44559
1931	3600	6000
1937	380	3000
1938	14000	3000
1939	1380	3000
1945	935	1300

资料来源：第三机械工业部六二八研究所. 国外航空工业统计汇编[G]. 1978.

（二）航空工业标准化生产成熟推广

第一次世界大战前的美国航空工业制造能力还不及欧洲。1907 年美国陆军提出了一份作战飞机的技术条件，要求设计一种双座机，速度为 64km/h，航程为 201km，"且能无困难地驾驶它向任何方向飞行"。1908 年，莱特公司接受了美国陆军的第一批飞机订货，1909 年 9 月，美国通信兵航空部得到了第一架莱特 B 型军用飞机，机上装有 1 台 30 马力的发动机，最大速度 68km/h，这也是唯一的美国自行生产的战斗机。第一次世界大战中，在前线的美国航空中队主要使用法国飞机，1918 年 11 月 1 日，在前线的 36 个中队中：15 个使用斯佩德飞机，1 个使用 SE.5A 单座机，10 个使用塞尔姆逊飞机，8 个使用美国造 D.H.4 飞机，2 个使用布雷盖双座机。第一次世界大战后，在美国政府的政策支持和欧洲国家大量订货的刺激下，美国的飞机制造能力得到了提高。到 1918 年，美国工业界交付了 1.4 万架飞机和 4 万台发动机，参与飞机制造的人员达 17.5 万人。但是，这些飞机只有很小一部分是飞机公司生产的，航空发动机主要来自汽车工业，机体则是由 300 家各种工厂制造的。为满足欧洲战争的需求，美国飞机公司迅速壮大，几家公司开始崭露头角，其中居主导地位的分别是战斗机领域的寇蒂斯公司和轰炸机领域的莱特·马丁公司。第二次世界大战的爆发大大刺激了美国航空工业的发展，美国新型战斗机开始赶上世界航空技术先进水平。据资料统计，第二次世界大战期间世界主要飞机生产国有美、英、法、苏、德、日等国，1939 年的飞机产量是 2.7 万架；1944 年上升到 23 万多架，增长 8 倍多。1937—1945 年，世界各国航空工业的生产工人从 40 万人增加到 600 万人；航空产品产值从 15 亿美元增加到 300 亿美元。在航空工业发展中，以美、苏发展最快。从 1939 年到 1944 年，美国飞机年产量从 5856 架上升到 95272 架。苏联 1944 年的飞机产量达 41800 架，成了航空工业第二大国。英国飞机年产量从战前的 2828 架增加到 1944 年的 26461 架。德国飞机年产量从 1939 年的 2518 架，增至 1944 年的 40288 架。法国在第二次世界大战期间由于被占领，航空工业几乎完全被破坏。第二次世界大战期间，美国政府指示各军种资助航空制造企业进行扩建，并将其他工厂转产飞机，兴建工厂，实施转包和许可证生产等。到 1944 年军用飞机的战时生产达到高峰，年产量为 10 万架，从业人员上升到 6.4 万人，产值上升到美国工业的第一位。美国的航空工业不但以量取胜，也逐步推进航空工业的标准化生产。美国航空工业迅速摆脱了各自为战、一盘散沙的局面，而成为科学管理、分工协作的大企业，形成分散协调的网络式整体。由此带来前所未有的规模和组织优势。表 3-4 所列为美国历年飞机产量（1941—1945 年）。

表 3-4　美国历年飞机产量（1914—1945 年）

年份	飞机总数/架	军用飞机/架	民用飞机/架
1914	49	15	34
1918	14020	13991	29
1931	2800	812	1988
1937	380	3000	不详
1938	3623	1800	1823
1941	26289	19445	6844
1943	85433	85433	0
1945	48912	46865	2047

资料来源：第三机械工业部六二八研究所. 国外航空工业统计汇编[G]. 1978.

四、航空新技术应用快速提升飞机作战性能

第一次世界大战期间，各国共生产飞机 1819 万架，投入作战 10 万架。同时飞机性能快速提高。1914 年，发动机功率为 44～59kW，飞机时速 80～100km，升限 3000m，续航时间 2～3h。到 1918 年，发动机功率达到 221～662kW，飞机时速 130～220km，升限 4000～7000m，续航时间 2～7h，战斗载荷 300～1000kg，飞行半径：歼击机 150km，重型轰炸机达 500km。至第二次世界大战活塞式飞机的速度、高度、航程、载荷、安全性和可靠性有了质的提高。

（一）活塞式飞机航空技术量变积累

第一次世界大战爆发前，军用飞机型号繁杂但功能有限，没有配套的机载武器，只能执行侦察、校射、通信和简单运输等非作战任务。莱特兄弟制造的第一架飞机，功重比是 0.155kW/kg，1910 年飞机的功重比提高到 0.5kW/kg，而第一次世界大战期间的功重比上升至 1kW/kg。第一次世界大战初期的飞机均

采用木布材料，即用木料制作飞机龙架，上面覆盖布制蒙皮，中后期出现了钢管焊接龙架和胶合板蒙皮，并采用了板材对接和蒙皮抛光的制造工艺，飞机的牢固性和飞行能力因此得到很大的改善。发动机技术和材料技术的进步，为飞机采用新形态结构创造了条件，在双翼和三翼机之外出现了悬臂式单翼飞机和流线型机体，复杂笨拙的构造趋于简洁。1915 年出现的与螺旋桨协调同步的机枪射击装置，解决了飞机与武器有机结合的难题。此外，开关控制的投弹装置代替了用手直接投弹，目测瞄准方式让位于机械瞄准装置，敞开式座舱变为封闭式座舱等，这些新技术的应用大大提高了军用飞机的作战性能。

表 3-5 所列为 1909 年航空技术水平与 1911 年航空技术水平对比。

表 3-5　1909 年航空技术水平与 1911 年航空技术水平对比

1909 年航空技术水平		
性能指标	性能数据	飞机型号
飞行速度	75.79km/h	"金色飞行者"双翼机
升限	155m	安东尼特Ⅵ单翼机
飞行距离	180.32km	法曼双翼机
留空时间	4h7min	法曼双翼机
载乘客数	2 名	法曼双翼机
1911 年航空技术水平		
性能指标	性能数据	飞机型号
飞行速度	108.8km/h	布莱里奥单翼机
升限	3278m	伏瓦辛双翼机
航程	272km	霍华德-莱特双翼机
留空时间	8h38min	法曼双翼机
载客数量	12 名	自行设计双翼机

资料来源：顾诵芬，等. 世界航空发展史[M]. 郑州：河南科学技术出版社，1998.

第一次世界大战中的飞机功能趋向多元，不仅战前的各种辅助功能日益完善，而且开始具备空中格斗和对地攻击的作战能力，飞机的种类也由单一的通用型走向系列化，发展为专门的侦察机、战斗机、轰炸机和水上飞机等。尤其是以战斗机和轰炸机为代表的作战飞机，在短短 4 年里从无到有，技战术性能迅速提高。战斗机普遍装有 1～2 挺专用机枪，发动机功率增加到 200 马力，最大时速提高到 200km 左右，最大升限可达 7000m；轻型轰炸机 1 台 375 马力发动机，重型轰炸机装有 2～3 台 150～360 马力发动机，时速在 140～230km，续航时间 4～8h，实际升限 4000～5500m，最大升限达到 6700m，装备 4～5 挺机枪，载弹量 200～900kg。

英国在 1916 年投入 D.H.2 和 F.E.2D 先进战斗机，到 1916 年末一直在参战中保持优势。当年投入使用的布里斯托尔 F.2H 战斗机速度达到 195km/h，升限为 5846m，爬升率很高。它装有 2 挺或 3 挺机枪。1917 年投入使用的布里斯托尔 M.1C 的飞行速度达 209km/h，升限达 6100m。法国这一时期也出现了许多优秀的战斗机，1917 年出现的纽波特 17、27、28 战斗机速度为 180～196km/h，升限为 5300～5500m；斯帕德公司生产的斯帕德 SⅦ战斗机速度为 191km/h，升限为 5334m；斯帕德 SⅫ战斗机的时速达到 222km/h，升限达到 6650m；莫伦—索尔尼埃公司生产的 A1 战斗机的速度达 207km/h，升限突破 7000m。德国也先后推出几种新型战斗机。信天翁公司生产的"信天翁"DⅡ型战斗机的速度为 175km/h，升限为 5100m；凤凰公司生产的"汉莎·布兰登堡"D1 型战斗机速度也达到 187km/h，升限为 5000m；OUFA 公司生产的 D1 战斗机最大速度达到 185km/h，升限达 6200m。从 1917 年底到 1918 年间，英、法、德又不断推出性能更加优良的战斗机，代表性的有英国的 S.E.5，速度为 196.3km/h，升限为 5791m；索普维斯生产的"骆驼"式战斗机，速度为 195km/h，升限为 5800m；德国福克公司的 Dr.1 三翼机，速度为 165km/h，升限为 6100m；法尔茨公司的 Dr.1 战斗机，速度为 210km/h，升限为 6000m；福克 DⅢ战斗机，速度为 189 km/h，升限为 6000m。其中"骆驼"式战斗机机动灵活，火力很强，在投入战斗时间里，共击落敌机 1300 架，是第一次世界大战中击落敌机最多的战斗机。而德国 1917 年推出的福克 DⅦ则被誉为第一次世界大战中性能最优秀的战斗机。

表 3-6 所列为 1914 年航空技术水平与 1918 年航空技术水平对比。

表 3-6 1914 年航空技术水平与 1918 年航空技术水平对比

性能指标	1914 年	1918 年
速度/（km/h）	80～165	180～230
升限/m	3000～5000	8000
爬升率/（m/s）	0.7～1.5	3～5
航程/km	200～600	800～1200
发动机功率/kW	52～90	313
起飞质量/kg	300～700	14000
载重/kg	20～50	3400
续航时间/h	1～4	8～10

资料来源：顾诵芬，等. 世界航空发展史[M]. 郑州：河南科学技术出版社，1998.

（二）活塞式飞机航空技术质变提升

两次世界大战之间，航空技术有几项突破性成就，它们在飞机上的运用和完善，使飞机的性能得到迅速提高。这些技术包括全金属单翼结构布局、可收放起落架、封闭式座舱、变距螺旋桨、承力蒙皮结构技术、发动机涡轮增压技术、大功率发动机技术、航空无线电及仪表技术等。20 世纪 30 年代初是这些技术逐渐走向成熟并开始用于飞机的重要时期。到 30 年代中期，由于备战和技术新发明的广泛应用，一批高性能作战飞机先后在德国和英国诞生。而航空技术曾经最先进的法国，被许多国家赶超，在第一次世界大战中没有研制一架作战飞机的美国至第二次世界大战结束一跃成为航空技术和飞机制造强国。第二次世界大战期间，活塞式飞机的性能达到巅峰，速度最快的 P-51H "野马" 式战斗机，最大功率 2220 马力，最大飞行速度 785km/h，达到活塞式发动机的极限，实用升限 12700m，正常航程达到 1510km。轰炸机性能的提高也非常显著，其中重型轰炸机的速度比战前提高了 80%，航程提高了 366%，实用升限提高了 70%，载弹量提高了 116%。

第三节　活塞式飞机时代航空技术对航空武器装备性能的影响

作战飞机的价值主要由它的性能所决定。性能指标包括速度性能指标、高度性能指标、飞行距离以及起飞着陆性能，亦即作战飞机能飞多快、多高、多远和机动飞行能力、起飞着陆能力。对作战飞机主要性能产生影响的主要因素包括动力系统、气动结构、航空材料和机载设备等方面。

一、动力技术对航空武器装备性能的影响

飞机的发动机是飞机的 "心脏"，飞机性能的好坏与发动机有直接关系。经过第一次世界大战的洗礼，航空工业得到了快速的发展，战争结束时，参战的几个主要国家已经拥有大量各种用途的飞机，用于这些飞机的发动机多达几十个型号，有多缸直列式液冷、V 形液冷、转缸式气冷及星形气冷式等形式的发动机，但功率较小，功重比也小。航空活塞式发动机在第一次世界大战后，突破了几项重要技术，得到继续发展。

（一）涡轮增压器技术的影响

航空活塞式发动机以空气作为介质，因此进入汽缸的空气密度的高低，对发动机产生的功率影响极大。随着飞行高度的增加，大气压力越来越低，进入汽缸的空气密度也越来越低，发动机功率也随之降低，这显然给飞机的性能带来不利的影响。装有增压器的发动机可以对进入汽缸的空气先行压缩、提高密度，使更多的空气充填到汽缸里，从而改善发动机的高度特性。在大多数航空

活塞式发动机中，采用了由曲轴传动的单级离心式增压器，称为"传动式增压器"，属小型离心式压气机，由机匣、叶轮和扩压器等组成。离心叶轮转速每分钟高达数万转，因此，在曲轴和离心叶轮间必须有一套齿轮传动的增速机构。传动机构按传动比又可分为单速传动和双速传动。用于较低飞行高度的发动机大多采用单速传动，用于稍高飞行高度的发动机则采用双速传动，在低空时用低速挡工作，以减少不必要的功率消耗，当飞机超过某一高度后增压器自动转入高速挡工作。采用增压器后，可在一定高度内维持发动机的功率不变，如在地面使用增压器，则可增加发动机的最大功率。传动式增压器是由曲轴传动的，对空气的增压要消耗发动机的功率，因此，既实现空气增压而又不消耗发动机功率的问题便成为关注的焦点。在发动机工作时，由汽缸排出的废气温度较高，因此，很早就有人想到是否可以利用废气的能量，去驱动一个小型涡轮（称废气涡轮），再由它带动增压器，这样，就能不消耗发动机功率而达到提高进气压力的目的，这种增压器称为废气涡轮增压器。1906年，瑞士工程师布契（Buechi）提出了废气涡轮增压器的概念并在1911年做了试验；1916年，法国人拉托（Rateau）采用了布契的概念，并把第一台废气涡轮增压器投入实际应用。

美国参加第一次世界大战后，拉托的设计细节转移给美国国家航空咨询委员会（NACA），后由通用电气公司承担研制任务，具体由莫斯（Moss）负责。莫斯设计的废气涡轮增压器，在美国海拔4300m的彼克斯（Pikes）峰（接近美国的最高山峰）上进行了4个月的试验。试验前"利伯蒂"发动机不带废气涡轮增压器在海平面上作了校正，测得功率为261kW；在彼克斯峰临时修建的实验室中，发动机不带废气涡轮增压器发出172kW的功率，比地面低34%，而装有废气涡轮增压器的发动机最终发出266kW功率，比海平面上发出的功率还多5kW。废气涡轮增压器的使用，使发动机在高空中多发出了94kW的功率，相当于发动机地面功率的36%，而且试验结束时发动机状态良好。1920年2月27日，美国陆军少校R. W. 施罗德（R. W. Schroeder）驾驶勒佩尔型双翼侦察机，创造了10093m飞行高度的世界纪录，该机新装了带废气涡轮增压器的"利伯蒂"液冷发动机。第二年，另一名驾驶员用改进的废气涡轮增压器在同一种飞机上创造了新的世界纪录——12440m。通过彼克斯峰上对废气涡轮增压器所作的令人信服的试验，以及用它创造的飞行高度世界纪录，充分说明在航空活塞式发动机中，采用废气涡轮增压器能带来巨大效益。但是战后经济发展的形势和追求和平的气氛，降低了对废气涡轮增压器的兴趣，通用电气公司当时对发电、工业装备、家用电器和照明产品的兴趣超过了废气涡轮增压器研制计划，从而影响了废气涡轮增压器的技术发展。

20世纪30年代，由于军、民用航空界认识到了高空飞行的价值，涡轮增压器又重受青睐。30年代中期，由美国陆军、环球航空公司（TWA）、诺斯罗普（Northrop）公司和通用电气公司联合组成了试验废气涡轮增压器高空工作情况的机构。试验所用的飞机是"伽马"（Gamma）邮政机，采用"减重"后的废气涡轮增压器。1937 年 7 月 5 日，完成了从堪萨斯城到代顿的全天候飞行，涡轮增压器的价值再次得到证实。在第二次世界大战前，美国通用电气公司为历史上第一种四发动机远程轰炸机——B-17"空中堡垒"研制了改进型的废气涡轮增压器，该增压器能将 746kW 的发动机功率保持到 7620m 高空。之后，废气涡轮增压器成功地应用于第二次世界大战中许多著名的飞机上，如 P-38"闪电"、B-24"解放者"、P-47"雷电"和 B-29"超级空中堡垒"等。在大功率的航空活塞式发动机中，一般同时采用废气涡轮增压器与传动式增压器。流入发动机汽缸的空气首先在废气涡轮增压器内经过预先压缩，由排气阀流出的高温燃气通过导管流入涡轮导向器，膨胀后驱动涡轮转子高速旋转，涡轮转子再驱动离心式压气机转子以对进入发动机的空气进行预增压。然后在散热器中利用飞行气流进行冷却，冷却后的空气再输入到用曲轴传动的增压器中，进行二次压缩，然后流进汽缸。航空燃气涡轮发动机发展初期，曾利用废气涡轮增压器的设计、制造、使用经验，研制出具有单面进气的离心式压气机的某些燃气涡轮发动机。在第二次世界大战后，曾出现一种"废气涡轮组合发动机"。这种发动机是用航空活塞式发动机排出的燃气驱动一组废气涡轮，废气涡轮通过减速器直接将功率输给曲轴，而不是传动增压器对进入发动机的空气增压。用于第二次世界大战中的最大轰炸机——四发 B-29"超级空中堡垒"所使用的双排 18 缸气冷式活塞发动机 R3350，是世界上功率最大的双排星形气冷式活塞发动机，在战后改装成"废气涡轮组合发动机"。它是在原始发动机的外围均匀安装了 3 个废气涡轮，每 6 个汽缸排出的高温燃气供给一个废气涡轮，每个废气涡轮均通过各自的减速装置将功率直接输送给曲轴。3 个废气涡轮共产生 410kW 的功率，使发动机的最大功率由 2021kW 增至 2411kW，约增加 20%。

（二）变距螺旋桨技术的影响

航空活塞式发动机的功率要通过螺旋桨才能转变为飞机的拉力或推力。早期螺旋桨桨叶的安装角（或桨距）都是固定不变的，称为定距螺旋桨，它只能在设计状态下保持最高效率。飞行状态一旦改变，不仅螺旋桨效率下降，而且还影响发动机的功率输出。为克服这个缺点，逐步发展出在飞行中可调节的变距螺旋桨，以便在不同的飞行状态下都保持高的效率。在 1932 年前后，出现了恒速变距螺旋桨。驾驶员设定发动机转速，桨叶角会随飞行状态的改变而自动调节，以维持发动机恒定转速，这样，就可以选择功率和转速的最佳组合，以适应不同的飞行状态，例如，在发动机启动时，螺旋桨变低距（桨叶安装角变小），使螺旋桨转动阻力矩最小，发动机启动快；飞机起飞时，变高距，使螺旋桨产生最大拉力；飞机巡航时，使用螺旋桨效率接近最高的桨距。在第二次世界大战期间，又发展出反桨和顺桨装置。反桨用于飞机着陆，此时，将桨叶角调到负值，以产生负拉力，缩短飞机着陆的滑跑距离。顺桨用于多发动机飞机上，当一台发动机停车时，调整螺旋桨桨叶角，桨叶前缘基本指向飞行方向，桨叶不会被高速流过的气流吹转，以减小该螺旋桨的迎风阻力。变距螺旋桨的问世是螺旋桨技术发展中的一个重要里程碑。

（三）整体铸造汽缸技术的影响

在航空技术发展的初期，液冷式发动机在航空发动机领域内曾占据着统治地位，但当时液冷系统复杂、笨重、可靠性较差，因此，在 1908 年前后，被法国人发明的转缸式气冷发动机所取代。转缸式气冷发动机在第一次世界大战中发挥了极大的作用，在 1917 年前，约占航空发动机市场的 80%份额。但在战争中，人们发现转缸式发动机也存在着致命缺点，因为发动机的壳体连同汽缸绕着曲轴旋转，产生了可怕的旋转力矩，因此，发动机制造商又转向寻找替代方案，他们首先看中的还是液冷式发动机。初期的液冷式发动机是将汽缸连同冷却套筒单独做成，分别插入曲轴机匣中，并用多个螺钉将汽缸与曲轴机匣连接起来。这种设计不仅零件数多、重量大，而且冷却液循环系统结构复杂、管路多、可靠性差。

1915 年前后，法国希斯巴诺-苏莎（Hispano-Suiza）公司的工程师马尔克·比尔吉特（Marc Birgikt）设计了一种新结构的液冷式发动机。该型发动机在铝整体铸造的汽缸排中安排 4～6 个汽缸座，将单个制造的钢套筒用螺纹拧入汽缸座中，形成汽缸，汽缸排中铸有冷却液流通的通道，以冷却汽缸；汽缸排上采用整体铸造的汽缸盖，盖内铸出 4～6 个半球形凹坑，成为汽缸头；在汽缸盖中也铸有冷却液流动的通道，汽缸盖通过沿周边的几个螺栓与汽缸排相连，形成一个带 4～6 个汽缸的整体结构，然后与曲轴箱相连，曲轴箱因此纵向刚性大增。这种改进的设计，不仅零件数少、重量轻，而且易于制造。此外，所有的运动部件都包容在密闭的曲轴箱内，用中央压力滑油系统润滑，使整个发动机结构紧凑、重量轻、耐久、可靠。后来，英国、美国和法国都采用了这种结构，促进了液冷发动机的发展。希斯巴诺-苏莎公司的主要竞争对手——美国寇蒂斯公司对整体铸造汽缸结构做了进一步的改进，将"干"套筒改为"湿"套筒。套筒直接与冷却液接触，进一步改善了汽缸的冷却和发动机的制造。寇蒂斯公司的另一项改进是将汽缸头上传统的两个阀门改为 4 个阀门，以增大进、排气面积。发动机工作时，排气阀在排气冲程中被高温燃气所包围，工作条件恶劣，极易烧蚀，1927 年英国罗·罗公司将排气阀制作成空心的，内充熔点只有 93℃多的金属钠，当发动机工作时，高温使金属钠熔化，液态钠在阀杆内来回晃动，将排气阀门顶部的热量传至阀杆上，阀杆在汽缸头内的导筒内做上、下运动时，将热量传至汽缸头，起到了良好的散热作用。上述几项技术改进很快得到推广，从而促进了液冷式发动机的发展，直到第二次世界大战结束时，V 形液冷式发动机仍作为各种飞机特别是战斗机的动力，几乎与星形气冷式发动机平分秋色。

（四）发动机整流罩技术的影响

在航空技术发展初期，就出现了气冷式星形发动机，但是，为了便于冷却汽缸，灼热的汽缸裸露在空气中，这对飞机带来较大的阻力；由于当时飞机速度低，空气流速慢，对汽缸的冷却效果不好，因而被转缸式发动机所取代。为了减少汽缸对飞机造成的阻力，1930 年发明了一种称为"陶氏整流环"的减阻器，装在一种单座体育运动机上。装上"陶氏整流环"后，飞机的阻力降低了，但对汽缸的冷却却不利，因而这种减阻器并未得到推广应用。

1926 年 5 月 24 日，在美国国家航空咨询委员会（NACA）年会上，提出了在气冷式星形发动机外面加长整流罩的课题。经过工程技术人员们的潜心研究，终于在 1928 年试验成功一种"整流罩"。这种整流罩不仅有阻力小的流线外形，而且内壁还装有引导冷却空气绕汽缸流动的导流板，因而不仅大大降低了飞机的阻力，使试验飞机的速度从 190km/h 提高到 221km/h，还大大改善了对汽缸的冷却效果，甚至对增设的第二排汽缸也起到了很好的冷却作用。在地面静止状态下，整流罩利用螺旋桨滑流对发动机汽缸进行冷却；在飞行中，则冲压空气在冷却中起主导作用。流入整流罩的空气在进口和出口压力差的作用下，通过整流罩内壁的特殊造型，以较高的速度通过汽缸散热片，从而改善了对汽缸的冷却效果。这样，功率强大的气冷式活塞发动机又逐渐为战斗机所选用，很快在与液冷式活塞发动机的竞争中占了优势。在轰炸机和民航机上，气冷式发动机大量取代了液冷式发动机，为此，1929 年该发动机整流罩获得了当时美国航空的最高奖——Collier-Trophie 奖。

二、结构技术对航空武器装备性能的影响

飞机设计师的两大目标是增升和减阻。借助于空气动力学的研究成果，飞机设计师对飞机气动布局的每一次重大突破，如机身的构型、机翼的构型、翼型的选择、增升装置等都会对航空平台的性能产生革命性影响。

（一）机身构型的影响

早期飞机的机身只是用于支撑机翼等部件的纵向大梁，"飞行者"一号展示了原始飞机的真实结构。飞机诞生后，真正使飞机发展成能够满足人类需求装备的技术固然很多，但最明显的技术之一是机身技术。在飞机诞生后的 10 年内，支撑飞机各部件的纵向大梁等转变为机身，形成刚性结构和"硬壳式结构"两种机身技术。刚性结构的机身是由贯穿于机身的几个纵向大梁组成的多段盒式结构，机身与机翼通过撑杆和张线加固，机体能够承受垂直方向和侧向的载荷

以及绕纵向轴线作用的扭矩。"硬壳式结构"机身由两个半壳式的模子胶合而成。模子由 3 层薄木板胶合，两面用胶水黏合蒙布，强度大，重量轻，有效空间大，符合空气动力学的要求。由于成本高，战场损伤修复难，只被少量飞机采用。第一次世界大战后期，出现由 4 个纵向大梁、内部隔框、胶合在梁和框上的层板组成的盒式结构机身，被称为上述两种结构结合而形成的第三种机身结构受到青睐。第四种机身技术以德国法尔茨 D-Ⅲ战斗机为代表，它是在圆形的机身前部使用许多梁，之后在机身上覆盖一层蒙布而形成气动外形很好的流线型机身。机身技术的另一个重要发展是机身被分割成座舱、设备舱、武器舱等多个功能区，机身技术快速发展，为机载武器、设备技术的发展提供了空间。

（二）机翼构型的影响

在机翼构型方面，第一次世界大战初期双翼机构型得到普遍采用。从这一时期的典型飞机来看，绝大多数的飞机都是双翼机构型，如英国的 F.E.2b 飞机、B.E.2c 飞机、S.E.5 飞机、索普维斯"骆驼"战斗机、德国的福克 E.Ⅲ飞机、"信天翁"DⅢ战斗机、法国的斯帕德ⅩⅢ等，只有少数的几个单翼机，如法国的布莱里奥ⅩⅠ、德培杜辛"赛跑者"飞机。双翼盒式坚固结构在飞行时能提供更大的压力和张力，尤其是在大机动飞行时。而单翼机构型有着明显的气动优势，同时能给飞行员提供一个更广阔的视野。单翼机的结构却是个问题，当时使用的薄翼型使得机翼内部的空间不能满足大量桅杆和其他内置结构的布置要求，而且，单翼机与同时代的双翼机一样必须用张线在机翼的外部支撑。由于单翼机的机翼失效问题，英国和法国宣布了临时禁用令，德国的福克单翼机也遭遇了同样的问题。这使得带撑杆和张线的双翼机构型更受青睐。

（三）翼型选择的影响

1917 年，厚翼型冲击了传统的观念。20 世纪早期的风洞试验，包括莱特兄弟的试验，表明薄翼型相比厚翼型阻力更小。但早期的研究成果其实是个假象。空气动力学参数雷诺数，是流体运动中惯性力对黏滞力臂纸的无量纲数，它表征流体运动中黏性作用和惯性作用相对大小的无因次数。早期低雷诺数下的风洞试验对薄翼型的表现更加偏爱。直到 1918 年人们认识到厚翼型的优点很突出，例如，在空战中，飞机的转弯半径是一个很重要的指标。当比较两架飞机的转弯性能时，拥有更小转弯半径的飞机能够转入另一架的内侧，获得可观的机动优势。转弯半径与最大升力系数成反比。其他条件相同时，增加 30% 的最大升力系数能使一架飞机减少 30% 的转弯半径，这是采用厚翼型的福克 DⅦ飞机拥有比敌方更好机动性的一个原因。德国人的风洞试验以及第一次世界大战结束时福克战斗机特别是福克 DⅦ飞机优越的表现有力地证明了厚翼型的气动优势。这在空气动力学领域是一个引人注目的近乎革命性的快速发展。此后，英国和美国的飞机设计师们逐渐认识到了厚翼型的优势。

（四）增升装置的影响

提高飞机升力的一种有效技术途径就是采用襟翼——装在机翼前缘或后缘的可动翼片。由于效果十分明显，后来得到了异常广泛的应用，且逐渐发展出一个庞大的襟翼家族，统称增升装置。襟翼是早期飞机设计中一项具有重大意义的技术发明和突破。襟翼有简单襟翼、开裂式襟翼、开缝式襟翼、克鲁格襟翼和富勒襟翼（又称后退式襟翼）等。各种襟翼增加升力的原理不同，有的是改变机翼的弯度；有的是增加机翼面积；有的是改变机翼迎角；有的是推迟边界层分离；有的则是多种因素兼有。襟翼的种类、长度和安装位置各异。襟翼概念最早是凯利提出的，但其作用主要是用于操纵目的，实际起着类似副翼的作用。简单襟翼、开裂式襟翼、开缝式襟翼都是利用了改变机翼截面弯度或利用缝隙吹风延迟边界层分离的原理，并没有增加机翼的有效面积。利用襟翼增加机翼有效面积的设想，导致两种可伸缩襟翼的出现。一种是英国的富勒于1931年提出的富勒襟翼，另一种是德国的克鲁格于1943年提出的克鲁格襟翼。

三、材料技术对航空武器装备性能的影响

飞机结构材料大致有如下几类：木材、钢、铝合金、钛合金以及塑料等，20世纪后半叶发展起来的碳、硼、玻璃纤维加强的复合材料以及发动机设计领域的一些耐热合金、陶瓷材料等也用得越来越多。

（一）木布材料的影响

飞机结构材料必须强度高、重量轻。早期飞机结构由建筑与桥梁结构发展而来。18世纪60年代欧洲工业革命使纺织工业、冶金工业、机器制造业得到很大发展，从而结束了人类只能利用自然材料向天空挑战的时代。在1903年莱特兄弟制造的一架装有活塞发动机的飞机中，所用的材料有木材（占47%）、钢（占35%）和布（占18%）。云杉及桦木是用得最广泛的木材。虽然强度重量比与现代可热处理铝合金相比有优势，但自然木材有其缺点：吸潮与干燥会改变木材的形状与尺寸，受大气湿度影响其结构特性也会改变；同时，由于结构组成有方向性，使材料呈各向异性，其弹性模量值取决于与加载相对应的木材组织方向，最大差别比例可达150∶1，抗剪切模量与泊松比最大差别可达20∶1和40∶1的量级。用人造树脂胶黏剂将木材制成层板可改善翼梁与蒙皮的强度，也可改善或控制其各向异性。在第一次世界大战期间，制造军用飞机需要大量木材。运送进口木材需要大量的船只，而运送食物与军队也需要船只，严重的运输矛盾成为当时一个严峻的问题。为防止将来出现类似危机，英国航空部于1924年禁止使用木材制造飞机结构主要承力件。即便如此，木材在很多年内对飞机结构仍作出巨大的贡献。事实上，在第二次世界大战期间，哈维兰

公司制造的高性能"蚊"式飞机，其结构全部为木材，这是英国政府特许的，因当时缺乏金属机械制造厂以及熟练工人，而当时的家具工业可以支援大量的人力与设备。另外，木材可以迅速地加工成结构，同时设计人员也有丰富的经验来处理木材各向异性的问题。再有，当时胶黏剂有了很大发展与改善，一些热固性树脂可用于木材—木材、木材—金属乃至金属—金属之间的胶接。尽管木材用于早期飞机相当成功，但由于飞行速度增加、载荷增加、结构形状更加复杂等因素，给木质结构的应用带来了很大局限，如木材的各向异性也增加了设计难度，同时木材比金属结构需要更多的维修，还不适于在潮湿环境工作，以及受炮火攻击木材的易损、易燃性等问题，木材作为主要结构材料的时期宣告终结。

（二）铝钢材料的影响

第一架全金属飞机是德国人容克斯于 1915 年用钢材制作的。钢具有高的弹性模量、高的拉伸强度，同时伴随而来的是高的密度。钢的密度几乎是铝合金的 3 倍、木材层板的 10 倍。20 世纪 30 年代的设计者们不得不用最薄的板材制造结构件。钢在 0.1%应变时的保证应力为 $1000N/cm^2$，为保证薄板具有足够的屈曲稳定性，设计者们采用复杂的翼梁剖面形状。1909 年，德国人 A.威尔偶然发现了一种铝合金（3.5%的铜、0.5%的镁和少量硅、铁杂质，在大约 480℃下淬火硬化）。这种合金被杜兰那金属厂申请了专利，命名为杜拉铝。这种铝合金在精炼热处理及自然时效状态下被使用了近半个世纪，机械性能为 0.1%应变下保证应力不低于 $230N/cm^2$，拉伸强度不低于 $390N/cm^2$，以及断裂延伸率不低于 15%，其力学性能还可依靠升高温度（如 175℃）进行人工时效加以改善。但飞机工业直到 1934 年才开始应用杜拉铝。人工时效杜拉铝具有 0.1%应变的保证应力不低于 $370N/cm^2$，拉伸强度不低于 $460N/cm^2$，以及延伸率为 8%。1917年，容克斯首先应用杜拉铝作为飞机结构材料。铝合金取代钢材成为飞机结构材料有 3 个决定因素：一是对热处理过程更深入地了解；二是各种不同剖面形状挤压型材的引入；三是用纯铝包覆外表以防锈蚀。到 1938 年，铝合金已成为飞机结构的主要材料，并一直保持到今天。铝合金的不同系列取决于自身的化学成分，因此在热处理强化时具有不同的特性。第一组就是杜拉铝铝合金，典型组分含 4%铜，0.5%镁，0.5%锰，0.3%硅，0.2%铁，其他为铝。第二组铝合金不同于杜拉铝，主要是加入 1%～2%的镍与高含量的镁，以及有可能改变其含量的铜、硅和铁。第三组是最晚开发的，其强度高低取决于锌与镁的含量。1937 年颁发的技术要求中，该组合金的标准组分为 2.5%铜、5%锌、3%镁以及镍的含量达到 1%。其力学性能为 0.1%应变下的保证应力 $510N/cm^2$，拉伸强度 $585N/cm^2$，延伸率 8%。现代该种合金加入的镍含量减少，另加入一些铬及一定量的锰。1939 年以来，飞机结构极大地依赖于这 3 组铝合金。材料的选择决定于飞机的类型，以及所用部件强度、刚度要求，抗腐蚀要求和疲劳强度要求等。随着航空技术的发展，木材、钢和铝合金三大材料在飞机中的应用比例有了大的变化，木材除了以层板的形式作为非结构性隔板、地板和家具使用以外，已不大量使用；现代飞机仍依赖于改进的高强度铝合金；钢的应用减少了，大多以不锈钢的形式使用，不锈钢在20世纪30年代后期占相当重要的地位。其他材料如钛合金和纤维增强树脂复合材料，在20世纪50年代开始设计使用，并逐步扩大应用范围。

四、机载设备和武器技术对航空武器装备性能的影响

活塞式时代的机载设备技术和机载武器技术都对航空武器装备的综合作战效能产生了深刻影响。

（一）机载设备技术的影响

通信技术是航空电子发展的开端。1864年，英国人麦克斯韦从理论上预言了电磁波的存在，并证明在真空中它是以光速传播的。德国人赫兹于1887年试验成功电磁波的产生和接收。1895年，意大利人马可尼和俄国人波波夫分别进行了无线电通信试验，并研制成无线电收发报机。1910年9月，英国驾驶员实现了人类首次空地无线电通信。第一次世界大战中，飞行员利用空地无线电设备——简易中波电台执行侦察任务。第二次世界大战中，短波、超短波电台增强了战斗机的指挥和控制能力。无线电通信存在着易受干扰、易被截获、频带窄不能传输高速数据等缺点，20世纪60年代卫星通信逐渐占据主导地位。导航技术为飞机在浩瀚的天空指引航向。1917年，人类利用无线电手段进行飞机导航。20世纪20—30年代，飞机的测向主要依靠无线电罗盘等原始的推算导航仪器。第二次世界大战前后，由于军事的迫切需求和科学技术发展的推动，导航逐渐发展成为一项专门的技术，形成较为完备的体系，航空无线电导航得到巨大的发展。20世纪30年代，防空作战的需要促使人们考虑从远距离探测来袭机群，据此英国制造出雷达。机载雷达是20世纪30年代无线电技术发展与航空器探测需求相结合的产物，机载雷达为飞机增添了有力的探测手段。经过几十年的发展，机载雷达不但成为各种军用航空器必不可少的重要电子装备，而且其性能的优劣也成为航空器性能的重要标志。

（二）机载武器技术的影响

活塞式时代机载武器已形成航空机枪（炮）和航空炸弹两大体系，种类由少及多。活塞式时代航空机枪共出现过5.56mm、7.5mm、7.7mm（7.62mm）、7.9mm（8.0mm）、12.7mm、13mm、15.2mm等不同口径，航空机炮共出现过20mm、23mm、25mm、27mm、30mm、37mm、40mm、55mm、57mm、75mm、105mm口径。射速由慢及快，射程由近及远。航空机炮的最大射程达到3km，

而航空火箭弹的射程则增加到 10km 左右。第二次世界大战期间，航空炸弹的口径（又称标准重量）由最初的 2kg 增加到 20000kg；航空火箭弹的口径由 37mm 增大到 457.2mm；航空鱼雷的口径由最初的 356mm 增大到 533mm。航空武器的爆炸装药或战斗部，其重量由最初的数千克增加到 20000kg；其类型由普通炸药发展为核、生、化和其他特种装药，核炸弹最大达到了 5400 万吨级当量，其杀伤威力是航空机枪（炮）无法与之相比的。表 3-7 所列为美国空军两次世界大战中的弹药消耗量对比。

表 3-7　美国空军两次世界大战中的弹药消耗量对比

各次战争	总投弹量/t	持续时间/月
第一次世界大战	137.5	8
第二次世界大战	2150000	45

资料来源：张耀. 航空科学技术的发展[M]. 北京：航空工业出版社，2007.

第四章　活塞式飞机时代航空武器装备

活塞式时代的航空武器装备包括航空平台、航空发动机、机载武器和机载设备。1903 年莱特兄弟实现了重于空气飞行器的动力飞行。1908 年美国提出军用飞机的第一个技术标准。1911 年，意大利首次将飞机用于战争，自此拉开了空中作战时代的大幕。第一次世界大战前作战飞机多为木、布结构的双翼机，装备数量也较少。从第一次世界大战到第二次世界大战，飞机由试验型发展为批量生产，外形逐渐向单翼机过渡；机体逐渐改用半金属结构，螺旋桨由推进式转变为拉进式；动力装置由单发动机发展为双发动机、多发动机等多种形式；作战武器由手枪、步枪发展为机枪，由偶然的相互射击发展为空战格斗；由手投炮弹、手榴弹发展成由投弹架投放的专用航空炸弹；机载设备开始装备无线电、各种仪表；作战飞机的飞行速度、高度、航程等性能有很大提高，装备飞机的数量大大增加。

第一节　活塞式飞机时代航空平台

活塞式时代的航空平台主要是以作战飞机为代表，从第一次世界大战飞机投入实战到第二次世界大战作战飞机大规模应用，飞机从双翼机发展为单翼机，从布木结构发展为全金属结构，从敞开式座舱发展为密闭式座舱，从固定式起落架发展为可收放起落架。作战飞机的速度提高到 500km/h；升限增加到 7000m以上；航程扩展到 3000km 以上；轰炸机的载弹量增大到 3000kg。

一、飞机的发明与军用飞机标准的确立

19 世纪飞机技术发展跌宕起伏，乔治·凯利提出了现代飞机布局思想，李林达尔成功地用滑翔机进行空气动力学试验、兰利成功地用汽油机为动力的飞机进行了飞机技术的可行性验证，到 19 世纪末空气动力飞行的技术日渐成熟，莱特兄弟将空气动力学、推进动力、结构和飞行控制技术综合起来，发明出了具有军事价值的飞机并建立起了军用飞机的标准。

（一）莱特兄弟发明飞机

在莱特兄弟之前，探索动力飞机的人很多。莱特兄弟认识到，19 世纪动力飞机研制的必需条件已基本具备了。先驱者们各自在飞机结构、空气动力学认

识、升力与阻力关系、平衡与操纵、发动机等各个方面已经取得了程度不同的突破。之所以还没有一个人能够研究制造出一架能够持续飞行的载人飞行器，是因为他们往往都关注于飞机的某一个或几个方面的问题，他们都孤立地看待和解决这些问题，而没有从整体上、从一架完整飞机的角度上寻求解决的办法。他在研究了历史文献资料和进行了科学试验的基础上，1900—1902 年制造了 3 款滑翔机。莱特兄弟此后设计的第一架动力飞行器——"飞行者"一号翼展达 12.3m，翼面积 47.4m^2，机翼弯度比 1：20，机长 6.43m，连同驾驶员在内的飞机总质量约 360kg。它的基本结构同第三号滑翔机相似，外形呈鸭式布局：前面有两只升降舵，后面有两只方向舵，操纵的绳索集中连在操纵手柄上，整个双翼机为蒙布和张线支柱结构，驾驶员在机翼中间操纵飞机。1903 年 12 月 17 日，奥威尔•莱特驾驶"飞行者"一号终于成功地升空飞行。第一次留空时间很短，只有 12s 时间，飞了约 36.6m，但这是一项伟大的成就：它是人类历史上第一次有动力、载人、持续、稳定、可操纵的重于空气飞行器的首次成功飞行。此后，莱特兄弟又建造了"飞行者"二号、"飞行者"三号，飞机的军用价值开始显现。

（二）军用飞机标准确立

受到莱特兄弟飞机研制的影响，世界航空事业在 20 世纪初也掀起了新的发展高潮。在欧洲，亨利•法尔曼建造了比莱特兄弟的飞机更为稳定的双翼飞机，伏瓦辛兄弟、布雷里奥和法曼先后探索研制和试验了水上滑翔机，在美国，格伦•寇蒂斯也生产出了类似的飞机。法国的桑托斯—杜蒙于 1906 年 9 月 13 日首次试验了他研制的"14 比斯"双翼飞机。同年 11 月 12 日，他驾驶这架飞机持续飞行了 21s，在 6m 高度飞行了 220m 距离，这是重于空气飞行器在欧洲第一次持续飞行。当时，富有远见的英国作家 H. G. 韦尔斯在 1908 年写了《空中战争》一书。他在书中预言"各国的空中力量将使战争的进行及战争的社会结果发生彻底变革"。他断言，"空中战争将成为一种全面游击战争，一种使所有平民、家庭以及社会生活的一切机构都不可避免地卷入进去的战争。"[1]1909 年法国人布莱里奥首次飞越英吉利海峡后，H. G. 韦尔斯又直言不讳地说："从军事观点来说，就是不用舰队，英国也不再是一个难以接近的岛屿了。"同年，在法国的兰斯举行了世界首次飞机博览会，对航空发展取得的成就进行了一次大检阅。兰斯航空展览会影响深远，取得的成就和经验迅速传到其他国家。许多军事家和政治家从这次展览会上看到了航空的价值。

莱特兄弟试制成功空气飞行器后，美国军方对此并不感冒，因此他们转而投向英国和法国政府，可专利一直悬而未决。直到 1906 年，美国专利局才正式授予莱特兄弟飞机设计专利。英国、法国和德国的公司赶在美国之前签订了协

---

① （美）尤金•M•埃姆. 空中力量影响[M]. 范•诺特朗特公司，1959：5.

议，按许可证生产飞机。1907 年美国陆军向莱特兄弟提出了军用飞机的技术指标：机身总质量 350 磅（159kg），可乘坐两人；飞行速度应在 40 英里/h 以上，飞行时间在 1h 以上，且可以连续飞行 125 英里[①]，燃料必须储备充足；起飞及降落装置必须坚固安全；操作简便，机身必须容易拆卸、安装和搬运，以便装在一辆标准的军用马车上运输。1908 年，美国陆军部与莱特兄弟签订了军用飞机的制造合同，成立了莱特公司。1909 年 8 月，按照陆军部提出的技术要求，莱特兄弟交付了自己制造的第一架军用飞机。这是一架改进的"莱特"B 型双翼机（它的结构较飞行者的结构有了较大改动，取消了前向鸭式升降舵，将升降舵和方向舵合并为尾翼组件，装上轮式起落架），装有 20 多马力的发动机，最大飞行速度 68km/h。该机配备于美国陆军通信团的航空分队，用于培养飞行人员并执行通信联络任务。

二、飞机由勤务装备向作战武器的转变

第一次世界大战爆发前，各国飞机的总量只有数百架（俄国 263 架，法国 56 架，英国 30 架，美国 30 架，意大利 30 架，奥匈帝国 65 架，德国 232 架）。这些飞机型号繁杂但功能有限，除了飞行员的随身武器外，没有配套的机载武器，只能执行侦察、校射、通信和简单运输等非作战任务。表 4-1 所列为第一次世界大战前典型飞机性能。

表 4-1　第一次世界大战前典型飞机性能

飞机	出厂年份	功率/马力	翼展/m	翼面积/m²	最大速度/（km/h）
莱特	1909	35	12.5	48	60
法曼IV	1910	50	10.5	41	66
法曼-30	1915	150	16	52	120
瓦赞 LAS	1914	140	15	50	105
C-10	1913	100	14	36	100
伊利亚·穆罗梅茨	1913	600	32	140	105
布莱里奥XI	1909	50	9	16	94
安托瓦内特	1910	50	15	37	60
纽波特-IV	1911	70	11	22	108
莫朗-J	1913	80	9.2	16	130
莫朗-索尔尼埃IV型	1914	80	11.2	18	120

资料来源：[苏]弗·谢·佩什诺夫. 飞机发展的几个主要阶段[M]. 秦丕钊，等译. 北京：航空工业出版社，1989.

[①] 1 英里=1.6km。

（一）第一次世界大战中的典型侦察机

侦察机是第一次世界大战时期使用最多的机种，得到快速发展。专业的航空照相机成为基本装备，侦察能力得到大幅提高。为防御敌战斗机的攻击，机上大多装备较强的防御武器。为便于观察，座舱仍以敞开式为主，一般乘员2人。大战后期出现全金属结构的侦察机，飞行速度、高度与战斗机相当。代表性机型有英国的B.E.2C、R.E.8，德国的各种C型机。大战后期，单发、双座、航程约400km的近程侦察机成为军事强国的普遍装备，个别国家还专门研制了双发、双座、航程800km的远程侦察机，成为战略侦察的雏形。

（二）第一次世界大战中的典型战斗机

大战初期双方展开驱赶对方侦察机、肃清己方空域的作战活动促使驱逐机的诞生。随着飞机安装"射击协调器"，驱逐活动发展为双方空战，驱逐机演变为战斗机。大战期间，战斗机成为发展最快的机种，从双翼机发展为单翼机、布木结构发展为全金属结构、敞开式座舱发展为密闭式座舱，成为飞得最快、最高、机动性最强的作战飞机和各国航空兵装备中主战机种之一，占飞机装备总数的40%。代表机型有德国的"福克"和"信天翁"、英国的SE.5a和"骆驼"、法国的"斯帕德"和纽波特等。

福克E系列战斗机是由福克飞机厂制造的，包括EⅠ、EⅡ、EⅢ、EⅣ等。各种改型的福克E战斗机发动功率从80马力逐渐增加到160马力。各种改型共生产出450架，但只有EⅢ是最成功的，它占总产量的2/3。福克E的最大特点是安装有世界独创的"射击协调器"。它的问世使前射的枪弹第一次能够穿过前方螺旋桨的旋转面，使射击轴线尽可能靠近机身中心线，从而大大提高了命中率。福克E采用第一次世界大战期间罕见的单机翼形式。机翼上下用张线加强。长长的矩形断面机身用钢管焊成骨架，外覆蒙布。一挺口径7.92mm的机枪直接装在机头上，处于一台气冷式活塞发动机的顶部，每分钟可发射子弹800发。福克EⅢ于1913年开始研制，1914年5月试飞成功。EⅠ型于1915年6月开始服役，EⅣ则装有两挺机枪。1915年EⅠ和EⅡ型于六七月间相继交付部队使用。1915年秋到1916年初，福克战斗机轻而易举地击落了大量英国飞机，被称为福克式灾难。

"信天翁"D型战斗机由信天翁（阿尔巴特罗斯）飞机厂生产。机头装有一台直列式液冷发动机，其水冷却器被巧妙地铺装在机翼表面，迎风阻力被减至最小。该机拥有两对翼梢后掠的仿鸟翅形状的双层机翼，平尾成圆板状。最早的"信天翁"DⅠ型，于1916年秋季服役。后又发展了将上层机翼略为下移，以期改善视界的DⅡ。1917年初，DⅢ问世，它的下层机翼明显短于上层。从外形看，德国的"信天翁"D型战斗机的最大特征是有一个纺锤般的流线型木制机身。"信天翁"D型战斗机成为世界上最早成批生产的采用硬壳构造的飞机。

SE.5a 于 1916 年底试飞，由英国皇家飞机工厂 R.A.F 设计制造，方形机头安装着希斯巴诺-苏莎发动机及水冷却器。机身前半段为木质半硬壳构造（用层板蒙皮），机身后半段仍为木质骨架加亚麻布的传统构造。这样的分段构造适应了不同的承力要求，为 20 世纪 20 年代之前大部分飞机所采用。SE.5 拥有几何尺寸和形状完全相同的、略带上反角的双层机翼，其间有支柱和张线加强。由于没有掌握射击协调器技术，SE.5 配备有安装方式完全不同的两挺 7.7 毫米刘易斯机枪。SE.5a 的飞行速度快，爬升迅速，机动性能好，机体坚固，操纵方便。从 1917 年 11 月至 1918 年 9 月间，SE.5 的作战损耗仅为"骆驼"战斗机的 54%，而取得的战果却接近后者。

"骆驼"战斗机是索普维斯工厂在 1917 年生产的，它装有很普通的双层机翼。该机在其发动机上部并列安装两挺机枪，由于机枪上方各罩有一个凸起的鼓包，如同两只驼峰，所以飞机取名"骆驼"。"骆驼"机长 5.72m，机高 2.59m，翼展 8.53m，全重 659kg，装有 1 台功率为 96kW 的"克拉盖特"气冷星形活塞发动机，最大速度 185km/h，升限 5774m，续航时间 2.5h。该机曾在 1917 年 7 月至 1918 年 11 月间击落敌机 1294 架，创造了大战中单机种战果纪录之最。

斯帕德 S.Ⅶ战斗机于 1917 年生产。装有 1 台功率为 172kW 的发动机，机身长 6.3m，机高 2.42m，翼展 8.2m，全重 820kg，最大速度 222km/h，实用升限 6650m，续航时间 2h。该机装有一对矩形平面无上反角的双层机翼，翼间以支柱和张线固定。斯帕德飞机拥有良好的速度性能和爬升性能，在近距离高机动格斗方面，略逊于"骆驼"战斗机。斯帕德的多种改型的飞行性能稳步提高，使之能长期对抗德国层出不穷的新机型。它不仅成为代替纽波特战斗机的后继型号，而且出口美国、意大利、英国和俄国，成为第一次世界大战中后期协约国军队的主力机种之一。

纽波特战斗机是为了对付德国的福克战斗机专门研制的。1915 年夏，纽波特 11 型问世，为了既射击敌机又避免伤害飞机螺旋桨，法国人另辟蹊径，将机枪高高架在上层机翼的上部。纽波特问世后，出现了 17、27、28 等多种改型。其中，纽波特 17 型的设计最成功，1916 年 5 月投入使用。它采用"一翼半"形式，兼顾了双翼机的强度优势和单翼机的低阻特性，成为双翼机逐渐向单翼机过渡的中间形式。纽波特飞机采用了汽缸旋转气冷式发动机，使其机动性能和爬升性能突出，优于同期的 DH.2。

（三）第一次世界大战中的典型轰炸机

第一次世界大战中轰炸机快速发展，形成了不同用途与型号的轰炸机。其中，典型重型轰炸机有俄国的"伊里亚·穆罗梅茨"、英国的"汉德利·佩奇"、德国的"哥塔"和意大利的"卡普罗尼"Ca30 等。

"伊里亚·穆罗梅茨"型轰炸机是世界上第一种四发重型轰炸机。俄国飞机设计师西克尔斯基于 1913 年在"俄罗斯勇士号"的基础上改进研制而成。"伊里亚·穆罗梅茨"型轰炸机是双翼机,每台发动机功率 220 马力,翼展 24.9～34.5m,机长 15.5～22m,起飞质量 6100～7500kg,载弹量 400kg,8 挺机枪,机组成员 4～8 人,时速 137km,升限 4000m,航程 540km。

"汉德利·佩奇"轰炸机是英国设计师于 1915 年研制的,1916 年 9 月正式装备英国皇家海军航空勤务队。它的设计初衷是将德国的飞艇消灭在基地,当时英国海军提出发展一种两台罗·罗鹰 II 型直列式发动机,每台 250 马力。最大时速 137km,升限约 2600m,可载 800kg 炸弹,航程达 1100km,比第一次世界大战中其他轰炸机航程都远。1917 年 9 月,经过改进发展成为"汉德利·佩奇" O/400。该型机翼展 30.48m,机长 19.17m,机高 6.72m,最大平飞速度 157km/h,巡航速度 119km/h,实用升限 2625m,续航时间 8h,全重 6350kg,2台"鹰"式Ⅷ水冷 V 形 12 缸发动机,单台功率 360 马力。机载武器有 16 枚 50.8kg 或 1 枚 748kg 的炸弹,5～6 挺 7.7mm 口径机枪,机组成员 3～5 人。

"哥塔" G 型轰炸机是德国于 1915 年研制的。"哥塔" G 系列轰炸机装有两台梅赛德斯 DIVa 直列式 260 马力发动机,时速 148km,升限 7620m,航程 800km,可载 500kg 炸弹。该型机在第一次世界大战期间总共生产了 500 架。

"卡普罗尼"Ca30 型轰炸机由意大利卡普罗尼航空工程公司于 1913 年研制成功。"卡普罗尼" Ca30 型轰炸机装有 3 台伊索塔—弗拉斯基尼 V4B 直列式发动机。其中两台安装在两侧尾梁的前端,另 1 台倒置在中央机身短舱的尾端,前 3 点式固定起落架,机腹可挂载 453kg 炸弹。时速 137km,续航时间 3.5h,最大时速 126km/h,实用升限 3000m,载弹量 1360kg。"卡普罗尼" Ca 系列在大战期间总共生产了 700 多架。

三、机械化战争形成与军用专业机种应用

第二次世界大战中,随着空中力量的广泛运用,其对战争的进程和结局产生了深远的影响,机械化战争形态逐步形成。活塞式航空平台发展到了顶峰,当时优秀的战斗机时速为 600～700km,最大飞行高度超过 10000m,普遍装有 2～4 门 20～30mm 机关炮或 6～8 挺 12.7mm 机枪;轰炸机发展迅速,载荷增大,速度、高度和航程都有了质的提高。军用飞机产生了对地攻击、空战、侦察、运输等专业分工,形成了轰炸、攻击、空战、侦察、运输等机种。

(一)第二次世界大战轰炸机系列发展

在第二次世界大战前夕,轰炸机形成轻、中、重型 3 种类别。其中,中型和重型轰炸机的升限由 5000～6000m 提高到 10000m,航程由 1000km 提高到 3000～4000km,时速由 200km/h 提高到 500km/h 以上,载弹量由 1000～2000kg 提高到 2000～4000kg。轰炸机的飞行与操纵性能相应提高,机载武器系统也有

很大改进。代表性机型有英国的兰开斯特、哈里法克斯，德国的 Ju-88、Do-17，苏联的斯伯-2、图-2，美国的 B-17、B-29 等。

"兰开斯特"轰炸机是由英国设计的，原型机在 1941 年 1 月 9 日完成了首飞。该型轰炸机配备 4 台 1223kW 梅林 24 倒置 24 内联活塞发动机，最大速度 462km/h（高度 3500m），实用升限 7467m，空机质量 16783kg，载弹量 6350kg，最大航程为 2700km，武器装备 9 挺 7.7mm 勃朗宁机关枪。英国皇家空军轰炸机中队于 1942 年早些时候开始装备"兰开斯特"MkⅠ型飞机，机上安装了罗·罗公司的梅林发动机，并于当年的 3 月 10 日投入到作战中。"兰开斯特"轰炸机是第二次世界大战中英国皇家空军轰炸机的主战机种，总共有 56 个前线轰炸机中队在使用该机型，共生产 7366 架，累计出动 156192 架次。

"哈里法克斯"轰炸机是由英国汉德利·佩奇公司研制的，1940 年 10 月 25 日首飞成功，总共生产 6178 架。该机配备 4 台 1214kW 布里斯托"大力神"XVⅠ 14 缸星形活塞发动机，最大速度 500km/h，实用升限 7315m，空机质量 17345kg，载弹量 5897kg，最大航程 2000km，武器装备 9 挺 7.7mm 机关枪。

Ju-88 型轰炸机是德国容克斯公司研制生产的。在第二次世界大战中总共生产了 14840 架，它在纳粹德国空军中扮演了至关重要的角色，被用作轰炸机、俯冲轰炸机、近距支援战机、远程重型战机、侦察机和鱼雷轰炸机。该机配备 2 台 1000kW 容克尤莫 211J12 缸液冷式发动机，最大速度 440km/h，实用升限 8200m，空机质量 8000kg，载弹量 3000kg，最大航程 1800km，武器装备 4 挺 7.92mm 机关枪。

Do-17 型轰炸机是由德国道尼尔公司研制的。该机配备 2 台 746kW 的 BMW Bramo 323P 法夫纳 9 缸单列星形发动机，最大速度 410km/h，实用升限 8200m，空机质量 5200kg，载弹量 1000kg，最大航程 1500km，武器装备为 2 挺 7.92mm 机关枪。

斯伯-2 型轰炸机是由苏联安德烈·尼古拉耶维奇·图波列夫设计局研制的，1934 年 4 月 25 日首飞成功。该机配备 2 台克里莫夫 M-100A 发动机，单台功率为 596kW（800 马力）。翼展 20.33m，机长 12.273m，机高 3.25m，最大平飞速度 418km/h，实用升限 9560m，最大航程 980km，载弹量 500kg，武器装备 4 挺 7.62mm 机枪，第二次世界大战期间共生产了 6656 架。

图-2 轰炸机由苏联安德烈·尼古拉耶维奇·图波列夫设计局于 1943 年研制，是第二次世界大战期间苏联速度最快的轰炸机。该机在 5400m 时最大时速 540km/h，实用升限 9500m，最大航程 2100km，续航时间 8h，飞机起飞质量 10380kg，最大载弹量 3000kg，机上设有驾驶员、领航员、通信员和射击员 4 名机组成员。

B-17 型"飞行堡垒"轰炸机是由美国波音公司研制的，装置 4 台各 932kW

（1250 马力）的星形活塞式发动机，配备 12 门航炮，备弹 6380 发。该机翼展 31.65m，机长 22.66m，机高 5.82m，最大速度 483km/h，实用升限 10667m，载弹量 8000kg，航程 2979km，武器装备 10～13 挺 12.7mm 机枪。B-17 型轰炸机是美国第二次世界大战中期的主力轰炸机，也是当时盟军仅有的能够进行战略轰炸的飞机，总共生产了 8680 架。

B-29 型"超级堡垒"轰炸机是由美国波音公司设计生产的，于 1942 年 9 月首次试飞，1943 年装备部队。该机装有 4 台普·惠公司生产的活塞式气冷型发动机，每台最大功率 2430 马力。其最大载油量为 37000kg，最大载弹量近 10t，航程 6000km，实用升限超过 1000m。B-29 的机载设备是第二次世界大战中最先进的、装有光学和雷达轰炸瞄准具，可以在高空、昼夜条件下进行较为精确的轰炸。机上有 4 个遥控自卫炮（枪）塔。第二次世界大战期间，各型 B-29 共生产了 4000 架。

（二）第二次世界大战战斗机性能提高

第二次世界大战期间战斗机采用流线型机身、下单翼、可收放式起落架等技术，提高了飞行品质和地面可维护性。发动机功率的提高与气动外形的改善，使战斗机的飞行技术性能大幅度提高。相比于第一次世界大战，军用飞机速度、高度和飞行距离都大为提高。加之机载枪炮性能的不断改善，作战能力显著增强。表 4-2 所列为第二次世界大战美、英、德典型战斗机性能。

表 4-2　第二次世界大战美、英、德典型战斗机性能

	P-51H"野马"	"飓风"	"喷火"	Bf-109E	Bf-109G
机长/m	10.2	9.83	10.04	9.87	9.92
翼展/m	11.3	12.19	11.26	8.64	8.85
翼面积/m²	21.7	23.97	22.63	16.2	16.1
空机质量/t	2.99	2.983	3.247	1.9	2.673
起飞质量/t	5.02	3.648	5.121	2.665	3.4
发动机/kW	1029	955	1134	877	1100
最大速度/（km/h）	785	625	628	560	611
升限/m	12700	10850	13105	10500	11550
航程/km	3860	1480	1553	660	998

资料来源：顾诵芬，等. 世界航空发展史[M]. 郑州：河南科学技术出版社，1998.

P-51"野马"战斗机是由美国北美飞机制造公司研制的。1941 年 10 月 26 日原型机首飞，1942 年开始服役，新机服役编号为 P-51，英国人给它取名为"野马"，先后有 A、B、C、D、H、K 等 12 种型号。P-51 战斗机空机质量（含载

荷）5262kg，最大飞行速度（高度7620m）703km/h，实用升限12771m，最大航程1530km。配备6挺12.7毫米口径机枪，可载炸弹907kg。在第二次世界大战中，P-51战斗机立下了赫赫战功。据不完全统计，仅在欧洲战场上，P-51战斗机就出动13873架次，投弹5668t，击落敌机4950架，击毁地面敌机4131架，被誉为"战斗机之王"。

"喷火"式战斗机为单座活塞式战斗机，该机空机质量2983kg，最大起飞质量3648kg，最大飞行速度625km/h，升限10850m。它的武器系统包括固定武器8挺7.7mm口径机枪或2门20mm机炮和4挺机枪（Mk5C），可带228kg（500磅）炸弹。"喷火"（Spitfire）式战斗机是维克斯—休泼马林公司的设计师R.J.米歇尔以S系列竞速飞机为基础，按照英国空军的战术技术要求，于第二次世界大战前精心设计的活塞式战斗机。其原型机于1935年1月开始生产，1936年3月5日试飞，1938年8月装备英国空军，并立即成为英国空军的主力。"喷火"式飞机可算得上第二次世界大战中作战飞机的大家族，归纳起来可分为陆基型"喷火"和舰载型"海喷火"两大系列，共40余种机型。先后发展了战斗机、战斗轰炸机、侦察机、教练机和舰载战斗机等诸多改型。"喷火"飞机的设计成功之处在于采用了大功率的活塞式发动机（如梅林63型的功率为1710马力）和良好的气动外形设计。无论从技术上还是性能上，都是英国当时最先进的战斗机。它采用的新技术包括单翼结构、全金属承力蒙皮、铆接机身、可收放起落架、变矩螺旋桨和襟翼装置，机身小得只能装一名飞行员。"喷火"的机动性比德国的同类战斗机略差，但稳定性更佳，可以大大减轻飞行员的负担。"喷火"飞机还曾出口或转让生产，成为不少国家的主战机种，直到20世纪50年代中期才退出现役。"喷火"战斗机的综合飞行性能，在战时始终居世界一流水平，是英国第二次世界大战期间最出色的战斗机，在不列颠之战中立下了不朽功勋，获得了"英国救星"的美称，并成为世界公认的欧洲最优秀的活塞式战斗机。各型的"喷火"战斗机共计生产了14233架。

霍克"飓风"战斗机是第二次世界大战期间，英国最出色、最成功的战斗机。它是英国最重要的对地攻击机，是轴心国集团最强大的对手。"飓风"战斗机与"喷火"战斗机在不列颠之战中并肩作战，是为数不多的在第二次世界大战整个过程中服役的高性能战斗机。霍克"飓风"MkⅠ的具体性能指标参数，翼展：12.2m，最大速度：在5100m高空时为488km/h，在5300m高空时为518km/h，航程：约705km，飞行高度：9300m，武器装备：8挺7.62mm勃朗宁机关枪，发动机：一台罗·罗梅林Ⅱ或梅林Ⅲ直列活塞发动机。1936年6月，英国皇家空军订购了600架"飓风"战斗机。至1939年9月共有497架"飓风"战斗机服役。至不列颠之战前，霍克公司总共交付了2309架飓风式战斗机。1940年夏季和冬季进行的不列颠之战中，英国皇家空军有32个作战中队使用了霍克"飓风"战斗机。在 1940 年 7 月—10 月,"飓风"战斗机与"喷火"战斗机合作,取得了战争史上伟大的空战胜利。

梅塞施密特 Bf-109 战斗机是由维利·梅塞施密特在 20 世纪 30 年代早期设计的。设计 Bf-109 时,用到了许多在当时最新最先进,或者说最前卫的技术,包括下单翼,全金属蒙皮,窄机身,可回收起落架,封闭式座舱等。整个第二次世界大战中,Bf-109 是德国空军战斗机的骨干力量。Bf-109 战斗机装配 1 台戴姆勒-奔驰公司的 DB-610A 型或 DB-605D 型发动机。战斗机空重 2125kg,最大起飞质量 2665kg,最大时速 686km,航程 700km,武器系统包括前机身上部 2 挺 7.9mm 口径 G17 型机枪,机翼 2 门 20mm 机关炮,机身下还可安装 250kg 炸弹。梅塞施密特 Bf-109 战斗机是第二次世界大战中最著名的、生产数量最大的、型号最多的战斗机。从 1935 年试飞到 1967 年正式退役,它成功地证明自己可以胜任所有可能的使命,不管是截击、支援、夜间战斗,或是侦察、护航、地面攻击,Bf-109 是第二次世界大战德国空军的支柱,是唯一一种生产过程从第二次世界大战前持续至第二次世界大战结束后的战斗机,至 1945 年 5 月德国宣布投降,Bf-109 共生产了约 33000 架,超过了第二次世界大战期间生产的其他任何一种战斗机的产量。这种飞机不仅是第二次世界大战期间产量最高的战斗机,而且也是许多德国王牌飞行员的首选座机,所以在很多人的眼里,Bf-109 就代表了德国空军。

(三)第二次世界大战攻击机能力增强

两次世界大战之间,为适应支援作战需要,攻击机技术性能快速发展。1937 年正式装备德国空军的容克-87 斯图卡攻击机,最大起飞质量为 4250kg,在 4100m 高度速度达到 370km/h。苏联于 1941 年服役的伊尔-2 攻击机,速度达 467km/h,航程超过 750km。为增加防护能力,其机身由 12.7mm 厚的钢板焊接而成。通常不需要战斗机护航,攻击力强,成为第二次世界大战中坦克的杀手。

伊尔-2 攻击机是由苏联著名飞机总设计师伊留申领导的设计局于 1938 年设计、1939 年首次试飞并获得成功。伊尔-2 攻击机是苏联在第二次世界大战期间最广泛使用的飞机之一。伊尔-2 强击机原产苏联,装配 1 台液冷式 AM-35Φ 发动机或 AM-38Φ 发动机,最大飞行速度为 420km/h,航程超过 750km。其武器系统包括 2 门 23mm 航炮、2 挺安装在机翼上的 7.62mm 机枪、4 枚 82mm 和 132mm 的火箭弹,炸弹舱和翼下可挂 400~600kg 炸弹,在通信射击员舱内装 1 挺 12.7mm 机枪。双座机的伊尔-2 攻击机具有较强的生存力,各种性能协调,其用途以攻击地面坦克为主,本身就是一种"飞行坦克"。它的后机身是木制的,机翼和尾翼是硬铝材料制的,而机身则是钢质材料。伊尔-2 攻击机由于涂迷彩色,在进行超低空攻击时,上空的敌机难以发现它,而它的厚实装甲又能很好地抵抗地面高射机枪的射击。伊尔-2 攻击机常常采用这种战术:以 4 机编队在高度 800m 进行巡逻飞行，一旦发现地面目标，立即解散，轮番对目标实施俯冲攻击，使用火箭、航炮或机枪对坦克装车进行射击，效果非常出色。加之它在低空俯冲时刺耳的呼啸声，给敌军极大的心理震撼。伊尔-2 型攻击机就装备了 Am-38 型发动机，其在卫国战争中均发挥了重大作用。它是世界上生产数量最多的作战飞机。在第二次世界大战期间，日产量达 40 架，总计生产了 36163 架。

Ju-87 斯图卡攻击机。"斯图卡"是德文俯冲轰炸机的简称。该机是第二次世界大战中欧洲战场最著名的攻击机。该机装有 1 台 1100 马力的液冷式发动机，机腹挂 1 枚 250kg 或 500kg 的航空炸弹，3 挺 7.9mm 机枪，其中，1 挺安装在观察员舱，2 挺固定在两侧机翼上。该机翼下装有俯冲减速板，可以减小飞机俯冲时的速度，提高攻击的命中精度。固定起落架上安装了啸声器。该机在 4100m 的高度最大速度为 370km/h，最大起飞质量 4250kg。作战时，当它从 1500m 高度，以 185km/h 速度、60°～80°的角度俯冲时，啸声器和飞机的轰鸣声演变成刺耳的啸叫声，给地面人员造成强烈的心理震撼。它依靠减速板和变距螺旋桨产生的阻力，限制俯冲拉起时的速度不超过 335km/h。投弹后在不低于 600m 高度退出俯冲，以防止弹片击中飞机。

（四）第二次世界大战运输机初具规模

运输机在第二次世界大战中的广泛运用及其对战争发挥的重要作用，确立了其在军事领域的重要地位。在第二次世界大战中，最具代表性的运输机有美国的 C-47，德国的 Ju-52、Me-323。第二次世界大战后军事强国加快了运输机的研制速度。1949 年，美军的 C-97 运输机投入批量生产。同年 5 月，英国研制的 4 台活塞式发动机的"赫斯丁斯"军用运输机，起飞总质量可达 36t。此后美国研制出 C-119、C-123B、C-124，法国研制出"布雷盖"765、"北方"2501 等运输机，性能明显提高。

JU-52 运输机。德国在民航机 F-13 基础上设计制造的军用运输机。装有 3 台 BMW "大黄蜂"型活塞螺旋桨发动机，每台功率 447kW（600 马力），后期换成功率为 507～618.5kW（680～830 马力）的 BMW132 型的发动机，其中 1 台装置于机头，两台分别置于机翼根部。飞机采用轻铝构架，波纹板蒙皮结构，有完善的增升装置，具有短距起降性能，最大载质量 1500kg。Ju-52/3 M 是其发展型，最大起飞质量 11t，有效载荷 3.88t，巡航速度 216km/h，航程 1320km。为了便于装卸货物，Ju-52/3 M 有一个车厢式的金属机身和相当于机身大小的舱门。

Me-323 "巨人"动力滑翔运输机。第二次世界大战初期，德军使用 DFS230 轻型突击滑翔机先后在丹麦、挪威、荷兰和比利时发动奇袭并取得了良好战果。1941 年，德国开始研发一种专门用于空降坦克的重型滑翔机——梅塞施米特

Me-321 型"巨人"。该机在设计时考虑了装载坦克的能力，前机舱空间巨大，而且机头拥有高达 3.35m 可以左右开启的舱门，方便坦克进出。德国选中了 1942 年 7 月开始生产的质量仅 6t 的轻型坦克进行运载。为了牵引 Me-321，德国亨克尔公司将两架 He-111 H-6 型轰炸机的机身连接在一起，改造出拥有 5 台发动机的 He-1112 型联体机作牵引机。当装载坦克时，Me-321 最大牵引飞行速度为 220km/h。Me-323 重型运输机是在 Me-321 机身上加装了 6 台法国 Gnome-Rhon 公司的发动机和火箭助推器改装而成。在重量许可的范围内，Me-323 还被德军广泛地用于运输各种轻型装甲车、坦克，甚至 88mm 高炮。该机共制造 201 架（也有资料为 198 架），其中各型别的数量不明。

C-54 军用运输机。美国道格拉斯公司在 1938 年首飞的 DC-4 型民航机基础上改装而成，装有 4 台普惠 R-2000 型活塞螺旋桨发动机，每台功率 1080kW（1450 马力），巡航速度 365km/h，最大起飞质量 33t，最大载质量 9.98t，最大航程 4025km。C-54 外形仍然使用了波音 247 和 DC-2 等民航飞机所采用的形式。

"维多利亚"运输机。英国在"弗农"型军用运输机基础上于 1926 年研制的。装有两台各 425kW（570 马力）的内皮尔"狮"型发动机，可运载 22 名士兵，共生产 94 架。在该机基础上选用两台功率各为 484.4kW（650 马力）的布里斯托尔"飞马"Ⅱ L3 或Ⅱ M3 型发动机，改装成"瓦伦西亚"型军用运输机，虽然仍运载 22 名士兵，但增加了武器装备。"瓦伦西亚"型军用运输机共生产了 28 架，另有 54 架"维多利亚"型飞机也按上述标准进行了改装。

C-47 军用运输机。美国道格拉斯公司研制的 C-47 军用运输机，是在民航飞机 DC-3 基础改进设计而成。该机机长 19.63m，机高 5.18m，翼展 28.9m，全机质量 14980kg，装有 2 台 R-1830-92 型发动机，每台功率为 882.59kW（1189 马力），最大速度 368km/h，最大航程 4900km，实用升限 7076m，可装载 2270kg 货物或 27 名士兵。该机是当时最著名的军用运输机，在第二次世界大战及战后大量使用。

第二节 活塞式飞机时代航空发动机

活塞式发动机统治了航空动力 40 年左右。特别是在两次世界大战的推动下，发动机的性能提高得很快，功率从不到 9kW 增加到 2500kW 左右。以活塞式发动机为动力的螺旋桨飞机的飞行速度从 16km/h 提高到近 800km/h，飞行高度达到 15000m。1919—1939 年，是活塞发动机的快速发展阶段。这一时期经历了两次世界大战间的激烈军备竞赛，世界各门科学技术的最新成果被迅速应用到航空领域。这一时期，活塞式动力已经发展到接近极致的地步。

由于螺旋桨在飞机航速超过马赫数 0.5 后，其效率反而下降，所以尽管发动机的功率做得很大，但已无法将飞机的速度提高上去。尽管这样，活塞式飞机通过空气增压器的发展实现了升限超过 8000m 和航程超过 3000km 的突破。活塞式的民航飞机一直使用到 1957 年才由喷气式客机所取代，而小型的通用航空飞机则一直使用这种动力到今天，以其经济、油耗低、寿命长等优势依然存在。

一、从蒸汽机的发明到汽油内燃机的研制

工业革命是由纺织机和蒸汽机引起的生产方式的革命。纺织机提供了织布的机械，蒸汽机提供了动力。因此，工业革命又被称为动力革命。早在 19 世纪中叶，人们曾经进行过用蒸汽机驱动飞艇的试验。实践证明，蒸汽机不适宜用于飞机作动力装置。飞机研制者将目光转向内燃机。

（一）蒸汽机作为航空动力的探索

20 世纪之前，为了要使机械动力飞行获得成功，有两个主要问题需要研究解决：一个是发动机的问题；另一个是飞行的稳定和操纵问题。这个时期重于空气航空器的探索大致可分为两派：一派试图先解决动力和升力问题，使飞机升空，然后再解决飞行的稳定和操纵问题；另一派则相反，先通过滑翔机的飞行来获得稳定和操纵的知识，然后再解决动力问题。

1842 年 9 月 29 日，威廉·塞缪尔·亨森申请了他的飞机设计专利，名称是"用于空中、陆地和海上的蒸汽动力装置"。他在专利说明书上说：这种装置"能够把信件、物品和乘客经由空中从一地送到另一地"。他为这项专利设计的飞行器命名为"空中蒸汽车"，这架单翼机计划采用的动力装置是 1 台 18～22.4kW 的蒸汽机。该计划并未得到实施。此后法国的斯特林费罗坚信重于空气飞行器能够研制成功并实现升空飞行。1844—1847 年，亨森和斯特林费罗合作进行了模型动力飞机的设计和研制：亨森负责设计飞机，斯特林费罗负责设计蒸汽发动机。研究的过程并不顺利，亨森离开了英格兰，斯特林费罗继续进行模型试验，但始终不能解决飞机的空中姿态问题。1868 年刚刚成立的大不列颠航空学会在伦敦水晶宫举办的第一届航展上，斯特林费罗提供了 3 件展品：一个功率为 0.38kW 的蒸汽发动机，质量只有 8kg；一个 0.746kW 的蒸汽发生器和一架蒸汽动力飞机模型。他提供的发动机在这次展会上获得了最小重量功率比发动机奖。此后法国的费利克斯·杜·坦普尔于 1857 年获得了大型飞行器的专利，他依据专利和模型试验最终制造了一架全尺寸的飞行器，它的动力装置是蒸汽机。1881 年俄国亚历山大·莫扎伊斯基依据模型试验设计的全尺寸载人飞机获得专利，1883 年建造完毕，它也是由蒸汽机提供动力。然而这两位航空爱好者并未取得成功。实践证明，蒸汽机不适宜用于飞机做动力装置。飞机研

制者将目光转向内燃机。

（二）内燃机实现航空动力的飞跃

19世纪，丰富的石油资源已被发现并被开采，化学家们已经探索出了把古代储藏在石油中的太阳生成的能量释放出来的方法，冶金学家们已可以冶炼高强度金属和分离轻金属铝，机器制造者们也已改进了制造复杂机械装置的方法和机器，科学家们还知道了利用电能作动力。所有这些技术是研制人类飞行所需轻型内燃机的关键。1860年，法国发明家莱诺制成了第一台实用内燃机。法国工程师德罗沙认识到，要想尽可能提高内燃机的热效率，就必须使单位汽缸容积的冷却面积尽量减小，膨胀时活塞的速率尽量快，膨胀的范围（冲程）尽量长。在此基础上，他在1862年提出了著名的等容燃烧四冲程循环：进气、压缩、燃烧和膨胀、排气。1876年，德国人奥托制成了第一台四冲程往复活塞式内燃机，其热效率相当于当时蒸汽机的两倍。奥托把3个关键的技术思想：内燃、压缩燃气、四冲程融为一体，使这种内燃机具有效率高、体积小、质量轻和功率大等一系列优点。在1878年巴黎万国博览会上，他所发明的内燃机被誉为"瓦特以来动力机方面最大的成就"。

煤气机是最早的一种内燃机，以照明煤气为燃料。煤气机虽然比蒸汽机具有很大的优越性，但在社会化大生产情况下，仍不能满足交通运输业所要求的高速、轻便等性能。因为它以煤气为燃料，需要庞大的煤气发生炉和管道系统。而且煤气的热值低，故煤气机转速慢，功率小。1859年8月27日，利用转动式钻井装置打成的第一口油井在美国诞生。人们利用早已掌握的炼油技术提炼出工业用油，为内燃机提供了一种更好的燃料。经过狄塞尔改进的以石油产品为燃料的压缩点火式内燃机热效率达到了26%，这引起了世界机械业的极大兴趣，并得到广泛应用。

石油产品内燃机的实用化，为飞机的动力飞行提供了动力装置。1902年查尔斯·曼利完成并试验了星形5缸液冷式汽油机，其功率达到38.8kW，而质量只有86kg。这种性能优良的发动机不仅在当时是最先进的，而且其独特的星形结构也开创了航空实用发动机的先河，后来的航空活塞汽油机几乎都是这种布局的。1903年，莱特兄弟在完成世界上第一次有动力的载人飞行时，飞机所用的是功率8.8kW的液冷式活塞发动机，发动机重约75kg，功重比为0.12kW/kg。到1913年，航空发动机功率由22～37kW提高到74～96kW，最大功率达到120kW。

二、欧洲多样化生产与美国的标准化制造

1908—1914年，世界各国总共设计和制造了约30种航空活塞式发动机，功率多在70kW以下，个别达到100kW。不过这30种发动机，有许多并没有

用在飞机上。这些发动机大多继承汽车发动机的传统，是液冷式，只有个别是气冷式。在第一次世界大战前夕的局部战争中，已使用飞机执行观察、侦察和校正地面炮兵射击等任务。不过当时的飞机结构简陋、性能低，还不是完善的战斗兵器。第一次世界大战的爆发大大促进了军事航空事业的发展。

（一）欧洲实现液冷式发动机多样化生产

在第一次世界大战爆发时，世界上最有效和最可靠的航空发动机是德国奥斯特罗·戴姆勒（Austro-Daimler）公司功率为 90kW 的发动机，这种水冷直列式 6 缸发动机和与它相似的梅赛德斯（Mercedes）公司的发动机成为德国绝大多数战时发动机的原型。虽然这种发动机的质量有 262kg，但耗油率只有 0.335kg/（kW·h），在当时是最低的。因此，德国人能够获得相当好的飞机性能。德国在 20 世纪 20 年代应用最广泛的液冷发动机应是容克斯（Junkers）公司的发动机。1919—1932 年，容克斯公司发展了从 L1~L88 系列 6~12 缸 V 形液冷发动机，功率范围为 55~590kW。其中安装 L88 的 Ju-49 高空研究机在 1935 年创造了 12600m 的飞行高度纪录。

英国罗·罗公司设计和生产了"隼"（Hawk）、"猎鹰（Falcon）和"鹰"（Eagle）系列发动机，功率为 56~270kW。因为 270kW 的 V 形 12 缸"鹰"发动机太大，无法用手搬动螺旋桨来起动，罗·罗公司就增加了电起动机。"鹰"发动机的有名用途是 D. H. 4 轻型轰炸机和维克斯·维米（Vickers-Vimy）重型轰炸机。英国在 1919 年的 3 次跨大西洋飞行用的都是"鹰"发动机。罗·罗公司还研制了一种 480kW 的"秃鹰"（Condor）发动机，主要用于舰载鱼雷机和大型单发旅客机。

法国战时发动机是按飞机的要求发展的。教练机一般用气冷发动机，驱逐机用旋转汽缸星形发动机和液冷发动机，轻型轰炸机、观测机和较小的双发飞机用星形液冷发动机。早期的液冷发动机有雷诺（Renault）和洛林（Lorraine）。它们是 8~18 缸的 V 形发动机，功率为 164~596kW。安装雷诺发动机的布雷盖（Brequet）14 是战时最成功的双座机之一，共生产 8000 多架，为 5 个国家所使用。洛林 12E 发动机用于布雷盖 14 的改进型——布雷盖 19，这种飞机创造了一些飞行距离纪录，其中之一是 1930 年由科斯特（Costes）和贝隆特（Bellonte）驾驶的从巴黎到纽约的首次不着陆飞行。这次飞行虽然比 1927 年 5 月 21 日美国人林白（C. A. Lindbergh）完成的纽约至巴黎的不着陆飞行晚了 3 年，但还是能说明洛林发动机的质量是非常好的。20 世纪 30 年代，法国又推出了希斯巴诺——苏莎（Hispano-Suiza）、法曼（Farman）和新的洛林液冷式发动机，功率范围为 224~1118kW。当时比较著名的斯佩德（Spad）战斗机就装有这种发动机，飞行速度达到 222km/h，升限 6650m。

（二）美国实现液冷式发动机标准化制造

在美国，活塞式发动机的研制走上了标准化的道路，1917 年 5 月 17 日，爱德华·A.迪兹被任命为美国飞机生产委员会主席。为避免陷入欧洲发动机生产多样化的泥沼，他提出结构简单实用、功率大、效率高、重量小、燃料消耗低等指标大力推进美国发动机的标准化生产。1917 年 6 月 4 日，迪兹的"科研小组"为美国海军飞机生产委员会提供的利伯蒂（Liberty）5 台 8 缸和 5 台 12 缸的发动机通过试验鉴定，经过改进设计成 12 缸的发动机大规模生产，共生产 20478 台，推进了飞机的大批量生产。

美国在第一次世界大战期间的两种液冷式活塞发动机，分别是寇蒂斯（Curtiss）公司、利伯蒂（Liberty）公司的产品。"寇蒂斯"OX-5 型直列 8 缸液冷式发动机（67kW）用于"寇蒂斯"JN-4D 教练机上，该机是当时美国用得最多的教练机。"利伯蒂"L12 型发动机是唯一投入作战的美国发动机，它是 V 形 12 缸液冷式活塞发动机，功率为 298kW，装在英国设计、美国制造的 D. H. 4 远程轰炸机上。英、美两国空军都装备了 D. H. 4 飞机，到 1919 年停止生产时，美国共生产了 4846 架。

三、气冷式与液冷式技术的应用

对设计师而言，航空发动机的重要特征是它的功率、重量、尺寸、排列、汽缸数和冷却方法。对小功率发动机，气冷式具有优势；而对大功率发动机，液冷式具有优势。英国和美国走了两条截然不同的道路，英国液冷式发动机技术相对成熟，美国则钟情于气冷式发动机，尤其是美国海军航空兵，这是因为在海军航空母舰上起飞和着陆，气冷式发动机比液冷式发动机更加牢固，同时产生单位马力的重量更低、更少的运动部件、更低的维护成本、抗战损能力更强。

（一）典型气冷式发动机

在星形气冷活塞式发动机发展过程中，出现了几种代表性的发动机。第一种是 1925 年研制的 9 缸 J-5 "旋风"（Whirl-wind）发动机，功率为 164kW，进/排气门间设计空间较大，以便安装大量的散热片，使冷却空气可以流过需要的地方。在以"旋风"发动机为动力的飞机首次跨大西洋和太平洋不着陆飞行后，确立了气冷式发动机的地位。1928 年前后，又在"旋风"发动机的基础上研制出功率达到 429kW 的"飓风"（Cyclone）发动机。

1932 年，美国普·惠公司在 7 缸"小黄蜂"（Wasp Junior）发动机 R985 的基础上研制了"小对黄蜂"，这是一种两排、每排各 7 缸的星形发动机，军方编号为 R-1535，其中 R 表示星形，1535 代表发动机总排量，即活塞扫过汽缸的容积为 25.2L，功率为 541kW。这是世界上首批双排星形发动机。与功率相同的单排发动机相比，双排发动机的飞机阻力小，因而速度高；而单排发动机的飞机重量轻，爬升快，起飞滑跑距离短。双排发动机的优势还在于能产生单排发动机无法产生的大功率。以另一种双排星形发动机为例，"对黄蜂"（Twin Wasp）R-1830 发动机于 1932 年问世，到 1936 年，该发动机以 30L 的排量发出 746kW 的功率，而同时期同样功率级的发动机排量却在 40L 左右。R-1830 发动机共生产了 173618 台，是历史上生产最多的发动机之一，共装备了 19000 架 B-24 轰炸机和 10000 架 C-47 运输机。这两种 4 发飞机都是第二次世界大战期间著名的飞机。

1937 年 3 月，普·惠公司开始研制世界上第一台双排 18 缸星形气冷发动机——"双黄蜂"（Double Wasp），军方编号为 R-2800。第一个型号于 1940 年研制成功，功率为 1230kW，最后一个型号的功率达到 2088kW。由于这种发动机具有优良的可靠性、维修性，又有高功率、低耗油率和高功重比的特点，因而用于许多著名的飞机和直升机上，例如：F-6、F-4 和 P-47 "雷电"等战斗机，B-26 轰炸机，康维尔 110 型和 240 型、DC-6、马丁 202 和 404 型等运输机，以及 S-56、HRS-1 和 H-37 等直升机。仅为 P-47 战斗机就生产了近 24000 台发动机，P-47 的最后型号 P-47J 的最高速度超过 805km/h。这些飞机在第二次世界大战中发挥了十分重要的作用，如果没有 R-2800 发动机，在第二次世界大战中盟国要取胜会困难得多。

普·惠公司研制的最为复杂的发动机是 4 排 28 缸、排量为 71.5L 的 R-4360 "主黄蜂"（Wasp Major），初始功率为 2237kW，是功率最大的航空活塞式发动机。该发动机每排 7 个汽缸，以较小的角度前后错开布置，使前后 4 个汽缸看来像一台斜置的直列发动机，达到了用少量空气取得对四排汽缸最佳的冷却效果。R-4360 发动机是世界上汽缸数最多的活塞式发动机。美国另一家发动机制造商莱特（wright）公司于 1933 年研制出单排 9 缸的 R-1820 发动机，功率为 893kW，1939 年又推出双排 14 缸的 R-2600，功率为 1118kW。R-1820 在市场竞争中击败了普·惠公司的"飓风"放大型，得到广泛的应用，并一直生产了 25 年，到 1953 年，功率达到 1137kW。R-2600 用于首次跨大西洋载客飞行的水上飞机，以及第二次世界大战中的 B-25 轰炸机等，美军对日本东京的首次轰炸就是由 B-25 轰炸机执行的。1941 年，莱特公司推出了当时世界上功率最大的双排航空活塞式发动机 R-3350，属双排 18 缸星形发动机，功率约 2000kW，装在四发远程重型轰炸机 B-29 上，该飞机约生产了 4000 余架。战后，R-3350 被改装成"废气涡轮组合发动机"，使发动机的最大功率增加了 20%。

（二）典型液冷式发动机

英国罗·罗公司在 1927 年推出的"克斯崔尔"（Kestrel）V 形液冷式发动机是一种极其成功的整体铸造汽缸排发动机，功率从开始时的 336kW 提高到 1939 年的 660kW。装有"克斯崔尔"V 形液冷发动机的"女神"（Fury）战斗机成为当时速度最快（325km/h）和最漂亮的战斗机，使英国皇家空军坚定了走液冷发动机的发展道路，因此，20世纪30年代中期，罗·罗公司又发展了著名的"梅林"（Merlin）V形液冷式活塞发动机，该发动机后来成为第二次世界大战中英国用得最多的发动机。不仅用于英国的"飓风"（Hurricane）、"喷火"（Spitfire）战斗机，而且也用于美国的P-51战斗机，还用于英国的其他几种轰炸机。"飓风""喷火"战斗机都是第二次世界大战期间英国大量实战使用的战斗机；P-51原采用美国的V-1710发动机，在改用"梅林"发动机后，飞机性能大大提高，最大速度已达760km/h，升限达15000m，成为第二次世界大战时最优秀的战斗机。"梅林"发动机最初设计功率为550kW，后逐步提高到708kW（1935年）、783kW（1936年）、876kW（第二次世界大战期间），到战争末期已达到1238kW。

在英国典型的液冷式发动机主要有，"鹰"式MkVIII液冷式发动机，装配的主要平台：维克斯维米轰炸机，德·哈维兰DH9，费利克斯托F.3水上飞机，汉德利·佩奇轰炸机；"猎鹰"III液冷式发动机，装配的主要平台：布里斯托尔F.2B战斗机（英国在第一次世界大战性能最优越，服役时间最长的战斗机），布莱克本"袋鼠"飞机；"秃鹰"III液冷式发动机，装配的主要平台：霍克式轰炸机，曼彻斯特轰炸机；"茶隼"液冷式发动机，装配的主要平台："雄鹿"轰炸机，"狐狸"轻型轰炸机，"狂怒"战斗机；"灰背隼"I-XX液冷式发动机，装配的主要平台：霍克"飓风"式战斗机，"喷火"式战斗机，P-51"野马"式战斗机，兰开斯特轰炸机，"蚊"式轰炸机。

第三节　活塞式飞机时代机载武器

1911年有人驾驶飞机首次用于轰炸和空战，尤其是在随后爆发的第一次世界大战中不断扩大军事用途，航空机枪、航空机炮、专用炸弹及相应瞄准控制技术得到广泛应用，推动飞机由勤务保障装备向航空武器装备的转变。现代航空武器种类繁多、用途各异，其分类方法也多种多样：按使用方式，分为航空射击武器和轰炸武器；按结构特点分为航空机枪（炮）、航空炸弹、航空火箭弹等。

一、航空机枪（炮）

航空机枪（炮）是在飞机上最早使用的武器之一，其既能对空作战，又能对地攻击，被广泛装备在各型作战飞机。航空机枪（炮）的分类，以20mm口径为界，小于20mm称为航空机枪，20mm以上（含20mm）称为航空机炮。1914年法国飞机首次装备了7.62mm步兵机枪。此后，随着飞机性能的发展、战术思想的变化和空战需求的增加，各国逐渐出现了大口径的航空机枪（炮）。

各国为飞机选择武器时，开始只能把现有的地面武器（或稍加改进后）安装到飞机上使用，陆军的制式装备——弹盘供弹的7.62mm"刘易斯"机枪成为第一种受到赏识的机枪。1915年，英国皇家海军航空队和皇家空军飞行队的飞机采用了这种机枪。"刘易斯"机枪重量轻，飞机带得动，7.62mm的口径对于人员、车辆和木布结构的飞机也有足够的杀伤力，缺点是在战斗中要频繁地更换弹盘和重新装弹。随着飞机飞行重量的提高，能够携带的有效载荷变大，开始采用较重的水冷式弹带供弹的7.62mm"维克斯"机枪，这种机枪比较适合作为驾驶员操纵的固定式武器，直到1935年才被7.62mm"克尔特·布朗宁"机枪取代。而"刘易斯"机枪作为观察员（射击员）操纵的活动式武器仍然在飞机上继续使用，这种机枪在英国皇家空军装备中一直保留到1940年。不过，用水冷却枪管在飞机上仍然带来许多不便，促使人们进一步研究，1918年终于研究出专供飞机使用的7.62mm气冷式航空机枪。活塞式时代初期各国飞机大都是木布结构，很少有防护装甲，7.62mm机枪子弹足以杀伤目标。1917—1939年的20多年里，飞机装备的主要还是7.62mm机枪。只有法国的战斗机在第二次世界大战前夕全部装备了20mm机炮。随着航空技术的发展，飞机已经大量采用金属结构，结构强度大大增强，小口径航空机枪弹药的威力已显不足。同时发动机功率不断增大，致使飞机的飞行速度迅速提高，要求航空机枪（炮）有较高的射速。第二次世界大战期间航空机枪（炮）多种口径并存：美国发展了射速为1200发/min的12.7mm"布朗宁"M3机枪，用来代替1932年的M2机枪作为战斗机的标准武器。同M2机枪比较，M3的尺寸和重量与M2相同，但射速提高了50%，战争期间美国飞机上使用的射击武器92%采用了M3机枪。1940年以后制造出几种20mm和37mm机炮，并装备了P-38、P-39、P-61和P-63等飞机。不过这些飞机大部分是向当时的盟国输出，只有一小部分在本土服役。直到1944年，美国海军才把战斗机上的12.7mm机枪普遍改装成20mm机炮。而美国空军一直到1953年才改用20mm航空机炮。德国空军使用的武器是7.92mm的MG-17机枪和13mm的MG-17机枪以及20mm的MG-FF"奥利康"机炮。1940年，德国航空部首先提出普遍提高空战武器口径的要求，并在1942年规定20mm是空战武器的最小口径。当时Me-262"喷气"式战斗机就装有4门30mm的MK-108机炮。1942—1943年冬季，德国首先制成了20mm、射速1100发/min的MG-213A"毛塞"转膛炮。1944年毛塞公司又制造出30mm、射速1200发/min的MG-213C"毛塞"转膛炮成为当时世界上同一口径航空机炮中射速最高的武器。虽然没来得及广泛使用，但却成为战后美、英、法和瑞士等国发展转膛炮的蓝本。第二次世界大战期间，德国共研制了16种20mm以上的大口径航空机炮，其战斗机普遍装备了20mm和30mm机炮。第二次世界大战期间英国战斗机全部装备了7.62毫米的航空机枪。1940年英国就采用了瑞士设计的20mm HS.404"依斯班诺"机炮,并换上了实心弹头。1941年秋天,为这种机炮生产出可靠的弹带式供弹机构,同年英国也正式规定20mm的MK-5"依斯班诺"机炮是战斗机的标准射击武器。据不完全统计,在1942年以后服役的8种英国战斗机中,96%装备了20mm机炮。在此期间,英国也曾使用过40mm航空机炮,但因其性能不良而没有得到发展。1940年,苏联的第一种航空机炮,即23mm的ВЯ-23机炮问世。该炮弹的弹壳长152mm,弹头重200g,初速高达905m/s。这种威力巨大的机炮主要用于攻击机和部分战斗机。1942年,出现了37mm的HC-37机炮,其炮弹能穿透40mm厚的装甲。1945年开始采用HC-37机炮的派生型HC-23机炮。从HC-37到HC-23,口径减小到23mm,弹壳长只有115mm,取代了早期使用的ВЯ-23。1945年又用最轻的20mmъ-20机炮取代了早期在7.62mmⅢ Вас机枪基础上研制的20毫米Ⅲ Вак机炮。第二次世界大战后,航空机炮口径稳定在20～30mm。表4-3所列为美国典型航空机枪(炮)。

表4-3 美国典型航空机枪(炮)

型号	长度/mm	质量/kg	出速/(m/s)	射速/(发/min)	射程/m
7.62mm M-2	1000	9.5	790	1350	1650
12.7mm M-2	1450	29	860	800	6580
12.7mm M-3	不详	23.6	760	1100	不详
20mm M-2	2390	46.3	870	650	5030
20mm M-3	1980	51	840	800	不详
20mm M-39	不详	77	1040	1500	不详
37mm M-4	2260	95.6	610	150	3660
37mm M-9	2640	166	880	125	8110
75mm M-4	3580	589	640	不详	11000

资料来源:美国战斗飞机史[M]. 北京:第三机械工业部,1975.

二、射击协调装置

1914年夏,爆发了第一次世界大战。战争初期,参战双方均认为飞机的军事用途主要是空中侦察、校正地面炮兵射击等任务,但是,很快将枪支带上了飞机,使飞机开始成为具有破坏性的战争武器。先是用于对付对方飞机,继而用于对地面目标进行射击、轰炸等。与发动机关联的"机枪协调器"的发明,才使得以活塞式发动机为动力的战斗机发挥了应有的战斗力。当机枪固定在飞机头部时,子弹要顺利地穿过旋转着的螺旋桨桨叶间的空隙,是一个棘手的问题，如不解决，射出的子弹很容易打坏本机的螺旋桨。1915年，法国人雷蒙·索尔尼埃（R. Saulnier）在其设计的"莫拉纳·索尔尼埃"（Morane Saulnier）飞机上安装了一挺固定式机枪，在木制螺旋桨桨叶柄上装了钢制保护板，使打到桨叶（约占全部发射子弹的7%）上的子弹弹向四周，而不会打坏桨叶，大部分子弹则穿过螺旋桨旋转面向前射出。1915年4月1日，法国飞行员罗朗·加罗斯（R. Crros）驾驶这种飞机击落1架德国侦察机，使这种简易的装置显示出了良好的效果；在随后的2周多时间内，他又先后击落4架德机，创造了在16天内击落5架德机的纪录，成为世界第一个王牌飞行员，而他驾驶的装有桨叶保护板的飞机，给德国空军造成了恐惧。后来，为德国效力的荷兰人安东尼·福克在研究索尔尼埃装置的基础上，发明了"射击同步协调器"。这种协调器是在螺旋桨轴上装1只双凸轮，2个凸起处正好分别对着2个桨叶，当螺旋桨桨叶正好转到机枪正前方时，凸起将一操纵杆顶起，控制机枪停止射击，从根本上解决了机枪子弹打中桨叶的问题。当装有"射击同步协调器"的福克E.I投入战斗后，立即证实了它具有非常出色的作战能力，并对协约国的飞机造成了极大的威胁，德国飞行员驾驶这种飞机先后击落了协约国1000余架飞机，以至被称为"福克灾难"。从实战意义上讲，福克E才是世界上第一种真正的战斗机，它的"射击同步协调器"工作原理一直到第二次世界大战结束前的战斗机还在采用。战争促使了飞机的发展，也带动了航空发动机的发展。

三、航空炸弹

航空炸弹是由飞机或其他航空器装挂和投放的爆炸武器，是飞机最早采用的对地攻击武器，它由弹体、引信、装药、安定面和弹耳组成。利用爆炸时产生的冲击波、破片和燃烧的高温摧毁各种目标、杀伤有生力量，或依靠其他特别的效能完成特定的任务。活塞术时代，航空炸弹在战争需求的推动下发生了很大变化，在战争中发挥了重要作用。

1911年意土战争中，意大利航空队飞行员从飞机上向土耳其军队阵地投掷手榴弹，开创了人类历史上的首次飞机轰炸。

第一次世界大战初期，首批轰炸武器是人工投放的手榴弹、炮弹，甚至炸药包，随后才出现人工投放的带尾翼的专用航空炸弹。1914年8月14日，法国首次出动数架"瓦赞"轰炸机，用质量为60kg的炸弹轰炸德国梅斯附近的德军"齐柏林"飞艇库。第一次世界大战期间，飞机使用的航空炸弹，有爆破、杀伤和燃烧3种类型，后期还使用质量为454kg的航空炸弹。交战双方投放的炸弹超过50000t。由于受飞机载弹能力的限制，第一次世界大战后期直到20世纪30年代末，飞机实际使用的航空炸弹，大都不超过227kg。

第二次世界大战期间，轰炸机的战术、技术性能有了很大改进，轰炸活动的规模达到空前的程度。航空炸弹的重量也迅速增大，英国研制并使用了重达10000kg的爆破弹。航空炸弹的种类也不断增加，出现许多新型炸弹，如穿甲弹、反坦克弹、凝固汽油燃烧弹、照明弹以及为夜间空中照相提供光源的照相闪光弹等。德国空军在战争初期使用的是10kg、50kg、250kg的SC-10、SD-50、SC-250爆破炸弹和50kg的SD-10、SD-50杀伤炸弹，用于轻型轰炸机实施战术轰炸。还有500kg，1000kg的SC-500，SC-1000爆破炸弹，用于重型轰炸机实施战略轰炸；以及1400kg"弗里茨-X"（PC-1400）制导穿甲炸弹和1800kg的SD-1800爆破穿甲炸弹，用于攻击舰艇等坚固目标。英国在第二次世界大战开始时，已经储存了大量的通用爆破炸弹，绝大多数都是小而旧的炸弹，经常引爆失灵。随着英国对德国空袭强度加大，研制并装备了更好的炸弹，分为中等装药量的炸弹和大装药量的炸弹两类。前者采用传统炸弹的外形，弹重居于中等（250kg），用于轰炸战术目标；后者体积大，弹重为908kg、1814kg、3629kg、5443kg。美国在第二次世界大战初期，使用的通用爆破炸弹型号如下：45.4kg的M-30、136kg的M-31、227kg的M-34、454kg的M-44和908kg的M-43。随后使用的通用爆破炸弹型号如下：113kg的M-57、227kg的M-64、454kg的M-65和908kg的M-66。除通用爆破炸弹外，研制使用了多种小型杀伤炸弹和内装金属的燃烧炸弹，在战争末期研制使用了凝固汽油炸弹。战争结束前夕出动B-29轰炸机对日本的广岛和长崎先后投下2颗TNT当量分别为1.25万t和2.2万t的原子弹。

四、航空瞄准具

机枪和炸弹被装上飞机后，迫切需要解决的是：如何才能打得准、炸得中。因此，航空武器出现的同时，各国就开始了机载瞄准设备的探索。通常把机载瞄准设备称为航空瞄准具。从功能上讲，把解决航空机枪空中瞄准、射击的瞄准具称为"航空射击瞄准具"；用于对地面目标轰炸、射击的瞄准具，称为"航空轰炸瞄准具"。第一次世界大战初期，飞机上安装的机枪与地面上的机枪基本一样，也采用"星环式机械瞄准具"。飞行员直接用眼睛进行瞄准，使用时必须使眼睛与准星、瞄准环和目标保持在一条直线上。但运动的目标给准确的瞄准、射击带来很大困难。至于轰炸瞄准的问题，由于当时飞机的飞行速度慢、高度低，炸弹的下落基本上被视为一条直线，因此，从飞机上向地面投掷炸弹，都是用眼睛直接瞄准，没有瞄准设备。德国于1917年战争结束前夕，才研制出一种简单的"光学轰炸瞄准具"，直至第二次世界大战时，"航空轰炸瞄准具"没有多大的发展变化。20世纪20年代，战斗机驾驶舱加装圆筒式光学瞄准镜，用仪表板上的电动开关控制机枪射击。20

世纪 30 年代，战斗机加装投影式光学瞄准具，用操纵杆手柄上的按钮开关控制枪炮射击。为提高轰炸精度，轰炸机使用的"光学轰炸瞄准具"性能得到提高。轰炸机旋转炮塔的研制，改善了操纵性能，提高了射击精度。1931年 10 月研制的诺顿马克-15 型轰炸瞄准具，成为美国陆军航空队精确轰炸的主要装备。

第四节　活塞式飞机时代机载设备

活塞式时代的机载设备是仪表、仪器、航空电子设备与航空器的结合，随着技术进步，越来越成为影响作战飞机综合作战效能的重要因素。1917 年，人类利用无线电进行飞机导航。第一次世界大战和第二次世界大战推动通信设备、导航设备、雷达设备和自动驾驶设备快速发展。

一、通信设备

机载通信设备主要用以实现飞机与地面之间、飞机与舰船之间、飞机与飞机之间的相互联络，它还包括机内通话、广播以及驾驶舱内话音记录等。按工作波长，分为超长波、长波、短波、超短波通信设备；按工作频率，分为甚低频、低频、高频、甚高频、特高频通信设备。

早期的机载无线电通信技术采用的是简易中波电台，此后，频率范围在 2～30MHz 波段的短波电台开始出现。短波通信是一种能进行远距离传输，而对电台的要求（发射功率、接收机灵敏度和电台的复杂度等方面的要求）相对较低的通信系统。自 1924 年试验发现电离层和实现了短波通信（又称高频通信）之后的 30 多年中，短波通信一直在远距离通信领域占有重要地位。1928 年，短波无线电通信开始使用，开创了机载话音通信的历史。与其他通信手段相比，短波通信有通信距离远、机动性好、生存能力强等不容忽视的独特优点。被认为是有效而经济的远程通信手段，广泛应用于军事战略和战术通信中。然而，短波通信也有重大的缺点，短波信道除上述自由空间传播损耗外，还有电离层吸收损耗、地面反射损耗和系统额外损耗等附加损耗。在短波通信信道中还存在着干扰，主要有大气噪声、工业干扰和其他电台的干扰。针对短波通信的主要弱点，提高短波通信的质量，采用了自适应技术。代表性的机载短波自适应跳频电台有美国的 AN/ARC-190（v）（发射功率 400W）和 AN/ARC-217（发射功率 200W）等。AN/ARC-217 机载短波自适应跳频电台的工作频率范围是2～30MHz，频道间隔 100Hz，工作方式为上、下边带话音或数据。慢速跳频。发射机输出功率 200W，总质量 17.3kg（包括收发信机、天线调谐器及控制盒重量）。20 世纪 30 年代末期，第二次世界大战进入白热化阶段，英国战斗机装备了 VHF4 频道电台，频率范围为 100～156MHz，频道间隔为 180kHz，开创了地空通信使用超短波频段的先河。第二次世界大战结束前后，世界上已经开始了 UHF（225～400MHz）频段电台的研究工作。50 年代初，美国空军装备了工作频率为 225～400MHz 的 AN/ARC-27UHF 单频段机载电台，其频道间隔为 1000kHz。

二、导航设备

导航设备的主要用途就是引导飞机沿着预定航线飞到预定地点，并能随时给出飞机准确的即时位置。测向是最早采用的一种无线电导航手段。早在 1912 年，人们就开始研制世界上第一个无线电导航系统（无线电罗盘），工作频率 0.1～1.75MHz。对于航空应用来说，在 20 世纪 20 年代出现了航空导航用的无线电信标、4 航道信标以及垂直指点信标。此后甚高频全向信标伏尔（VOR）系统出现，它是第二次世界大战后期在美国首先发展起来的近程航空导航系统。1946 年成为美国标准的航空导航系统，1949 年被国际民航组织采纳为国际标准导航系统。伏尔系统主要为飞机提供方位信息，用于联络导航，也常用于机场作为飞机进场的引导设备。陆基导航系统还发展出了战术空中导航系统（简称塔康）、远程无线电导航系统（罗兰 C）、奥米加导航系统等。

陆基无线电导航系统的优点是把整个导航系统的复杂性集中在地面导航台上，使机载设备比较简单，价格低廉。然而，从作战使用的角度来看，由于它需要导航台并依赖电波在空间的传播，对系统的生存能力、抗干扰和抗欺骗能力都不利。自备式导航系统出现于 20 世纪初，它使用机载的测速和测向仪来推算出飞机的位置。由于它不依赖地面导航台，也就没有上面的问题，所以称为自备式导航系统，又因为是用推算的方法得出当前位置，所以也称为推算导航系统。早期的机载推算导航系统利用陀螺或磁航向仪将所测出的飞机空速分解成东向和北向分量，然后分别积分，算出各个方向上所经过的距离。尽管空速测量装置后来得到改进，但由于航向基准和风速预报得不准，使系统定位误差大，难以满足飞机的导航要求。于是新的自备式导航设备应运而生。多普勒导航系统是 1945 年前后开始发展的一种自备式导航系统，该系统由多普勒导航雷达和导航计算机组成。美国工业界把陀螺仪和灵敏的加速度计结合在一起，研究出了惯性导航系统。这种导航系统不依赖任何外部信息，也不向外辐射能量，具有很好的隐蔽性。第一部惯性导航系统是由斯佩里公司制造的，诞生于 1950 年并在一架道格拉斯 DC-3 客机上进行了试飞。

三、雷达设备

20 世纪 30 年代雷达探测设备快速发展，早期的对空预警雷达是为了发现侵入领空的战略轰炸机，现在机载雷达已经成为各种军用航空器必不可少的重要电子装备，而且其性能的优劣也成为航空器性能的重要标志。

20 世纪 30 年代，很多国家最先进行的是双基地连续波雷达的研究。当时，这种雷达的发射机与接收机分置于相隔较远的距离，当飞机穿越接收机站与发射机站之间时，接收机站就可检测到由发射机直接传输到接收机的信号和发射信号受目标散射后传输到接收机的信号二者之间的多普勒差拍，从而发现目标。这种双基地雷达的效果受到很多因素的限制，所以虽然法国和苏联的军队早在第二次世界大战前就装备了双基地连续波雷达，但并未使得用无线电波探测目标成为军事上的重要手段。直到单基地的脉冲雷达开发成功后，才确立了雷达在军事上的重要地位。20 世纪 30 年代中期，很多国家几乎同时开始而且独立地开发现代形式的脉冲雷达。1934 年 12 月，美国海军研究所在 2 部 200MHz 脉冲雷达中使用了天线收发转换开关，取得了雷达发射与接收可以共用一副天线的重大成就。美国陆军在 1938 年装备了可实用的 SCR-268 雷达系统。它在第二次世界大战期间是第一部便于运输的用于单个飞行目标的精密跟踪雷达。第二次世界大战初期，这种适于多用途、简单而质优，便于机动的雷达，已成批量地用于对空火炮控制、近距离搜索与警戒及探照灯控制等任务。英国开发雷达的工作起步比美国晚，但进展迅速。1937 年展示了代号为 "Chain Home"、工作频率为 25～30MHz 的第一部雷达系统。苏联于 1934 年开始开发雷达，随即研制了 3 种雷达：①RUS-1，波长为 4m（75MHz）的双基地连续波雷达，接收机与发射机相距 35km，1939 年 9 月提供军方；②RUS-2，波长为 4m 的脉冲雷达，1940 年 7 月服役，用于探测作战飞机，最大作用距离 150km；③频率高达 2000MHz 的试验型高射炮火控雷达，作用距离 12～20km。20 世纪 30 年代，法国成功开发了在 4m 波长工作的双基地连续波雷达，以类似栅栏的作用原理工作，当组成 1 个以上的 "栅栏" 时，可获得目标的运动过程与速度。同时期也曾开发微波（波长 16cm）连续波雷达，但因功率太低而放弃。德国早在 1934 年就试验了波长为 13.5cm 的微波雷达，但因功率低而未继续开发下去。德国后来曾广泛布防的 2.4m 波长、探测飞机的预警雷达 "Freya"，第一台装备样机是 1936 年研制的。"Freya" 探测飞机的距离为 132～248km，波束宽度为 20°。1936 年，德国海军将峰值功率 7kW 的火控雷达 "Seetakt" 装备于袖珍舰 Graf Spee 号，直到 1938 年夏季，Graf Spee 介入西班牙内战时，这种探测大型舰船达 10n mile 的雷达仍在使用。1938 年底，德国还研制了工作于 560MHz，反射体天线直径为 3m 的炮瞄雷达，第二次世界大战开始时，德国空军订购了 5000 部改型雷达。

20 世纪 30 年代，成功的雷达主要工作于甚高频（VHF）和超高频（UHF）

频段。协约国的大多数雷达工作于 75～200MHz，工作于此频段是受当时可用的真空管技术所限。在此期间，影响现代雷达发展的最重要的成就之一，是 1939 年英国发明的高功率微波谐振腔磁控管。高功率厘米波器件的出现，大大促进了雷达技术的发展。从此，可克服 VHF 频段的局限，开发出窄波束、宽带宽，工作于 L 与 S 频段的大型地面对空监视雷达以及体积更适用于战斗机使用的 X 频段火控雷达。第二次世界大战中空用和海用雷达大多数工作于超高频或更低的频段、海军的雷达工作在 200MHz，到战争后期，工作在 400MHz、600MHz 和 1200MHz 的雷达也投入使用。

在现代空战中，机载火控雷达的性能有时比飞行性能更能决定空战的胜负。机载雷达从米波搜索雷达和分米波无线电高度表开始发展，第二次世界大战催生了大量厘米波段对空与对地（海）面探测的火控雷达。第二次世界大战后，单脉冲角跟踪、脉冲多普勒、合成孔径、相控阵等新体制先后在机载雷达中获得应用；火控系统集成、数字技术和集成电路、地形回避与地形跟随、雷达模块化和航空电子系统综合化、多传感器数据融合、毫米波、低截获概率、高可靠性等技术不断推动机载雷达的发展。在机载雷达的发展中，关键是增大发射机的功率，以增大探测距离；提高雷达的工作频率，从而改善分辨率。英国早期的地面预警雷达系统的工作波长为 50m，而早期机载雷达的工作波长为 1.5m 左右。机载雷达的天线由于受安装空间限制，不能太大。战斗机如何用小尺寸天线获得更好的分辨率，促使人们进一步探索提高雷达工作频率的途径。在这方面的一个重要突破是英国人发明了谐振腔磁控管，它可以产生微波。德国工程师们直到对一架坠毁的英国飞机进行检查后才获得这一新发现。这些厘米波雷达还有另外一个优点，即它们可以使用机内安装的抛物面反射器天线，而不用机外安装的、产生很大阻力的杆式天线。作战飞机的机载雷达性能得到了迅速的改进和提高。世界上第一批机载截击雷达于 1940 年开始在英国皇家空军服役。它的首次有记载的"战果"出现在同年 11 月，一架"博"式战斗机飞行员在 MKN 型机载雷达的引导下击毁了目标。它的主要使用限制是需要地面控制系统（装备大功率高性能雷达）将驾驶员引导到距目标几英里的范围内。大功率磁控管的研制成功和向厘米波段的发展使雷达能够发射能量高度密集的窄波束，从而大大地提高了雷达的作用距离。

四、自动驾驶设备

20 世纪二三十年代，飞机上已经装有磁罗盘、空速表、高度表和领航时钟等基本的飞行仪表，战斗机上的仪表从原来的 7 块增加至 19 块，飞行员凭借它们可以进行推测航行，或完成观察探测任务。活塞式时代后期，飞机作为一种运输工具已经显示出强大的生命力。飞机重量增大，设备日趋复杂并能在白天和夜间进行远距离飞行，开始给驾驶员带来了体力上的挑战。1933 年，世界上最早的自动驾驶仪装载在寇蒂斯—莱特公司的双发、双翼客机上。这套斯佩里公司的电气液压系统大大减轻了纽约至迈阿密之间繁忙干线的大型客机上驾驶员们的负担。同年，斯佩里公司的自动驾驶仪安装在洛克希德公司的单翼机上完成了单人环球飞行。到 30 年代中后期自动驾驶仪已被多发动机飞机普遍采用，这时飞机质量已达 10t 以上。欧洲和美国已经开始发展新式武器装备，新一代 4 台发动机轰炸机的首批样机正在建造之中。美国的 B-17 和 B-24 飞机就是其中的典型飞机。其速度是当时商用运输机道格拉斯 DC-3 飞机的 2 倍。由于需求的牵引，出现了性能更好的自动驾驶仪。

第五章　活塞式飞机时代空中作战

从 1903 年莱特兄弟发明飞机到第二次世界大战结束,活塞式发动机技术快速进步,航空武器快速发展,空中力量迅速壮大,空军（航空兵）大规模参与了两次世界大战,对战争进程和结局产生重大影响。空中作战不但将平面战争拉升为立体战争,而且开辟了独立空中战场,将机械化战争推向规模的巅峰,并引起战争形态的巨大变革,空中作战也体现出鲜明的时代特点。

第一节　活塞式飞机时代空中作战理论

活塞式飞机时代,人们总结空中作战的实践经验,特别是两次世界大战丰富的空中作战实践经验,并将其上升为比较系统的理性认识,逐步形成空中作战理论。空中作战理论又反过来指导空军（空中力量）建设和空中作战实践。

一、制空权理论

20 世纪初,飞机诞生并用于战争不久,意大利将军朱里奥·杜黑就敏锐地预见到飞机和空中作战对未来战争形态带来的巨大变革,并于 1921 年发表了《制空权》一书。该书冲破了传统军事思想的模式,提出空军建设与运用的一系列新观点,勾画出空中力量参与下作战样式和战争形态演变的新趋势。

（一）早期制空权理论的主要观点

飞机用于军事将引起战争样式的革命。武装飞机可以在战场内外到处出现,在目标区内不易遭到对方防御手段的毁伤,并且具有攻击和摧毁地面及海上所有目标的能力。据此,杜黑认为,战争将从平面发展为立体;空军的出现将改变整个战争,也将改变陆战和海战的面貌;未来战争将从空中开始;过去"如果不首先突破敌人防线,就不可能侵入敌人领土。但是这种情况已经是过去的事了。现在有可能不用首先突破坚固防线就能进入它的远后方。这是空中力量使它成为可能。"[①]"战场已扩大到交战国的整个国境","所有这一切必不可免地会给未来战争的样式带来深刻的变化。战争的主要特性必将与以往任何战争

---

① 〔意〕朱里奥·杜黑. 制空权[M]. 曹毅风, 华人杰译. 北京: 解放军出版社, 1986: 10.

113

根本不同。"①

空中战场是决定性战场，掌握制空权就是胜利。杜黑认为，"获得制空权能使用进攻力量大于人类所想象的威力，能够切断敌人陆、海军与其作战基地的联系，使敌人丧失赢得战争胜利的机会；能完全保护本国，保护本国的陆、海军顺利作战；能保卫本国人民安居乐业，安全生产。简而言之，获得制空权就意味着胜利。反之，在空中被击败就是最终失败，将听从敌人摆布，不能保卫自己，将被迫接受敌人认为适当的任何条件。这就是'制空权'的含义。"②

建立与陆海军平等的独立空军。在《制空权》一书中，杜黑在论述了制空权重要性的基础上，强烈呼吁，完全独立于陆、海军之外的独立空军是绝对重要的，"除非拥有一支在战争中能夺得制空权的空军，充分的国防不可能得到保证"。③其理由主要有：一是夺取制空权需要一支独立的空军，能夺得制空权的空军按其本性在建制上是自立的。在作战上是独立于陆、海军之外的。二是独立空军能够单独用它自己的手段完成战争使命，完全不必有陆、海军参与。三是要能够担负起真正的空中作战，就要改变飞机的军事用途只是协助陆、海军部队作战的现状，必须组成自主的战斗实体，并锻炼成为一个有效的战斗组织，这就是独立空军。四是能够最大限度地集中空中力量，而航空兵从属于陆、海军分散了夺取制空权的力量。杜黑强调，独立空军必须成为一个与陆、海军平起平坐的、同等重要的军种。因为夺取制空权和进行空中战争都是战略性任务，完成这些任务的空军必然是一支与陆、海军平等的战略力量。空军既然能够单独用它自己的手段完成战争使命，就应合乎逻辑地被赋予和陆、海军同等的重要性。

（二）第二次世界大战对制空权理论的检验和发展

制空权的地位、作用进一步明确。在陆地、海洋和天空的任何战场上，要获得作战的胜利，夺取空中优势都是必不可少的条件，这是第二次世界大战最主要的经验教训。

制空权的层次划分进一步具体。杜黑在提出制空权理论时，认为制空权只有一种，即全面的制空权。这种认识是由于他对航空兵出现后未来陆上战争的特性估计错误造成的。在第二次世界大战中，陆地战场上占主导地位的不再是旷日持久的阵地消耗战，而是以由航空兵保障的装甲兵为主体来实施的机动作战。每次重大作战行动，无论是战术的还是战役的，都必须首先夺取作战地域的制空权，即局部制空权，而战略制空权的取得也往往是在夺取战役、战术制

---

① 〔意〕朱里奥·杜黑. 制空权[M]. 曹毅风，华人杰，译. 北京：解放军出版社，1986：11.

② 〔意〕朱里奥·杜黑. 制空权[M]. 曹毅风，华人杰，译. 北京：解放军出版社，1986：24.

③ 〔意〕朱里奥·杜黑. 制空权[M]. 曹毅风，华人杰，译. 北京：解放军出版社，1986：32.

空权的斗争中逐步积累的结果。所以，在第二次世界大战中，制空权被进一步区分为全面制空权和局部制空权，或者战略制空权、战役制空权和战术制空权。

对防空有了正确认识。杜黑、米切尔等在提出理论之初，都认为防空是一种得不偿失的作战行动，持完全否定的态度。经过第二次世界大战中英国防空与苏联莫斯科防空的实践，人们认识到，在雷达、无线电等电子技术设施的支持下，防空是一种可以实时监控的卓有成效的作战行动，是一种与空中进攻相对应的、既对立又统一的战略作战行动，也是空军的一种基本作战样式。

制空权的相对性进一步突显。杜黑所说的制空权"是指这样一种态势，即我们自己能在敌人面前飞行而敌人则不能这样做"。[①]他所强调的是一种绝对的制空权，而第二次世界大战经验则证明制空权具有相对性，并主要表现在两个方面：一是控制时间和空间范围的相对性，二是控制程度的相对性。

夺取制空权的手段进一步完善。杜黑认为夺取制空权的主要方法是空中进攻，具体包括空战、袭击敌空军基地以及袭击敌航空工业和训练基地。第二次世界大战的实践证明，袭击敌空军基地可以迅速改变该地区的敌我兵力对比，快速夺取战役制空权，但需要长期准备，要求有较强的突发性，不宜反复实施；袭击敌航空工业和训练基地，应选取损耗性大、毁伤性强的目标进行轰炸，努力从最大程度上削弱敌空军潜力；而空战则是消灭敌机、夺取制空权的最常用的手段和主要方法，可以达到大量消灭敌机的目的。另外，夺取制空权的斗争虽然以空军为主，但也要依靠其他各军兵种共同完成，所以应与其他所有军事活动紧密结合，成为整个武装斗争的一部分。

二、战略轰炸理论

第一次世界大战中，英国、美国等军事强国总结战略轰炸的初步实践经验，把战略轰炸作为空中力量使用的一条基本任务确定下来，初步形成战略轰炸理论。第二次世界大战中英、美空中力量对德、日战略轰炸，促使战略轰炸理论充实完善。

（一）战略轰炸是摧毁敌国战争潜力和民心士气的重要手段

第一次世界大战前一些航空先驱对战略轰炸就进行过探讨，认为实施战略轰炸只有一个目的，不是使用在战场上击败敌人的传统方法，而是采用直接摧毁敌国物资资源和民心士气的办法剥夺敌人进行战争的能力。战争期间双方进行战略轰炸的实践加深了人们的认识。丘吉尔在1917年10月21日的备忘录中曾有这样一段记载："如果明年我们能投入2000~3000架飞机连续几星期从高空或低空轰炸前线50~60英里（约80~97km）范围内的敌人全部飞机库和起

---

① 〔意〕朱里奥·杜黑. 制空权[M]. 曹毅风，华人杰，译. 北京：解放军出版社，1986：102.

飞着陆场，就可以彻底打垮敌人的空军，而且一劳永逸。"[1]第二次世界大战中，英、美空中力量对德、日进行战略轰炸，战略轰炸的作用得到进一步证实与肯定，战略轰炸成为一些国家空军的战略任务。

（二）正确选择突击目标是达成战略轰炸目的的重要前提

为了提高战略轰炸的作战效率，目标选择逐步得到重视，突击目标的选择成为战略轰炸理论的重要内容。德国在第一次世界大战前制定的计划之中就包括对英国东南部城市和工业中心的轰炸。丘吉尔在《1918 年空中攻势的可能性》一书中提到："空中攻势主要应指向敌人陆、海军战斗力赖以维持的基地和交通线，空中攻势的最终目标应在于剥夺西线德军的抵抗力。"第一次世界大战末期任英国驻法国的皇家独立空军部队司令特伦查德则认为应摧毁德国本土的德军和德国政府，使德国供应系统瘫痪。第二次世界大战期间，美英空中力量，根据统帅部赋予的摧毁德国战争潜力的战略任务，分别确定了轰炸城市摧毁民心士气或轰炸军事系统目标摧毁战争潜力的作战目的。在不同作战目的指导下，选择城市、军工企业、后方军事集团、交通系统等作为轰炸目标，形成了系统的目标选择理论。

（三）大机群面积轰炸是战略轰炸的基本形式，但原始的精确轰炸思想开始萌发

由于受飞机和机载武器性能的制约，两次世界大战中的战略轰炸，基本上采取大机群面积轰炸的方法。大机群面积轰炸不仅可以增大空袭机群空中突防的成功率，而且可以弥补空袭武器威力和命中精度的不足，确保摧毁目标，达成空袭作战目的。但这种空袭作战方式空中突击编队飞机损失和地面目标附带毁伤都很大。在第二次世界大战中，为了减小遭敌方歼击机拦截和高炮火力抗击的损失，空袭一方通常采取对空袭目标实施夜间面积（区域）轰炸的战法。

为了提高战略轰炸的作战效率，在第二次世界大战后期，原始的精确轰炸思想开始萌发。出现了区别于夜间面积轰炸的昼间有歼击机掩护的目标（点）轰炸等轰炸方法。1943 年 1 月，英美首脑在摩洛哥召开的卡萨布兰卡会议上，确定了战胜德国的作战方针，决定开辟第二战场，要求英美两国空军"消灭和瓦解德国的军事工业和经济系统，摧毁德国的民气，使其武装抵抗能力降到最低的程度"。[2]确定轰炸的优先顺序为潜艇工业、航空工业、交通运输系统、石油工业、其他军事工业。在贯彻这第一次世界大战略方针时，英国空军和美国空军产生了分歧。英国空军认为，联合参谋部的战略决定，实际上是承认了面积轰炸的合理性，因此，坚持轰炸大城市的战略方针。甚至主张通过独立的空

① 〔美〕优金·埃姆. 空中力量的影响[M]. 范·诺特朗特公司，1959：40.

② 曹毅风，陈惠秀. 世界空中作战八十年[M]. 上海：上海科学普及出版社，1988：126.

中战役，炸垮德国的经济和民心士气，直接达成战略目的。而美国空军认为面积（区域）轰炸浪费兵力，应该选择重要工业目标，集中兵力逐个深度摧毁。要保证对选定目标的轰炸效果，只能选择在昼间有歼击机护航的目标（点）轰炸。

三、支援地面作战理论

两次世界大战中，空中支援对地面作战产生了重大影响。战争日益立体化，要求空中支援必须在战役战术全纵深实施，但是其兵力使用和实施方法又不是一成不变的，要根据实际情况的发展而灵活掌握。各主要参战国总结空军（航空兵）支援地面作战的实践经验，提出关于支援地面作战的理论观点。

（一）集中兵力使用在主突方向的主要地段，支援主要作战集团完成最重要的任务，是航空兵支援的主要原则

航空兵支援通常是在作战的主要方向和重要时节实施。为充分发挥航空兵的特性，对地面作战实施有力的支援，必须根据地面作战企图，把空中支援兵力集中用于受援部队作战的主要方向和重要时节，切忌平分支援兵力。作战的主要方向，就是地面进攻或防御的主要方向；重要时节，是指那些对达成预定作战目的有重大影响和决定意义的时节。两次世界大战空中支援作战经验证明，只有在战役范围形成兵力优势，在主突方向的主要地段上形成压倒兵力优势，并用以支援遂行主要任务的作战集团，解决最重要的任务，才能取得最大效果。在重要战略方向上或具有决战性的重要战役方向上，通常需要在战略范围内实施机动才能达成集中兵力。

（二）集中统一指挥才能充分发挥航空兵的作用，有效支援地面军队战斗行动

第二次世界大战前期，苏联、美国、德国的航空兵在作战中，都曾因航空兵主要兵力配属在集团军以下单位，在大规模战役中难以实施集中统一指挥，使航空兵力量分散，不能充分发挥航空兵的作用。为了集中掌握航空兵，提高其战斗力，各国都建立了空军集团军（航空队或同级组织）并组建了相应的指挥机构。为保证航空兵部队在陆军主要作战方向上集中使用和统一指挥，苏军在第二次世界大战中期把配属给陆军集团军以下的飞机统统收上来，归属于方面军司令直接统率的空军集团军。英国一开始就强调集中使用空中力量，认为只有将全部航空兵都集中在空军指挥官手中才能做到充分发挥其作战效能。1943 年，美军接受英国的观点，也开始实施集中指挥，即"一个战区内的航空兵部队和地面部队的指挥官都必须由负责在战区内进行作战的高级指挥官掌握。这位指挥官通过航空兵的指挥官实施对空中力量的指挥"。[①]

---

① 〔美〕沃尔特·博伊恩. 跨越苍穹—美国空军史[M]. 北京：军事谊文出版社，2000：113.

（三）精选目标，灵活地采用战术，使用多种活动方法，才能获得最大的摧毁效果

战场上可供航空兵突击的目标是很多的，而航空兵的数量是有限的，因此必须精选目标，才能使有限的兵力起到最大的作用。要精选目标，必须根据攻、防战役不同阶段地面军队达成战役、战斗行动目的的需要，或在地面军队重要战斗行动的重要时节，选择对地面军队实施战斗行动妨碍最大或威胁最大而地面火力又难以摧毁的目标实施突击，才能取得最大的支援作用。突击目标选定之后，还必须依据具体情况采取灵活的战术活动方法和轰炸方法，才能最大限度地达到摧毁效果。

（四）密切协同是提高航空火力支援效果的重要因素

在第二次世界大战期间，为密切陆海空协同和航空兵各兵种、部队之间的协同，各国都规定了协同的程式和方法；颁发了陆空识别和通信联络信号；空军并派出作战军官和目标引导（控制）人员到陆军加强对航空兵的指挥。实践证明，这些措施对保持陆空和航空兵各兵种部队间的密切协同起了重要作用。航空兵与地（海）面军队按时间、地点和目标保持协同，航空兵各兵种和部队之间按任务分工保持协同，不仅对保证自身安全和避免误伤己方地面军队是必不可少的，同时，还对提高火力支援的效果，使地面军队能充分利用航空火力支援的成果，具有十分重要的作用。

第二节　活塞式飞机时代空中作战行动

活塞式飞机时代，航空技术快速进步，空中力量迅速壮大，空中作战实践非常丰富，特别是两次世界大战中丰富的空中作战实践，推动空军作战方法不断进步，形成了空中侦察、制空作战、战略轰炸、支援地面作战、以空制海作战等空中作战基本行动样式。

一、空中侦察

空中侦察是使用航空器在大气层内为获取作战有关情报而进行的活动，是军事侦察的重要组成部分，是战役、战斗保障的主要内容之一。与地面侦察手段相比，空中侦察所获情报时效性强、目标影像直观，可在短时间内获取宽大正面、深远纵深的情报。

1911 年，即美国莱特兄弟发明了飞机后的第八年，意大利在对土耳其的战争中，首先将飞机用于战场侦察。第一次世界大战初期，各参战国投入战事的飞机约 500 架，几乎全部用于侦察；战争末期，参战飞机的数量大为增加，其中有近一半的飞机用于战场侦察，并开始使用照相手段。无论是在战略行动还是在战役战斗中，也无论打运动战还是打阵地战，都用航空侦察取代了在 1914 年之前几乎是对敌方深远后方进行侦察的唯一手段——战略骑兵（谍报侦察除外），成为对敌深远后方进行侦察的基本手段和对敌人浅近后方进行侦察的主要手段之一。由于当时的防空火力较弱，飞行速度较慢，便于飞行员观察，航空侦察的效果非常显著。例如，1917 年春，德国将军兴登堡通过航空侦察等手段，得知英法联军预谋进攻，当时德军兵力为 120 个师团，少于英法联军的 180 个师团，兴登堡便先退据有利阵地，待与俄国单独媾和无后顾之忧后，突然变守为攻，大败英法美联军。又如，1918 年，德军在占领列姆萨后准备继续向巴黎进军的战略企图，就是被法国通过航空侦察判明的。在德军占领列姆萨前 4 个月，法军就进行了系统的航空照相（对有些地方照相数十次），查明了德国集团军的有关战场准备情况，确信德国的准备已经就绪，进而采取了有力的预防措施，使德国的进攻计划遭到失败。

第二次世界大战期间，各国大都开始建立了独立的空军。随着空军的发展和战争的刺激，航空侦察在兵力和装备方面得到迅速发展，除继续广泛使用目视侦察手段外，照相侦察发展成为主要侦察手段，其成效之大更是前所未有的。据有关资料介绍，同盟国军队进行的航空侦察就为其提供了战场情报的 90%。1944 年 6 月 6 日开始的被美英盟军称为"霸王"行动的诺曼底登陆及以后进军德国的作战，航空侦察提供了有力的情报保障。在进攻战役开始一年之前，空军的照相侦察机已开始搜集情报。在制定战役计划过程中，航空侦察从来没有间断过。为了研究登陆地段的海岸防御工事，侦察飞机进行了多次低空倾斜照相侦察，发现滩头的障碍物正在大量增加，其中大部分在涨潮时淹没水中。对此，美英统帅部专门制定了拔除所有坚固据点和所有碉堡的具体方案。在登陆战役前 2 个月，出动侦察机 4500 架次，对整个战区和登陆场进行空中照相和空中监视，侦获了全面系统的情报。

二、制空作战

制空作战是为消灭敌空中兵力集团、夺取制空权而实施的空战。1914 年 10 月 5 日，法国飞行员击落一架执行侦察任务的德国飞机，是战争中的第一次空战。真正意义上的制空作战则在 1914 年年底以后开始出现，但规模极为有限。在战争初期，依靠飞机性能和数量优势，协约国掌握了制空权。其中在香巴尼和阿图瓦秋季战役中，英法联军的航空兵比德军多 3～4 倍，因此很快便夺取了制空权。从 1915 年 10 月起，通过提高飞机性能，特别是"福克"战斗机大量装备部队，德军改变了在制空权争夺上的不利局面，协约国遭到了前所未有的"福克灾难"。在凡尔登战役的第一天，由于德国掌握战场制空权，使其地面炮兵部队能够在免受协约国空中威胁的情况下，实施 9h 的炮火准备，导致法军第一阵地全部和第二阵地部分地段遭到严重破坏，指挥系统被瘫痪。后来英法联军通过研制并大量装备"纽波特"和 DH-2 战斗机，弥补了与德军在飞机性能上的部分差距。在索姆河战役初期，双方投入的作战飞机达 400 架，战役后期则为 800 余架，英法联军在飞机数量上占有优势。此时，参与制空作战的不仅有战斗机，还有轰炸机。作战行动不仅仅局限于空战，而且开始突击德军前线的机场。尽管如此，德军依然在制空权争夺中处于有利地位。1917 年夏之后，协约国改进装备和变换战术的做法终于收到了效果，其飞机性能已经优于德国，加上美国也加入了英法联军的行列，随后便逐步夺取并保持了制空权。在第一次世界大战中，交战双方投入飞机最多的是圣米耶尔战役。协约国方面集中了96 个航空中队，各型飞机总数达 1481 架，由美国指挥官米切尔实施统一指挥，结果使己方轰炸机的损失从 60%下降到 8%。

第二次世界大战中，空战是夺取制空权经常使用的方法，最瞩目的空战有不列颠空战、库班空战、库尔斯克空战等。希特勒用闪击战席卷西欧大陆之后，制定了一个入侵英国的"海狮计划"，决定首先发动大规模的空中攻势，旨在消灭英国皇家空军和摧毁其防御体系，为渡海登陆做准备，于是围绕制空权的争夺，爆发了大战开始以来规模最大的空战。在 1940 年 7—10 月"不列颠之战"最紧张激烈的 4 个月中，英国共损失作战飞机 915 架。但英勇善战的英国飞行员也给纳粹造成了无法承受的损失。纳粹德国丧失飞机 1733 架，是第二次世界大战开战以来第一次严重受挫。

库班空战是第二次世界大战苏德战场上一次大规模的空中战役，德国空军在会战中严重受挫，从而丧失了苏德战场南翼的制空权。1943 年 4 月下旬至 6月初，苏军为夺取苏德战场南翼的制空权，并为陆军实施进攻战役创造有利条件，在库班地区与德国空军进行了大规模空中交战。库班空中交战历时 50 多天，进行了多次激烈的空中战斗，每次空战的持续时间长达数小时，双方都投入了大量兵力。苏联航空兵共出动约 3.5 万架次，击毁德国空军飞机 1100 余架，其中 800 多架是在空中击落的。通过库班空中交战，苏军从德军手中夺回了主动权，取得了苏德战场南翼的制空权，为取得整个苏德战场的战略制空权打下了基础。此战充分暴露了杜黑制空权理论的片面性，苏联歼击机部队的辉煌战绩雄辩地说明，空中交战是夺取制空权的最重要手段之一。

库尔斯克空战是苏德战场最大规模的一次空中战役，希特勒为了防止东方战线的崩溃，孤注一掷，集结了东线 65%的空中力量与苏军展开了一场规模空前的空中大血战。双方共投入作战飞机 1.2 万余架。在库尔斯克会战的防御和反攻过程中，苏联空军共出动 11.6 万架次。在空战中和地面上共消灭德机 3700架。库尔斯克会战的特点是争夺制空权的斗争特别激烈。苏联航空兵为执行这项任务而出动的飞机架次几乎占总架次的 35%。在库尔斯克附近的德国航空兵集群被粉碎之后，德军统帅部已无力迅速弥补其飞机和飞行员的巨大损失。自此之后，苏军即夺得了战略制空权，并保持到战争结束。

三、战略轰炸

战略轰炸是为达成战略目的而对敌实施的大规模轰炸。打击的目标通常是敌方政治、经济中心；重要的工业区、交通和通信枢纽；军事基地、兵器基地或武器仓库等。目的是摧毁或削弱敌战略突击力量；夺取战略制空权，破坏敌军战略机动；破坏敌政治、经济中心；摧毁敌某些敏感要害目标，削弱其整体军事实力和战争潜力。战略轰炸对战争进程和结局具有重要影响。

第一次世界大战后期，航空兵除遂行战术轰炸任务外，已开始遂行少量战略性轰炸任务，但这仅仅是战略轰炸的萌芽，对战争的进程和结局没有产生实质性影响。

第一次世界大战以后，由于航空工业的迅速发展，飞机的战术技术性能不断提高，轰炸机的运用，得到许多国家的重视，有的国家还专门组建了战略（远程）轰炸机部队。在第二次世界大战全面爆发前的局部战争中，航空兵除支援地面军队作战外，还对敌后方的重要目标实施了战略性轰炸。它预示着在不久的将来，航空兵作为武装斗争的空中突击力量，将更加广泛地运用于战略范畴，并将对战争的全局产生重大影响。

在第二次世界大战中，一些主要交战国的战略（远程）轰炸机部队，广泛地采用了战略轰炸的作战样式，对敌深远后方目标进行突击，完成独立的战略任务。战略轰炸通常同地面或海上军队的行动不发生直接的战役战术联系，其作战范围一般都超出陆战场和海战场的战役范围。实施战略轰炸的目的，主要是为了破坏敌国军事工业、政治经济中心，摧毁敌国国民的士气，以削弱敌国持续进行战争的能力和意志。

由于各主要交战国使用空军的观点和战略轰炸机部队的力量不尽相同，因而实施战略轰炸的特点和效果也不一样。

德国对英国实施的战略轰炸，一开始就集中力量突击英国空军基地和战斗机部队、战斗机制造厂等目标，给英国空军造成了相当大的损失。就在这一关键时刻，希特勒命令德国空军将突击目标转向伦敦等大工业城市，企图以大规模的城市轰炸摧毁英国的工业生产能力，使英国丧失继续作战的意志。但是，由于英国防空组织严密，德机损失较大。德国空军对伦敦和考文垂等城市的狂轰滥炸，不但没有摧毁英国国民抗击德国的意志，反而使其更加坚定。

1944年6月，德国用新研制成功的火箭武器对英国实施了火箭突击，从1944年6月至1945年4月，德国向英国一共发射了V-1和V-2火箭一万余枚。火箭袭击使英国工业遭受的损失并不大，虽然由于是新式武器使英国国民产生了恐惧心理，但远远没有达到德军预期的效果。

在苏德战争中，由于苏联空军远程航空兵兵力有限，而且在战争中主要用于支援地面军队作战，因此只对德国进行了少数几次战略轰炸，其效果不明显。

第二次世界大战期间，美、英空军对德国的战略轰炸，持续时间最长，规模最大，对战争的进程和结局产生了重大影响。在1944年以前，战略轰炸投入的兵力少，美、英空军在选择目标和轰炸方法上又存在分歧，因而效果不大。1944年以后，美、英空军集中兵力突击德国的航空工业、石油工业和交通运输系统，采取昼间和夜间连续轰炸、重复轰炸和穿梭轰炸等多种轰炸方法，并施放了电子干扰，取得了重大战果。特别是对石油工业和交通运输系统的轰炸，效果更为突出。德国的石油工业遭到了严重破坏，油料供应十分困难，大大削弱了德军的战斗力。德国的交通运输系统因遭到全面轰炸而瘫痪，军事工业生产受到严重影响。在盟军地面部队和空军协同作战的强大压力下，德国的战时经济终于全面崩溃了。

美国空军对日本的战略轰炸从1944年6月开始。美军投入较大兵力，整个空中优势掌握在美军手中，战略轰炸进行得比较顺利，给日本以沉重打击。美军对日本战略轰炸的主要特点是，以工业城市为主要突击目标，以燃烧弹为主要武器，以夜间面积轰炸为主要战术，并辅以昼间精确瞄准轰炸，以战略轰炸结合海上布雷封锁，使日本处于内外夹攻和十分孤立的状态，最后向日本投下了两颗原子弹。战略轰炸和海上封锁使日本的战时经济受到沉重打击，整个军事潜力遭到严重削弱，这对促使日本早日投降起到了重要作用。

四、支援地面作战

支援地面作战是为加强陆军的攻防力量，保障陆军部队战斗行动的顺利进行而实施的空中支援（航空兵支援）行动，包括空中掩护、纵深空中突击、近距航空火力支援、空中阻滞、航空布雷、航空侦察、航空运输、空中救援和电子对抗支援等。

第一次世界大战期间，为直接支援地面部队突破敌阵地防御，英、法飞行员在索姆河战役中首创了用飞机扫射地面部队、压制地面炮火的强击作战样式。从此，空中力量开始遂行直接支援地面作战的强击任务。双方都有计划地使用航空兵进行支援地面部队的空中轰炸作战。协约国在拉西尼至埃比泰恩之间仅70km的战线上，集中了70%的航空兵部队，在突破地段建立了2倍于德军的兵力优势，采用对地面目标直接突击的方式，大量杀伤了德军有生力量。1915年1月初，俄罗斯"飞船大队"在距前线40km的雅布隆纳附近建立基地，部署了3架"伊里亚·穆罗迈茨"式轰炸机。2月15日，其中1架首次飞入德军100km纵深，投下272kg炸弹。"飞船大队"还于1916年开始对德军实施夜间轰炸。截至1917年"十月革命"爆发时，这支部队共遂行422架次轰炸任务，投弹2000余枚。意大利自1915年5月24日参战后，派出飞机轰炸了驻守蒙法尔科内的奥匈军哨所和沿维巴夫谷地行进的军队。另外，为了便于航空支援部队与地面被支援部队之间的协调，交战双方开始在两种部队之间建立相应的指挥与控制体系，其主要做法是将航空兵部队隶属于地面部队的战役军团或战役战术兵团。

第二次世界大战期间，空中支援对地面作战产生重大影响。大战初期在欧洲战场，德国对波兰、丹麦、挪威、荷兰、比利时、法国的闪击战，空军支援作战产生决定性影响。1939年9月1日德国对波军主力实施迂回、合围、聚歼的闪击战中，德国空军依仗绝对优势很快掌握制空权。在支援坦克装甲部队作战的同时，突击铁路枢纽和交通干线、通信枢纽等重要目标，发挥了重要作用。1944年6月6日至7月24日，盟军集中287万人组织诺曼底登陆。其中航空兵编有4个航空队，飞机约1.3万余架，担负空中侦察、夺取制空权、空中封锁、航空火力准备、支援登陆兵突击上陆和扩大登陆场等任务。英美空中力量首先夺取制空权，对德空军基地、航空工业、交通运输线等目标进行长时间大规模轰炸，掌握作战主动权。开始登陆后，对登陆地域周围的99个机场进行集中突击，摧毁德军大量兵力和抗登陆设施。在登陆兵航渡、换乘和上陆作战中，出动375架歼击机掩护海军航渡编队，出动96架轰炸机在航渡编队外围进行巡逻；在登陆兵上陆和扩大登陆场作战中，进行直接支援作战。盟军陆军重返欧洲战场后，航空兵进行全方位支援作战，对地面作战顺利进行发挥了有影响力的作用。

在苏德战场，苏军虽然强调空中支援陆、海军作战，但战争初期由于将航空兵分散配属于陆军各级部队，没有形成集中指挥，加之缺乏完善的陆空协同作战方法，效果不明显。之后，苏军将配属航空兵部队集中指挥和使用，苏联空军得以形成强大的作战能力，逐步夺取制空权，对地面作战实施有力支援，发挥出越来越大的作用。在1943年7月5日至8月23日的库尔斯克会战中，苏联空军集中飞机2900架进行支援作战，承担的任务包括：夺取并掌握制空权；掩护陆军集团免遭对方空袭；协助陆军突破防御并扩大战果；阻止敌军机动；破坏敌军指挥；进行空中侦察。战役反攻阶段，空军共出动飞机28265架次，歼灭德机800架，为战役胜利创造了有利条件。1944年开始，苏军转入全面进攻，集中兵力在10个地区发动一系列大规模进攻战役。空军首先夺取战略制空权，接着实施大规模航空兵进攻与支援作战，突击敌有生力量、阵地和指挥所，阻止敌预备队向战场开进，支援陆军突破敌防御，发挥了重要作用。

在北非战场，初期英国空军只有29个中队300多架飞机，与作战需求相比，兵力明显不足。1941年2月，英军300架飞机支援2个陆军师，击败意军9个陆军师和 400 多架飞机的进攻。德军隆美尔军团进入北非战场使局势发生逆转，制空权被德国空军掌握，英美联军节节败退。1941 年 11 月—1942 年 5 月，英国空军在"十字军战士"战役等作战中，集中 1000 多架飞机夺取制空权，支援陆军作战效果明显。1942 年 10 月 23 日—11 月 4 日，蒙哥马利指挥英国集团军 23 万人，对德、意军 8 万人发起阿莱曼战役。英国空军集中 1500 架飞机，在美国第 9 航空队支援下，夺取战场制空权，粉碎敌坦克装甲部队的集结，重创敌军，迫敌西退，扭转了北非、地中海战区局势。在 1942 年的"火炬行动"战役中，盟军空中力量由于机场远离战场，影响飞机出动而失掉制空权，导致地面作战受挫。1943 年，盟军发动突尼斯战役，盟军空中力量进行反航空兵作战，牢牢掌握制空权。5 月中旬，盟军出动 1.3 万架次飞机支援作战，以损失 7 万人的代价，取得消灭轴心国 30 万人（其中投降 24 万人）的胜利。

五、以空制海作战

以空制海作战，是以空中力量控制或削弱敌方海上力量的行动。目的是通过控制空中保护己方海上力量及其行动自由，限制敌方海上力量行动，进而夺取作战海域制海权。打击目标主要是海上舰艇编队。

随着飞机及其机载武器作战性能的不断提高，到第二次世界大战，空军（航空兵）作战不但开辟了独立的空中战场，有力地支援了地面作战，而且通过以空制海作战，对海上作战产生重大影响。

1941 年 12 月 7 日，日本海军偷袭珍珠港，促使美国正式参战。美国太平洋舰队一边恢复实力，一边采取行动实施反击。1942 年 4 月 18 日，美国空军飞行员杜立德中校率领 16 架 B-25 轰炸机，搭载在航空母舰"大黄蜂"号上，对日本本土实施了突然空袭，极大地鼓舞了美军士气，打击了日军的嚣张气焰，破坏了日军的作战计划。在同年 5 月进行的"珊瑚海"海战中，日、美两方都各有 1 艘航空母舰和 1 艘驱逐舰被击沉，日军另有 1 艘航空母舰受重创，损失飞机 77 架，美军则损失飞机 66 架。虽然美军遭到的损失与日军相差无几，但这却是太平洋战争爆发后，美军取得的最为出色的战果，坚定了同盟国战胜日本的信心。

1942 年 6 月 4 日，更大规模的中途岛海战爆发。日军首先对中途岛实施了攻击，给岛上美军造成一定损失。随后双方海上主力部队遭遇，敌情判断错误的日军仓促迎战，美军的俯冲轰炸机击沉了日军的"赤城""苍龙""加贺"和"飞龙"号航空母舰以及"三隈"号巡洋舰，并重伤其数艘军舰，日军还损失飞机 322 架，人员 2500 余名。而美军只损失"约克城"号航空母舰和 1 艘驱逐舰，飞机 147 架，还有 307 人阵亡。中途岛海战是世界战争史上第一次以航空母舰为主要装备的部队之间使用舰载机实施大规模空中作战，最终以飞机的空中作战决定胜负的战役。这次作战表明，在现代海上作战中，制空权至关重要；以空制海是空中作战的一种重要样式。中途岛海战是整个太平洋战场的转折点，日本东进的希望破灭，从此丧失战场主动权，美国则由防御转为进攻。

1942 年 6 月中旬开始，日、美双方围绕瓜达卡纳尔岛展开争夺，在持续半年多的作战中，美军在空中作战中占据上风，结果以日军登岛失败而告终。日军损失 600 多架飞机以及大批训练有素的飞行员。

1944 年 6 月，日美双方在马里亚纳附近进行了第二次世界大战结束前最大规模的海上作战，结果日军有 3 艘航空母舰被击沉并损失 380 余架飞机，而美军只有 4 艘航空母舰受伤，损失飞机 106 架。随后日军成立"神风"特攻队对美军舰艇实施自杀式攻击，但未能挽救败局。在此后一系列攻岛作战中，美军的空中力量通过以空制海作战，发挥了重要作用。

第三节　活塞式飞机时代空中作战特点

飞机是机械化战争的产物，空中作战是机械化战争的重要样式。活塞式飞机时代，空中作战强调高度、速度、火力优势和数量规模优势，表现出鲜明的机械化战争时代空中作战特点。

一、大机群面积轰炸是空袭作战的基本形式

活塞式飞机时代的空中作战，火力是制胜的基本手段。为提高攻击效果，大机群面积轰炸成为空袭作战的基本形式。

第一次世界大战初期，受飞机数量和飞机作战效能的制约，空袭作战主要以轰炸机单一机种小编队轰炸为主。第一次世界大战后期，随着飞机数量增加和飞机作战效能的提高，空袭作战规模显著增大。1914 年，发动机功率为 44～59kW，飞机时速 80～100km，升限 3km，续航时间 2～3h。到 1918 年，活塞式航空发动机功率达到 221～662kW，飞机时速 130～220km，升限 4000～7000m，续航时间 2～7h，战斗荷载 300～1000kg。歼击机活动半径达 150km，重型轰炸机航程达到 500km。轰炸武器由手投炮弹、手榴弹发展成由投弹架投放的专用航空炸弹，机上开始装备无线电、各种仪表。主要参战国大批量生产作战飞机，装备飞机的数量大大增加，大战后期，重型轰炸机取代飞艇成为轰炸的主要武器，这些都为大规模空袭作战奠定了装备基础。截至 1918 年 8 月 5日，德国出动飞艇 208 艘、飞机 435 架次对英国实施空袭，投弹约 300t。造成约 1300 人死亡，3000 人负伤，建筑物及其他设施也遭到严重破坏，损失达 300万英镑。轰炸使英国工业生产下降，并使英国国民对轰炸产生了极大的恐慌心理。1918 年英国皇家空军成立后至 11 月停战，共向德国投弹 543t，其中 220t

炸弹轰炸机场，其余炸弹轰炸 50 个工业目标。共造成德国 2500 余人伤亡，在一定程度上打击了德国的民心士气和削弱了德国的战争潜力。

第二次世界大战是规模空前的一次机械化战争，受战争需求驱动，航空技术快速发展，推进活塞式飞机技术达到顶峰。大战期间，各国竭力支持战争，生产了天文数字的武器装备，其中军用飞机 80 多万架。空军（陆军航空兵）达到空前绝后的规模，战略轰炸对战争进程和结局产生重大影响。

由于受飞机和机载武器性能的制约，第二次世界大战中的空袭作战，基本上采取大机群面积轰炸的方法。在战略轰炸中，一次出动的轰炸机越来越多，英、美组织了数十次"千机轰炸"，如 1942 年 5 月对科隆的"千机大轰炸"，参战轰炸机达 1046 架。为了减小遭德国空军歼击机拦截和高炮火力抗击的损失，英国空军采取对城市实施夜间面积（区域）轰炸的战法。只对夜间面积轰炸遗漏的个别重要目标，实施昼间补充轰炸。英国空军在实施夜间面积轰炸时采取的战法是，先以小型目标指示编队飞越目标区，机载 H2S 系统提供飞机下方地面的雷达图像，帮助飞行员发现目标位置，并投掷彩色的目标指示照明炸弹（绰号"圣诞树"）。后续大型轰炸编队跟进，根据目标指示照明弹指示的目标位置，投掷炸弹对目标区实施密集轰炸。这种轰炸编队实际上没有固定队形，松散而庞大，通常由上百架轰炸机组成，有时编队规模可达上千架飞机。而美国空军认为，应该选择重要工业目标，集中兵力逐个深度摧毁。要保证对选定目标的轰炸效果，只能选择在昼间精确轰炸。但昼间轰炸会遭到歼击机拦截和高射炮抗击，为了有效防御敌歼击机，避开高炮火力，美国空军在轰炸时，保持严格的编队队形，各编队间保持固定的距离和高度差，在 7000～8000m 甚至更高的高度飞越目标实施轰炸。美国空军的轰炸航空兵在昼间轰炸时，由于歼击机航程不足，不能全程护航，遭到了惨重损失。据估计，轰炸机的平均寿命只有 160天。战略轰炸的代价是十分昂贵的。在欧洲战场历时 5 年的战略轰炸中，英美出动轰炸机 144 万余架次，歼击机 268 万架次，在 44.4 万次轰炸中投弹 270 万 t。美国损失飞机 1.8 万架，英国损失 2.2 万架，死亡飞行人员英美各 7.9 万人。德国损失飞机 57385 架。战略轰炸先于地面战场 4 年开启欧洲第二战场，夺取了战略制空权，摧毁了德国的战时经济和民心士气，对欧洲战局产生重大影响。

二、单一机种大机群作战是空战的基本形式

第一次世界大战是活塞式飞机时代的初期，这一时期飞机上的设备很简单，飞机的性能也比较差，飞机的时速只有 220km 左右，升限只不过 6000～7000m，武器只有 1～2 挺机枪。由于缺乏通信工具，空战中飞行员只能以打信号弹、摇摆飞机、打手势等方式联络，因此在空战中无法实施有效的信息交流，飞行员一旦升空，只能各自为战。空战主要表现为"自由追逐"式的单机攻击方式。

随着飞机性能的提高，战斗机进行机动的能力也日趋增强。第一次世界大战中已普遍采用尾后攻击的方式。为防止被敌方"咬住"机尾，就产生了己方飞机互相掩护的战术。开始是双机互相掩护，后来发展到4机、8机，甚至10多架飞机的编队空战。简单的编队空战战术初步形成：例如，编队队形应随时变化、及时调整；战斗机编队应作梯次和层次配置，保证己方免遭敌机突然袭击；高度越高，越易于获取优势；突然攻击是空战胜利的重要保证。

第二次世界大战期间，飞机的飞行性能明显提高，机载武器的威力增强、机载设备逐渐完备，飞机的时速已达720km左右，升限超过12000m，航程超过了2000km；同时，飞机装备了机载雷达，机载武器也由1～2挺机关枪增加至最多6挺机关枪，之后更是装备了1～3门航空机关炮和航空火箭弹，使歼击机的作战效能大为提高。飞机及其机载武器性能的显著提高，导致空战战术的变化。协同作战更受重视，作战编队越来越大。大编队大机群空战之所以能够兴起，一方面在于空战本身对编队空战的需要，即采用编队空战对于夺取空战胜利具有十分重要的作用。在战斗编队中各作战飞机按任务区分进行集体搜索，比单机更易于先敌发现和防备敌机偷袭；编队在统一指挥下，通过协同可以有效集中兵力，进一步增强火力，提高攻击效果。同时，编队空战使空战战术较从前的单机格斗更为丰富，其巧妙运用，如组织掩护队和攻击队，实施佯攻和主攻、诱饵、轮番攻击等战术，能够起到欺骗敌人、达成突然袭击的效果。另一方面在于，当时的航空科学技术的发展为实施编队空战提供了有力的技术保证和支持：一是歼击机续航时间大大提高，使歼击机有能力可以在空中进行编队；二是无线电通信的发展，使飞机相互间可以方便地进行联系和沟通；三是轰炸机为增强突击威力，通常同时出动数百架飞机进行大规模空袭，迫使歼击机必须以大编队大机群活动才能实施有效的抗击；四是地面雷达的应用，使人们在地面就可以全面地掌握空中的情况。

随着大编队大机群空战的产生，为了在空战中有效地发挥各个作战飞机的性能，人们在空战中把数十架以至数百架作战飞机编成了突击队、掩护队、预备队等，既较快地解决了大机群在空战中的分工协调，又有效地发挥了各自的作战性能。在组织大编队空战时，考虑到只有保持良好的战斗队形，才能有效地组织攻击和再次攻击，也才能充分发挥团队的力量，因此人们十分强调把集合作为空战的一个重要阶段。在大编队的情况下，为了充分发扬火力，在短时间内形成最大的火力密度，增强攻击效果，人们又创造了编队同时攻击、连续攻击和轮番攻击等新的战法。

三、空战以目视探测光学瞄准和近距尾后航炮攻击为主

技术决定战术。飞机起初用于空战，由于没有机载雷达，空战以目视探测

和光学瞄准为主。起初空战使用的是手枪、步枪等陆军用的武器，毁伤威力很弱，而且又可能射中本机的螺旋桨，因而空战的效果不佳。

1915年7月，德国装备了装有机枪射击协调装置的"福克"式飞机，改变了空战的局面。这种装置使机枪的攻击威力明显增强，空战也就越打越剧烈。当战斗机装上这种机枪后，如何使自己的飞机在空战时占据有利的射击位置便成为迫切需要研究的战术问题了。通过多次空战，飞行员们发现，在敌机尾后实施攻击效果最好，进行迎头攻击的效果次之，而在敌机正侧方攻击的效果最差，因而双方都力图占据有利的射击位置。

之所以采取尾后跟踪瞄准射击方法，是因为人们发现，发明了带有前射式固定机枪的歼击机之后，空战中只要能够进入目标尾后，就可以持续地对目标进行跟踪，并且可以在跟踪的过程中，有效地对目标进行瞄准射击。

使用这种瞄准射击方法时，分为"发现、占位、跟踪瞄准和开火"几个阶段。所谓发现即发现目标，而占位就是要使自己的飞机飞到目标的后方。因为空战中飞行员使用机枪（后来为机关炮）对飞行中的目标进行瞄准射击时，其有效射击范围是在目标机尾后的一个范围很窄的喇叭形的空域。而这个喇叭形范围的产生是因为从目标两侧进入攻击目标时，如果进入角（目标进入线和目标线之间的夹角）过大，则由于载机载荷因数（此后还存在着瞄准具构成的修正角）的限制，不能进行瞄准和射击。因此只有以合适的进入角进入目标机的尾后，才能对目标机进行瞄准射击，这就是使用这种瞄准方法要进行占位的原因所在。在占好位以后，还要对着目标进行跟踪若干秒以便进行瞄准并寻求合适的时机进行射击。在追逐过程中，通常要求攻击机的速度比目标机要快10%～20%以至更大，以便逐渐减少两机之间的距离。机枪（或后来的机关炮）的有效射程一般在几百米至1000～2000m，所以空战中近距开火的命中率要大一些，这也是当时以至其后的空战中，空战双方之所以相互追逐以抵近射击的重要原因。

四、单机空战强调高度速度和机动优势

活塞式飞机时代初期，由于飞机的性能比较差，发动机的功率比较小，在安装一挺机枪之后，飞机的飞行高度便会从1500m下降至1000m，加上机枪的射程也比较近，因此，飞行员对自己上方的目标束手无策。理论研究和空战实践开拓了人们的视野，使人们认识到，空战中只要占有高度就可以在俯冲攻击中占有速度优势，"谁拥有高度优势谁就能掌握战斗的主动权"。所以，力图通过寻求合适的战术方法以弥补飞机性能的差异，千方百计争取在空战之初即占据有利高度，便成为空战中飞行员最为重要的追求，从而也形成了促使空战战术得以产生并逐步得到发展的动力。

除了在空战中追求高度优势，活塞式飞机时代以目视探测、光学瞄准和近距尾后航炮攻击为主的基本空战模式，对飞机飞行速度、高度、机动性能和机载武器火力都提出了越来越高的要求。谁能先发现敌机，并绕到对方尾后追近对方，谁就能在空战中占优势。作战双方都试图以盘旋机动来进入有利的作战位置，空战经常会形成双方进行长时间盘旋对抗的局面。第一次世界大战中，由于飞机性能比较差，飞机机载设备不完善，飞行员在空中只能通过目视发现目标。这样在空战中飞行员一旦发现目标，往往目标距离已经很近，于是双方只好进入相互追逐攻击，所以整个空战过程比较简单。德国飞行员马克斯·殷麦曼创造了一个机动动作，这就是半斤斗翻转。他利用这个机动动作获取了多次胜利：先引诱敌机从尾后追击，然后他突然增大发动机功率，操纵飞机进行半斤斗翻转，使敌机冲前，然后占据敌上方的有利位置进行俯冲攻击。而当时的英、法空军采用双机打埋伏的战术来进行对抗。即由一架飞机在较低高度上巡逻，并故意从德国战斗机尾后进行追击，另外派 1~2 架战斗机在较高高度上设伏。当德国战斗机做完半斤斗动作开始翻转时，即对其进行攻击。

第二次世界大战期间，飞机的飞行性能明显提高，飞行速度、实用升限提高了一倍以上。机载武器的威力增强、机载设备逐渐完备。因而空战战术也有变化。水平机动空战虽仍有发生，但当时战斗机的速度已达 600km/h 左右，飞机的盘旋角速度比第一次世界大战的战斗机明显下降，盘旋半径却增大，战斗机进行垂直机动空战就显得更为有利，因而对飞机的速度优势比机动性能更为重视。在机动性方面，重点是迅速改变飞行方向的能力。第二次世界大战中，有人提出单机空战的四要素，即高度、速度、机动、火力。空战的过程已十分完善，已形成搜索、接敌、攻击、退出攻击、集合和退出战斗等完整的空战过程，同时在空战的每个阶段也提出了相应的战术要求，谁违反这些要求，谁就有可能招致失败。由于机载雷达、地面雷达和无线电地面通信设备的出现，使飞行员发现目标的距离大大变远，在空战搜索阶段谁能首先发现对方，谁就能掌握空战的主动权，因此，世界各国都把"先敌发现"作为空战胜利的第一要素。

喷气式飞机时代篇

第二次世界大战结束后，喷气式飞机大量装备空军并不断更新换代，以喷气式发动机技术为标志，航空技术和空中作战进入喷气式飞机时代。喷气式飞机时代初期，航空基础理论得到深度应用，为后来的航空技术发展打下了雄厚的基础。第二次世界大战前后，高速空气动力学得到了迅速的发展，在这个阶段建立了亚声速、跨声速、超声速、高超声速无黏流和边界层的系统理论，研究了各类飞行器在不同速度范围的气动特性，将空气动力学的研究内容从力扩展到热、光和电磁等效应，这些研究成果对突破高速飞行的声障起了决定性的作用。大推重比喷气发动机技术使飞机实现了超声速飞行，战斗机机动性能大幅度提高。电子技术、计算机技术和精确制导技术等运用于空军航空装备，机载设备性能和航空武器作战效能显著提高。机载通信设备、导航系统、电子对抗设备、雷达设备和综合航电系统等进一步提高了航空武器系统的综合化程度，为空中合同作战奠定了物质和技术基础。

空中作战跨入喷气式飞机时代后，以喷气式飞机技术和电子技术为支撑，空中作战样式发生了重大变化。空中作战由规模制胜向精确制胜转变，表现为基于机载电子设备和精确制导武器的多机种合同作战。粗放式面积轰炸被精确轰炸所取代，空袭编队规模趋于缩小，但突击威力明显增大；多机种合同作战成为空中作战的基本形式。空中作战强调集中使用，高强度作战，快速达成作战目的。喷气式飞机时代，人们总结局部战争空中作战实践经验，修正和发展了制空权理论、战略轰炸理论和支援作战理论。美军针对苏军大纵深作战理论，提出了空地一体战理论。空中作战理论的创新和发展，对空军建设和空中作战产生了重大影响。

第六章　喷气式飞机时代航空技术

螺旋桨飞机的速度达到 700km/h 以上时几乎就到了极限。但是人们对飞行速度的追求却没有止境，于是开始寻求新的推进技术。经过长时间的探索，喷气推进技术从构想成为了现实并不断成熟，喷气发动机也逐步从试验走向实用。1944 年 3 月，法西斯德国为挽回败局，首先将以涡轮喷气发动机为新动力的歼击机推向战场，与此同时，英国的"流星号"喷气战斗机也腾空而起。虽然喷气式飞机的应用对第二次世界大战的进程没有产生太大的影响，但它却宣告了航空史新纪元的开始，昭示着喷气式飞机时代的到来。

第一节　喷气式飞机时代航空技术发展与进步

以涡轮喷气式发动机为代表的喷气技术形成之后，很快就进入了实用阶段，并给航空领域带来了一场重大的革命。在军事需求的强力推动下，飞机的速度可超过声速，飞行高度也大大增加，空军的主战装备迅速实现了喷气化。喷气式航空发动机技术的全面发展，带动了飞机平台、武器和机载设备技术的大幅提升。

一、军事需求推动喷气式飞机航空技术进步

第二次世界大战爆发后，对航空技术装备的需求空前增大。航空技术发展突飞猛进，使活塞式军用飞机技术达到了顶峰，继而其固有的局限性也暴露出来。第二次世界大战末期，战斗机的最大飞行速度已达到 630～700km/h，如苏联的拉-9 为 690km/h，美国的 P-51 为 708km/h，德国的 Fw-190 为 686km/h，日本的 Ki-84"疾风"为 631km/h，英国的"喷火"为 662km/h。[①]第二次世界大战结束时，功率为 2250kW 的发动机已经装备使用。但是，再要继续提高活塞式发动机功率已经很难，这是由于活塞式发动机复杂的结构以及难以解决的强度、振动问题所造成的。一般而言，可以通过增大汽缸直径和增加汽缸数、

---

① 朱荣昌. 空军技术发展与军事理论变革[M]. 北京：蓝天出版社，2014：136.

提高压缩比（提高空气在汽缸中燃烧前的压力）、提高空气-燃油混合气在汽缸中燃烧后的温度等措施来挖掘活塞式发动机功率的潜力。在第二次世界大战后期，这些措施已在活塞式发动机中得到应用。例如，当时汽缸筒最大直径已达到 155～160mm，这已是强度所允许的最大尺寸。较多的汽缸数只能用在星形气冷式活塞发动机中，当时单排缸数最多为 9 个，如再增加缸数，发动机外廓尺寸会大得飞机无法承受。而且，采用多汽缸排，不仅结构变得复杂，重量增大，而且后排的汽缸冷却效果变坏。对活塞式飞机来说，飞机飞行速度越大，空气对飞机的阻力也越大，要求螺旋桨产生更大的拉力或推力，进而要求发动机发出更大的功率。飞行速度越接近声速，阻力增加也越快。因为，在飞行速度不大，如马赫数小于 0.6 时，空气可视为不被压缩的。但飞行速度大于这个值以后，空气压缩性影响就不能不考虑，而且随着飞行速度的提高越来越严重。因为螺旋桨不但随飞机一起前进，而且自身还在高速旋转，因此螺旋桨桨叶与气流的相对速度是飞机前进速度和本身的切线速度的矢量和，比两个速度中任何一个都要大。所以，当飞机的飞行马赫数为 0.6 时，桨叶叶尖的相对速度就已接近声速，从而产生巨大的激波阻力，使螺旋桨效率大为降低。由于这些原因，以活塞式航空发动机为动力、螺旋桨为推进器的飞机飞行速度很难超过800km/h，更不可能接近或超过声速。

但在战争中，军用飞机等航空飞行器日益继续增速、突破"声障"和提高升限的巨大军事需求越来越强烈，活塞式航空技术显然已经满足不了需求。正如苏联著名飞机设计师雅克夫列夫所指出的："从 30 年代起，就已经明显地看出，活塞式发动机和旋翼的飞机虽然有近 50 年的发展史，但此时却到了山穷水尽的地步。"[①]因此，以航空燃气涡轮发动机为代表的喷气航空技术，顺应了军事需求日益增长的形势，在这样的历史阶段逐步受到青睐，并进而得到迅猛发展和广泛应用。

二、涡轮喷气发动机技术的快速发展

涡轮喷气发动机（简称涡喷发动机）由压气机、燃烧室、涡轮和尾喷管组成，是最早出现的喷气式发动机。

当英国人弗朗克·惠特尔（Frank Whittle）和德国人汉斯·冯·奥海因（Hans Von Ohain）分别造出离心式涡轮喷气发动机后，涡轮喷气发动机技术加快了发展的速度。1941 年开始，轴流式涡轮喷气发动机得到研发。其中，容克公司研制的尤莫-004 轴流式发动机是德国在第二次世界大战中最成功的发动机。1941 年 12 月，尤莫-004 轴流式发动机推力达到了 9.8kN，并且能持续工

---

① 李成智.飞行之梦——航空航天发展史概论[M].北京：北京航空航天大学出版社，2004：127.

作 10h 以上。1942 年 7 月 18 日，以尤莫-004 为动力的梅塞施米特 Me-262 喷气式飞机试飞成功。1943 年 4 月，英国罗·罗公司第一台定名为"威兰德"的生产型发动机通过了 100h 的试车，其推力为 7.55kN，推重比为 2。由它作为动力装置的英国"流星"式战斗机于 1944 年 5 月交付部队使用，成为第二次世界大战中盟国唯一参战的喷气式战斗机。1943 年 6 月 29 日，英国第一台轴流式喷气发动机 F-2 试飞成功。美国在仿制的同时也组建了独立研发机构，曾发明了 J3 发动机，装备了美国海军第一代舰载喷气式战斗机。1940 年 6 月，建立"飞机发动机研究实验室"，1943 年建成了两座地面试验台，1944 年又建立了高空模拟试验台，对美国战后涡轮喷气发动机技术的发展起到了重要作用。苏联在第二次世界大战结束后，利用缴获的资料、设备，在德国技术人员的帮助下，仿制德国的尤莫-004 和 BMW 发动机。只用了半年时间，就分别仿制成功，并定名为 РД10 和 РД20。1946 年 4 月，这两款发动机分别装在米格-9 和米格-15 战斗机上试飞成功，苏联从此有了自己的喷气式战斗机。1947 年，苏联从英国购买了 25 台"尼恩"和 30 台"德温特"发动机，便立即着手仿制，分别仿制成功并定名为 РД45 和 РД500，前者装备了苏联第一代后掠翼战斗机米格-15。此后，苏联大力发展自主设计能力，克里莫夫设计局先后研制成功定名为 ВК1、ВК1ф 的涡轮喷气发动机。

三、喷气发动机技术的演进及应用

第二次世界大战后，喷气发动机技术研究全面展开，并加快更新步伐，从 20 世纪 50 年代开始，一代面目全新的喷气发动机相继出现，在涡喷发动机技术的基础上，相继研发出了涡轮风扇发动机、涡轮螺旋桨发动机和涡轮轴发动机，喷气航空技术呈现出了日新月异的气象。

涡喷发动机在实现飞机高空高速飞行方面表现出极高的优越性，但其缺点是耗油率高、噪声大。于是，涡轮风扇发动机便逐渐步入了人们的视野。涡轮风扇发动机（简称涡扇发动机）是由双转子涡喷发动机发展起来的。将双转子涡喷发动机的低压压气机中的部分叶片或全部叶片加长构成风扇组，并在风扇组外面加一个外罩，并称之为涡轮风扇发动机。涡扇发动机与涡喷发动机相比，具有起飞推力大、推重比高、耗油率低、加力比高、风扇叶尖马赫数小、排气噪声小等特点。在应用方面，带加力燃烧室的涡扇发动机，因为外涵道中新鲜空气多，可以喷入更多的燃油燃烧，加力推力增大，特别适合于超声速战斗机。应用涡扇发动机作动力，飞机在亚声速巡航时不开加力，耗油率低，航程或续航时间长；飞机在起飞、爬升、加速和高速飞行时打开加力，可获得很好的性能。因此，涡扇发动机一问世便获得迅速的发展。

涡轮螺旋桨发动机（简称涡桨发动机）带有动力涡轮，燃气能量绝大部分在动力涡轮中膨胀做功，动力涡轮通过减速装置降低转速后再驱动螺旋桨旋转产生推（拉）力，燃气中剩下的很少部分能量在尾喷管中膨胀，产生一小部分推力。在应用方面，涡桨发动机成为中小型军民用亚声速固定翼运输机、轰炸机和通用飞机的重要动力装置。20世纪五六十年代，涡桨发动机曾经在亚声速运输机和轰炸机上风光一时。主要是因为这类发动机与活塞式发动机相比，有着尺寸小、重量轻、功率重量比大的优点；与涡喷发动机相比，存在耗油率低的优点。但是从60年代起，随着在高亚声速范围内具有独特优势的涡扇发动机尤其是高涵道比涡扇发动机的崛起，涡桨发动机逐渐从大型运输机领域中退出。

涡轮轴发动机（简称涡轴发动机）的工作原理和结构与涡桨发动机类似，不同的是，涡轴发动机的燃气发生器排出的燃气能量几乎全部在动力涡轮中膨胀，由喷管排出的燃气速度很低，几乎不产生推力；另外，涡轴发动机的输出轴（连接旋翼轴）转速较高，有的涡轴发动机由动力涡轮直接输出功率，有的则经过减速器后再输出功率。在应用方面，涡轴发动机专用于直升机，其动力涡轮功率输出轴是用来传动直升机旋翼和尾桨的，因而功率输出轴的结构形式多种多样。从20世纪50年代初以来，由于直升机的用途日益扩大，特别是武装直升机的飞速发展，涡轴发动机几乎成为大、中型直升机的主要动力系统。

四、飞机机体技术的不断发展与改进

喷气发动机的应用，使飞机的飞行速度大幅提高，临近或超过声速。为了与飞机高速飞行相适应，飞机机体技术不断革新，飞机机体不断改进。

以机翼变化为例，为了降低超声速飞行时的波阻，出现了多种超声速翼型，有四边形、菱形、尖劈形等多种形状，其共同特点是机翼较薄，波阻小，但升力差。为了兼顾作战飞机的高、低速性能，后来又大多采用各种亚声速层流翼型，并增加了增升装置，如襟翼。襟翼是装在机翼前缘或后缘的可动翼片，随着机翼技术研究的不断发展，襟翼又从简单襟翼、开裂襟翼，发展到前缘缝翼、后缘缝翼和可伸缩襟翼。

翼形和机身的变化也同样不断地改进。第二次世界大战后，喷气式飞机技术快速发展，强国空军主战装备，如战斗机、轰炸机和运输机等都很快实现了喷气化，这又极大地推动了飞机机体技术的开发和利用。例如，米格-19等第一代战斗机，采用小展弦比后掠翼及细长机身，以降低高速飞行中产生的激波阻力，并安全突破声障进入超声速区。这一时期的飞机有头部进气道的和两侧进气道的，还有的型号飞机为了增加配平系数采用了全动式平尾。为实现飞机两倍声速以上超声速飞行，在气动设计上，大都采用飞机头部尖锐、两侧进气。米格-21等第二代战斗机多采用三角翼。三角翼的前缘后掠角一般较大而展弦比较小，临界马赫数较大，当超声速飞行时，机翼容易处在机头马赫锥内，跨声速和超声速飞行的激波阻力较小而气动效率较高。20 世纪 60 年代，为解决 F-111、F-14、米格-23、图-22M 等战机高速飞行需要大的机翼后掠角、低速飞行需要小的机翼后掠角的矛盾，研制了变后掠翼。此后，平直机翼、边条翼、翼身融合体、鸭式布局、三翼面布局以及垂直起降气动方案等相继出现，飞机机体技术得到空前发展。

五、机载武器和电子设备技术的发展

喷气式作战飞机性能的提高，对机载武器的性能提出了更高的要求，使得机载武器种类不断增多，口径由小到大，威力由弱到强，射程由近到远，精度不断提升，效能不断提高。20 世纪 50—70 年代，是机载武器技术跨越发展的时期，空空导弹、空地导弹、反辐射导弹、精确制导炸弹及配套的火控系统、武器挂架等相继研制成功，飞机作战效能大幅度提高。空空导弹是在火箭技术和导引头技术基础上形成空战制导武器，是战斗机武器的跨越式发展，对空战产生了革命性影响。空地导弹和精确制导炸弹的发展提高了作战飞机对地、对海的攻击能力。

航空电子设备技术是飞机先进性的重要标志之一，主要用以完成火力控制、通信导航、电子对抗、任务规划管理、座舱显示与控制、飞行控制与管理以及状态监控、检测、记录、告警等功能。早期的机载电子设备主要有机载雷达、无线电通信导航设备及电子显示器等。伴随着喷气式作战飞机性能的提高和作战需求的增长，新的机载电子设备，如惯性导航设备、光电探测侦察设备、电子对抗设备等不断涌现。1952 年，在截击机上开始装备第一代机载电子数字计算机，用来控制飞机的自动定向、导航、实施攻击和自动投放武器等。20 世纪 60 年代以前的瞄准具火控系统，主要由光学瞄准具、雷达及红外空中搜索装置等火控设备组成，配装在 F-86/100/104/105/106 等作战飞机上。60 年代末至 70 年代，应用计算机和光电等技术，发展了平视显示/武器瞄准计算系统，取代光学瞄准具和传统机电式航行仪表，并与惯性导航系统结合，构成第二代导航攻击系统，可控制发射空空导弹和空地导弹，主要配装在 F-111D、"幻影"等作战飞机上。随着喷气式作战飞机更新换代步伐加快，以及电子、航天等领域技术的不断发展，航空电子设备技术很快步入了发展的快车道。

第二节　喷气式飞机时代航空技术特点

当喷气式发动机取代活塞式发动机后，航空技术领域便成为喷气技术的天下。与活塞航空技术相比较，喷气航空技术优势不言而喻。可以说，喷气航空技术是集空气动力学理论、材料技术、加工制造技术、控制技术、计算机技术

以及电子技术最新成果之大成，在平台设计、飞机性能、机载设备等方面都呈现出了新特点。

一、航空基础理论得到深度应用

航空基础理论广泛深度的应用，为后来的航空技术发展打下了雄厚的基础，是喷气式飞机时代航空技术一个显著的特点。

空气动力学研究成果影响极大。空气动力学是流体力学的一个分支，气体流动在不同的速度范围内呈现不同的特点。根据不同的马赫数，可将空气动力学分成亚声速空气动力学、跨声速空气动力学、超声速空气动力学和高超声速空气动力学。第二次世界大战前后，高速空气动力学得到了迅速的发展。在这个阶段建立了亚声速、跨声速、超声速、高超声速无黏流和边界层的系统理论，研究了各类飞行器在不同速度范围的气动特性，将空气动力学的研究内容从力扩展到热、光和电磁等效应，这些研究成果对突破高速飞行的声障起了决定性的作用。20 世纪 30 年代，钱学森等科学家就对超声速气流中的细长体进行了研究。1953 年，郭永怀研究了激波附面层的相互作用，成功地发展了奇异摄动法，并于 1955 年发表了著名的"流体动力学稳定性理论"，为喷气式飞机的研制提供了理论支撑。60 年代以后，空气动力学进入新的发展时期，研究范围、方法和技术应用也发生了重大变革。

风洞技术取得的成就，对喷气航空技术发展产生巨大推动作用。第二次世界大战期间，德国就开始建造常规高超声速风洞。1947 年，美国国家航空咨询委员会首先建造了试验段尺寸为 304mm 的开槽壁高速风洞，消除了气流壅塞，建立了近声速流，为发展跨声速试验研究奠定了基础。到了 20 世纪 60 年代，各类超声速风洞技术日臻成熟，成为发展喷气航空技术的有力手段。1952 年，美国人 R.T.惠特科姆通过风洞试验发现了机翼"面积律"，揭示了飞机在跨声速和超声速飞行时零升波阻力与其横截面积沿纵轴分布的关系规律。根据这一规律设计飞机，可以降低波阻力，提高跨声速飞行性能。此后，跨声速飞机设计成蜂腰形机身结构，就是应用"面积律"的实例之一。此外，喷气式作战飞机设计通常采用圆形、椭圆形细长机身和后掠翼也是这些理论的应用成果。20 世纪 70 年代末，美国共有各类风洞 129 个。为满足特殊试验的需要，各国还建造一些专用风洞，如冰风洞，用于研究飞机穿过云雾飞行时表面结冰的规律。

疲劳理论的应用产生飞机疲劳设计。英国制造的世界第一架喷气式客机"彗星"号接连三次发生空中解体事件后，人们加大了对机体疲劳问题的研究，建立大型疲劳试验设施，进而创立了断裂力学的新学科。这些理论的研究和应用，使飞机的安全性和可靠性得以加强。

计算机技术的广泛应用为喷气航空技术发展开辟了一个新天地。20 世纪 80

年代后期，计算机技术的发展改变了空气动力学的研究方式，计算空气动力学的出现，使飞行器的空气动力设计产生了重大变革。计算机作为气体流动的数字模拟设备，代替了部分风洞的作用，并且给风洞试验以规律性的指导，可对研制中的飞行器气动性能进行定量估算，为设计提供依据，大大降低研制费用，缩短研制周期。

此外，现代控制理论、优化理论、气动弹性力学、随机过程理论等也广泛地应用到了喷气航空技术发展之中。应用推力矢量原理发明了垂直/短距起落战斗机，应用无线电技术理论发展了导航技术。同时，飞机结构力学、航空材料学等也得到了应用。

二、飞机结构设计更趋科学合理

喷气式飞机时代，受科学技术快速发展影响，飞机结构设计理念不断更新，要求对所设计的飞机及其结构要有全面的分析和深刻的理解。在结构设计上整体考虑、系统综合，飞机设计中要求飞机与发动机一体化、部件与整体融合、空气动力学与控制技术结合，对强度、刚度、疲劳、耐久性、损伤容限、维修性、适航性和工艺性等全盘考虑，不断优化，使飞机气动布局等方面的设计更加科学合理。

例如，根据激波理论，飞机外形设计则强调避免激波出现或减弱激波强度。据此，为减小机翼超声速飞行的波阻，翼剖面形状采用尖的前后缘，机身形状采用大长细比、尖头形状，使前缘及头部产生斜激波；设计尖顶翼型，提高了跨声速机翼上的局部超声速区，等等。

根据跨声速与超声速面积律理论，设计出光滑旋成体以减小波阻。为了降低飞机跨声速飞行时的零升波阻，则缩小机翼尾翼与机身连接区的机身横截面积和增大机翼、尾翼前后方的机身横截面积，形成蜂腰形机身，使当量旋成体的横截面积分布与最小波阻旋成体相近或尽量光滑。

对超声速飞机设计，则是将飞机所有部件综合起来考虑，翼型选择与机翼平面形状一起考虑，而平面形状又与最有利的机翼-机身组合一起考虑。但在初步设计阶段，为减少对过多组合的研究，仍先单独考虑最有利翼型、平面形状以及机身的最有利形状，然后利用各部件相互干扰影响的理论来确定最有利的组合，这样可减小工作量以及增加确定性。在单独研究各部件特性后，它们之间的干扰影响会显现出来，从而可以更有效地将它们组合起来。

疲劳设计改变了 20 世纪 50 年代以前飞机结构按静强度设计的理念。到 60 年代，疲劳设计已积累了丰富经验，以"安全寿命"为主要指导原则和设计思想已逐步完善，飞机结构设计进入静强度和安全寿命设计阶段。这样，在飞机设计上，除对结构的强度、刚度有要求外，还规定了"可靠性要求，重复载荷和疲劳"等方面的要求。

三、大推重比实现了超声速飞行

突破声障、热障，实现超声速飞行，是喷气式飞机时代标志性的航空技术，也是具有划时代意义的技术进步。以涡喷发动机为动力的飞机出现后，有人驾驶的飞机才达到或超过声速。

活塞式飞机接近声速就达到了极限，超声速飞行是根本不可能的事。到了20世纪50年代，以涡喷发动机作动力的战斗机终于实现了超声速飞行。当时出现了一批以带有加力燃烧室的涡喷发动机为动力的飞机，例如，美国第一种飞行速度超过声速的战斗机F-100，在1953年5月25日的飞行中突破了声障，飞行速度达到1215km/h，创造了当时世界最高的飞行速度纪录。F-100所用的动力为J57双转子带加力燃烧室的涡轮喷气发动机，开加力燃烧室时的推力约为75.6kN。此后，英国的喷气式飞机费尔雷F.D.2高速三角机翼研究机，飞行速度超过2100km/h；1953年首飞的美国F-104战斗机，最大马赫数为2.2；1955年首飞的苏联米格-21最大马赫数为2.05；1956年首飞的法国"幻影"Ⅲ飞机最大马赫数为2.2；1955年10月首飞的瑞典SAAB-35"龙"飞机最大马赫数为2.0。

大推重比是高性能喷气发动机追求的指标，是喷气航空技术的重要标志，也是飞机实现超声速飞行的根本所在。20世纪50年代中期，第二代涡喷发动机服役，其基本技术特征是加力涡喷发动机，多数为单转子，发动机推重比为4～5，主要用于第一代超声速战斗机。60年代前后，苏联研制了第三代双转子加力涡喷发动机，发动机推重比为5.5～6.5。至此，涡喷发动机技术几乎达到顶峰。为了继续提高喷气发动机的推重比，各国转而研发涡扇发动机。美国用6年时间研制了第一台用于战斗机的加力涡扇发动机TF30，1967年10月服役，推重比为5～6。20世纪70年代中期到80年代末，第二代涡扇发动机研制成功。它采用中涵道比（0.6～1.0）、短环形燃烧室、高涡轮前温度（1300～1400℃）、推重比通常为7.5～8。80年代初，美国为发展下一代"先进战术战斗机"，提出了推重比为10.0的发动机指标，经几年研发，美国普·惠公司推出的YF119发动机推重比达到10.0以上。

突破热障是喷气航空技术又一大亮点。飞机突破声障实现了超声速飞行，但是，当飞机的马赫数超过2.5时，就出现了"热障"问题。高温给飞行器设计，特别是结构强度带来严重问题，技术上称为"热障"。在热环境中，结构材料的力学性能明显下降，结构不均匀受热或材料不同热膨胀受到约束而产生热应力，使结构承载能力降低。此时飞机的主要结构材料铝合金已经不能再使用，机载电子设备、燃油、液压等各个分系统都产生了冷却和防热问题，由于"热"

的问题出现，以往的设计规范和标准都需要重新制定或做重大修改。根据飞机在不同的马赫数时对结构材料的需求，通过对材料选择、结构类型选择、热防护设计等结合在一起反复计算、分析，最后对结构耐受热环境能力做出评定，较好地解决了超声速飞行中的"热障"问题。这一重大突破使飞机安全地进行超声速飞行成为常态。

四、机载设备发展速度空前加快

以机载电子设备和雷达探测设备为代表的机载设备，是衡量作战飞机先进性的重要技术支柱。从活塞式飞机发展到喷气式飞机的过程中，机载设备发生了天翻地覆的变化，充分体现了喷气式飞机时代应有的航空技术水平。

以机载电子设备和雷达设备为例，新的机载电子设备和雷达设备不断涌现。如通信设备中，在机载短波电台、机载超短波电台基础上，很快装备了机载卫星通信设备、机载通信导航识别综合设备等；机载导航设备中，在原来罗兰、奥米加设备基础上，机载塔康设备、全向信标接收设备、机载着陆设备等相继产生。机载雷达发展速度更是惊人，先后装备了机载预警雷达、机载火控雷达、机载轰炸雷达、机载航行雷达、机载气象雷达及机载多普勒导航雷达等。此外，惯性导航设备、光电探测侦察设备、电子对抗设备等也相继成为喷气式作战飞机上的常用设备。

喷气式飞机时代，机载设备的发展已经体现出了高度综合化和智能化方向趋势。出现了以计算机为核心的智能化多功能机载设备，把传感器、显示器、控制器综合为一体。1952年，在截击机上开始装备第一代机载电子数字计算机，用来控制飞机的自动定向、导航、实施攻击和自动投放武器等。20世纪60年代以前的瞄准具火控系统，主要由光学瞄准具、雷达及红外空中搜索装置等火控设备组成，配装在F-86/100/104/105/106等作战飞机上。到了60年代末至70年代，发展了平视显示/武器瞄准计算系统，取代了光学瞄准具和传统机电式航行仪表，并与惯性导航系统结合，可控制发射空空导弹和空地导弹。

此外，为解决远程飞行问题，发展了导航技术。第二次世界大战后，在早期无线电罗盘远距无线电导航系统的基础上，研制出用8个导航台构成的系统，实现了全球导航。依靠天基系统进行导航的机载设备在这一时期也开始进行了研发。20世纪60年代开发出第一代卫星导航网，为喷气式飞机机载设备的进一步发展确定了方向，也为日后广泛应用的全球卫星定位系统发展奠定了基础。

五、战斗机的机动性能大幅提高

人们在追求高速、高空飞行的同时也发现了一些新问题，在解决这些问题的过程中，开始意识到提升飞机综合性能更有必要。于是，以战斗机为代表，飞机向着机动能力更强的方向发展，这成为了喷气式飞机时代航空技术上的一大特点。

随着空气动力学研究的深入和飞机机体技术的发展，战斗机的机动性能大大改善。20世纪60—70年代，提高战斗机机动性和格斗能力，改善起飞、着陆性能成为空气动力学研究的重点。可变后掠角机翼、近距耦合鸭式布局、边条翼布局、前后缘襟翼、机动襟翼、翼身融合布局等先进外形和气动布局、短距与垂直起降方案等成为这一时期形成的新技术。脱体涡流型和混合流型的应用，使歼击机的可用迎角范围增大至 30°～40°，并开始了喷流转向和前掠翼布局等新技术的发展与研究。

同时，各国对战斗机的飞行品质也提出了标准和需求。1969年8月，美国空军和海军航空系统司令部采用 MIL-F-8785B（ASG）作为有人驾驶飞机飞行品质的官方军用规范。此后，又从纵向机动动力学和操纵梯度、横向-航向机动动力学和滚转-侧滑耦合、大气扰动模型、失速-尾旋特性等几个方面不断进行修订和更改。在飞机的操纵性上，通过全动平尾技术、惯性耦合技术、双垂尾和腹鳍技术、自动增稳系统技术等的使用，飞机的飞行品质不断提高。

为突出空战格斗性能，通过采用低翼载、大推重比技术，同时采用边条机翼、前缘襟翼、翼身融合、近距耦合鸭式等先进的气动布局、电传操纵系统和主动控制技术中的放宽静稳定性技术等，使战斗机格斗能力得到提升。采用新技术理论设计的第三代作战飞机，在气动特性、机动性能、边界飞行能力和短距起降性能等方面得到大幅提高。

第三节　喷气式飞机时代航空技术应用对航空武器装备性能的影响

航空武器装备的效能既取决于武器系统自身的完善程度，又取决于载机性能的高低，航空武器装备的发展同载机的发展密切相关、相辅相成。喷气式作战飞机更新换代速度加快，对航空武器装备性能改善产生了很大影响。

一、加快航空武器多样化进程

第一次世界大战期间，虽然各种专用航空机枪、航空机炮、航空炸弹、航空鱼雷和航空水雷，相继设计生产并投入作战使用，但性能还是相对落后，武器装备种类相对简单。到了第二次世界大战，航空火箭弹、制导炸弹、空地导弹、空空导弹等相继出现，但受载机性能制约，航空武器在性能和多样化上没有大的突破，而且空空导弹还没有投入战场使用。进入喷气式飞机时代后，特别是 20 世纪 50—70 年代，是机载武器技术跨越发展的时期，空空导弹、空地导弹、反辐射导弹、精确制导炸弹及配套的火控系统、武器挂架等相继研制成功，航空武器多样化进程加快，也大大提升了飞机的作战效能。

20 世纪 50 年代中期，空空导弹开始装备部队，经过 20 年左右的时间，不断更新换代，并根据超视距攻击和近距格斗的需要，发展为中远距拦射和近距格斗空空导弹。空地导弹按作战使命分成了战略、战术空地导弹。战略空地导弹携带核战斗部，装备各种轰炸机，执行二次核打击任务；战术空地导弹主要用于战场压制、战场遮断和攻击敌纵深地域有价值的目标。50 年代末，开始装备第一代战术空地导弹；60 年代初，第一代战略空地导弹投入使用；70 年代初，第二代空地导弹装备，同时开始研制第三代战术空地导弹。

此外，随着喷气式作战飞机性能的提高，其作战运用的范围也越来越广，特别是在航空武器发展方面，又相继研发了反辐射导弹和激光、电视、红外及复合制导炸弹等，使航空武器的种类进一步增多。

二、催生大口径航空武器产生

喷气航空技术的发展，使喷气式飞机的性能越来越强，不仅飞得高、飞得远、飞得快，而且载重能力大幅提升。因此，与活塞时代相比，喷气时代的航空武器口径（重量）一般都比较大，威力也越来越高。

喷气式战斗机装备的航空机炮口径一般为 20～30mm；空空/空地航空火箭口径为 37～70mm，空地航空火箭口径小的有 80mm，大的则达到 266mm。

随着超声速作战飞机迅速发展，航空炸弹在增大口径的同时，更加注重弹体外形。因此，流线外形的低阻炸弹应运而生。20 世纪 50 年代初，出现了闻名世界的 MK80 系列低阻通用爆破炸弹，包括 113kg 的 MK81、227kg 的 MK82、454kg 的 MK83 和 908kg 的 MK84。继美国之后，苏联发展了 FAB-M62 系列低阻炸弹，质量分别为 100kg、250kg、500kg 和 1000kg；英国发展了 MK 系列低阻炸弹，质量分别为 227kg 和 454kg；法国发展了布勒欧系列低阻炸弹，质量分别为 250kg、500kg 和 1000kg。

战略空地导弹是专门为战略轰炸机等大型机种设计的一种远程攻击型武器，大多数都携带核弹头，用于攻击敌战略目标。1961 年美国空军装备的 AGM-28A，采用带鸭式前翼的飞机式气动外形布局，装 1 台 J52-P-3 涡喷发动机，带 400 万吨级的 W28 核战斗部；1962 年英国皇家空军装备的"蓝剑"远距战略空地导弹，装 1 台罗·罗公司的 BSST1 液体火箭发动机，采用带鸭式前翼的气动外形布局，惯性制导，带百万吨级核战斗部。苏联 1962 年也相继装备了 K-10、X-20 和 X-22 等战略空地导弹。

在喷气式飞机时代,航空武器中,机载核炸弹最大达到了 5400 万吨级当量。航空武器口径大、重量大,是这一时期武器装备发展的鲜明特征。

三、推进航空制导武器的发展

喷气式作战飞机出现后,原来的航空武器无论是射程还是精度都无法与之相匹配。在空战中,急需有远距离的精确打击武器;在对地攻击中,也需要有防区外精确打击手段。于是,以制导为其基本技术特征的机载制导武器,在第二次世界大战后近半个世纪的冷战时期,获得了飞速发展,并应用于世界各地持续不断的局部冲突和战争中。

一是推进了空空导弹技术的快速发展。经十多年的研发,第一代空空导弹进入实用阶段,如美国的"响尾蛇"AIM-9B 等雷达制导空空导弹开始装备使用。尔后,空空导弹的性能不断提高,可用于拦射、攻击轰炸机,扩大了尾后攻击范围,制导精度有所提高,并改进了抗电子干扰性能,具有全天候使用能力。近距格斗空空导弹中有的采用红外被动制导,具有快速跟踪、离轴发射能力,能实施全向攻击,目视近距格斗性能突出。中远距拦射空空导弹中,有的采用半主动制导和复合制导,可以全天候、全方位、全高度作战。

二是推进了空地导弹技术的快速发展。第一代战略空地导弹采用惯性制导,最大射程约 1000km,但体积大、命中精度低、突防能力差。从第二代空地导弹开始,在外形上、射程上和打击精度上都有了很大的改进。发展到第三代时,近距空地导弹采用红外成像和半主动激光制导,能在准全天候气象条件下使用,圆概率偏差小于 3m,某些型号具备发射后不管能力,载机可在 100m 以下、距目标 5km 以内发射;中程战术空地导弹可在地面中近程防空火力圈外发射,圆概率偏差小于 5m,载机发射后机动退出,通过双向指令/图像传输设备控制导弹,生存力提高。另外,空地反辐射导弹也得到快速发展。

三是推进了制导炸弹技术的快速发展。20 世纪 60 年代中期至 70 年代初,美国研制成功"宝石路"激光制导炸弹,在越南战场使用获得巨大的成功。70 年代末"宝石路"Ⅱ服役。此外,法国的"玛特拉"、以色列的"怪兽"和"断头台"等也相继装备。20 世纪 60 年代,美国海军率先研发电视制导技术,其中,"白星眼"电视制导炸弹是第一种用于越南战争的制导炸弹。1968 年研制出增大战斗部的"白星眼"Ⅱ;70 年代研制了"增程白星眼"Ⅰ/Ⅱ,使弹的滑翔距离达到 56km。

四、促进悬挂发射装置的革新

悬挂发射装置是飞机上挂载炸弹、水雷和鱼雷、导弹及其发射装置、火箭弹及其发射器等配套装置的统称，分为悬挂装置、射击装置和发射装置。悬挂发射装置的发展和喷气式飞机飞行速度提高与悬挂物在飞机上的悬挂方式、数量等因素密切相关。

武器在飞机上一般有内挂和外挂两种挂载方式。对超声速飞机来说，外挂物对飞机飞行阻力和雷达反射面积的影响变得越来越不可忽略，通常悬挂装置和外挂武器越多，阻力指数值越大；对同样的悬挂装置和外挂武器来说，飞机的飞行速度越高，则阻力指数值越大。为解决上述问题，20 世纪 70 年代末，发展了全埋式保形悬挂方法，从而保证飞机具有良好的整体流线型。喷气式飞机的挂梁和挂架在设计上考虑了对发动机的影响和尽量减小载荷。如机身挂梁/挂架采用半埋式挂梁/挂架，是一种挂载导弹的弹射挂梁，通常设在机身下表面或进气道侧壁转角处。机翼挂梁/挂架分为翼下、翼上和翼尖挂梁/挂架，一般在机翼挂梁/挂架外形与布局设计中使"悬挂物-挂梁/挂架-飞机"组合体具有最佳的气动特性。

发射装置分为火箭弹发射器和导弹发射装置两大类。火箭弹发射器在发展过程中出现了巢式、滑轨式、滑环式和收放式发射器。导弹发射装置按结构分为固定式、伸缩式和瞄准式，按发射方式分为轨道式、支撑弹射式和投放式，按形状分为管式、支柱式和蜂窝式等多种。为进一步提高投弹控制和悬挂物管理功能，20 世纪 50 年代后产生了电子投弹器，也称为武器控制系统。70 年代，随着数字技术在飞机上的广泛使用，投放装置由投放炸弹发展成投射全部武器和悬挂物的悬挂物管理系统。

五、提高火控系统的作战效能

进入喷气式飞机时代，机载火控系统得到了快速发展，信息化水平大幅提高。20 世纪 70 年代，在瞄准具技术和导航/攻击系统技术的基础上，逐步研发出平视显示/武器瞄准计算系统，简称平显火控系统。平显火控系统是一种先进的武器瞄准系统，一般由平视显示组件、电子组件和其他控制部件组成。其中，电子组件是平显火控系统的核心组成部分，实际上是一个具有信息处理、变换和计算功能的处理器，被视为系统的"大脑"。它将来自机载雷达、大气数据系统、航姿系统以及其他机载传感器和地面引导系统等信号，经计算处理后，形成驾驶所需要的各种信号，传输给平视显示装置，与机外前方背景重叠在一起，构成导航和作战各阶段的显示信息。平显火控系统一般具有显示飞行导航信息、显示机载武器攻击瞄准信息、与机载设备及其他电子显示装置交互转换、形成综合航空电子系统等功能。

　　第三代综合火力控制系统，广泛应用了脉冲多普勒雷达和红外、激光等光电传感器技术，使用串行数字多路数据总线，将载机信息传感系统（包括目标探测系统、惯性导航系统、大气数据计算机等）、任务显示控制系统（包括平视显示器、多功能显示器、握杆操纵系统等）、管理武器弹药投射的外挂物管理系统和任务计算机系统等连接成一个综合性的显示控制系统。可控制发射 20 多种武器，攻击方式达十多种，使作战飞机具有全天候、全方位、全高度、多功能、多武器、多目标作战能力，同时系统的精度和可靠性、维修性均大幅提高。

第七章　喷气式飞机时代航空武器装备

第二次世界大战末期已经达到实用水平的喷气航空技术，在战后初期的军备竞赛中快速发展，推动强国空军主战装备很快实现喷气化。喷气式发动机技术发展日新月异，战斗机、轰炸机和运输机，以及直升机等航空平台加快喷气化进程的同时，也加快了航空武器和机载设备发展的步伐。

第一节　喷气式飞机时代航空平台

从第二次世界大战末期德国 Me-262 和英国"流星"式喷气式战斗机走进战场开始，到海湾战争——人类第一场信息化局部战争爆发为止，喷气式航空平台的发展大体上经历了第一代到第二代的演变，并走进了第三代喷气式航空平台的发展里程，喷气式航空平台多样化进程、经典机型的问世和作战应用是人类智慧的结晶。

一、喷气式飞机的发展过程

飞机问世之初是没有机型和机种之分的，但后来受作战运用的牵引，作战飞机的用途才有了区别。例如，第一次世界大战前的局部战争中，飞机走进了战场，人们使用飞机进行观察，于是就有了侦察机；在飞机上安装机枪，便成为了战斗机；从飞机上向地面投掷手榴弹，于是就有了轰炸机的概念。但是，这时的飞机平台从外表看，还没有太大的区别。从 20 世纪 40 年代开始，喷气式战斗机逐步取代活塞式战斗机后，轰炸机、运输机以及直升机等航空平台也逐步实现了喷气化，机种和机型的划分越来越细，航空平台多样化体现得更加明显，不仅各个机种平台之间的差别很大，就是同一机型的航空平台也不相同。因此，以战斗机为核心的喷气航空平台各具风格，航空平台成系列地得以发展。

喷气式战斗机是开启喷气时代的先锋，也是喷气航空平台中的典范。自德国的 Me-262 开始，发展到 F-86 和米格-15，喷气战斗机基本上取代了活塞战斗机，其速度和机动性等方面的优势与活塞式航空平台已不可同日而语，作战地位进一步确立。当时，受作战运用观点的影响，战斗机追求的主要性能指标就是飞行速度，为此，在航空平台改进上采取了许多技术措施，如加大发动机推力、采用后掠机翼、采用新的翼型和流线形设计等。这一时期的喷气式战斗机包括苏联的米格-15、雅克-15、米格-9、米格-19和美国的F-84、FY-1、F-86和F-100等型。在大量研发和作战实践的基础上，喷气式战斗机开始向超声速方向发展，这个时期，米格-19和F-100成为比较早的超声速战斗机，它们在气动设计上遵循相同的科学规律，使用后掠翼布局或三角翼，并开始应用面积率。但是，航空平台的发展同时受作战运用思想的影响，为了满足不同的作战需求，还采用了不同的措施，使战斗机平台的差别也比较大。例如，在研制F-100战斗机过程中，根据朝鲜战争中喷气式战斗机作战的经验，在性能方面提出高速度、高爬升率以及良好的高空性能等更高指标，同时为了达到超声速飞行的目标，研制中采取了多种技术措施，例如，采用长达15m的细长机身，机翼采用先进的低阻层流翼型和达45°的较大后掠角，机翼相对厚度只有7%，头部椭圆形进气道口径较小，使用大推力发动机等。为了使飞机承受高速飞行的气动力，其机身采用了整体结构，抗扭性能增强。而米格-19为了实现超声速飞行，采用了相对厚度较薄的机翼，增大了后掠角，取消了翼刀。同时，为保证有较好的失速特性，将机翼翼梢处后掠角减小。在采用轴流式喷气发动机后，其机身直径减小，虽然同样采用头部进气道，但机身的流线形得到很大改善，利于突破声障。与F-100相比，米格-19更轻，速度更快。F-100、米格-19在发展过程中多样化表现得很突出，F-100有多种改型，米格-19也有系列改型，如教练型、试验型、截击型等。在实用超声速战斗机出现后，在强调"高空高速"的思想影响下，战斗机在提高飞行速度方面又发展了一个阶段，出现了F-4、F-5、F-104、F-111、米格-21和"幻影"Ⅲ等机型。但在越南战争后，根据越战经验，作战思想由强调"高空高速"转变为强调高机动性、多用途、可对地攻击等。为保证有较高的机动性，战斗机气动设计上采用了翼身融合体、鸭式机翼、边条翼和前缘襟翼等主要措施，并大量应用主动控制技术。代表机型有F-15、F-16、F-14、F/A-18、米格-29、苏-27、苏-30、"幻影"2000和西欧的"狂风"等。

第二次世界大战末期，喷气式轰炸机Ar.234的问世，把轰炸机的发展带进喷气式飞机时代。喷气式轰炸机出现之初，为亚声速和高亚声速飞行器，分为轻型、中型和重型3类。喷气式轰炸机机身一般为半硬壳式全金属结构，截面呈圆形或椭圆形。中型和重型轰炸机机身为细长流线型，长30～50m，轻型轰炸机机身长约20m。机身制造时通常由数段组成。例如，B-52机身为全金属半硬壳式结构，全长47.7m，分为前、中、后3段。前段长8.6m，是驾驶员舱；中段长约20.7m，其上半部是油箱，下半部是长9.1m的弹舱；后段长17.7m，尾部尖端是炮塔。B-52采用大展弦比后掠上单翼，低平尾，单垂尾，机翼翼展

56.4m，后掠角 35°，盒形结构，挠性大，可上下移动，翼下吊装 8 台涡喷发动机。由于受作战运用思想演变的影响，喷气式轰炸机的发展曾出现一些波折。首先，战斗机和战斗轰炸机的发展，使轻型轰炸机的作用完全被它们代替而停止发展。其次，20 世纪 50 年代末，陆基和潜射弹道式战略导弹服役，曾使战略轰炸机的地位一度降低，对喷气式轰炸机的发展产生了影响。在持续 20 年"要导弹还是要轰炸机"的争论下，重型战略轰炸机的后继研制历经磨难，几经搁浅。但总体上，喷气式轰炸机的发展脉络还是有迹可寻的：一是经历了向大型化发展阶段。例如，1942 年，美国开始设计"XB-35"飞翼式轰炸机，其翼展达 52.43m，机翼面积 360m²，起飞质量高达 94.89t，装有 4 台功率 2237kW 的发动机，驱动后缘安装的 4 副旋翼。其载弹量为 4540kg，乘员 12 人，最大飞行速度 630km/h，航程 12000km。为保证有良好的稳定与操纵性能，它的襟翼、副翼设计十分考究。但该型轰炸机未能继续发展下去。40 年代末，波音公司研发了 B-47 喷气式轰炸机，使用 6 台发动机，最大起飞质量 100t。其技术特点是采用了后掠翼和喷气式发动机，最大速度达到 965km/h。1953 年 1 月 30 日原型机试飞成功后，成为美国当时主力中程轰炸机。二是经历了向高速化发展阶段。例如，50 年代末，美国研制了一种 3 倍声速的喷气式战略轰炸机"B-70"，最大起飞质量达 240t。两架原型机，第一架于 1964 年 9 月 21 日试飞，第二架于 1965 年 7 月 17 日试飞。第二架于 1966 年 6 月 8 日同一架 F-104 相撞坠毁。之后，由于美国战略思想发生变化，"B-70"的研制停止。三是追求突防能力。喷气式轰炸机的发展与防空武器性能的发展密不可分。随着截击机和地面防空武器的不断发展，喷气式轰炸机经历了亚声速、超声速、低空突防发展过程，以及向隐身方向发展。例如，60 年代，为了对付地空导弹等先进防空武器的威胁，美国和苏联先后提出研制 B-1 和图-160，以期进行低空突防、避开地空导弹威胁实施纵深攻击。20 世纪六七十年代以后，由于北约与华约势均力敌，两极世界形成了一种相对均衡的态势，开始从军事到政治、外交、经济、文化、意识形态等领域开展全方位的竞争，世界进入冷战的相对稳定时期。此时，全球大规模战争与核战争危险得到抑制，但是核威慑下的常规局部战争却连续不断，因此，又把常规军事力量洲际作战能力推到了军备竞赛的前沿，喷气式轰炸机的发展再次得到重视，并突出了两个重点：一是发展依靠自身飞行性能的机载设备，能够在低空、超低空进行超声速突防，并具有核与常规轰炸双重能力的中型和重型轰炸机；二是进一步提高轰炸机的航程，使之能够进行更大范围的作战。B-1 轰炸机就是在这样的背景和指导思想下，进行了长达 20 年的曲折研制史，前后经历了 5 届总统任期，花费了上百亿美元。1974 年 12 月，B-1 首次试飞，1977 年卡特政府认为巡航导弹更便宜且可以取代 B-1 而下令停止生产，但保留 4 架原型机，继续完成试验。1981 年里根政府恢复了 B-1 的生产，并进行了改进，发展为 B-1B。图-160 是苏联研制的可变后掠翼战略轰炸机，该机于 20 世纪 70 年代中期开始研制，1978 年装备部队。但是，战略轰炸机的发展与战斗机大不相同，其研制费用极高，研制周期和更新周期也较长。因此，战略轰炸机的型号较少，且有能力开发的国家不多。

涡轮螺旋桨式军用运输机的诞生，是军事需求与航空技术发展双重驱动的结果。第二次世界大战结束后，两极冷战格局形成，为了应付随时可能爆发的冲突和局部战争，必须强化作战力量机动能力，因此，两大集团都对军事空运提出了更高的需求。同时，喷气式发动机技术的成熟，为产生新一代喷气式军用运输机提供了条件。1951 年 4 月 21 日，美国在 G-20 型全金属运输滑翔机左、右机翼上装上了喷气式发动机，从而发展成美国空军第一种喷气式军用运输机—C-123B。军用运输机不是战斗机，不需要进行超声速飞行和大机动飞行，而是需要飞得更远，这就要求发动机油耗要低。由于纯喷气式发动机的中、低空经济性能较差，在 20 世纪 50 年代设计的军用运输机都采用涡桨发动机，这也成为早期喷气式军用运输机的基本特征。涡轮螺旋桨式军用运输机代表型号主要有美国的 C-130、C-133A，英国的"大商船"、贝尔法斯特，苏联的安-12 和安-22，意大利的 G.222，法国和联邦德国联合研制的 C-160，中国的运 8 等。随着涡扇发动机技术趋于成熟，为军用运输机的发展提供了一种很好的选择，也成为战略运输机得以发展的基本条件之一。美国率先在发展涡轮风扇式战略军用运输机方面进行了尝试，苏联紧随其后。两个超级大国在新一代战略运输机发展上的指导思想基本相同，要求新一代军用运输机载量大、航程远、速度快，能在复杂气象条件下飞行，能在简易或野战机场降落，能自主进行快速装卸大型设备和武器装备等。涡轮风扇式军用运输机代表型号有美国的 C-141"运输星"、C-5"银河"，苏联的伊尔-76、安-124 和安-225。其中，C-5"银河"是美国洛克希德·马丁公司研制的远程战略运输机。1968 年 6 月，C-5A 型机首次试飞成功，1970 年春开始装备部队。1982 年夏天，美国国会批准了洛克希德·马丁公司研制新型 C-5 运输机计划，简称 C-5B。伊尔-76 是苏联伊留申设计局研制的中远程战略运输机。第一架于 1971 年 3 月 25 日在莫斯科中央机场首次试飞。1974 年苏联空军对其进行验收鉴定，认为性能良好，达到设计要求。试飞持续到 1975 年结束，然后投入批量生产并交付部队使用，军用型有伊尔-76/M/MD/MF 等。

直升机是依靠发动机驱动旋翼产生升力和纵向、横向拉力，以及操纵力矩能够垂直起降和重于空气的航空器。[①]虽然直升机起步较固定翼飞机要晚，但发展比较迅速。20 世纪 60 年代，直升机动力装置以改用涡轮轴发动机为标志，

---

① 中国人民解放军空军军语[M]. 北京：蓝天出版社，2012：355.

进入了崭新的发展阶段。按照直升机旋翼布局和扭矩的平衡方式分类，常见的直升机有单旋翼尾桨式、双旋翼共轴式、双旋翼纵列式和双旋翼横列式直升机。[①]单旋翼尾桨式直升机是安装一副旋翼的直升机，是最常见的直升机类型。[②]由一个水平旋翼负责提供飞机升力，尾部一个小型垂直螺旋桨负责抵消旋翼的反作用力。以 AH-64"阿帕奇"武装直升机为例，该型机是美国休斯公司研制的双座双发全天候攻击直升机，1975 年 9 月 30 日原型机首飞，1984 年开始交付部队使用。旋翼和尾桨都是 4 片桨叶，纵列式双人驾驶舱，后三点不可收放轮式起落架，全金属半硬壳机身，重要部位有装甲保护。动力装置为 2 台 T700-GE-701C 涡轮轴发动机，最大连续功率 2×1409kW。双旋翼共轴式直升机是两副旋翼安装在同一旋翼轴上，上下排列、旋转方向相反、反作用扭矩相互抵消的直升机。[③]此类直升机没有尾桨，具有结构紧凑、外廓尺寸小、稳定性好等特点，但技术复杂，因而较为少见。代表型号有苏联卡莫夫设计局研制的卡-50 武装直升机，1982 年 6 月首飞，1996 年开始交付部队使用。卡-50 采用上下 3 桨叶共轴反转旋翼，无尾桨布局，尾部装置为平尾和 3 个垂直安定面，从而省去了尾桨和一整套尾桨传动和操纵装置，大大提高了卡-50 的战斗生存性。其机身两侧有短翼，各 2 个挂架。动力装置为 2 台 TV3-117VMA 涡轮轴发动机，功率为 2×1409kW。机长 16.00m，机高 4.93m，旋翼直径 14.50m。双旋翼纵列式直升机是两副旋翼沿机体纵轴前后排列、旋转方向相反、反作用扭矩相互抵消的直升机。[④]此类直升机具有重心移动范围大等特点，多见于大型运输直升机。代表型号有美国波音公司制造的 CH-47"支奴干"运输直升机。1961 年 4 月 28 日，第一架 YCH-47A 总装完成，1961 年 9 月 21 日进行了首次悬停飞行。该型机采用两副纵列反向旋转的 3 片桨叶旋翼，由协调轴驱动，以保证每一台发动机都能驱动两副旋翼，机身为正方形截面半硬壳式结构，驾驶舱、机舱、后机身和旋翼塔为金属结构，机身为等截面，下半部分为水密隔舱，能在水上起降，机身后部有货运跳板和舱门。双旋翼横列式直升机是两副旋翼沿机体横轴左右安装在机体两侧的支架或机翼上，彼此对称、旋转方向相反、反作用扭矩相互抵消的直升机。双旋翼横列式直升机结合了固定翼飞机和直升机两者特点，起飞时采用水平并置的双旋翼，飞行中将旋翼向前旋转 90°，变成两个真正的螺旋桨，按照普通固定翼飞机的模式飞行。代表机型有 V-22"鱼鹰"直升机，首架原型机于 1988 年 5 月出厂，1989 年 3 月首飞，同年 9 月又进行了从直升机飞行方式转换成定翼机飞行方式的首飞。V-22 机体结构大部分采用

① 中国空军百科全书[M]. 北京：航空工业出版社，2005：788.
② 中国人民解放军空军军语[M]. 北京：蓝天出版社，2012：356.
③ 中国人民解放军空军军语[M]. 北京：蓝天出版社，2012：356.
④ 中国人民解放军空军军语[M]. 北京：蓝天出版社，2012：356.

新型复合材料，两个旋转螺旋桨各有 3 片桨叶，两副旋翼反向旋转并且可折叠。其最大特点是可由前飞状态转换到倾斜或悬停状态。V-22 的固定机翼为悬臂式上单翼，等剖面翼型，略微前掠，并可转动 90°放置，以减少停放空间。由于采用这种结构，V-22 与一般的直升机相比有着速度高、航程远的显著优点。

二、喷气式飞机的性能特点

喷气式飞机的性能特点是喷气式飞机时代航空技术阶段性发展过程的具体反映，具有时代的烙印，尤其是战斗机在这方面表现得最为明显。不同时期，各国研制的喷气式战斗机及其改型种类繁多，形态不同，情况各异，性能和特点区别也比较大，如有的重视大速度、高升限，有的又强调机动性等。为了更好地阐述喷气式航空平台性能特点，尤其是喷气式战斗机的技术特征，一般要对它们进行划代，以示区分。对喷气式战斗机进行划代就涉及划代标准的问题，一般强调划分各代的标准应体现对飞行性能、机动性能、气动布局、多用途性、适应性等不同程度的要求。但目前普遍采用的划代原则主要有 3 点：一是在技术标准上应是统一的，应以技术最先进的国家典型战斗机为代表，作为统一划代的标准；二是换代飞机的战术技术性能与上一代飞机相比必须有"质"的飞跃；三是换代飞机必须是一个时期的主力机种，具备了相当的作战能力和经历了一定的实战运用和检验。

据此，各代喷气式战斗机的主要技术特征是：第一代喷气式战斗机：最大速度马赫数 0.9～1.3；采用后掠机翼；装涡喷发动机；主要机载武器为航炮和空空火箭弹，后期型号挂装第一代空空导弹；使用光学-机电式瞄准器，后期型号装备第一代雷达。[1]代表机型有苏联的雅克-15、米格-9、米格-15、米格-19和美国的 F-84、FY-1、F-86 和 F-100 等型喷气式战斗机。第二代喷气式战斗机：最大速度马赫数 2.0～2.5；采用小展弦比薄机翼、三角翼、后掠翼或变后掠翼；发动机的推重比较高；主要机载武器为第二代空空导弹和航炮；装备第二代雷达，有的飞机安装具有一定拦射能力的火控系统。第二代喷气式战斗机出现于 20 世纪 50 年代末和 60 年代初。代表型号有美国的 F-4、F-5、F-104、F-111，苏联的米格-21、米格-2A、苏-9 和苏-11，英法的"美洲虎"，法国的"幻影"III 等。第三代喷气式战斗机：最大速度马赫数 2.0～2.5；突出中低空、亚跨声速机动性，采用翼身融合体等气动技术；机翼载荷低，发动机的推重比较高；普遍采用涡扇发动机；挂装中距拦射和近距格斗空空导弹、速射航炮；装备第三代雷达和全向、全高度、全天候火力控制系统。20 世纪 70 年代中期，第三代喷气式战斗机开始出现。代表机型有美国的 F-15、F-16、F-14 和 F/A-18，

---

① 空军大辞典[M]．上海：上海辞书出版社，1996：983．

俄罗斯的米格-29、苏-27和苏-30，法国的"幻影"2000和西欧的"狂风"等。

划代后，各代喷气式轰炸机的主要性能是：第一代喷气式轰炸机为亚声速和高亚声速飞行器，分为轻型、中型和重型3类。最大速度为900～1000km/h，巡航速度一般为500～900km/h,升限12～15km。轻型轰炸机航程一般为2000～4000km，载弹量为1～4t；中型轰炸机航程一般为6000km，载弹量为3～9t；重型轰炸机航程达到10000km以上，载弹量为10t以上，最大载弹量近30t。按轻型、中型、重型划分，第一代喷气式轰炸机代表机型：轻型主要有苏联的伊尔-28，美国的B-66；中型主要有美国的B-47、B-57、B-58，苏联的图-16、米亚-4，英国的坎培拉、"胜利者""火神"，法国的"幻影"Ⅳ等；重型主要有美国的B-52、苏联的图-95等。第二代喷气式轰炸机为超声速轰炸机，采用了更先进的气动布局，外形多呈流线型，采用翼身融合结构，全长为20～50m。机翼为后掠翼、小展弦比的三角翼或变后掠翼，翼展达20～50m。机翼与机体作为一个整体设计，使之光滑过渡，减小阻力增加升力，流线型外形和翼身融合的气动布局还有利于减小对雷达波的反射。第二代喷气式轰炸机的动力装置多为涡扇发动机，推力大，推重比达到7，耗油率低。一般装有2～4台发动机，安装位置依气动布局而异，后掠翼轰炸机的发动机多数位于翼下吊舱或翼根部位，变后掠翼轰炸机的发动机往往装在机身后部或机身下短舱内。第二代喷气式轰炸机通常还装有辅助动力装置，用于紧急起动发动机，还使用了先进的结构材料、先进的机载电子系统、全天候瞄准系统和攻防兼备的武器系统，具有空中受油能力，航程、起飞重量和飞行速度都比较大。第二代喷气式轰炸机载油系数达到40%～50%，航程多为6000～12000km，通过空中加油航程成倍增加；最大马赫数为2.5，在低空做短时间飞行时，最大马赫数为1.5左右；起飞质量为100～260t，升限一般为15000～18000m。代表机型有美国的FB-111和B-1B，苏联的图-22和图-160等。

军用运输机可划分为涡轮螺旋桨式运输机和涡轮风扇式运输机，它们的主要性能特点是：涡轮螺旋桨式运输机：通常情况下，多台涡桨发动机吊在机翼上，多数运输机都采用2台涡桨发动机，其功率一般为2500～2700kW。只有美国的C-130H采用4台艾利松T56涡桨发动机，其功率为13440kW。中型运输机发动机单台功率在4000轴马力，重型运输机的每台功率在10000轴马力以上。悬臂式平直上单翼，全金属双梁受力蒙皮结构。机身半硬壳式结构，圆形截面，为装卸大型货物和重型武器，机身尾部向上翘，其下部是活动货桥，并设有空中可向里打开的大门，货舱内有吊车等装卸设备，头部驾驶舱有增压和空调装置。飞机上具有包括自动驾驶仪在内的驾驶、通信和雷达等导航、领航设备，以及与地面雷达配合使用的应答器、敌我识别器等。涡轮螺旋桨式运输机以战术运输机为主，只有苏联的安-22是战略运输机。这些运输机起飞总质量为 26～250t，巡航速度为 450～750km/h，最大装载质量 13.5～80t，最大航程为 400～6000km。代表型号主要有美国的 C-130、C-133A，苏联的安-12 和安-22 等。涡轮风扇式运输机：一般采用粗大机身，以增加机舱有效容积，机身为全金属半硬式结构，横截面多为圆形、双圆形或方形，也有的机身内分为上下两层；机身尾部上翘，并设有大舱门，便于车辆直接进出，可安全方便地装卸和空投大型设备；货舱地板承载能力强，舱内有装卸武器装备等大型设备的吊车、绞盘和地板滚棒等专用设备。采用悬臂式后掠上单翼布局，大展弦比，机翼前、后缘有高效的增升装置。为了不影响货舱的高度，机翼从机身上面穿过，既可使发动机有必要的高度，又可以使货舱的地板尽量靠近地面，当机舱后门放下时，坦克、车辆等有动力的武器装备，可以直接开进开出货舱，方便装卸。多轮式起落架和低压轮胎，可以在较松软的跑道上起落和滑行。起飞和降落距离短，所需起飞跑道最长不过 2590m，降落跑道最长只有 800m。动力装置方面，一般装有数台大功率涡扇发动机，单台推力为 100～250kN，推重比明显提高。全密闭式座舱，装备有多余度液压操纵系统或多余度电传操纵系统，以确保飞行安全。装有完善的电子系统和导航、领航、通信、雷达等设备。涡轮风扇式运输机的最大起飞质量一般为 150～405t，最大有效载重为 40～150t，最大巡航速度 800～950km/h，航程 4000～11000km，升限 10km 左右。代表型号有美国的 C-141、C-5，苏联的伊尔-76、安-124 和安-225。

三、喷气式飞机的作战应用

喷气式飞机的作战能力和作战运用思想与飞机的性能特点密切相关。

第一代喷气式战斗机普遍追求"高速飞行"，因此，在高速飞行状态下充分发挥战斗机的作战能力，是这一时期的重点课题。1950 年 11 月，喷气式战斗机在朝鲜上空进行了首次空战，这标志着喷气式战斗机之间的空战正式登上了空战舞台。朝鲜战争中，空战的一个明显变化是作战高度提高，战斗机的空战曾发展到平流层。我们知道，飞机在高空的盘旋性能较差，因此这一时期飞机在垂直方向上的机动性能显得更为重要。当时空战主要对手是苏制的米格-15 和美制的 F-86。米格-15 喷气式战斗机是米高扬-格列维奇设计局（简称"米格设计局"）于 1946 年开始设计的一款高亚声速单座歼击机，1947 年 6 月首次试飞，1948 年 3 月投入批量生产并交付空军，成为苏联空军的主力歼击机。机翼为后掠机翼，后掠角 35°，是世界上第一种实用的后掠翼飞机，已经具备了现代喷气式飞机的雏形。它具有光滑的机身外形，最大平飞速度为 1076km/h，升限为 15500m。机首下方安装了 3 门机炮，即 1 门 H-37 型 37mm 机炮，2 门 HC-23 型 23mm 机炮，可带弹 200 发。翼下还可以挂炸弹和副油箱。除了航程较短外，米格-15 在当时拥有最先进的性能指标，是米格设计局扬名天下的标志性机型。

F-86 喷气式战斗机是北美航空公司在借鉴德国后掠翼技术的基础上，研制成功的美国第一种实用型喷气式战斗机。1945 年开始设计，1947 年 10 月首次试飞，1949 年开始服役。该型机在机身中段安装 1 台 J47-GE-13 型涡轮喷气发动机，推力 23.6kN，机头有进气口。该型机为全金属机身，后掠翼，可收放起落架。机头装有 6 挺 12.7mm 口径机枪。最大飞行速度 1072km/h，实用升限 16170m，正常巡航航程 2000km，作战半径 856km。因为这两种飞机的性能特点不同所以应用的战术也不一样。米格-15 的飞行员力争高些、靠垂直机动占优，而 F-86 的飞行员则尽量低些、靠水平机动争先。

　　第二代喷气式战斗机强调"高空高速"，并突出兼有空战和对地攻击的多用途能力，且过分强调空空导弹作用而忽视航炮作用。因此，第二代喷气式战斗机的升限可达 20000m 以上，最大速度超过 2 倍声速，对地攻击能力较强，重型化倾向突出，近乎战斗轰炸机，机载电子设备和武器系统的性能有了较大改进。例如，F-4 和 F-104 就是在这样的思想下研制出来的一种喷气式战斗机。以 F-104 为例，F-104 星式超声速战斗机，是美国洛克希德公司研制的世界上第一种 2 倍超声速的喷气式战斗机。它是美国接受朝鲜战争经验教训而专门研制的制空战斗机，其设计突出高速、爬升率高、机动性好等特点。该型机的研制始于 1951 年，1958 年开始批量生产。该型机安装 1 台 J79-GE-11A 型涡轮喷气式发动机，加力推力 70.32kN，飞机空重 6390kg，最大速度飞行马赫数 2.2，实用升限 17680m，最大爬升率（海平面）250m/s，作战半径 370～1100km，转场航程 3510km。该型机的机翼采用悬臂式小展弦比梯形中单翼，钢质结构，翼型极薄，前缘呈尖锐刀刃形，适合高速飞行。尾翼采用 T 形悬臂形式。但由于过分追求高空和高速，其作战半径和起降性能均受到影响，且故障率高。越南战争和其他局部战争的实践证明，以 F-104 为代表的第二代战斗机并不能满足实战的要求，高空高速的性能并不是决定空战胜负的最重要指标。越南战争中，战斗机的使用高度一般不超过 9000m，从战术应用角度讲，这是因为飞行员目视观察到机动目标的距离一般为 3600m 左右，所以飞机的转弯半径不大于 1800m 较为有利。当高度超过 9000m 时，第二代战斗机要以 1800m 的半径转弯机动，又要求飞机不掉高度和不减速，这几乎是不可能的事。越南战争中的空战高度一般在 1500～4500m，第二代喷气式战斗机在局部战争中的空战速度范围也不大，一般在马赫数 0.5 左右。这样的战术应用就是因为第二代喷气式战斗机在超声速状态下机动性能差，为了获得良好的机动性必须牺牲速度，在亚跨声速范围内进行空战。

　　第三代喷气式战斗机根据越南战争及中东战争等局部战争的作战经验，设计思想发生了重大变化，更加强调"高机动性、多用途和对地攻击"等性能指标。重点提高战斗机空战格斗能力和全天候作战能力，十分重视飞机在跨声速范围内的机动性能，机载电子设备和武器系统的性能水平有突破性提高。F-16和苏-27就是这代飞机的杰出代表。F-16是美国通用动力公司研制的低成本、单座轻型战斗机，原型机于1974年2月首飞成功，第一架生产型F-16于1978年8月首飞，并于当月交付空军使用。几经改进，前后有11种型种。F-16型机最大平飞速度大于飞行马赫数2.0（高度12200m），加速性能为21s，即能从飞行马赫数0.4加速至飞行马赫数1（高度1524m），最大持续盘旋角速度18(°)/s（高度1524m，飞行马赫数0.9），最大爬升率330m/s，限制过载9，实用升限17200m，作战半径370～1320km（制空）、1440km（截击，带2枚AIM-9L和2枚AIM-7F型空空导弹，带外挂副燃油箱），转场航程大于3890km。F-16设计时采用了边条翼、前缘机动襟翼、翼身融合体、高过载座舱、放宽静稳定性等新技术。苏-27是苏联苏霍伊设计局研制的全天候重型制空战斗机。1969年开始研制，1977年5月20日原型机首次试飞，1981年4月生产型首次试飞，1984年投入使用。研制中突出飞机的机动性与武器下射能力，采用高推重比、低翼载设计。该型机座舱位置突出在机身前部，飞行员视野良好。采用静不稳定设计、翼身融合体技术、电传飞行控制系统和高推重比发动机，使该型机具有机动性高、敏捷性好和续航时间长等特点。苏-27机动性能十分优秀，加速性能和爬升性能超过美国同类飞机，特别是"普加乔夫眼镜蛇"动作使得F-15、F-16望尘莫及。苏-27携弹量很大，可执行截击低空突防的超声速轰炸机和亚声速巡航导弹的任务，也可为远程轰炸机和海上水面舰艇进行空中护航，有效对低空目标进行远距截击和进行超视距空战，同时兼有对地攻击能力。苏-27型机安装两台AL-31F型涡扇发动机，单台静推力77kN，加力推力122.6kN。从实战结果来看，第三代喷气式战斗机的研制是比较成功的，作战应用性能好，在战争中发挥了重要作用，至今仍不失为主力战机。

喷气式轰炸机，尤其是战略轰炸机，在大大提高了载弹量、增大了航程、强化了低空性能、增强了隐身能力、具备了防区外打击和电子干扰等能力的基础上，其军事应用领域也越来越宽广，作战应用上得到空前重视。B-1B和图-160突出的作战能力，使它们在军事威慑、战略警巡、战略打击等方面作用得到充分体现。B-1B是美国罗克韦尔国际公司研制的变后掠翼超声速远程多用途战略轰炸机。该型机采用翼身融合体可变后掠翼正常式布局，后掠角在15°～59.5°之间变化。机长44.8m，机高10.36m，翼展41.76m（全展开）、26.51m（全后掠），机翼面积181.20m²。动力装置为4台F101-GE-102加力涡扇发动机，单台静推力80kN，加力推力133.4kN。空机质量83621kg，最大有效载荷56699kg，内部载弹量为34019kg，外部载弹量为26762kg，最大载油量88450kg，设计最大起飞质量216366kg。最大平飞速度马赫数1.25，突防速度（高度61m）965km/h，巡航马赫数0.7，起飞滑跑距离2530m，航程12000km。使用了雷达吸波材料，雷达反射面积仅为 B-52 的 1%。主要用于执行战略突防轰炸、常规轰炸、核打击和海上巡逻等任务。图-160 是苏联图波列夫设计局研制的四发变后掠超声速远程战略轰炸机。该型机是 20 世纪世界上最大的作战飞机，采用变后掠翼布局，悬臂式下单翼，机翼位置较低，采用翼身融合体技术与机身相连，圆形细长机身。机长 54.10m，机高 13.10m，翼展为 55.70m（后掠角 20°）、50.70m（后掠角 35°）、35.60m（后掠角 65°），机翼面积（全后掠）360m²。动力装置为 4 台 NK-321 涡扇发动机，两两并列安装在翼身连接处的下部，采用电传操纵系统进行飞行控制，单台静推力 137.3kN，加力推力 245kN。4 名机组人员前后并列，每人都有单独的弹射座椅。机头上方有可收放式空中受油探管。空机质量 110000kg，最大载弹量 40000kg，最大载油量 171000kg，最大起飞质量 275000kg，最大平飞速度（高度 12200m）马赫数 2.05，巡航速度（高度 13700m）马赫数 0.9，实用升限 15000m，最大航程（不空中加油）12300km，作战半径（马赫数 1.5）2000km。其作战方式以高空亚声速巡航、低空亚声速或高空超声速突防为主，在高空可发射具有防区外攻击能力的巡航导弹，进行防空压制时，可以发射短距攻击导弹。此外，该机还可以低空突防，用核炸弹或核导弹攻击重要目标。

空运在战争中的作用是巨大的，因此，军用运输机的作战应用得到了普遍的重视。随着载重量更大、航程更远、速度更快的喷气式军用运输机的出现，军用运输机在战争中的应用前景更加广阔。其中，C-5 和伊尔-76 是作战应用比较广泛的战略运输机的典范。C-5 运输机采用悬臂式上单翼，机长 75.54m，机高 19.85m，翼展 67.88m，机翼面积 576.00m²。动力装置为 4 台 TF39-GE-1C 涡扇发动机，单台推力 191.2kN。最大起飞质量 380t，最大载重约 120t，巡航速度为 800～900km/h，最大载重航程 5500km，最大燃油航程 10400km。起飞距离 2530m，着陆距离 1164m，空运人员时可载 350 名士兵，运载装备时可载 2 辆 M1 型坦克，或 6 架 AH-64 武装直升机，或 10 枚潘兴导弹和发射车，陆军师的 95%装备都可用其载运。C-5 运输机在局部战争中得到了实战检验。伊尔-76 运输机机身采用全金属半硬壳式结构，悬臂式上单翼，液压收放前三点式起落架。机长 46.59m，机高 14.76m，翼展 50.50m，机翼面积 300.00m²。动力装置为 4 台 D-30KP-2 涡扇发动机，单台推力 117.7kN，有反推力装置。最大起飞质量 190000kg，最大载重量 47000kg，最大巡航速度 780km/h，实用升限 12000m，最大载重航程 3800km，最大燃油航程 7800km。伊尔-76 设计上十分注意满足军事要求，如翼载低，展弦比大，采用完善的增升装置等，尤其是在货舱后部有蚌壳式舱门和货桥与导轨，而且导轨宽度可调。随机的装卸设备有 2 台电动起重机（每台起重 5000kg）、2 台绞车（每台牵引拉力为 30kN），缩短了装卸货物的时间，增加了飞机的周转率。伊尔-76 的运输成本较低，可与水上运输成本相媲美,因此得到广泛应用。其货舱可运载 140 名武装士兵或 125 名伞兵,以及各种车辆、导弹、高射炮等武器装备。伊尔-76 是在严寒条件下性能最好和使用最经济的战略运输机。

第二节　喷气式飞机时代航空发动机

喷气发动机的发明和发展是航空技术的一场革命,它是飞机向超声速和高超声速发展的动力保证。没有喷气发动机,就不会有喷气式飞机时代,更不会有航空的超声速时代。喷气发动机技术是一国技术和工业水平的标志,可以预见,在今后相当长的时间里,喷气发动机技术还将获得更大的发展。

一、喷气发动机的诞生与喷气式飞机时代的到来

涡喷发动机技术应当是最早出现的喷气式飞机航空技术,包括涡轮技术和喷气技术两个方面。其基本原理是:空气经过压气机压缩后进入燃烧室与燃料混合燃烧,膨胀的燃气进入与压气机同轴的涡轮并推动涡轮旋转,使压气机正常工作,从涡轮中流出的燃气经喷管膨胀后,以高速沿发动机轴向后喷出,从而产生巨大的反作用推力。就涡轮技术起源来说,其发展历程可以追溯得很远,古代中国的“水排”“走马灯”,古代罗马的水轮机等,都包含着它的基本原理。喷气技术起源,也可以追溯得很久,如我国宋朝的火箭、“走线流星”等玩物,古希腊学者希罗(Hero)曾发明的汽转球等。17 世纪建立的牛顿力学为喷气反作用力推进的研究奠定了科学基础。[1]进入 20 世纪,空气动力学、飞行力学的发展,又为涡喷发动机技术的快速发展奠定了理论基础。

航空界的先驱为涡喷发动机技术的发展作出了不可磨灭的贡献。1908 年,法国人洛林提出了用活塞式发动机改成喷气发动机的方案。[2]1910 年,法裔罗马尼亚发明家亨利·科安德(Henri Coanda)制造并试飞了第一架“热喷气”动力飞机。[3]1913 年,法国工程师雷恩·罗兰获得第一个喷气发动机专利,它属于无压气机式空气喷气发动机,与后来的冲压发动机基本相同。[4]第一次世界大战后,空气喷气推进方式受到越来越多的重视。20 世纪 20 至 30 年代,为实现空气喷气推进,航空领域的精英们提出了众多的方案和设想,并进行过不少试验。20 世纪 30 年代,意大利工程师坎平尼(S.Campini)设计出了两款喷气式飞机—CC-1 和 CC-2。上述这些喷气发动机虽然没有达到实用水平,先驱

① 张耀.航空科学技术的发展[M].北京:航空工业出版社,2007:51.
② 方昌德.航空发动机的发展历程[M].北京:航空工业出版社,2007:60.
③ [以色列]马丁·范克里韦尔德.制空权时代[M].王祥兵,李婷婷,译.北京:新华出版社,2013:157.
④ 方昌德.航空发动机的发展历程[M].北京:航空工业出版社,2007:7.

者们的工作没有取得期望的结果，但是，已使燃气涡轮喷气发动机技术呼之欲出，为后人研制燃气涡轮喷气发动机提供了借鉴。

在两次世界大战之间，涡喷发动机已经初露端倪。这一重大技术的发明要归功于两个人：英国人弗朗克·惠特尔（Frank Whittle）和德国人汉斯·冯·奥海因（Hans Von Ohain）。惠特尔在 1937 年 4 月 12 日，造出了自己的第一台离心式涡喷发动机，这被视为涡喷发动机诞生的标志。尔后，于 1941 年 5 月 15 日，装有这种新型发动机的 E28/39 型试验机首次试飞。奥海因于 1937 年 2 月底造出定名为 HeS1 的涡轮喷气发动机，达到了预期的效果。在此基础上，于 1938 年完成了 HeS3 发动机的定型，其推力为 4kN，推重比为 1∶12。1939 年 8 月 27 日，装备了这种发动机的 He.178 型喷气式试验机首次试飞，从而成为世界上第一架试飞成功的涡轮喷气式飞机。He.178 和 E28/39 的成功试飞，标志着喷气式航空技术达到了实用水平。当以涡喷发动机为动力的战斗机投入实战时，人类航空史上翻开了崭新的一页。"发明涡轮喷气发动机的人，想的就是让飞机飞快点，它却让人类进入了喷气时代。"[①]第二次世界大战后期，德国制造的 Me-262 型双发喷气式战斗机开始参战，这是世界上第一架具有实战价值并投入批量生产的喷气式战斗机，这标志着人类航空史跨入了喷气式飞机时代。

涡扇发动机是涡轮发动机中的后起之秀，发展前景广阔。它是典型的现代高科技产品，反映了一个国家的技术水平和经济实力，是综合国力的象征。为了降低涡喷发动机的耗油率和噪声，航空工程师们在探索中想到了涡扇发动机。早在 1936 年，惠特尔就提出过涡扇发动机的方案，代号为 LR1，并取得了设计专利权。第二次世界大战期间德国研制过的多种涡轮发动机中也提出过这种方案，但限于当时技术水平，终无成果。第二次世界大战结束后的最初几年里，英国罗·罗公司发展了一种涡扇发动机，其方案代号为 RB80，1947 年 4 月开始台架试车，1952 年正式定名为康维内外涵发动机，1957 年 7 月完成定型试验，进入批量生产。这是世界上第一台涡扇发动机，其推力为 57.30kN。之后，美国普·惠公司和 GE 公司也着手研制涡扇发动机，推出 JT3D-1 方案，1959 年 1 月试车成功，同年 7 月装在波音 707 首飞成功。苏联涡扇发动机的研制在卫国战争爆发前夕即已开始，1955 年设计的 D-20P，于 1960 年投入批量生产。20 世纪 80 年代后，喷气发动机领域基本被涡扇发动机占领，并在增加推重比的技术上得到快速发展。1973 年，美国普·惠公司研制成功首台推重比为 8 的 F-100 涡扇发动机，之后，相继又有美国的 F-404 和 F-110、欧洲的 RB-199、法国的 M-53 和苏联的 RD-33 和 AL-31F 问世，均为双转子或三转子涡扇发动机，推重比为 7.2～8.0。这些发动机分别用于 F-15、F-16、F-18、"狂风""幻影"、

---

① 方昌德. 航空发动机的发展历程[M]. 北京：航空工业出版社，2007：49.

米格-29 和苏-27 等现役一线战斗机上。

涡桨和涡轴发动机分别驱动螺旋桨或旋翼,是涡轮和涡扇发动机的必要补充。英国是世界上最早研制涡桨发动机的国家,1942 年英国即开始研制,并推出世界上第一台涡桨发动机——"曼巴"发动机。后来,英国又把"曼巴"发展成两台并车的"双曼巴",还研制了"意兰特""奥利安""苔茵"和"达特"等多种型号涡桨发动机。其中,"达特"是英国 1945 年开始研制的,是世界上第一台采用双级离心式压气机的涡桨发动机,起初的功率为 736kW。直到 20世纪 50 年代末,英国在涡桨发动机的研制上一直处于世界领先水平。美国 1946年 6 月开始研制第一台涡桨发动机 T34,功率达 4414kW。1948 年,美国开始发展 T56/501 涡桨发动机,1956 年开始装备,其功率为 2580～4414kW,曾出口到 50 多个国家和地区,是世界上生产数量最多的涡桨发动机之一。尔后,又在 T56 涡桨发动机和 T406 涡轴发动机基础上研制出新一代涡桨发动机AE2100,功率为 2983～5966kW。苏联是在第二次世界大战结束后不久开始研制涡桨发动机的,最早研发的型号是库兹涅佐夫设计局设计的 TV-2,随后研发了 AI-20、AI-24 和 NK-4。这些涡桨发动机所安装的民航机和运输机曾创造过多项运输机的世界纪录。NK-12M 是世界上功率最大的涡桨发动机,最大起飞功率超过 11000kW,安-22 等军用运输机安装了 4 台 NK-12M 发动机。另外,美国普·惠公司研制的 PT6 涡桨/涡轴发动机系列经过 40 年的发展,共派生出20 多个改型,功率范围为 359～1500kW,产量巨大。20 世纪 70 年代末至 80年代初,涡桨发动机在结构上采用了离心式或轴流+离心混合式压气机,回流环形燃烧室,单元体设计,应用了耐高温材料,使用数字式控制系统,性能有了较大提高。代表型号有 PW100、CT7 和 TPE331-14/15 等。由于涡喷发动机有着活塞式发动机不可相比的优点,因此,20 世纪五六十年代,涡桨发动机曾经在亚声速运输机和轰炸机上风光一时。但是从 60 年代起,涡扇发动机尤其是高涵道比涡扇发动机的崛起,涡桨发动机逐渐从大型运输机、民航机领域中退出,只在支线客机和通用飞机上保留了一席之地。涡轴发动机是在第二次世界大战结束 1 年后才开始研制,法国开始得最早。1948 年,法国透博梅卡公司研制出了定名为"奥瑞登"的小型涡轴发动机,功率为 118kW,1950 年研制出了"阿都斯特"Ⅰ涡轴发动机,功率为 206kW,是世界上第一个实用型的涡轴发动机,用于美国的 S52-5 直升机上。后来发展为"阿都斯特"Ⅱ,功率为 405kW,并开始批量生产。透博梅卡公司后来还发展了"阿斯泰阻""透默""阿赫耶"、TM333等涡轴发动机,并与英国合作发展了 RTM322 和"宝石"涡轴发动机,与德国和英国共同研制了 MTR390 涡轴发动机等。1951 年美国仿制了"阿都斯特"Ⅰ,定名 T51,后来又发展了 T65。英国独自研制的涡轴发动机是罗·罗公司研发的"盖兹尔"和"宁巴斯"等涡轴发动机。苏联是从 20 世纪 50 年代开始研制涡轴发动机的，型号有 GTD-350、TV2-117A、D-25VB、D-136 等，D-25VB 起飞功率为 4784kW，D-136 起飞功率为 7500kW。20 世纪 70 年代末至 80 年代初，涡轴发动机在提高循环参数、单位功率等方面有了长足进步，改进了气动设计和材料，采用了气冷涡轮叶片、数字化控制系统，性能有了很大提高。这一时期的代表型号有美国的 T700-GE-701A、法国的马基拉 1A 和苏联的 TV3-117VM 等。从 20 世纪 50 年代初以来，由于直升机的用途日益扩大，特别是武装直升机的飞速发展和民用直升机数量猛增，涡轴发动机几乎完全取代了活塞式发动机，而成为大、中型直升机的主要动力系统。

二、喷气发动机的基本性能特点

喷气发动机不仅种类多样，而且型号繁多，其性能和特点更是千差万别。影响喷气发动机性能特点的因素很多，如科技水平、军事思想、时代进步、发展路径，甚至国家文化等都能产生影响。为了系统地阐述喷气发动机的基本性能特点，不妨以时间为脉络，对喷气发动机进行划代，从而勾勒出喷气发动机在各发展阶段中的性能和特点。

第二次世界大战结束后，经济复苏，更多的国家进入到涡喷发动机这一新的技术领域里，使涡喷发动机技术迅猛发展，很快形成了第一代涡喷发动机。这一代涡喷发动机主要性能特点是：推力在 22.5kN 左右，推重比不大，约为 2～3，均为单转子发动机，有离心式的，有轴流式的。代表型号有英国的"尼恩""古斯特"，美国的 J47、J65，苏联的 вк-1、 вк-1Ф 等。20 世纪 50 年代中期，第二代涡喷发动机开始服役，这一代涡喷发动机主要性能特点是：多是单转子加力式涡喷发动机，发动机的压气机、燃烧室和涡轮等组成部分又有了改进，压气机已经全部采用了轴流式，性能水平有了明显的提高；推力为 49～98kN，推重比一般为 4～5[①]，但结构相对还不太复杂。代表型号有美国的 J57、J79，苏联的 РД-9Б 等。第三代涡喷发动机，主要由苏联进行研制，因为这一时期美、英等国已经开始研发和使用涡扇发动机了。这一代涡喷发动机于 20 世纪 50 年代末至 60 年代初开始服役，主要性能特点是：为双转子加力式涡喷发动机，推重比为 5.6～6.5，性能较好。代表型号有苏联的 Р-11、Р-13 和 Р-29-300，其中，Р-29-300 推力达 122.6kN。

20 世纪 60 年代末至 70 年代初，第一代涡扇发动机开始服役。这一代涡扇发动机主要性能特点是：在服役中显示出了良好的综合性能，特别在航程和中低空性能方面有良好的表现，但推力不大，推重比为 5～6，涡轮前温度 1127～1227℃，总体性能水平较低，与同期的涡喷发动机相比并不占优。代表型号有

---

① 李成智.飞行之梦—航空航天发展史概论[M].北京：北京航空航天大学出版社，2004：138.

英国的斯贝 MK202、美国的 TF30 等。第二代涡扇发动机是于 20 世纪 70 年代中后期至 80 年代初发展起来的。这一代涡扇发动机的主要性能特点是：中涵道比（0.6～1.0）、跨声速压气机、短环形燃烧室、高负荷跨声速涡轮、高涡轮前温度（1300～1400℃）、收-扩喷管、复合气冷涡轮叶片、单元体设计、带有状态监控的数控系统、带加力燃烧室、使用了部分新型材料、推重比较大（一般为 7.5～8.0）、推力大、油耗低，有较好的可靠性、维修性和耐久性，作战适用性强。代表型号有美国的 F-100、F-110 和 F-404，英、德、意三国合作研制的 RB-199，法国的 M-53，苏联的 AL-31F 和 RD-33 等。其中，F-100 和 F-110 改型推力超过 160kN，推重比超过 9；F-404 推力达到 97.8kN，推重比为 9.1。90 年代后，涡扇发动机发展为第三代。

20 世纪 70 年代前，第一代涡桨发动机投入使用。这一代涡桨发动机的主要性能特点是：功率范围为 500～1500kW，耗油率为 0.35～0.40kg/(kW·h)。代表型号有达特、PT6A、TPE331、NK-4、NK-12M、AI-20 等。70 年代末到 80 年代初，第二代涡桨发动机投入使用。这一代涡桨发动机主要性能特点是：结构上采用了离心式或轴流+离心混合压气机，回流环形燃烧室，功率较大，起飞功率一般为 809～1800kW，耗油率进一步降低（一般为 0.280～0.315kg/(kW·h)，单元体设计，应用了耐高温的定向凝固合金，采用数字式控制系统。代表型号有 PW100、PW124、CT7 和 TPE331-14/15 等。90 年代后，涡桨发动机发展到了第三代。

第一代涡轴发动机于 20 世纪 60 年代开始服役。这一代涡轴发动机主要性能特点是：起飞功率一般为 290～1029kW，起飞耗油率一般在 0.382～0.490kg/(kW·h)，功重比一般为 24.2～64.0kW/N。代表型号有法国的阿都斯特、美国的 T58-GE-10 和苏联的 GTD350 等。第二代涡轴发动机是 60 年代开始研制的。这一代涡轴发动机主要性能特点是：总增压比提高到 6.6～13.0，涡轮前温度提高到 810～1037℃，起飞功率一般为 309～2296kW，起飞耗油率一般为 0.302～0.401kg/(kW·h)，功重比增加至 33.0～64.0kW/N。代表型号有法国的阿赫耶 IC，美国的 T63A-720、T64-GE-6，苏联的 TV2-117A 等。第三代涡轴发动机是 70 年代设计、80 年代投入使用的。这一代涡轴发动机主要性能特点是：总增压比提高到 9.4～17.1，涡轮前温度提高到 1200℃，耗油率降低到 0.29～0.32kg/(kW·h)；发动机的功率增加，起飞功率为 1240～1470kW，功重比达到 51.2～65.4kW/N；改进气动设计和材料，大大提高了循环参数；采用了气冷涡轮叶片，普遍采用单元体结构设计；逐步完成从机械液压式控制系统向全权数字电子控制系统的过渡；采用视情维修，改善了可靠性和维护性，延长了部件寿命，全寿命期费用比前一代减少 32%。代表型号有法国的马基拉 1A、美国的 T700-GE-701A 和苏联的 TV3-117VM 等。进入 20 世纪 90 年代后，第四代涡轴发动机开始投入使用。

三、喷气发动机的军事应用

喷气发动机应用到军事领域后，对作战平台的能力产生了重大影响，进而对作战进程也产生了很大影响。特别是为作战飞机量身打造的喷气发动机，基本上代表了一个阶段喷气发动机的最先进水平，对作战飞机能力跃升产生了极大的推动作用。

第一代涡喷发动机服役后，使战斗机在高速状态下飞行和作战成为了可能。分别安装在米格-15 和 F-86 上的 BK-1、J47 是这一代喷气发动机的典型代表，它们使战斗机飞行速度提高到 1050km/h，接近了声速，并首先投入实战，拉开了人类历史上喷气战斗机之间空战的帷幕。米格-15 动力装置为 1 台 BK-1 喷气发动机，推力为 22.246kN，它使米格-15 的最大平飞速度达到 1070km/h（高度11km），实用升限 15200m，最大航程达到 1782km，续航时间为 3h。BK-1 发动机具有良好的加速性能，使米格-15 从马赫数 0.7 加速至马赫数 0.9 用时仅1.1min。BK-1 的出色表现使米格-15 投入战场后，很快便以速度快、爬升率高、转弯半径小等性能优势占据了作战主动，取得了战场的空中优势。F-86 动力装置为 1 台 J47 轴流式发动机，推力为 23.6kN，推重比为 2～3，耗油率为 0.1kg/（N·h）。在 J47 发动机的驱动下，F-86 最大飞行速度达到 1072km/h，实用升限达到 16170m，正常巡航航程达到 2000km，作战半径达到 856km。J47 发动机的优越性还体现在能支撑 F-86 在滚转速度、俯冲和减速性能方面取得优势。BK-1 发动机与 J47 发动机相比，在中、低空性能不相上下，但在高空，BK-1 发动机的性能更胜一筹，使得米格-15 战斗机在高空的盘旋性能好于 F-86 战斗机。因此，在朝鲜战争中，空战时，F-86 战斗机常在中、低空游弋，企图诱使米格-15 战斗机下降高度与之交战。

第二代涡喷发动机服役后，大推力发动机的出现使战斗机突破了声障，并很快实现了以 2 倍声速飞行和在高空高速状态下作战。苏联的米格-19 战斗机以 2 台 РД-9Б 发动机为动力装置，每台推力 25.5kN（加力推力达 31.9kN）。在2 台 РД-9Б 发动机的驱动下，米格-19 战斗机具备了出色的作战能力：最大飞行马赫数达 1.355、起始爬升率为 115m/s、实用升限达 17899m、转场航程为2160km，在中、低空具有良好的爬升性能和机动性能。但受 РД-9Б 发动机性能的局限，米格-19 战斗机超声速性能要逊于跨声速性能。F-100 战斗机动力装置为 1 台 J57 发动机，该型发动机是双转子带加力燃烧室的涡喷发动机，加力推力达 75.6kN。J57 发动机的优秀品质使 F-100 战斗机的表现也不同凡响，在1953 年 5 月 25 日的飞行中突破了声障，飞行速度达到 1215km/h，创造了当时世界最高的飞行速度纪录。以 J57 发动机为动力，F-100 成为当时名噪一时的战斗机，其作战性能也非常突出：最大飞行马赫数达 1.3，实用升限达 14520m，最大爬升率达到 71m/s，最大航程为 2400km（带 2 个副油箱）。基于 J57 发动机优越的性能，J57 的应用范围得以扩大，除用于 F-100 战斗机外，还用于 F-101、F-102 战斗机和 B-52 远程战略轰炸机。B-52 远程战略轰炸机是设计和运用都非常成功的军用飞机，是轰炸机中的"常青藤"，问世 50 余年，一直活跃在军事行动一线，在第二次世界大战后的局部战争中得到大量使用，对现代战争产生了非常深远的影响。其中很大的功劳应归结到 J57 发动机上，因为在长达半个世纪的作战运用中，除了 B-52H 使用了 8 台 TF-33-P-3 涡扇发动机外，其余各型 B-52 均使用 8 台系列型号的 J57 发动机。强劲的动力，使 B-52 轰炸机的飞行速度和载弹量、航程等性能出色：最大速度达 1000km/h 左右，巡航速度达 800～896km/h，实用升限达 16765m，最大载弹量达到 27t，航程（最大油量）达 16093km，续航时间达到了 19h。随着涡喷发动机继续追求大推重比、大推力，战斗机也继续向高空高速发展。美国后来研制出的 J79 单转子加力式涡喷发动机，最大推力达 70.20kN，推重比为 4.63。1958 年，美国推出以 J79-GE-3B 发动机为动力装置的 F-104A 战斗机，这是世界上第一种 2 倍超声速的战斗机，最大飞行马赫数达 2.2，实用升限达 17.68km。当改进型 F-104S 使用改进型发动机 J79-GE-19 为动力装置，加力燃烧室进行了重新设计，加力推力大增，使飞机的最大速度达到了马赫数 2.4，而且机动性、加速性、爬升率、作战半径及航程与 F-104A 都有较大的提升。苏联研制的 P-13 双转子加力式涡轮喷气发动机，最大推力 50kN，最大加力推力达 64.80kN，推重比 5.8。1959 年，苏联推出以 P-13 发动机为动力的米格-21 战斗机，最大飞行马赫数达 2.1，实用升限达 18km，最大爬升率达 150m/s，最大转弯角速度为 8.2（°）/s（高度 5km），表现出了良好的作战性能。作为备受推崇的著名战斗机，米格-21 在 20 世纪 60～80 年代的多次局部战争和武装冲突中屡创佳绩，名噪一时。在越南战争中，越南空军经常使用米格-21 战斗机以少胜多。例如，1967 年 4 月，越南 2 架米格-21 战斗机创造了连续击落 4 架美国 F-1O5D 战斗轰炸机的战绩，而越方无一损失。

涡扇发动机良好的综合性能，使它最终取代了涡喷发动机，占据了喷气发动机领域的主导地位。鉴于涡扇发动机的优越性，从 20 世纪 60 年代开始，涡扇发动机就被军用飞机大量采用，使作战飞机的性能有所提高。自第二代涡扇发动机应用到作战飞机后，使得第三代战斗机追求的"高机动性"目标得以实现。F-16 是第三代战斗机的典型代表，改进型号繁多，但其作战能力与动力装置的改变息息相关。F-100 发动机的优良品质，使以之为动力装置的 F-16 成为第三代战斗机中的佼佼者。F100 发动机推力超过 160kN，推重比超过 9，加之 F-16 战斗机先进的气动布局，使其机动性能超群。例如，在海平面，最大速度可达马赫数 1.2，最小速度可达马赫数 0.14，最大爬升率达 360m/s，最大过载为 9.0g，最大转弯角速度为 22 (°)/s，最小转弯半径为 610m；在高度为 9150m 时，最大速度可达马赫数 1.75，最小速度可达马赫数 0.28，最大爬升率达 140m/s，最大过载为 6.5g，最大转弯角速度为 12 (°)/s，最小转弯半径为 1080m。F-16 在马赫数 0.8～1.0 的速度范围内的空战能力更为突出。但其出口型 F-16/79 则是使用 J79-GE-119 型涡喷发动机替换了 F100 发动机为动力装置，其设计目的就是通过换装发动机后，对飞机作战性能造成影响，利用 F-16 的机体改造出一种综合作战性能高于 F-5E 却低于 F-16A 的中档机型。这是发动机对军用飞机作战性能产生影响的经典例子。但即便如此，F-16 战斗机的性能还是相当优越的，在该型机问世不久，以色列就进口了约 40 架，以色列空军飞行员很快就掌握了该型机的特点，先后在对伊拉克核反应堆和驻突尼斯巴勒斯坦解放组织总部进行的空袭中，将 F-16 战斗机的性能发挥到了极致，取得了令人称奇的战果。苏联的 AL-31F 发动机是双转子加力式涡扇发动机，单台中间推力范围为 75.50～82.86kN，加力推力范围为 122.57～125.00kN[①]，推重比为 8.17。由于 AL-31F 发动机采用了新型结构材料、耐高温合金、独特的加工工艺和控制系统，使 AL-31F 发动机的作战适应性非常强。苏-27 战斗机安装了 2 台 AL-31F 发动机，加速性能和爬升性能都很强。在 1989 年巴黎国际航空展览会上，苏联飞行员普加乔夫驾驶苏-27 表演的"眼镜蛇"特技机动飞行动作，在航空界引起很大震动。因其飞行动态很像眼镜蛇发怒时的动作，故而得名。整个过程历时 5s 左右，飞机速度变化范围由 310～420km/h 变为 110～120km/h，飞机最大迎角大大超过失速迎角，表现出了优秀的机动性能。涡扇发动机应用到轰炸机上，使轰炸机大大提高了载弹量、增大了航程、强化了低空性能。如苏联图-160 战略轰炸机，动力装置为 4 台 HK-32 涡扇发动机，单台加力推力为 250kN。在这样动力下，该机的作战方式是以高空亚声速巡航、低空高亚声速或高空超声速突防为主。推力大、经济性能好的涡扇发动机应用军用运输机上之后，使得军用运输机的载重更大、航程更远、速度更快。如美国的 C-141、C-5，苏联的伊尔-76、安-124 和安-225 等，都具备了这样的作战能力。

涡桨发动机服役后，涡桨发动机低耗油率的突出特点使其很快在军用运输机上派上了用场。但多数使用涡桨发动机的军用运输机是战术运输机，如美国的 C-130、C-133A，英国的"大商船"、贝尔法斯特，苏联的安-12 和安-22 等。总体上讲，这些飞机总重和载重量均较小，总重一般不超过 80t，载重 20t 左右，可运载 100 多名士兵；空运距离较短，一般航程 3000～4000km；对起降条件要求较低，具有短距起降能力，因此能够在战场附近的前沿和野战机场起

---

① 林左鸣. 世界航空发动机手册[M]. 北京：航空工业出版社，2012：78.

降。战术运输机使用灵活方便，是进行战役战术空降作战的一种主要运输工具。涡桨发动机的经济性也使其应用在轰炸机上，如苏联在20世纪50年代中期发展出的装有4台涡桨发动机的图-95轰炸机，该轰炸机所用的发动机为世界上功率最大的涡桨发动机，功率高达11180kW。

随着涡轴发动机的性能不断改进，直升机在军事上的作用也越来越大。第三代涡轴发动机的功重比达到51.2～65.4kW/N，大大改善了直升机的机动性能；普遍采用单元体结构设计和视情维修，提高了军用直升机的战斗完好率和作战效能；普遍采用了进气防护装置和红外抑制器，大大提高了直升机的生存能力。例如，T700-GE-701A涡轴发动机起飞功率达到了1266kW，功重比达到65.4kW/N。AH-64"阿帕奇"武装直升机以2台T700-GE-701A（后来改进型改用2台T700-GE-701C）涡轴发动机为动力装置，使该型武装直升机成为闻名遐迩的双座双发攻击直升机，最大起飞质量达10107kg，最大允许速度达365km/h，最大巡航速度达293km/h，最大垂直上升率（海平面）为12.7m/s，实用升限为6400m，有地效悬停高度为4570m，无地效悬停高度为3505m，最大航程（机内油箱）达482km，转场航程达1899km，具有全天候、昼夜作战能力，机动性能好，成为反坦克的有力武器。1989年12月，在巴拿马首次用于实战。

第三节　喷气式飞机时代航空武器

喷气式飞机时代航空武器，种类繁多、用途各异，制导武器与非制导武器并存，空空导弹、空地导弹和航空制导炸弹等逐步成为主角，但航空机炮（枪）、航空火箭弹、航空炸弹等仍然发挥作用。同时，火控系统和悬挂发射装置等发展迅速。

一、非制导武器

20世纪40年代末至50年代初，在世界范围内刮起了"要导弹，不要机炮"之风，所以，50年代中期至60年代中期，在某些超声速战斗机上，航空机炮被空空导弹所取代。60年代之后，几次局部战争的空战实践证明，航空机炮是近距格斗不可缺少的手段，从而又被重新装备到超声速战斗机上，并得以继续发展。航空机炮的分类较多，按能量利用的方式，分为管退式、导气式和外能源式3类；按结构特点，分为滑动机心式、转膛式、多管旋转式、链式和开膛式等种类；按发展历程，分为传统航空机炮和非传统航空机炮，后者有激光炮、电磁炮等。50年代以后，转膛式和多管旋转式航炮发展较快。航空机炮的未来发展方向是增大初速、提高精度和改进弹药。

航空火箭弹是从飞机上发射的以火箭发动机为动力的非制导武器。[①]由引信、战斗部、火箭发动机和稳定装置组成。航空火箭弹最早出现于第二次世界大战中，主要用于空对地攻击，具有多种类型高效能战斗部，能高速发射并攻击大面积目标。航空火箭弹按作战用途，可分为空空火箭弹和空地火箭弹两类。在喷气航空时代，作为空对空攻击的助攻武器，仍然是战斗机和武装直升机有力的空战武器；作为空对地攻击武器，则是战斗机、攻击机和武装直升机广为选用的重要武器。世界各国研制的航空火箭弹有近 50 种，其口径分别为 37mm、55mm、57mm、68mm、70mm、80mm、81mm、90mm、100mm、120mm、122mm、127mm、130mm、135mm、180mm、210mm、240mm 和 266mm。其中，37mm、55mm、57mm、68mm、70mm 的航空火箭弹为空空/空地两用火箭弹，其余各种口径的均为空地火箭弹。

航空炸弹是由飞机或其他航空器投掷的无航行动力的爆炸性弹药。[②]航空炸弹一般由弹体、装药、弹耳、引信和尾翼等组成。航空炸弹是出现最早、种类最多、消耗量最大的武器，是轰炸机和歼击轰炸机的重要武器。第二次世界大战后，随着超声速作战飞机迅速发展，流线外形的低阻炸弹应运而生。以美国为例，20 世纪 50 年代初，出现了闻名世界、使用至今的 MK80 系列低阻通用爆破炸弹，包括 MK81（113kg）、MK82（227kg）、MK83（454kg）和 MK84（908kg）。20 世纪 80 年代，一些国家在美国 MK80 系列低阻炸弹的基础上，又发展了各型低阻炸弹系列。航空炸弹用于消灭敌有生力量，摧毁敌技术兵器和其他目标。不同类型的航空炸弹性能和作用也不相同。航空炸弹的分类方法各异，按照装填物类型，分为普通装药的常规炸弹和特种装药的非常规炸弹；按气动外形，分为高阻炸弹、低阻炸弹和减速炸弹，其中的减速炸弹是在低阻炸弹的基础上加装减速尾翼或降落伞等减速装置的一种新型航空炸弹，特点是减速装置结构简单，改装使用方便，主要用于战术攻击飞机实施高速、低空突防轰炸，尤其是实施超低空水平轰炸，使用中根据战术需要，可展开减速尾翼实施减速投放，也可不展开减速尾翼实施非减速自由投放；按引信类型，分为定时炸弹和非定时炸弹；按弹体结构，分为单一式炸弹和集束/子母式炸弹，其中集束/子母式炸弹主要用于大面积轰炸；按作战使用方式，分为主用炸弹和辅用炸弹，前者用于直接摧毁、杀伤目标，有爆破炸弹、杀伤炸弹、穿甲炸弹、燃烧炸弹、反坦克炸弹、反跑道炸弹、深水炸弹、核生化炸弹等，后者用于辅助瞄准轰炸或遂行特定任务，有照明炸弹、照相炸弹、标志炸弹、烟幕炸弹、宣传炸弹、教练炸弹等；按发展历程，分为传统航空炸弹和新概念航空炸弹，后者有微波炸弹、电磁脉

---

① 空军大辞典[M]. 上海：上海辞书出版社，1996：544.
② 中国空军百科全书[M]. 北京：航空工业出版社，2005：746.

冲炸弹等。

二、制导武器

喷气式飞机时代，制导技术应用于航空武器装备，出现了空空导弹、空地导弹和航空制导炸弹。精确制导武器的运用，引起空中作战方式的深刻变革。

空空导弹是由飞行器在空中发射，攻击空中目标的导弹。[①]一般由制导系统、动力装置、引信和战斗部组成。空空导弹是航空武器中出现最晚、发展最快的一类武器。从 1944 年德国首先研制成功 X-4 空空导弹以来，在半个多世纪的时间里，更新换代速度极快，逐步发展为具备全天候、全方向、全高度作战，具备单目标和多目标攻击能力的近、中、远距配套的武器系列，成为喷气式飞机时代战斗机拦截各类空中目标和空中格斗的主要进攻武器，同时也是战斗机、攻击机、武装直升机的主要防御武器。空空导弹按射程分为近、中、远距 3 类。前者为视距导弹（10km 左右），后两者为超视距导弹，包括中距空空导弹（10～100km）和远距空空导弹（100～400km），也有人将射程在 200km 以上的称为超远距空空导弹；按攻击方式，分为格斗空空导弹和拦射空空导弹，通常称为近距格斗空空导弹和中（远）距拦射空空导弹，但后者中有些也具有近距格斗能力；按制导方式，分为红外型、雷达型和复合制导型三大类，红外型均为被动式导弹，雷达型分为主动、半主动和被动式导弹，复合制导型为包含两种以上制导方式的导弹。1954 年，第一种空空导弹—"猎鹰"（AIM-4）进入美国空军服役，1955 年 6 月和 7 月"麻雀"Ⅰ（AIM-7A）和"响尾蛇"（AIIV1-9B）先后进入美国海军服役。这 3 种空空导弹中，前两种为雷达型，后一种为红外型。继美国之后，20 世纪 50 年代末和 60 年代初，苏联的 K-5（AA-1）雷达型空空导弹、英国的"火光"红外型空空导弹和法国的 R511"马特拉"雷达型空空导弹也相继装备各自空军和海军，从而形成冷战初期各国部队装备使用的第一代空空导弹系列。尔后，空空导弹加快了更新换代的速度，第一代空空导弹是针对亚声速轰炸机而设计的，主要用于近距尾追攻击；第二代是针对超声速轰炸机目标设计的全向攻击（拦射）导弹和针对歼击轰炸机目标改型设计的尾追攻击导弹，从 20 世纪 60 年代开始装备，典型的有 AIM-7D/E、R530、AA-3/4、AIM-9D 等；第三代是针对高空、高速与低空大表速突防的攻击目标设计的中距拦射导弹和针对歼击机在中、低空相互缠斗设计的近距格斗导弹，从 20 世纪 70 年代开始装备，典型的有中距型 AIM-7F/M、R530F/D、"天空闪光""阿斯派德"和 AA-10 等，近距型 AIM-9L/M、R550Ⅰ/Ⅲ、"怪蛇"Ⅲ、AA-8 和 AA-11 等。之后，空空导弹随着信息技术的发展不断向第四代发展。

---

① 空军大辞典[M]. 上海：上海辞书出版社，1996：562.

空地导弹是以飞机或直升机为发射平台，用于攻击地面、水面目标的导弹。[①]在喷气式飞机时代，空地导弹是战略轰炸机、战斗机、攻击机以及武装直升机的主要进攻武器。空地导弹具有较高的目标毁伤概率，机动性强，隐蔽性好，能从敌方防空武器射程外发射，可减少地面防空火力对载机的威胁。空地导弹主要由弹体、制导装置、动力装置和战斗部等组成，弹体的气动布局通常为正常式和鸭式。各国已经服役和正在研制的空地导弹有 200 多个型号，其中美国有近 80 个型号，苏联有近 60 个型号，英国有近 15 个型号，法国有近 20 个型号。德国、中国、瑞典、日本、以色列、挪威、阿根廷等国也都有自行研制的空地导弹。空地导弹按射程分为近程空地导弹、中程空地导弹和远程空地导弹；按用途分为反坦克空地导弹、反辐射空地导弹和多用途空地导弹；按作战任务分为战略空地导弹和战术空地导弹两类。战略空地导弹包括空射巡航导弹和空射弹道导弹，最大射程达 3000km，弹重达数吨，通常采用核战斗部，发展上大致经历了三代。20 世纪 50 年代末至 60 年代初发展了第一代，如美国的AGM-28、苏联的 AS-5、英国的"蓝剑"等，其特点是体积大、笨重、突防能力差、命中精度低。第二代是 60 年代中期开始研制，70 年代开始使用，如美国的 AGM-69A、苏联的 AS-6 等，其特点是摆脱了机型结构，重量、体积减小，最大速度为马赫数 3，增强了突防能力，仍采用惯性制导，远射受精度限制。第三代于 70 年代初开始研制，亚声速的有美国的 AGM-86B、苏联的 AS-15等，具有体积小、重量轻、飞行高度低、射程远、精度高等特点；超声速的有法国的 ASMP，除了具有体积小、重量轻、飞行高度低、射程远、精度高等特点外，还具有地形跟随和半弹道式飞行弹道等多种突防能力。战略空地导弹主要用于攻击政治中心、经济中心、军事指挥中心、工业基地和交通枢纽等重要战略目标。战术空地导弹分为通用战术空地导弹、防区外空地导弹和专用空地导弹（如机载反辐射导弹、机载反坦克导弹、机载反舰导弹等），射程一般在100km 以内，弹重数十千克至数百千克，通常采用常规战斗部。70 年代美国、法国等国家发展的多用途战术空地导弹，有电视型、激光型和红外成像型，如美国的 AGM-65 系列、AGM-130 和法国的 AS.30L 等。20 世纪 70 年代后期，有的战术空地导弹采用无线电高度表控制飞行高度，可作掠海飞行，末段采用雷达主动寻的制导。战术空地导弹装备在歼击轰炸机、强击机、歼击机、反潜巡逻机和武装直升机上，用以攻击雷达、桥梁、机场、坦克、车辆及舰船等战术目标。

航空制导炸弹是有制导装置和空气动力操纵面而无航行动力的航空炸弹，也称灵巧炸弹。[②]航空制导炸弹最初使用是在第二次世界大战后期，只能进行方位控制，且多采用从载机上发出控制指令进行遥控，制导精度很低。20 世纪 60

① 中国人民解放军空军军语[M]. 北京：蓝天出版社，2012：361.
② 中国空军百科全书[M]. 北京：航空工业出版社，2005：747.

年代末至 70 年代初，一些国家相继研制出激光、电视、红外、雷达、波束等航空制导炸弹，如美国的"白星眼"电视制导炸弹、GBU 系列制导炸弹。20 世纪 70 年代后期至 80 年代初，美国对"白星眼"和 GBU 进行了改进，在海湾战争中取得明显的战果。多数航空制导炸弹在常规炸弹上加装导引头和空气动力操纵面，其制导方式可分为激光、电视、红外等类型。航空制导炸弹在战术技术上具有空地导弹的特性，比非制导航空炸弹命中精度高，虽机动能力不如空地导弹，但具有结构简单、威力大、造价低等优点。航空制导炸弹可滑翔数千米至数十千米，载机可在远离目标的上空投掷，可提高载机的生存能力。航空制导炸弹主要用于精确毁伤仓库、桥梁、堤坝、隧道等小型重要目标。

三、火控系统

航空火力控制系统（简称火控系统），旧称瞄准具、瞄准系统。火控系统一般由目标参数测量装置、载机参数测量装置、机载火控计算机、瞄准显示控制装置、悬挂物管理系统等组成。是集光学、电子、精密机械、激光、红外、电视、微型计算机等技术于一体的硬/软件设备综合系统。喷气式飞机时代，雷达装备到战斗机上之后，出现了具有雷达装置的新型火控系统，该系统由半自动陀螺瞄准具和雷达组成，全部火控计算均由半自动瞄准具完成，雷达发挥搜索目标、测量目标距离的作用，如美国空军的 MA-3 系统、苏联应用 ACII 型瞄准具和 CPII 型雷达组成的多种火控系统等。喷气式飞机时代，火控系统已经发展了四代：第一代为 20 世纪 60 年代以前的机电式光学瞄准具，装备第一代战斗机，如 F-86、F-104、F-106 等；第二代为 60—70 年代的平视显示器/武器瞄准系统（HUD/WACS），装备第二代战斗机，如美国的 Aero-1A 机载导弹火控系统装备在 F-4 上、法国的 Cyrano Ⅱ 火控系统装备在"幻影"F.1 上等；第三代为 70—80 年代的综合火控系统，该系统由火力控制瞄准系统、多功能显示系统、脉冲多普勒雷达、中央火力控制计算机和悬挂物管理系统等主要部分组成，各分系统之间通过多路数据传输线连成一体，由中央火力控制计算机和系统功能软件完成火力控制，装备第三代战斗机，如 F-15、F-16、F/A-18、"幻影"2000 等；第四代为 80 年代末—90 年代，基于"宝石柱"系统的分布式综合航空电子/火控系统，装备第四代战斗机。

火控系统的工作原理：由目标参数测量装置探测、跟踪目标，测量目标的位置和运动参数；由载机参数测量装置测量载机的位置和运动参数；由机载火控计算机根据目标和载机的参数以及武器的弹道参数，不断解算出武器的瞄准信息，并将其输送给瞄准显示控制装置，从而使武器准确地处于瞄准目标状态。当目标进入武器的有效射程并到达预定的发射投放点时，由悬挂物管理系统自动地或由飞行员人工地向悬挂发射装置给出发射投放信号，使武器命中该目标。

对于采用中段指令修正制导和半主动制导的导弹，发射后火控系统向其提供制导所需的信息。

火控系统的性能对作战飞机作战能力的提高影响非常大。当作战飞机装备了平视显示器/武器瞄准系统后，提高了瞄准具信息显示量，扩大了瞄准显示器的应用范围，提高了作战飞机的防御和攻击能力。如1965年，开始采用单脉冲多普勒搜索、测距雷达，能全天候地进行空中目标搜索、跟踪和夜间对地面目标的距离测量，扩大了扫描探测空间范围和距离。在火控系统中配备了较完整的数字火控计算机，能够独立地完成载机的攻击占位导引和武器的发射与制导，此时的火控系统在一定条件下能对目标实施"全向拦射攻击"。综合火控系统应用到作战飞机上，使作战飞机真正具有了"超视距、多功能"的作战能力，如美国F-14A"雄猫"战斗机配备了AN/AWG-9火控系统后，与战斗机进行空战，雷达作用距离达到150km，能边搜索边跟踪，可同时跟踪24个分散目标，锁定6个目标攻击，在2s内，可将6枚"不死鸟"导弹射向6个分散的目标。20世纪80年代以后，为了增强空中作战优势，火控系统在"超视距、多目标、发射后不管"等关键技术上有了较大突破，战斗机的作战能力进一步增强。

四、悬挂发射装置

航空武器悬挂发射装置是在飞机上挂载炸弹、水雷和鱼雷、导弹及其发射装置、火箭弹及其发射器的配套装置。悬挂发射装置分为悬挂装置、射击装置和发射装置。

悬挂装置用于悬挂各类航空武器以及其他悬挂物，包括同武器连接的各种挂架和同挂架、飞机连接的各种挂梁。挂架按挂点位置，分为机内挂架和外部挂架。前者有固定的梁式、框式、箱式挂架和外伸式、旋转式挂架；后者有机翼（翼尖、翼下、翼上）和机身挂架。还可按悬挂武器的数量，分为单一式挂架（挂1枚）和复式挂架（挂多枚）。挂梁包括通用梁、专用梁和过渡梁。过渡梁是处于飞机与某一挂架之间或处于两种挂架之间的外挂梁，前一种过渡梁是根据载机的结构特点和挂弹要求，将某种专用或通用挂架装到飞机上，以便在其上悬挂该机作战任务所需的武器；后一种过渡梁是根据载机的作战需要，将另一些挂架同载机已有挂架相连，如复式炸弹架、导弹发射架、火箭弹发射器、机炮吊舱、组合式武器吊舱等。20世纪40年代以前，大部分战斗机和攻击机把炸弹等武器挂在机翼或机身下，因为当时绝大部分飞机的飞行速度在亚声速范畴，而且雷达处于早期发展阶段，所以这种挂载方式的缺陷还不突出。40年代中后期，飞机挂载能力提高，出现了三弹弹架和多弹弹架，这种外挂方式的缺陷变得很突出：一是飞机飞行速度提高，外挂使飞机的飞行阻力急剧增加；二是外挂物引起的机翼颤振限制了飞机的速度和过载；三是雷达反射面积增大，飞机生存能力下降。50 年代以后，一些主要的作战飞机采用了内部武器舱的结构布局。但随着低阻炸弹的问世，外部挂弹仍然是战斗机的主要挂弹方式。到了 70 年代末，为了解决外部挂弹带来的问题，更是由于作战的需要，全埋式保形悬挂法应运而生。这种方法是将全部悬挂装置和大部分外挂物埋入飞机内部，外挂物的表面与机翼或机身的表面相切，从而保证飞机具有良好的整体流线型。这种改良增加了作战飞机的机动能力，飞行阻力大大降低，作战半径增大。例如，F-4B 进行了全埋式保形悬挂法改良后，保形挂架使总阻力下降 60%，飞机的作战半径大约增加 50%，在目标上空的活动时间增加 1 倍。F-15C 飞机应用全埋式保形悬挂法后，保形油箱的阻力比两个挂架挂副油箱时的阻力减小 50%。

　　射击装置用于航空机炮的安装、射击，包括炮架、炮塔和武器吊舱。炮架有固定式和活动式之分。固定翼攻击飞机大多采用固定式炮架，将机炮安装在机身头部下方或翼根处；旋翼机中的通用直升机，大都采用活动式炮架，并由舱门内侧安装变为外侧安装，或装在座舱下部、机身侧部；专用武装直升机，则广泛采用活动炮塔。炮塔又称活动射击装置，按所采用的操纵能源，分为电动炮塔、液压炮塔、电动/液压炮塔等；按操纵方式，分为有人操纵遥控炮塔和无人操纵自动炮塔；还可按安装位置，分为上/下/尾部炮塔等。武器吊舱有机炮吊舱和组合式武器吊舱，适用于未固定安装机炮的各种作战飞机和直升机。已固定安装机炮的作战飞机和直升机，在任务需要时也可加挂武器吊舱。组合式武器吊舱有：机炮和火箭弹组合式吊舱、机炮和炸弹组合式吊舱、机炮和照相枪组合式吊舱、火箭弹和炸弹组合式吊舱、炸弹和照相枪组合式吊舱、火箭弹和副油箱组合式吊舱等。第二次世界大战后，美国研制的超大型轰炸机 B-36，全机共装备了 16 门 20mm 航空机炮。但随着轰炸机飞行速度提高，战斗机能攻击轰炸机的方向受限，从而轰炸机的炮塔数量逐步减少。20 世纪 50 年代后，苏联研制的图-16 轰炸机只保留了机上、机下和机尾 3 个炮塔，共 6 门 23mm 航空机炮。随后，其他各型轰炸机纷纷减少炮塔，有的只保留了 1 个炮塔。当战斗机装备了空空导弹之后，导致炮塔在现代轰炸机上消失了。

　　发射装置用于机载导弹和火箭弹的安装发射，分为导弹发射架和火箭弹发射器。导弹发射架有导轨式、导管式、挂架式等多种类型。按安装位置分为翼尖、翼下、机身下和舱内发射架；按结构形式分为固定式、伸缩式和瞄准式发射架；按发射方式分为轨道式、支撑式、弹射式和投放式发射架。导弹发射架的改进与发射方式和挂载方式关系很大。以支撑弹射式发射装置为例，导弹的发射程序是飞行员通过点火电路点燃燃气发生器的火药弹，火药气体作用于电动联锁机构，解除保险并释放弹钩，同时驱动弹射机构，火药气体的推力使导弹脱离载机，并启动延迟点火机构。在导弹达到预定的距离和姿态时再点燃导弹发动机。这种发射装置适合于"半埋"或"全埋"式挂载的导弹，导弹离机后能迅速摆脱载机干扰流场的影响，提高了战斗机的作战性能。火箭弹发射器按结构形式分为巢式、滑轨式和滑环式发射器；按安装位置分为翼尖、翼上、翼下、机身头部/腹部、弹舱门发射器。其中，巢式多用于运载、发射数量较多的中、小型火箭弹，按使用方式分为可投式和不可投式。可投式是指发射完火箭弹后，发射器可以投掉，其结构简单、流线性好、装卸方便和互换性好，是现代作战飞机广泛装备的一种发射器。不可投式是火箭弹发完后发射器不能投掉，如固定在机头、翼尖的发射巢和机身内的收放式发射器。收放式火箭弹发射器平时收入机内，发射时伸出机外，发射后收回机身。这类发射器能减少飞机的飞行阻力，但因结构较复杂并占用机身空间较大，而且在伸出机外瞬间对飞机的扰动较大，20 世纪 50 年代中期以后，作战飞机已经很少采用这类发射器。

第四节 喷气式飞机时代机载设备

喷气式飞机时代，计算机、微电子、自动控制、激光等技术获得迅猛发展，人们吸收这些尖端技术，不断研制出新型的机载设备，并进一步提高其综合化程度，与活塞式飞机时代相比，机载设备发生了根本性的变化。

一、机载通信设备

进入喷气式飞机时代，为适应喷气式作战飞机速度大、机动性强的特点，要求机载通信设备可靠性高、重量轻、体积小，具有耐震、耐冲击性能，能承受温度、湿度和气压的剧烈变化，飞机电台天线还要有足够的结构强度和良好的空气动力性能。特别是在抗干扰、抗毁、机动、灵活及保密等方面有更高的要求。

20 世纪 60 年代，当卫星通信崛起之后，短波通信的研究和使用走入低谷。但是，70 年代末以后，人们又重新看好短波通信，特别是 80 年代以后，伴随着计算机技术、数字信号处理技术的发展，新型电子器件及大规模集成电路的成熟，人们找到了改善短波信道传输可靠性及扩展短波信道通信容量的方法，从而使短波通信技术获得了很大的发展，进入了现代数字化的短波通信时代。其中，自适应选频技术进一步提高了短波通信电台的性能。机载短波自适应跳频电台的代表性型号有美国的 AN/ARC-190（V）和 AN/ARC-217 等。短波电台靠天波和地波两种方式传播，工作频段为 3～30MHz，一般采用单边带调制，可通电话、电报、传真和数据，主要供轰炸、侦察、运输等大型飞机进行远距离通信。支援地面部队作战的强击机，也装有小功率的短波电台，用于保障在低空、超低空飞行时的通信。

第二次世界大战结束后，世界上开始了 UHF（225～400MHz）频段电台的研究工作。20 世纪 50 年代初，美国空军装备了工作频率为 225～400MHz 的 AN/ARC-27UHF 单频段机载电台，60—70 年代，美国空军大量飞机上换装成了 UHF 单频段的 AN/ARC-164 标准通用电台，同时也为许多国家的军用飞机所采用，跳频速率可达到 200 跳/s 以上。为了满足三军协同通信需要，机载超短波电台向多频段、多功能和一机多用方向发展，例如，美国空军发展了 AN/ARC-186（V）作为标准型 VHF 双频段机载电台，到了 80 年代，美国研制了 AN/ARC-182 四频段 VHF/UHF 机载电台。与此同时，70 年代，美国空军发展了一种大容量、抗干扰和保密性好的，综合了通信、导航和识别能力的信息分发系统 JTIDS，80 年代，美国空军又发展了增强型 JTIDS（EJS）。进入 90 年代，美国空军致力于发展 MBMMR——"易话通"多频段多功能电台。超短波电台以话音通信为主，数据传输为辅。根据国际通用的工作频段和调制方式规定，30～88MHz 为陆空协同通信频段，采用调频制；108～156MHz 为民航和军用航空通信兼容频段，采用调幅/调频制；156～174MHz 为海空协同通信频段，采用调频制；225～400MHz 为航空兵的主要通信频段，用于保障空军地空和空空指挥通信。超短波电台只能用于视距范围内的通信，通信距离与飞机的飞行高度有关，一般飞机在 10km 高空，地空通信距离约为 400km。

机载数据通信设备是指飞机（或直升机）上按一定规约进行空空和地空之间传输数据信息的设备（分为短波、超短波和微波数据通信设备）。机载数据通信出现于 20 世纪 50 年代。随着飞机性能的不断提高，战场态势瞬息万变，战机稍纵即逝，话音通信方式已不能满足实时掌握战场态势的要求，特别是雷达、各种传感器高速发展，大量的情报再也无法用话音来传送了，机载数据链便应运而生。随着作战需要和信息技术发展，50 年代末，机载数据链得到快速开发。例如美军 60 年代发展的 Link-11（TADIL-A 数据链），70 年代发展的 Link-4A（TADIL-C 数据链），发展于 80 年代的 Link-16（TADIL-J 数据链）等。机载数据链通信，需使用专用通信设备，有专用的数据链路协议和专用的、格式化的消息标准，是一个大容量、高速率、抗干扰、抗摧毁、安全保密的实时通信系统，用以保证飞行编队内各个单元之间迅速地交换情报资料，共享飞行编队内各单元掌握的所有情报，实时监视战场态势，提高编队的协同能力和作战效能。例如，美国空军将 Link-16 应用到了 E-3 预警机、E-8"联合星"侦察目标攻击雷达系统飞机、空中 C3（ABCCC）飞机和机动空中作战中心等终端上，提高了作战指挥、控制和通信能力。

航天技术的发展与通信技术的进步起到了相互促进的作用，卫星通信是其中最显著的例子。与短波、电缆或光缆及微波中继等通信方式相比，卫星通信具有通信距离远、覆盖范围广、不受地理条件限制、通信容量大、传送业务种类多、可靠、灵活、总成本低、见效快、机动性好等优点。因此，喷气式飞机时代机载通信设备中，卫星通信设备的发展得到了充分的重视。1976年，美国空军开始装备机载卫星通信设备。到1988年，已有AN/ARC-171（V）等各种卫星通信设备500多台，分别装于E-4B空中指挥机、RC-135侦察飞机和各种战略轰炸机等。卫星通信为远程作战飞机的指挥引导提供了可靠优质的通信保障，主要装备在预警机、空中加油机、远程运输机、战略轰炸机、空中指挥机和大型侦察机等飞机上，并逐步推广到作战半径大的战术飞机上。

二、机载导航系统

喷气式飞机时代机载导航系统，呈现出了快速发展的局面。导航系统在发展历程上先后出现了仪表导航、无线电导航、惯性导航、卫星导航、图像匹配导航、天文导航以及组合导航等，其中，组合导航系统分为惯性/多普勒组合系统、惯性/天文组合系统等。

无线电导航系统借助于无线电波的发射和接收，利用地面上设置的无线电导航台和飞机上相应的导航设备对飞机进行定位，测定飞机相对于导航台的方位、距离等参数，以确定飞机的位置、速度和航迹等导航参数。按所测定的导航参数分，无线电导航系统可分为测向系统、测距系统、测距差系统、测角距系统和测速系统5类。按作用距离分，可分为近距导航系统（作用距离在400km以内）、远程导航系统（作用距离达到数千千米）、超远程导航系统（作用距离达10000 km以上）。另外，卫星导航和仪表着陆系统（ILS）也属于无线电导航系统。1955年，美国研制出近程无线电导航系统——塔康系统，便很快装备使用。该系统由塔康地面台（塔康信标）和机载设备组成，为以地面台为中心、半径350～370km范围内的飞机（高度10000m）提供导航服务。经过40多年的使用和发展，塔康系统技术进一步完善，其机载设备也从最早的全电子管，经过晶体管-电子管混合，发展到计算机微处理的全固态设备。塔康系统成为一个较为完备的导航系统，在世界各个国家推广使用，不仅用作航路导航，而且还用作空中加油和编队飞行等导航。第二次世界大战期间，美国开发了罗兰双曲线无线电远程导航系统。1957年，美国在罗兰A的基础上经过10年研发，建成了世界上第一个罗兰C台链，此后十几年里，美国在本土和北半球等地区建设了10个罗兰C台链。20世纪70年代后期，罗兰C系统技术日益完善，在系统信号可靠性和用户设备的性能价格比这两个方面有了突破性进展。其主要特点是：作用距离不受视距限制，可以在较大的空域内实现区域导航；不受环境限制，为山区和海上等无法布设导航台的区域提供导航服务；地面台附近和顶空没有盲区；引导飞机进场精度高，且节约管理费用。鉴于罗兰C系统的这些优点，使其在航空方面的应用范围不断扩展，如航线导航、终端导航和非精密进场、空中交通管制、精密授时和高精度区域差分等方面均得以应用。

惯性导航系统是一种不依赖任何外部信息、也不向外辐射能量的自主式导航系统。牛顿第二定律是产生惯性导航系统的基础理论。惯性导航是通过测量飞行器的加速度，经运算处理以获得飞行器即时的速度和位置的一门飞行器定位综合性技术。惯性导航系统通常由惯性测量装置、计算机和控制显示器三部分组成。惯性测量装置由 3 个加速度计和 3 个陀螺仪组成。3 个加速度计能够测出飞机 3 个轴上的线加速度，3 个陀螺仪能够测出飞机在 3 个轴上的角加速度，计算机根据加速度信息计算出飞机的速度和位置，并在显示器上显示。20世纪 60 年代，惯性导航系统在航空领域大量应用，70 年代，美军所有作战飞机都装上了该系统。按惯性测量元件在飞机上放置的方式，惯性导航系统分平台式惯性导航系统和捷联式惯性导航系统。平台式惯性导航系统是因为有实际的机电平台装置而得名，这是平台式惯性导航系统的突出特点。在一般情况下，飞机的俯仰、滚转运动会使加速度计的测量轴也随之俯仰、倾斜，即使飞机在地面不动，飞机不水平也会发生这种情况。这样在重力作用下，加速度计会有错误信号输出。为了解决这个问题，惯性导航中加速度计就安装在惯导平台上，不管飞机做什么转动，惯导平台一直处于水平面内并有确定的指向，这样加速度计就可以不受飞机的俯仰、滚转角运动的影响，且始终保持水平。捷联式惯性导航系统没有机电惯导平台，它的测量元件——陀螺仪和加速度计直接安装在飞机上，它们的测量轴与 3 条机体轴一致，因此，两个测量元件测量的是沿飞机机体轴的直线加速度和转动角速度。为了获得导航参数，各测量值要经过转换后再输入计算机进行速度、位置和俯仰、滚转、航向角等计算。没有惯导平台是捷联式惯性导航的特点。80 年代中期以后，美军作战飞机装备了经改进的环形激光陀螺捷联式惯性导航系统。惯性导航系统，其设备都安装在飞机上，工作时不依赖外界信息，也不向外辐射能量，因此具有很好的隐蔽性。作为先进的导航工具，它广泛应用于各类飞机、远程导弹、卫星运载火箭及舰艇。应用在飞机上时，除了能提供飞机的即时速度和位置外，还能提供飞机的俯仰、滚转、航向角等多种飞行运动参数。

卫星导航系统是以人造卫星作为导航台的星基无线电导航系统。卫星导航原理，就是借助机载无线电设备测出飞机相对空间卫星的位置参数，来计算飞机的相对位置。20 世纪 60 年代开始，出现了以子午仪系统和全球定位系统（GPS）为代表的卫星导航系统。其中 GPS 的研究和建设大体分为 3 个阶段：1973—1979 年，研究系统原理和方案，着手设备研发；1979—1983 年，进行系统试验研究；1983—1988 年，进行系统应用研究，设备定型投产。GPS 是新一代无线电卫星导航系统，具有全天候、全球覆盖、精度高和用户容量不受限制等特点，使军用及民用导航手段和设备变得简单、有效。其组成包括空间部分、地面站组和用户设备 3 个部分。空间部分在 6 个近圆形的轨道平面上有 24 颗卫星，离地面约 20000km，运行周期为 12h。卫星上有频率为 2200～2300MHz 的遥测发射机，将卫星的各种数据发送至地面站组，而工作频率为 1750～1850MHz 的接收机接收地面站组发来的有关卫星运行轨道参数随时间变化的规律，以及对卫星上原子钟的校正参量等信息。这些信息存储在卫星上，由卫星每隔一段时间用 1575.42MHz 和 122760MHz 两个频率发播，称为预报星历（天体在不同时刻在宇宙坐标系中的位置）。卫星上还装有频率稳定度极高的原子钟。各卫星的原子钟由地面站组校准并与世界协调时协调后，统一到系统的时间基准——GPS 系统，以保证各卫星均按标准时间发播预报星历。地面站组由一些地面设施组成，包括一个主控站，5 个监控站和 3 个注入站，用于卫星监测、跟踪、指挥和控制，向卫星存储信息、导航等。用户设备根据用户的需要分为低动态、中等动态和高动态接收机，可同时或按顺序接收并处理 4 个卫星的信号。用户接收机中的处理器可把信号转换成时间、速度和位置三维信息，然后在读出器上显示。接收机被动式接收卫星信号，因而有利于隐蔽。军用接收机可接收 GPS 的各种编码信号并进行解码，定位精度在 16m 之内。据称单通道接收机在地面测试时水平精度可达 4～5m，垂直为 5m；民用接收机只能解出短的 C/A 码，精度也可达到 25m 左右。应用 GPS 为军用飞机导航，能为各类作战飞机提供全天候、连续 24h、高精度的三维位置、速度和精密时间信息，提高作战飞机的情报信息、战场态势感知等能力，增强军用飞机作战运用的灵活性和作战威力。

三、机载电子对抗设备

机载电子对抗设备装配在作战飞机和直升机上，用于电子对抗侦察、电子进攻和电子防御的武器、设备和制式器材的统称。包括机载雷达对抗、通信对抗、光电对抗等设备。

机载电子侦察和电子干扰设备诞生于 20 世纪 30 年代末至 40 年代初。1941年 7 月，美国生产出了世界上最早的机载电子侦察接收机 P-540 雷达侦察接收机。1944 年初，德国在战斗机上装备了"纳克索斯"和"弗伦斯堡"两种雷达告警接收机，是世界上最早的机载雷达告警接收机，此后，机载电子侦察设备不断发展。20 世纪 70 年代初，美军研制出"护栏"机载信号情报系统，后来又改进为"护栏"Ⅱ、"护栏"ⅡA 和"护栏"Ⅳ。其中，"护栏"Ⅳ的侦察能力、测向速度和精度较以往的设备都有较大提高。与"护栏"系统同时服役的还有 ALQ-133 "快视"Ⅱ战术电子情报系统，用于侦察雷达信号。该系统覆盖0.4～18GHz，典型测向精度为 0.5°。由处理机控制接收机工作，所获信号可实时传回地面站，距离较远时先记录下来，待飞机进入地面站视距范围后再进行传送。机载电子侦察设备主要用于侦察记录雷达信号、收集遥测信号情报和导弹弹头的红外特征信号、瞬时测频、侦察测向和收集电子情报、通信情报等。

机载干扰箔条及其布撒装置在喷气式飞机时代有了新的发展。20 世纪 50 年代中期，美国空军开始研制 ALE-9，这是一种从飞机上发射并在其前方产生箔条云的火箭布撒系统，是第一种采用爆破方法迅速布撒箔条的实用系统。20 世纪 60 年代初，美军又生产了 ALE-24 投放器，装备在 B-52G/H 轰炸机上，采用电气机械投放方式，箔条不再捆扎。此外还生产了一种利用液压和压缩空气投放箔条的设备，安装在 B-68 飞机上。同时，箔条本身也不断地改进。50 年代初，用切割成一定长度和宽度、不粘连、能快速散开的铝箔条代替了纸质箔条，这种铝箔条一直使用到 60 年代初。为了适合高速战斗机使用和投放干扰箔条，20 世纪 60 年代中期，金属涂覆玻璃纤维研制成功，使同样体积的容器装载的箔条所产生的雷达回波提高了 4 倍，且不易粘连，降低了箔条“团聚”的风险。1966 年，美军开始将 ALE-29A/B 投放器装备在战斗机上，这是一种用爆炸方式投放箔条的装置，这种投放器既能投放箔条，也可投放红外诱饵弹。空中干扰箔条形成雷达回波，构成干扰走廊，使雷达屏幕上的飞机回波几乎完全被箔条回波淹没，造成雷达接收机饱和，跟踪飞机更加困难，大大降低作战飞机受攻击的概率。例如，在 1944 年 6 月 5 日夜间实施的“霸王”行动中，由飞机投放干扰绳形成的“幽灵舰队”，成功地欺骗了德国的雷达操纵员，有效地掩护了主攻部队在法国诺曼底顺利登陆。

机载电子干扰机是主动对雷达实施噪声干扰和欺骗干扰的机载设备。1941 年，英国研制出一种称为“轴心”的雷达干扰机，安装在专门的飞机上，用随机噪声信号干扰德国在法国、比利时、德国北部沿海的“弗雷亚”地面雷达。德国为了避开这种干扰，采用了连续改变频率的方法。紧接着英国又生产了更多不同型号的干扰机，以覆盖“弗雷亚”雷达的不同频率，这大概是电子对抗的开端。1943 年初，美国的第一种机载雷达干扰机 APT-2“地毯”投入生产，并先后安装在 B-17、B-24 和 B-29 等轰炸机上。美国在机载电子对抗设备的研发方面起步较早、进展较快。第二次世界大战结束时，美国已研制出机载微波干扰机，如 APT-9、APT-10、APQ-20 和 APQ-21 等。其中，APT-9 是一种瞄准式干扰机。APQ-20 是 APT-10 干扰机与 APR-10 电子侦察接收机相结合而成的一种干扰系统，覆盖频率 2300～4200MHz，输出功率 10W，代表着 40 年代机载电子干扰设备的最高水平。1960 年，美军研制了世界上最早的回答式机载欺骗干扰机 ALQ-19 并开始服役。1970 年，美军投入使用了 ALQ-101 噪声/欺骗双模干扰系统，这是电子干扰技术里程碑式的进步。ALQ-101 系统的接收机装在飞机内部，干扰部分装在吊舱内，原型机工作在 2.6～5.2GHz，由行波管提供干扰功率，干扰方向为飞机的前方和后方。这是第一个既能辐射噪声干扰又能辐射欺骗干扰的机载电子对抗设备，其生产型 ALQ-101（V）4 将覆盖频率扩展为 2～20GHz，很快其替代产品 ALQ-119 便研制出来，装备到美国空军多种作战飞机并出口多个国家。1979 年以后，ALQ-119 经几次改进，成为了自动控制干扰系统，具备功率管理能力，为美国空军发展新一代标准干扰吊舱 ALQ-131 和 ALQ-184 奠定了基础。机载电子干扰机在作战中发挥了突出的作用，其噪声干扰主要用来对抗雷达搜索，欺骗干扰多用于干扰对飞机有威胁的火控系统雷达，主要应用于作战飞机的自卫电子对抗系统。例如，越南战争中，美国海军应用欺骗式干扰设备 ALQ-51A，有效压制了萨姆-2 地空导弹武器系统的制导雷达，一度使美国海军的飞机损失率降低了 80%。另外，在机载通信干扰设备研制和应用方面，虽然早于机载雷达干扰设备，但发展缓慢。1944 年，美国陆军航空兵装备了 ARQ-8 和 ART-3 机载通信干扰机，英国皇家空军装备了"桥斯特尔"大功率通信干扰机。1961 年，美军通信干扰机 ALQ-55 等开始服役。

1954 年，美国开始研制红外寻的空空拦截导弹，成功投入使用后，美国意识到研究红外对抗问题的重要性。1961 年，美国研制出了红外告警接收机 QRC-125 和 QRC-126。同时，研发了投放式红外诱饵弹，装备在喷气式轰炸机上，防御红外制导导弹攻击。同年，第一种红外诱饵弹投放系统 ALE-20 开始在美国空军的 B-52 上服役。该系统的发射管指向下方，每管装 2 发诱饵弹，当管底的电爆管点火时，2 发诱饵弹同时射出，当诱饵弹离开管座并沿发射管下降时开始拉绳点火。但点火时间的早晚，对能否诱偏来袭导弹非常关键，在没有解决对红外制导导弹探测问题之前，不得不采取连续发射诱饵弹的方法，以保证其中一枚诱饵弹的发射时间是正确的。20 世纪 70 年代，有源红外干扰机研制成功并服役，如美军的 ALQ-144 和 ALQ-147。其基本原理是运用一系列红外欺骗调制信号，使来袭导弹大角度转弯，从而使飞机摆脱来袭导弹的追踪。这个阶段，红外有源干扰系统的自动化程度也得到提高，1986 年投产并装备部队的 ALQ-157 有源红外干扰系统，由微处理机控制干扰过程，可通过改编程序对付新的威胁，不管红外制导导弹从哪个方向来袭，都可对作战飞机提供连续保护。80 年代以后，一次性使用干扰器材，增强了作战飞机红外对抗能力。一次性使用干扰器材包括箔条、红外诱饵弹、投掷式干扰机和射频有源诱饵。其中，一枚射频/红外复合诱饵弹产生的雷达截面积高达 2000m^2，与箔条相比，有源射频诱饵能产生比飞机回波更强的信号，从而能有效地诱骗来袭导弹。

20 世纪 50 年代初，机载电子干扰吊舱问世。美军将 ALT-2 噪声干扰机及其天线装在一个专门设计的副油箱状的吊舱内，吊挂在"空中袭击者"机翼下执行随队干扰任务，这是作战飞机上首次采用电子干扰吊舱。1957—1958 年，美军在 B-47 轰炸机上安装了两个长约 4.2m 的外挂吊舱，分别装在飞机机身两侧的流线形整流罩内，每一个吊舱中装有 4 部 ALT-6B 干扰机，开创了高速作战飞机装备电子干扰吊舱的历史。机载电子干扰吊舱经实战验证，是一种有效的电子对抗设备。例如，在越南战争中，美国空军为对付萨姆-2 地空导弹武器系统威胁，研究了"电子干扰吊舱编队"战术，为此研制了 QRC-160A-1 的干扰吊舱，该型干扰吊舱按照萨姆-2 雷达扫描频率的倍数对干扰噪声进行幅度调制，进一步增加了雷达分辨飞机的难度，到 1967 年初，美国空军的飞机损失降低到 33%，到该年年底，又降低到 10%。

反辐射导弹的问世，使机载电子对抗在"软杀伤"基础上增加了"硬摧毁"手段。1961 年，美军开始研制反辐射导弹，后定型为 AGM-45，并命名为"百舌鸟"，这是第一代反辐射导弹。"百舌鸟"导弹的头部装有 E 波段接收机，根据接收的敌方雷达信号将导弹引向目标。在水平发射时最大射程 12km，马赫数为 2；上仰发射时，最大射程达 24km。1965 年 4 月 18 日，F-105F 首次携带"百舌鸟"反辐射导弹参加作战行动，并击中了越军的一部炮瞄雷达。之后，"百舌鸟"反辐射导弹的改进工作一直延续到 1981 年，生产了 20 余种派生型，覆盖频段扩展到 D-I 波段，射程也有所增加。为了克服"百舌鸟"不能实施防区外打击和目标雷达关机后就会迷失方向的缺陷，1966 年，美军研制了 AGM-78"标准"反辐射导弹，其射程达 25～56km、覆盖频率扩展到 2～18GHz，杀伤力提高，且导弹上有记忆装置，目标雷达关机后，仍能继续跟踪一段时间。1975年 12 月，反辐射导弹载机改装为 F-4G，起初 F-4G 装备 AGM-78，1983 年开始装备 AGM-88A"哈姆"反辐射导弹。AGM-88A 覆盖频率为 2～18GHz，可攻击单脉冲和脉冲多普勒等各种防空雷达，其最大特点是弹上装有捷联惯导系统，目标雷达即使关机也能继续跟踪，以比例引导方法引导导弹飞向目标雷达。该型反辐射导弹反应快、速度高、射程远、战斗部威力大，有自卫、预置和随遇 3 种攻击方式。1986 年 3 月和 4 月，美军先后实施了"草原烈火"和"黄金峡谷"作战行动，两次行动中，使用"哈姆"反辐射导弹至少摧毁了利比亚 5部防空雷达。1989 年的改进型 AGM-88B，雷达寻的头降低了成本，具有外场重编程能力。20 世纪 60 年代后期，苏联开始研制第一代反辐射导弹 Kh-28，装备在米格-27 和苏-17 攻击机上。此后又研制了 Kh-27、Kh-25MP 和 Kh-58等。但是，苏联使用反辐射导弹的作战思想与西方国家区别很大，西方国家基本上是在防空导弹的防区内采用寻机攻击方式，而苏联则强调在防区外对预先确定的目标实施有计划的攻击。

20 世纪 80 年代后，机载电子对抗设备向多功能、多目标、软件重编程、全自动、自适应和综合一体化的方向发展。电子对抗从"一对一"对抗逐步发展到"系统与系统"的对抗。电子侦察系统实现雷达告警、收集电子信号、控制干扰机、功率管理和软件重编程等多功能，有源电子干扰走向完全自动化与综合化。例如,美国装备于 F-16 战斗机的新一代标准干扰吊舱 ALQ-131(V),采用模块化结构,由可编程数字计算机和系统控制器控制全系统工作,并将威胁告警系统、有源干扰系统和无源干扰箔条/红外诱饵投射系统综合为一体,其接收机/处理器模块可检测雷达威胁、测量其关键参数、识别武器性质和作战方式,自动选择最佳干扰方式,具有功率管理能力,可同时对付多个威胁,且对每个威胁都采用独立的对抗技术。20 世纪 80 年代,以色列在 6min 之内成功摧毁叙利亚部署在贝卡谷地的 19 个地空导弹阵地,是应用综合电子对抗体系取得巨大战果的范例。

四、机载雷达设备

在喷气式飞机时代,人们不仅关心航空器的传统性能(飞行速度、飞行高度、续航性能、机动性能、载弹量等),而且更关注机载雷达性能的好坏。例如,在超视距空战中,一方的导弹制导雷达作用距离大,就可能抢在敌机发射导弹之前将其摧毁。

喷气式飞机时代雷达技术快速发展,机载雷达设备种类繁多,按工作体制和特征的不同可分为连续波雷达、脉冲雷达、脉冲压缩雷达、脉冲多普勒雷达、合成孔径雷达和频率捷变雷达;按用途可分为机载预警雷达、机载火控雷达、机载航行雷达、地形跟随和地形回避雷达、机载多普勒导航雷达和机载侧视雷达、机载气象雷达、机载自动着陆雷达和机载测高雷达等。

机载预警雷达是预警机上用于空中警戒和指挥引导的雷达,是预警机上关键的电子设备。通常由天线、天线罩及其传动部分、发射机、接收机与信号处理机等组成。世界上第一部机载预警雷达是美国海军 1950 年装备的 AN/APS-20 雷达,在海平面平静时能探测到 100~120km 远、飞行高度150m 的飞机和320km 远的水面舰艇,雷达功能单一,基本无下视能力,只能用于海上。20 世纪 70 年代,动目标显示技术和脉冲多普勒技术得到应用,使机载预警雷达在陆地和海洋上空都具备了良好的下视能力。如美国空军 E-3 预警机上的 AN/APY-1/2 雷达,工作在 S 波段,采用高脉冲重复频率、脉冲多普勒体制和边扫描边跟踪的跟踪方式,监视范围可达 32 万 km^2,可同时跟踪 600 批目标,引导截击 100 批目标。

机载火控雷达是飞机上用于搜索、跟踪目标,为机载武器的瞄准射击、制导和投放提供目标位置及运动参数的雷达,是机载火控系统的重要组成部分。工作时发射的电磁波为 2~3cm 波段,具有昼夜和复杂气象条件下搜索跟踪目标能力,具备抗有源干扰和无源杂波干扰能力。机载火控雷达按照功能和用途,分为机载截击雷达和机载轰炸雷达。其中,机载截击雷达按照测角方式,可分为圆锥扫描和单脉冲体制;按照接收和发射的射频信号相位相关性,可分为相参、非相参的接收相参体制；按照处理方式，又可分为脉冲压缩雷达、脉冲多普勒雷达、动目标指示雷达、动目标检测雷达、波束锐化和合成孔径雷达等。截击雷达的工作过程是：在指定空域进行搜索，发现目标后，由敌我识别器进行识别，识别标志与目标同步显示在雷达显示器上，选择好最先攻击对象后，再转入对目标的截获和跟踪。截获可通过人工操作，也可由计算机自适应截获。跟踪目标后，雷达实时向火控计算机提供目标的相对距离、距离变化率或者径向速度、角度和角速度等数据，计算武器的发射时机和发射角度、距离。半主动雷达制导的空空导弹发射后，雷达继续跟踪和照射目标，为导弹提供跟踪目标所需的控制信息。20 世纪 40 年代后期，美国开始装备使用 SCR-720 截击雷达。50 年代末，美国成功研制出单脉冲测角体制，这种体制不仅能使雷达稳定跟踪目标，而且具有抗倒相式干扰的功能。60 年代，半导体组件、集成电路在机载电子设备中得到应用，以及数字技术、计算机技术的快速发展，促进了机载火控雷达的发展。70 年代，美国研制并投入使用的全相参脉冲多普勒火控雷达，能从地面和海面杂波干扰背景中识辨和跟踪低空飞行的目标。随着数字信号处理、数据处理技术的成熟和大规模集成电路的应用，火控雷达的性能进一步提高。80 年代，可编程数字信号、数据处理机、机载雷达使用环境、地杂波特性研究等方面的成果，进一步提高了机载火控雷达的作战性能和可靠性。在现代空战中，机载火控雷达的性能有时比飞行性能更能决定空战的胜负。以 AWG-9 火控雷达为例，它是一种高性能脉冲多普勒雷达，边跟踪边扫描状态是其特有的工作状态。在此状态下，探测距离达 167km，能够同时跟踪 24 个分散目标，可使用 AIM-54 "不死鸟"空空导弹同时攻击 6 个分散目标，最大发射距离为 96km。该型雷达也可在多目标中选择一个继续跟踪，此时跟踪距离为167km，可发射 AIM-54 "不死鸟"、AIM-7E "麻雀"和 AIM-9G "响尾蛇"的距离分别为 115km、70km 和 18.7km。当雷达处于"机动空战"状态时，能够自动捕捉近距离的目标，最大截获目标的距离为 9.3km，在此状态下，对处在过载机动状态的目标也可进行瞄准和发射。装备了 AWG-9 火控雷达，载机的作战能力得到大幅提升。

五、综合航电系统

"综合航电系统"是综合式航空电子系统的简称。它是以共用模块为基础，采用开放式结构，通过数据总线交联，将飞机上各种离散的电子设备根据功能归类融汇为几个功能区，构成一个统一控制、集中管理的多功能综合航空电子系统结构。通常由信息获取系统、信息综合处理系统、信息综合显示系统和外挂管理系统组成，用于完成飞行任务管理、导航管理、传感器管理、外挂物管理、能量管理、火力控制和系统状态监控等任务。

综合航电系统是随着喷气式飞机性能的提高、作战需求增大和电子技术的发展逐步形成的。20 世纪 50 年代前，综合航电系统表现为简易的火控系统，这时的作战飞机任务不多，机载光学瞄准具和后来出现的机载火控雷达是作战飞机的主要电子设备。50 年代，综合航电系统是用电缆将导航计算机、武器投放计算机互联形成的一个综合体。同一时期，美国空军开始了机载通信、导航与识别（CNI）系统综合的研制工作。

20 世纪 60—70 年代，综合航电系统发展为平显火控系统，平视显示器为飞行员提供了非常直接的、各飞行阶段所需的多种显示方式，提高了飞机的攻击能力和攻击精度。但是，这个时期的机载电子设备还是根据不同的功能，各自独立研制，纵向发展，自成系统。受当时航空电子技术发展水平的限制，这些机载电子设备绝大多数是模拟式的，互相之间信息交联极少，也没有什么更好的技术手段把它们综合成为一个整体，造成作战飞机机载电子设备数量多、功能重复、作战效能低。例如，1967 年 6 月 30 日首飞的美国空军 F-4E 战斗机，其主要机载电子设备数量达到了 30 余台（套），再加上经过改进的电子设备，总数达到了 60 多种。但是，如此多的机载电子设备，不仅没有大幅提高 F-4E 的作战效能，反而带来了一系列问题。对作战飞机来说，各种任务设备越来越多，造成了传感器、收发机和控制/显示器功能重复，带来空间紧张、功率和重量增加、可靠性与电磁兼容性变差，以及飞行员负担过重等弊病。这种状况背离了研制和装备机载电子设备的初衷。然而，飞机作战任务不断增加，飞机和武器性能大幅提高，又需要有更多的机载电子设备支持和保障。为了解决这一矛盾，于是，航空电子系统综合化得到了高度重视和大力发展。

20 世纪 70 年代初，美国空军提出了数字式航空电子信息系统（DAIS）计划，"综合"的概念开始植入人们的思想，因此，DAIS 计划被视为综合航电系统发展史上的第一个里程碑，它标志着"综合"航空电子技术的帷幕已经拉开。虽然它的系统结构仍被视为"联合式"的，但它毕竟成为了综合航电系统结构变革的拐点。该计划的最大成就是提出了航空电子系统的 4 项标准，即 MLI-STD-1553B 数据总线、1750 计算机指令系统结构、1589JOVIAL（J-73）高级语言和 1760 悬挂物接口，为以后综合航电系统的发展奠定了坚实的基础。DAIS 突出特点是改变了传统航空电子设备相互独立的分散式系统结构形式，建立了模块化的标准模式，通过计算机、总线综合控制与显示、软件等核心部件来完成信息处理、传输、控制与显示等功能。具体讲，一是采用了集中控制、分布处理的设计思想。在 DAIS 的每一个分系统中，如惯性导航系统、大气数据计算机和雷达等都拥有自己的计算机，各自完成特定的计算任务，并且通过嵌入式总线及其接口进行交联，而且指定其中一台计算机或专门配置一台任务计算机担任全系统的管理工作。二是采用综合控制与显示技术，提高人机工效。

DAIS 可根据飞行员指令和预先安排好的程序工作，同时向飞行员提供系统状态信息。飞行员则根据任务要求，通过综合控制与显示系统，对整个航空电子系统进行决策、管理和控制。三是共享信息，减小体积，减轻重量，并且具有功能扩展能力。DAIS 的发展大大加快了航空电子系统综合化的进程，20 世纪70—80 年代，综合航电系统结构不断发展，并被广泛地应用于各种军用飞机上，如 F-15、F-16C/D、F/A-18、F-15E、B-2、AH-64、C-17 等，成为新一代喷气式作战飞机的一个典型特征，大大提高了军用飞机的作战效能。

20 世纪 80 年代中期，美国成立综合航空联合工作组，负责统一制定三军的航空电子综合系统通用标准，提出了具有高效能、低费用、标准化、高可靠性、三军通用的全局模块式航空电子综合系统结构。其主要功能是：能产生多种波形，典型作战环境下多种波形同时工作，检测与隔离故障和飞行中的系统重构。模块式系统是向"宝石柱"结构的过渡形式。

20 世纪 80 年代初，美国空军就提出了"宝石柱"计划。1987 年 1 月，美国发表了《"宝石柱"航空电子系统结构规范》，提出了现场可更换模块（LRM）的概念。"宝石柱"系统包括超高速集成电路的航空电子处理模块（VAMP）、高速数据总线、系统海量存储器（SMM）和 Ada 航空电子实时操作系统等硬件和软件。其主要特点是：采用功能分区模式，通过高速数据总线实现系统信息融合、资源共享、余度、容错和动态重构；采用核心处理功能集群器，实现了系统的故障检测与隔离；采用高速数据总线，使机上电缆和连接器减少 90% 以上，降低了成本，减轻了重量，提高了可靠性。"宝石柱"系统技术，在 F-16 和 F-18 的改进型及 F-22 上进行了使用，为新一代航空电子系统提供了通用的综合方法和结构。80 年代后期，综合航电系统融合了 C^3ISR 等系统，综合化、自动化和智能化程度进一步提高。

综合航电系统的应用，大大提高了喷气式作战飞机的作战能力。以战斗机为例，一是增强了超视距多目标攻击能力。载机挂载武器种类多样化，具备了很强的对空和对地攻击能力，以及全天候、全高度、全方位作战能力。二是提高了近距格斗能力。具有对近距目标的雷达、光电等多种探测和跟踪能力（包括利用头盔瞄准具快速完成对目标的搜索、跟踪和截获）、全向格斗能力，有的战斗机甚至具备了越肩发射能力。三是改善了大机动格斗和火控系统的敏捷性。先进的综合航电系统，提高了战斗机大机动格斗火控系统的反应速度、解算能力，在大机动状态下，目标传感器具有快速瞄准、快速跟踪能力，战斗机快速改变机头指向，使敌机尽早进入自己的武器攻击包络之中，迅速开火。特别是具备大离轴发射能力的机载武器，在综合航电系统支持下，进一步提高了载机的攻击威力。四是强化了载机电子战性能。综合航电系统使战斗机具备了全向雷达侦察告警能力；能在密集、复杂、动态电磁环境中截获敌方地面、空中电磁辐射，进行信号分选，自动识别辐射源，确定威胁等级；能对来袭导弹实现红外告警，根据告警信息实施高精度有源干扰和无源干扰。五是提升了协同作战能力。在多机编队作战时，通过综合航电系统，能接收、分发联合战术信息分布系统的信息，实现态势显示和分发，共享信息。在联合作战中，通过综合航电系统与卫星数据链交联，接收卫星提供的各种战场信息数据，与其他军种信息网络、数据链互联，实现双向联络通信和数据通信，完成多领域联合作战任务。

第八章　喷气式飞机时代空中作战

第二次世界大战结束至 20 世纪 80 年代，喷气式飞机大量装备空军并不断更新换代，电子技术和计算机技术运用于空军装备，引起空中作战样式的不断发展变化；导弹核武器的出现对空军建设和空中作战产生了深远影响，空中作战进入喷气式飞机时代和核时代。战后局部战争实践和航空技术发展，催生了新的空中作战理论，空中作战样式得到新的发展，体现出与活塞式飞机时代明显不同的特点。

第一节　喷气式飞机时代空中作战理论

航空技术进入喷气式飞机时代后，人们总结局部战争空中作战实践经验，修正和发展了制空权理论、战略轰炸理论和支援作战理论。美军针对苏军大纵深作战理论，提出了空地一体战理论。空中作战理论的创新和发展，对空军建设和空中作战产生了重大影响。

一、制空权理论的发展

第二次世界大战结束后，受导弹核武器和导弹核战略的影响，人们对制空权理论和空军地位作用的认识一度出现反复，制空权理论得到修正和发展。

（一）制空权理论由被普遍承认到受质疑再到重新重视

战后初期，空军在朝鲜战争等局部战争中继续发挥着重要作用，制空权理论得到普遍承认。各国普遍认为，当代战争必须首先考虑夺取和保持制空权。例如苏联《局部战争的今昔》一书引用美国前远东空军司令斯特莱梅耶的话："在朝鲜战争中任何东西改变不了这样一种基本情况，即为了使地面和海上力量能在现代战争中胜利地作战，必须夺取空中优势"。[①]他强调，争夺制空权仍然是空军的头等重要任务，而取得制空权则是陆上和海上进攻战役胜利的决定性条件。日本乡田充在《空中力量发展史及其战略战术的演变》一书中指出：在局部战争中，为了确保航空部队的行动自由，夺取空中优势是必不可少的重要

---

① [苏]沙夫罗夫. 局部战争今昔[M]. 中译本. 北京：解放军出版社，1984：302.

条件，这一点没有改变。[①]美国《空军大学评论》文章认为：你要想赢得战争，就必须控制天空，特别是己方的天空。空中力量并不能保证你一定赢得战争的胜利，但是没有空中力量，一支现代化的军队注定要失败的。

然而，在导弹核战略条件下，由于战略导弹是一种从平面发射进入外层空间飞行然后重返大气层摧毁平面目标的武器，飞行高度高、速度快，是当时不能有效防御的武器，制空权理论受到质疑甚至认为制空权失去意义。

随着"三位一体"核武器体系的建立和美苏核均势的形成，核战争门槛不断提高，避免核战争逐渐成为共识，常规局部战争重新成为两大军事集团解决矛盾的主要手段。20世纪80年代后，随着核威慑条件下常规局部战争理论的形成，制空权重新得到重视，出现了一些新观点：一是越来越多地采用"空中优势"这一术语，突出制空权的相对性。美军提出，空中优势是相对的，程度不同的，但是完全必要的。法军提出，掌握制空权不是指夺取整个空间的优势，而是指在规定的地点和时间确保空中优势。二是更重视突击机场，破坏跑道和机场设施，消灭敌机于地面或限制其活动夺取制空权。1982—1986年期间的美国空军参谋长加布里埃尔说过：欧洲战争第一天，北约必须打掉华约40处主要机场，才能减轻对北约部队的空中压力。三是强调各军兵种协同作战夺取制空权。《苏联军事百科全书》明确提出："在夺取和保持制空权方面，空军应起主要作用，但其他军种也可参加夺取制空权的斗争。"[②]

（二）对空军地位作用的认识出现反复

第二次世界大战实践证明了空军在武装力量构成中的地位和在现代战争中的战略作用，战后建设独立空军的思想被普遍接受，美国、苏联等国相继将空中力量从陆、海军中分离出来建立独立空军。由于空军轰炸机是原子弹的唯一载体，空中战略轰炸成为进行核战争的唯一方法，战略空军建设受到空前重视。空军战略军种地位得到巩固，成为现代化水平最高的军种。美国认为，大规模报复，就是一种拥有选择的报复能力以求遏制战争的政策。这种遏制政策的基础，一是原子弹；二是战略空军，必须以核武器和战略空军为中心制定发展规划。苏联在保持强大陆军的同时，强调优先发展原子弹、防空歼击机和远程轰炸机。英、法也不甘落后，确立优先发展核武器、轰炸机和战略空军的思想。

导弹核武器的出现后，是发展战略导弹还是发展轰炸机，成为当时争论最激烈的问题。在战争形态由常规战争向核战争演变的大背景下，导弹核武器受到普遍重视，人们对空军地位作用的认识降低了，这对空军的发展产生了不利影响。

冷战后期，主要军事强国奉行核威慑下的常规局部战争战略，注重在核威

---

① [日]乡田充. 局部战争中的空中力量[J]. 空军学院《外国空军资料选译》，1980年第4期.

② 朱荣昌. 空军技术发展与军事理论变革[M]. 北京：蓝天出版社，2014：229.

慑条件下通过常规局部战争达成有限战略目的,空军地位作用又受到普遍重视。1982 年,美国陆军作战纲要强调空军是陆军作战中的平等伙伴。美国空军参谋长查尔斯·A.加布里埃尔上将 1984 年 3 月 16 日为空军 AFM1-1《航空航天基本概则》作序强调:"航空航天力量现在是,将来仍是保卫国家和威慑侵略者的一支关键性力量。"[①]苏联空军军事在新军事理论指导下,对空军重要地位认识进一步提高。

(三)制空权的相对性进一步凸显

从广泛意义上讲,制空权在所控制的空间、时间和程度上都只是相对的,即使拥有强大空中力量和对空作战力量而掌握了制空权的一方,也不能绝对限制敌航空兵和对空防御力量的活动,完全避免遭受敌航空兵的袭击与对空防御力量的打击,这就是制空权的相对性特点。第二次世界大战中,由于战争规模大,参战国家多,战争节奏慢,进程长,而且空中力量作战能力与大战的需求相差较大,虽然交战双方的空中力量极力夺取制空权,但谁也无力在如此广阔的战场同时夺取全面的制空权,只能在某个相对独立的战略方向、相对独立的战场空间或重要的作战行动期间夺取制空权。战后局部战争中,制空权的相对性进一步凸显,甚至在特殊战场环境下,没有制空权也能夺取胜利,其中最典型的是朝鲜战争和越南战争,中国人民志愿军、朝鲜和越南军队都是在没有制空权保障的条件下取得胜利的,而美军都是在掌握制空权的情况下失败的。苏联在阿富汗战争中也面临与美国同样的结局。在冷战时期,由于中国准备打一场大规模全面的反侵略战争,在几个不同的战略方向同时抗击强敌入侵,加之中国空军与作战对手能力差距较大,不具备同时夺取数个战略方向制空权的能力,因此,夺取主要作战方向、重要作战地区、关键作战时节制空权这种相对制空权理论,成为空军当时军事斗争准备与作战的指导理论。

(四)争夺制空权的力量和行动更加多样

随着航空技术快速发展,战后局部战争中争夺制空权的力量和方法趋于多元化。一是地空导弹在争夺制空权斗争中的地位作用越来越突出。例如,20 世纪 70 年代第四次中东战争初期,埃及和军队依靠地空导弹防御系统压制了以军的空中作战活动,一度掌握了战场制空权。二是武装直升机成为争夺制空权斗争的一支新生力量。三是预警指挥机、电子对抗飞机成为争夺制空权空中力量体系的主要组成部分,在争夺制空权作战中发挥着越来越重要的作用。四是争夺制空权的行动趋于多样化。只有把空中与地面、进攻与防御、前沿与纵深的作战行动紧密配合、综合运用,才有可能夺得并保持制空权。如美军在 1986 年版《作战纲要》中,提出采取 3 种作战行动来夺取并保持战区全纵深的空中

---

① 朱荣昌.空军技术发展与军事理论变革[M]. 北京:蓝天出版社,2014:228.

优势，即进攻性反航空兵作战、对敌防空配系的压制、防御性反航空兵作战。苏军在强调空中战役是常规条件下夺取制空权的主要斗争方式的同时，也同样重视导弹部队对敌机场、防空兵器和指挥系统的攻击，以及方面军歼击航空兵和防空军为消灭敌航空兵而实施的联合作战等方式对于争夺制空权斗争的重要作用。

二、战略轰炸理论的发展

战后初期，随着核武器的大量生产和装备，战略轰炸理论由常规战略轰炸向核战略轰炸发展，导弹核突击成为战略打击的首选方式。但到冷战后期，常规战略轰炸理论又重新得到重视发展。

（一）战后初期由大规模常规战略轰炸向核战略轰炸发展

美军认为：未来的战争是战略轰炸的核战争，轰炸机核轰炸是未来战争的基本形式。美国空军首任参谋长斯帕茨是原子弹轰炸日本的指挥者，他把战略轰炸理论带入核时代，发展成核战略轰炸理论。斯帕茨明确提出：美国空军应以战略空军为核心。在战时负责使用原子弹（战略武器）的首先是战略轰炸机，因此，战略轰炸机部队的使命，就是时刻做好准备，以便在任何时候，到世界上的任何地方进行远程作战活动。1948 年，美国国防部长福莱斯特和参谋长联席会议主席布雷德利召开两次特别会议，明确规定：空军担负战略空中作战的主要责任，并积极地寻求其他军种对空军作战的援助。美国战略空军制定了对苏联实施战略轰炸的系列作战计划。先期轰炸计划强调摧毁一定数量的城市目标，后期战略轰炸计划强调毁灭苏联。为完成战略核轰炸使命，美国空军确立轰炸机核战略，加强战略空军建设。

在弹道导弹尚未成为主要核武器运载工具之前，最现实的原子弹携带者是轰炸机。基于这一认识和积极防御战略，苏联提出了优先发展原子弹、防空歼击机和远程轰炸机的武器装备发展规划。武器装备"三优先"发展规划在 20世纪四五十年代的全面实施，使苏联空军远程轰炸机有了飞临美国上空进行原子突击的能力。从 50 年代开始，苏联也强调依靠核突击达成战役和战争目的。首先是因为苏联远程航空兵的航程真正具备了战略轰炸能力，已对美国构成直接威胁；二是突击威力大增，既可携带核弹头的导弹，也可携带核炸弹，还可携带各种性能的常规炸弹。

（二）导弹核战略条件下导弹核突击成为战略打击的首选方式

这一时期强国空军仍然保持强大的战略轰炸机部队，但战略轰炸理论发生重大变化。苏联认为战略火箭核武器应该是战略打击的主要武器，战略火箭军成为苏军第一军种。持极端观点的人甚至认为："空军和海军已经失去了它过去的作用。这类兵器不是要削减，而是要被代替。"在这种理论指导下，远程轰炸机迅速被洲际导弹和中程导弹所代替，前线航空兵担负的大部分任务也转交给陆军的战役战术导弹部队，常规战略轰炸理论被导弹核突击理论所取代。美国空军在加速发展战略核打击能力，突出核威慑的同时，强调如果在常规战争中，核武器和远程导弹的使用受到限制，空中突击将主要靠航空兵完成，必须将空军作为战略力量进行运用。越南战争中战略轰炸机用于常规战略轰炸，战略轰炸理论从核突击（轰炸机和战略导弹突击）向常规战略轰炸和核突击理论发展，战略轰炸理论更加丰富。20 世纪 70 年代，为了对付现代化的战略防空体系，在越南战争后期"后卫"Ⅱ空中战役中，美国空军创造了使用轰炸机、攻击机、战斗机、侦察机、预警指挥机、空中加油机、电子战飞机等组成空中突击编队、空中压制编队、空中掩护编队、空中支援编队的多机种协同作战，强行打开突防走廊轰炸战略目标的方法。

（三）冷战后期常规战略轰炸理论重新得到重视发展

由于核武器的杀伤破坏威力巨大，使其受到国际社会的普遍限制。核均势的出现和核威慑效应的下降，客观上要求国家或军事集团必须寻找可替代的、有效的常规威慑和作战手段。这些常规威胁手段和打击方式，必须具有仅次于核武器的震慑和破坏威力，同时能够以比使用核武器更灵活有效的方式达成国家或军事集团的意志。常规有限规模精确空袭正好满足了这种要求，成为继核威慑之后军事威慑和战略打击的首选手段。首先，有限规模精确空袭突然性强、打击范围广，可以超越时空限制，显示国家或军事集团的武力和决心。其次，有限规模精确空袭威力大，可以产生很强的震慑效应。再次，有限规模精确空袭行动可控、收放自如，可以灵活应对危机，控制风险。在这种认识指导下，"外科手术式"突袭理论应用而生，如以色列空袭伊拉克核反应堆和巴解总部，美军远程奔袭利比亚，都使用精锐空中力量，通过隐蔽突然的行动和精确空袭，快速达成特殊战略目的。

三、支援作战理论的发展

战后局部战争实践，推动空中支援作战理论形成体系，在支援作战中，强调集中指挥与目标选择，空军以配属力量的形式实施直接空中支援的观念逐渐被淘汰，间接支援越来越受到重视。

（一）支援作战理论形成体系

经过朝鲜战争空中支援作战的实践，支援作战理论充实完善，按支援作战对地面作战的直接或间接作用进行规范形成系统理论。其中，直接支援是指对己方地面一线作战进行的支援，西方国家军队将其称为近距空中支援，苏军将其称为航空火力支援。间接空中支援是指对战役纵深敌交通运输线、重兵集团进行的空中突击，目的是孤立一线战场使其得不到后方支援。西方国家将其称为空中阻滞，苏军将其归结为突击交通运输线或重兵集团的空中战斗或战役。直接支援作战要求空军部队与地面（海上）部队保持密切的战术协同。间接空中支援作战，要求空军部队与地面（海上）部队保持战役上的配合。

（二）支援作战强调集中指挥与目标选择

航空兵在遂行空中阻滞和近距空中支援任务时，应由谁来指挥与控制，在美军中是一个长期有争议的问题，第二次世界大战如此，朝鲜战争也是如此，争论的焦点是集中控制还是分散控制，因为空中力量机动灵活，能在短时间内集中大量的兵力兵器，美国陆军和海军都希望得到它的加强。因而，地面或海上军队的指挥官总是企图分割空中力量，将其置于各自的控制之下，以便随时完成各自的使命。但是，空中力量本身的特征要求对其实施集中的指挥与控制。美国空军曾反复强调：没有一个能够严格地始终如一地控制所属空中力量的指挥机构，便不会有对空中力量的正确使用，也不会使战区内的合成军队得到最大的好处。只有统一指挥各军种航空兵，制定共同的行动计划，才能防止分散使用或重复使用空中兵力；支援作战效果是通过摧毁相关目标体现的，必须建立目标选择机构，正确选择突击目标；支援作战是与地面作战协同完成的，必须完善空地协同作战的手段机制。在朝鲜战场上，担负支援作战的第5航空队，组建联合作战中心，建立引导站，向支援对象第8集团军所属各团派出空军控制组，以及临时将 T-6 型教练机改装成空中控制机，供空中协调员引导攻击飞机等。

（三）间接支援越来越受到重视

第二次世界大战之后，随着航空武器技术发展和作战效能提高，空军主要以相对独立的作战行动（主要是空袭）和空中阻滞作战，为地面和海上作战创造有利条件。空军以配属力量的形式实施直接空中支援的观念逐渐被淘汰，特别是近距空中直接火力支援的规模和持续时间都大大减小，空中直接火力支援主要由陆军航空兵担负。原因之一是直升机隶属于陆军，空地协同便捷，活动特点更适宜近距支援作战；原因之二是直升机的大量使用，减少了对空军近距支援作战的需求；原因之三是固定翼飞机技术性能更适宜协同相对简明的脱离地面一线作战的纵深突击。

四、空地一体战理论

20世纪80年代，针对苏军大纵深作战理论，美军提出"扩大的战场理论"和"一体化战场"理论。"扩大的战场理论"的核心含义是：要比以往更重视在力量、时间和空间方面纵深更大的战争，并且能对付可能使用的化学和核武器。各级指挥官必须掌握敌纵深后方的情况，并能在抗击敌突击梯队的同时，采取有效措施延滞、打乱和消灭其第二梯队，从而打乱苏军惯用的梯次配置作战部署。"一体化战场"理论的主要内容是：把整个战场看成一个整体，利用各种空中和地面部队的武器装备，协调实施各种作战行动。为了使这两种理论更一目了然地体现未来作战的新特点，美国陆军在组织广泛讨论的基础上，在1982年颁布新《作战纲要》时将两种理论合二为一，正式提出了"空地一体战"理论。

空地一体战理论虽然由美国陆军提出，却是对空军和空中作战具有重大影响的作战理论。该理论认为，未来的战场将没有明显的敌我作战分界线，强调应把所有的可动用的军事力量和作战手段，如空中和地面机动部队，常规、核和化学武器，积极的侦察、监视和目标搜索活动及电子战，必须在统一的作战目标下协调行动，即在合成军队指挥员的统一部署下，在敌军全纵深的广阔战场上同时进行打击。空地一体战理论强调全纵深作战，强调火力与机动并重，强调进攻，重视大兵团战役，突出了空军的地位作用。美军在《作战纲要》FM-100-5中明确指出了"空军是空地一体战中的平等伙伴，应以空战行动、空中遮断行动、进攻性空中支援和战术空运行动支援战斗。"因而增强了空陆军的合作。在《纲要》公布的当年，美国空陆军就签署了一项"谅解备忘录"，1984年这两个军种的参谋长再次达成了一项双方共同努力贯彻"空地一体战"思想的协议。但必须指出，"空地一体战"虽然强调了空军在保障地面行动中的重要作用，但并未充分阐述空陆军战略协同的作战战术与行动要求。因而，美国空军自行根据"空地一体战"的要求，制定和发展了对地面作战的保障和支援战术。

关于空地一体战中空军的使用问题，美国空军理论界认为，取得纵深攻击作战胜利的关键是战场空中遮断袭击。实施战场空中遮断袭击，几乎要完全依靠空军来搜集情报和提供攻击手段。为实现这一目标，必须把陆军与空军的作战思想协调统一起来。空军部队可通过反空袭、空中遮断袭击和进攻性空中支援等战术空中作战手段支援地面战斗。进攻性空中支援是直接支援地面作战的战术性空中支援活动，它包括战术空中侦察、战场空中遮断袭击和近距离空中支援。战术空中侦察系指利用各种机载电子与目视传感侦察器材搜集情报。战场空中遮断袭击是指对能直接影响和有碍己方当前地面作战的敌军人力和物力进行空中攻击。这些敌军部队虽未直接投入战斗，但却与己方地面部队指挥官的任务有直接的利害关系。近距离空中支援是指对己方部队附近的敌目标实施的空中攻击行动。

第二节　喷气式飞机时代空中作战行动

空中作战跨入喷气式飞机时代后，以喷气式飞机技术和电子技术为支撑，空中作战样式发生了重大变化。大机群作战被小编队、多机种合同作战所取代，出现了制导武器精确轰炸、精确空战和"外科手术式"空袭等空中作战样式。

一、小编队近距空战

朝鲜战争是喷气式作战飞机在空战战场首次运用，空中作战跨入喷气式飞机时代。同第二次世界大战一样，朝鲜战争中的空中交战仍然是航空兵夺取制空权的主要方法，斗争双方都付出了很大代价，也都积累了丰富的作战经验，促进了现代空战理论的发展。中朝方面主要是使用拉-11和米格-15空中交战。P-51和拉-11螺旋桨飞机主要用于掩护轰炸机机群。F-80和F-84多数用于对地面军队的近距空中支援和空中阻滞。美国投入的飞机主要是P-51、F-80、F-84和F-86。空战主要是在米格-15和F-84之间进行。在1950年11月到1953年7月的32个月里，朝鲜战区上空不时发生使人眼花缭乱的高空大速度空战和低空近距格斗。战争初期，作战双方依然沿用了第二次世界大战时期的大编队大机群的老方法。但是在空战中，作战双方很快发现这种战法根本无法适应喷气式作战飞机的作战需要，这是因为：第一，喷气式飞机耗油量大，大编队起飞、集合，燃油消耗过多，有效战斗时间大为减少；第二，空战中飞机的速度大、机动量大，在空战中根本无法很好地保持大的编队；第三，飞机速度大，飞行员为保持好自己在编队中的位置，耗费的精力过大，影响空中搜索的进行；第四，空中指挥员难以实施有效的空中指挥。

1952年3月中旬起，美国空军首先放弃了大编队而采用了一种称为"流体四机"的方法，即以若干编成"指尖队形"的四机，按不同的间隔和高度（一般从12000m开始配置），在不同的空域进行大速度巡逻，空战中只要有一个编队发出空战打响的信息，编队就从各个方向向其靠拢。继而中国空军也很快在抗美援朝战场上采用了"一域多层四四制"的空战战法，即以四机为单位的12～16机疏开的蛇形队与之对抗。四机编队的形成，不仅对当时空战战术产生了重要影响，而且至今仍然是空战的基本战斗编队。

朝鲜战争之后，世界上连续不断发生了许多大小不等的局部战争，但是都没有发生过像朝鲜战争那样大规模的空战。然而，航空技术发展继续推动空战样式不断发展。从1964年至1975年持续12年的越南战争中，越南空军使用装航炮的米格-19（包括歼-6）、米格-21等歼击机，与美国空军的高速多用途战斗机进行了空战。在空战的初期，越南空军曾一度占了上风。越南空军采取小编队的形式在地面雷达的指挥引导下，有时甚至是在临空目视指挥的条件下，选择有利方向，隐蔽接敌，从近距实施航炮攻击的战法，取得了较好的战果。美军战斗轰炸机往往在措手不及的情况下被动应战。美国空军在越南战争初期失利，原因是多方面的：一是忽视航炮的作用。他们普遍认为截击机的战术是利用速度优势追赶目标，并用空空导弹将其歼灭。因此有人认为空空导弹出现之后，航炮作为一种武器已没有前途，当时几乎所有新研制的战斗机上都没有装航炮。二是多用途战斗轰炸机的机动性能差，中低空近距格斗能力弱。三是飞行员使用超声速飞机，在中低空对亚声速的近距格斗空战很不适应，由于远离基地，失去了地面的指挥引导和情况通报，难以掌握米格编队的确切方位，及至发现目标释放了导弹，如果无效，则因没有航炮失去了再次攻击的能力，常常处于被动挨打的态势。美国空军汲取空战初期的教训，采取了一系列补救措施，如普遍加装了航炮，改进了空空导弹的性能，飞行员普遍进行了目视条件下的近距格斗训练，使用了 EC-12 预警机，研究与制定了一套打近距空战的战术等，才使后期的空战形势发生了变化。

二、多机种合同作战

多机种合同作战，是两个以上航空兵机种部队协同进行的作战行动。随着航空和电子技术发展进步，机载设备不断完善，空中作战机群构成日益复杂，电子对抗和预警指挥机在空战中发挥的作用越来越突出，出现多机种合同作战样式，成为战后局部战争空中作战的基本样式。

越南战争中，多机种合同作战显现雏形。1964 年 8 月 5 日，美国把侵越战争从南方扩大到北方。越南北方为了抗击美军空袭，先后从苏联引进萨姆-2 导弹、米格-21 歼击机和地面雷达等大量新式防空武器装备。正是这些新式防空武器装备迫使美国空中力量改变传统的作战样式。同时，美国科学技术和生产力的发展，为美国空中力量提供了大量新式航空武器装备，使多机种合成作战成为可能。1965 年 7 月 24 日，越南北方首次用萨姆-2 导弹击落美机，于是美军开始轰炸萨姆-2 导弹阵地。当时美军遇到的新问题是，使用普通炸弹从空中轰炸，载机在投弹之前可能先被导弹击中，而从低空轰炸，受高射炮火的威胁又太大。新的挑战迫使美军先后将 F-100F、F-105G、F-4C 等改装为专门对付地空导弹的飞机，即"野鼬鼠"飞机。这些飞机装有专门的电子设备，能确定正在工作的萨姆-2 导弹阵地的位置，并在其火力范围之外先用反雷达空地导弹压制其制导雷达，然后进入导弹阵地上空，用普通炸弹摧毁导弹发射装置。到越南战争后期"野鼬鼠"小队已经成为每次空袭作战不可缺少的力量。1966 年，为了突破越南北方日益现代化的对空防御体系，美军于当年开始使用机载电子对抗设备和专门的电子对抗飞机，对越南北方对空防御体系中最薄弱的环节——雷达和无线电设备，实施广泛的电子干扰。首先在战略轰炸机上加装了电子对抗设备，不久在战斗轰炸机和战斗机上使用了电子对抗吊舱，在其他作战飞机上几乎都加装了类似设备。在目标区上空使用了专门的电子对抗飞机 EB-66，在航线上则用专门飞机撒播金属条。广泛实施电子干扰的结果使美机的损失明显减少。1967 年以后，由各种电子对抗飞机和设备组成的电子对抗力量，已成为空中力量的一个重要组成部分，空中作战又出现一条无形的战线，每次空袭作战都伴随着激烈的电子对抗。美军为了控制在越南北方上空活动的大量飞机，还使用了 EC-121 空中预警指挥飞机，实施临空指挥控制。所有到越南北方上空活动的美机，在进入前和退出后，通常都要进行空中加油，于是在空中力量中又增加了一支空中加油力量。从 1965 年以后美国空中力量在空袭作战中逐步形成了多机种合成作战的雏形。每次空袭除有担负突击、侦察和空中掩护的各种作战飞机外，还有许多新的专业飞机和专业小队协同作战。以战术航空兵单独实施的空袭为例，出动一个由 76 机组成的突击编队，就有近十个机种、50 余架专业飞机和战斗机协同作战。各种力量在预警指挥飞机的统一指挥控制下，采用不同的战术，完成各自所承担的任务，在一定空间和时间内形成了强大的整体威力。这种作战样式对于减少美机的损失，达成空袭目的起到了重要作用，在空中作战史上是一次创新。

　　1982 年 6 月，以、叙空军在贝卡谷地上空展开了一场具有空中会战性质的空战，多机种合同作战表现得非常明显，是喷气式飞机时代一次典型的多机种合同作战战例，多机种合同作战趋向成熟。1982 年 6 月 9 日 2 时 12 分，以色列出动各型飞机 96 架，在 E-2C "鹰眼"空中指挥机的统一指挥下，在"波音707"电子干扰机（还有设在战区附近山头上的地面电子干扰设备）的电子干扰下，由 F-15、F-16 型歼击机担负掩护，用 F-4、F-16 歼击轰炸机和 A-4 强击机对叙利亚设在贝卡谷地的地空导弹阵地进行了空中突击。以色列空军使用的突击手段包括精确制导武器和非精确制导武器。结果，在 6min 的时间内全部摧毁了叙军的地空导弹部队和阵地。叙利亚空军先后起飞米格-21 和米格-23 歼击机 60 架迎战，被以色列空军歼灭大半。下午 4 时左右，以色列空军又出动 92 架飞机进行袭击，叙利亚空军出动 54 架飞机迎战，又被以色列空军击落大半。6 月 10 日，以色列再次出动各型飞机 92 架，用同样的方法把叙军连夜补充到贝卡谷地的地空导弹设备加以摧毁。这次空战和空中突击，以色列共击落叙机85 架，自己损失 10 架，同时摧毁了叙方萨姆-6 地空导弹连 23 个，萨姆-8 地空导弹连 3 个。作战中，以色列空军以歼击机的"屏护空战"大量诱歼叙利亚飞机于空中，有效掩护空中突击编队摧毁叙利亚的地空导弹阵地。以色列歼击机群的屏护空战，是在叙利亚歼击机可能出击的方向上建立起一道空中屏障，以掩护以色列歼击轰炸机群袭击叙利亚的地空导弹阵地群，并创造进攻性空战歼敌的条件：①由 F-15、F-16 和波音-707 E 电子战飞机组成的混合作战机群，飞临黎境预定地域上空多层次展开。F-16 在下层，F-15 在中层，波音-707E 在上层，建立空中屏障。②E-2C 飞机负责对作战地域的不间断雷达监视并及时调整歼击机群的行动。为保障歼击机群不受地面防空兵器的火力杀伤，波音-707E

电子战飞机预先实施电子干扰。③叙利亚飞机的滑跑、起飞已处在 E-2C 飞机的监视之下。E-2C 飞机将叙机出航时间、航向、批次、架数通报给 F-15 和 F-16 编队，并引导其占据有利空域。为克服 E-2C 雷达盲区漏报低空目标，还利用 F-15 的 APG-63 雷达负责低空监视并及时向 F-16 指示攻击目标。④叙机进入战区后，即遭到以色列飞机各种电子设备的强电子干扰。叙军机载雷达荧光屏上看不见敌机，半自动引导装置已不起作用，耳机里听不清地面指挥口令，空战一开始就陷入被动局面。⑤以色列 F-15、F-16 歼击机则在 E-2C 飞机指挥引导下主动出击，使用 AIM-7E 中程导弹和 AIM-9 L "响尾蛇" 以及自产的 "蜻蜓" 式格斗导弹空战歼敌。

1986 年 4 月 15 日，美军空袭利比亚，美国空军先后出动 28 架 KC-10 和 KC-135 加油机、24 架 F-111 轰炸机、3 架 EF-111 电子干扰机，从英国本土出发，经英吉利海峡，大西洋南下，全程约 5110km，低空进入的黎波里。美国海军还出动了 14 架 A-6、1 架 A-7 攻击机、6 架 F/A-18 歼击轰炸机。F-14 和 F-18 海军飞机在海上进行空中战斗警戒，并有 2 架 E-2C 预警指挥机担当预警和指挥。这次空袭，美军出动了两个军种 11 个机种共百余架飞机，在短时间内对利比亚两个重要方向的 5 个军事目标给予了毁灭性的打击，开创了夜间突施多机种合同作战的先例。

三、制导武器精确轰炸

从越南战争到 20 世纪 80 年代美国空袭利比亚，空中进攻作战方式由第二次世界大战时期的面积轰炸逐步发展到使用制导武器精确打击，目标选择、指挥协同等关键环节也逐步向精确化方向发展，作战效率大大提高。

从 1961 年 5 月到 1973 年 3 月，越南与美国之间展开了一场旷日持久的战争。美军投入越南战场的军用飞机大都属于第二代喷气式战斗机、战斗轰炸机和轰炸机。战斗机有 F-105、F-4、F-8，攻击机有 A-3、A-4、A-6、A-7，还有战略轰炸机 B-52、电子干扰机 EB-66 和空中预警机 EC-121 等。上述作战飞机速度快、升限高、航程远，性能优良，多数装有半主动雷达制导和红外制导的第二代空空导弹和新型航炮，载弹量多，火力强大；装有新型雷达、平视显示器、微光电视、电子对抗设备和火力控制系统等先进的机载设备。特别是空地导弹和制导炸弹首次广泛使用于空中进攻作战，开始了真正意义上的精确轰炸。

在越南战争中，美军空中力量主要遂行了 4 项基本任务：一是空中阻滞；二是近距空中支援；三是空运和空中机动作战；四是空袭作战。其中空袭作战主要是对交通线的空袭和对防空系统的空袭，分 "滚雷" 战役和 "后卫" 战役两个大型空袭战役行动。"滚雷" 战役从 1965 年 3 月起到 1968 年 1 月止，持续了 3 年 8 个月，共出动战术飞机 30.4 万架次，B-52 战略轰炸机 2380 架次，投弹 64.3 万 t。重点突击目标是清化桥和杜梅桥。清化桥是河内至荣市铁路的唯一大型桥梁，炸毁这座桥，可使河内以南地区的铁路完全陷入瘫痪。在"滚雷"战役中，美军对清化桥先后进行了 10 次较大规模的轰炸，开始主要使用普通炸弹，命中概率很低，轰炸效果很差。后来使用了少量空地导弹和新型"白星眼"制导炸弹，命中概率显著提高，但由于炸弹威力不足，始终没有彻底炸毁。在之后的"后卫"Ⅰ战役行动中，美国空军集中使用高精度制导炸弹轰炸越南交通线上的铁路等关节点目标，大大提高了突击效果，两个半月就炸毁越方桥梁 106 座。其中在轰炸杜梅桥时，只出动 16 架 F-4 飞机，投掷 22 枚激光制导炸弹、7 枚电视制导炸弹，命中 12～16 枚，一举摧毁杜梅桥。

越南战争之后的第三、第四次中东战争、以色列突击贝卡谷地导弹阵地、以色列突击伊拉克核反应堆、马岛战争、以色列空袭巴解总部、美国空袭利比亚等战争或战斗，精确制导武器在空袭作战中发挥了主导作用。例如，1982 年 4 月发生的英阿马岛战争，阿根廷空军和海军航空兵的"超级军旗"飞机使用 AM-39 型"飞鱼"导弹低空攻击，一举击沉英国"谢菲尔德"号和"考文垂"号导弹驱逐舰、"大西洋运输者"号大型运兵船，使十几架直升机随船沉海，给英国舰队以沉重打击，充分显示了制导武器精确突击的作战威力。阿根廷仅有的 6 枚"飞鱼"式导弹发射完之后，普通炸弹的突击效果非常有限，最终未能粉碎英军的海空封锁和登陆入侵。

四、"外科手术式"空袭

所谓"外科手术式"空袭，是指使用一支精锐的空中精确突击力量，以高度机密和突然的作战行动，深入敌方战略纵深，对敌核心要害目标实施出其不意的精确空袭，给敌人造成巨大的心理震撼，为己方赢得政治、外交、军事上的主动地位。"外科手术"式空袭方式攻击的不一定是军事目标，也可能是政治目标、经济目标，或对国计民生有巨大影响的某一特定目标。

1981 年 6 月 7 日，以色列空军对伊拉克核反应堆的突击，以色列空军只出动 14 架飞机，就以突然袭击方式一举摧毁了位于伊拉克首都巴格达的核反应堆，达到了抑制伊拉克核计划的目的，使伊拉克的核计划"至少推迟 20 年"。

1986 年 4 月 15 日，美军远程奔袭利比亚首都的黎波里和北部重镇班加西，行动代号"黄金峡谷"，空袭矛头直指利比亚军队统帅部和卡扎菲住地。当时卡扎菲本人不在驻地才幸免于难。他的养女被炸死，两个儿子受重伤。这次空袭行动突然，命中率极高，5 个预定目标全部被摧毁，达到了惩罚利比亚，迫使利比亚收敛其支持恐怖分子行径的目的。"黄金峡谷"行动是典型的"外科手术式"空袭：一是精选目标。"黄金峡谷"行动的目的就是从要害、最敏感的部位动手——炸毁首脑机关，并炸死卡扎菲。美军通过卫星和高空侦察机核实了行将打击的目标的具体位置，并根据作战企图，从30多个重要军事目标中精选出5个要害目标。二是对空海军多机种长途奔袭实施严密指挥与协同。此次空袭既有空军航空兵，又有海军航空兵，保障和突击编队构成复杂。空袭机群分别从英国基地和航空母舰起飞，从英国基地起飞的飞机，要绕过欧洲大陆，飞越大西洋上空，经直布罗陀海峡，穿地中海海口，往返航程达数千千米，需要数次空中加油。通过严密指挥与协同，与从地中海航空母舰上起飞的飞机准确会合，准确进入目标。三是使用精确制导武器对点状目标精确轰炸。担负突击任务的F-111装备有最现代化的航行、轰炸设备和激光、红外制导武器。主要是使用907kg的激光制导炸弹，该弹还配备有电视加红外制导设备，命中率很高。A-6装备有类似的航行、轰炸设备，使用246kg或907kg的激光或电视制导炸弹，命中率也很高。这些精确制导武器，保证了对目标精确摧毁，有效避免了附带破坏。四是电子侦察和电子对抗发挥了重要作用。美国飞机空袭利比亚军事目标的口实，是美军电子侦察系统截获并破译了利比亚国内同驻德使馆来往的密电得到的。空袭以电子干扰和压制为先导，从英国起飞的F-111轰炸机，全程由EF-111A电子战飞机掩护。在施放强烈电磁干扰，进行广泛电磁欺骗的同时，使用A-7和F-18型飞机发射"百舌鸟"和"哈姆"反辐射导弹，直接摧毁利比亚5个骨干雷达站，使利比亚整个防空体系陷入瘫痪，为突击编队精确突击创造了有利条件。

第三节　喷气式飞机时代空中作战特点

喷气式飞机时代的空中作战，高度、速度和数量规模优势逐步被机动和协同优势所取代，特别是精确导航和精确制导技术应用于航空武器装备，空中作战向精确化方向发展，空中作战效率更高，成为达成有限局部战争目的的主要手段。

一、空袭编队规模趋于缩小，突击威力明显增大

由于受飞机和机载武器性能的制约，第二次世界大战中的空袭作战，基本上采取面积轰炸的方法。最典型的战例如英国1942年5月对科隆的"千机大轰炸"，参战飞机总数达1046架。战后进入喷气式飞机时代，飞机和机载武器性能有了迅速发展，导弹、制导炸弹、新式火控系统、先进航行驾驶和电子对抗设备的使用，使航空兵的作战能力空前提高。20世纪50年代末期至60年代初，第一代空地导弹装备使用。如美国的"大猎犬"AGM-28、苏联的AS-5、英国的"蓝剑"等，其特点是体积大、笨重、命中精度低、突防能力较差，一架载

机只能携带一枚或两枚。第二代在 60 年代中开始研制，70 年代初开始装备使用。如美国的"近程攻击导弹"AGM-69A，苏联的 AS-6 等，其特点是摆脱了机型结构，体积、重量大大减小，最大速度马赫数 3，增强了突防能力，但仍采用惯性制导，距离和精度有限。越南战争中后期，为提高轰炸精度，美国空军研制装备了激光制导炸弹和电视制导炸弹。激光制导炸弹主要有 MK-82、MK-84、M-118 三种型号，电视制导炸弹主要有"白星眼"1 和"白星眼"2 两种型号。

飞机性能和制导武器的迅速发展，对越南战争空中作战产生了巨大影响。美军在越南战争的"滚雷"战役中，为了摧毁杜梅桥，共出动轰炸机 177 架次，投弹 380t，也没有将桥彻底炸毁。使用制导炸弹后，只出动 16 架 F-4 飞机，投掷 22 枚激光制导炸弹、7 枚电视制导炸弹，命中 12～16 枚，就一举摧毁杜梅桥。按出动飞机架次计算，在轰炸杜梅桥的作战中，使用精确制导武器的作战效率是使用普通炸弹的 11 倍；按投弹量计算，使用精确制导武器的作战效率是使用普通炸弹的 20 多倍。

1981 年 6 月 7 日，以色列飞机轰炸伊拉克核反应堆，空袭编队仅由 14 架飞机组成，其中 F-15 歼击机 6 架，F-16 歼击轰炸机 8 架。14 架飞机编成特定的密集队形。8 架 F-16 在中央，每架飞机的机翼下挂 800kg 炸弹 2 枚、"响尾蛇"空空导弹 2 枚，有的飞机挂"灵巧"炸弹。6 架 F-15 编在前上方和两侧，担负直接掩护。起飞 90min 后，于当地时间下午 6 时 30 分到达目标区。F-15 跃升高度进行警戒掩护。F-15 从超低空迅速上升到 600m，恰好使机头对准目标，由西向东背着阳光单机跟进瞄准轰炸，16 枚炸弹全部命中目标。

1982 年 6 月 9 日，以、叙贝卡谷地空战，以色列空军在袭击叙利亚导弹阵地时，E-2C"鹰眼"式空中预警担负空中指挥引导，F-15 在高空掩护，F-16 或 F-4 从低空进入，袭击萨姆-8 导弹阵地及其他地面目标，同时使用强电子干扰使导弹的雷达系统失去作用。以色列空军装备有大量美制"百舌鸟""小牛"式空地导弹和"白星眼"等电视或激光制导炸弹等所谓"灵巧武器"，命中精度高。而且，它们可在离目标较远的距离发射，使飞机不必飞越或飞近目标，减少了以色列飞行员的风险。

二、强调集中使用，高强度作战，快速达成作战目的

第二次世界大战期间，空中力量所发挥的作用，主要表现在保证和协同配合陆、海军作战，而战后局部战争中的空中力量则独立承担了许多对战争进程和结局有决定性影响的任务。第三次中东战争一开始，以色列几乎倾其空军全部力量，突然空袭了埃及的主要机场，不到 3h，基本上消灭了埃及空军主力，一举夺得了制空权，并瘫痪了埃军的指挥系统，从而保证了以色列地面军队高

速向西奈推进。短短 3h 的空袭，决定了这场战争的命运。

1982 年黎巴嫩战争中，以色列在进军贝鲁特之前，首先集中空军主力，于 6 月 9 日、10 日出动飞机 100 多架摧毁了贝卡谷地叙军的地空导弹阵地，进而夺取了制空权。使暴露在以色列空军严重威胁下的驻黎叙军，不得不在 6 月 11 日接受停战。

马岛战争是一场岛屿争夺战，而斗争最激烈、战绩最辉煌的却是空中作战。阿根廷的空中力量在己方海军收缩于近海避而不战的情况下，单独与英军特遣舰队对抗，取得了毁伤舰船 10 多艘的重大战果，给英舰队以十分沉重的打击。

战后局部战争实践表明，由于局部战争目的有限，空中作战不仅对战争的进程和结局具有决定性作用，而且可直接达成有限战争目的。为增大作战效果，强调集中使用空中力量，高强度作战，一举达成战略目的。

三、空战由追求速度高度优势发展为追求机动优势

战后航空技术的最重要的成就之一，是用喷气式发动机取代了活塞式发动机。它首先装备了战斗机，使其时速超过 1000km，升限达 15000m 左右。1950 年 11 月，在朝鲜上空进行了第一次喷气式飞机之间的空战，在空战史上拉开了新的帷幕。喷气式战斗机参战并没有从根本上改变空战的基本原则，空战的样式也仍然是编队空战和机动空战。由于喷气式飞机上装的仍然是老式的航炮和机枪，航炮的射程增加不多，所以可能攻击的范围没有多大变化。为了毁伤敌机，必须从敌机尾后进行攻击，所以空战中追求飞机的飞行高度和速度。有的空战甚至在同温层上进行。

朝鲜战争结束后，人们认为空战将是一场用空空导弹作为主战武器、在高速范围内进行的战争。于是一批飞行马赫数达到 2、装有空空导弹的第二代战斗机开始问世。1965 年，美国的第二代战斗机 F-4 到越南战场，使空战进入了新阶段。美国飞行员当时采用的战术是根据自动导引系统的指令实施程序飞行，借助雷达瞄准具用空空导弹攻击敌机。实战表明，这些战术是不成功的，因为第二代战斗机的最大飞行速度虽已达到马赫数 2，但不能进行超声速持续飞行，而且超声速机动能力较差。空战主要是在亚声速范围内进行，摧毁目标还需从后半球攻击来实现。另外，空空导弹的作用范围、作战效能还都很有限。20 世纪 50 年代中期，第一代空空导弹开始装备部队，典型的第一代红外空空导弹如美国的 AIM-9B "响尾蛇"、苏联的 K-13 等导弹。典型的第一代雷达空空导弹如美国的 "麻雀"-1 空空导弹，它们采用雷达波束制导、飞行控制等方面的技术，只能在尾后以三点瞄准方式攻击目标，攻击范围很小。总体看，第一代空空导弹攻击能力比较差，仅比航炮略为强些，所以，当时有 "导弹不如炮弹，空中还靠拼刺刀" 的说法。空战中被击落的飞机中约有 2/3 是被空空导弹击毁

的，1/3 是被炮弹击毁的。在中东战争中，空战格斗的比例更大，飞行员经常能有效地使用航炮。近距格斗和尾后攻击对喷气式飞机机动性提出了更高的要求，因为高速机动更难实现，对空战战术的要求更高。

四、多机种合同作战成为空战的基本形式

越南战争和其后的一些局部战争中，多机种合同作战显得越来越重要，成为空中作战的基本形式。战斗机的空战绝大多数为多机种多编队协同空战，编队常由佯动队和突击队组成。显示佯动队假意图有很多战术方法，如割裂敌机战斗队形、引诱敌机进入突击队所在区域等。突击队已不再力求高于敌机，而是躲在战斗机队形的下层，力图在敌机下方实施攻击。编队空战仍是基本的空战形式，协同作战能力和飞行员的素质仍对空战结果有重要的影响。编队规模一般较小，同一编队的飞机一般不宜超过 4 架。多机空战可缓和并缩小对抗飞机之间的性能差距。

贝卡谷地空中作战经验表明，空中作战机群在预警指挥飞机和电子战飞机密切配合下，能明显地提高空中作战效能，空中作战又向多机种群体化作战方向迈进了一步。1982 年以色列空军拥有各种作战飞机 670 余架，其中有 40 架 F-15、75 架 F-16、150 架 F-4、30 架"鹰"式歼击机、180 架"幼狮"式歼击轰炸机、200 架 A-4"天鹰"式强击机。为充分发挥各机种的作战性能，有效地同时完成空战歼敌和摧毁叙利亚部署在贝卡谷地的地空导弹阵地这两项任务，以色列空军在战前广泛地进行了作战方法研究。在摧毁叙利亚的地空导弹阵地的作战中，以色列空军采用"多兵器综合威力杀伤法"。一是派出由"猛犬"式和"侦察兵"式无人驾驶飞机组成的侦察和佯动编队，进行侦察和诱骗活动。无人驾驶飞机发出假目标信号诱使叙防空部队发射地空导弹，使用机载电子装置测定地空导弹发射阵地的精确位置，收集导弹制导雷达参数，摄取目标图像。二是由地面指挥所和 E-2C 空中预警指挥机，根据无人驾驶飞机提供的数据和资料向电子对抗机和歼击轰炸机发出指令。三是由波音-707E 电子战飞机组成电子对抗编队，并以 F-15 的 ALQ-135 电子对抗设备、F-16 的 ALQ-131 干扰吊舱和 F-4 的 ALQ-162 连续波干扰机，对萨姆-6 等导弹的制导雷达实施强电子干扰。四是由 F-16 及 F-4 等飞机组成压制编队，使用"百舌鸟"式、"标准"式、"幼畜"式和 LUZ-1 空地导弹实施精确制导突击。五是由 A-4 式和"幼狮"式等飞机组成临空突击编队，使用常规杀伤炸弹、集束炸弹、电视激光制导炸弹实施密集突击，有效地摧毁了叙利亚地空导弹阵地群。

信息时代篇

20 世纪末，人类社会跨入信息时代的门槛，以海湾战争为标志，空中作战迈进信息时代。信息时代，航空技术呈现综合化、精确化、隐身化和无人化特点。微电子技术、信息技术的高度发展，为实现航空技术的综合化创造了条件。航空技术的综合化，主要体现在航空电子技术、制造技术、组合导航技术、发动机技术和机电一体技术等领域内部，在物理和功能方面呈现出集成化、一体化的发展态势。信息时代，绝大多数航空武器都具有精确投送、精确定位、精确制导和精确打击等相应的精确化能力。其中，精确制导技术是关键，具有按照一定规律控制航空武器的飞行方向、姿态、高度和速度，引导战斗部准确攻击目标的能力。隐身技术降低了航空武器装备的可探测性，有效提高了目标的生存能力，从而提高了目标的综合作战效能。近年来，随着人工智能技术的快速发展，无人机技术也快速进步。智能技术和无人机的发展对航空领域来说，意义非常重大，将直接导致航空武器装备的智能化、无人化。无人机技术及无人机的广泛应用，不仅改变着信息时代航空技术的面貌，也改变着航空作战力量的构成与结构。

基于信息技术的网络化空中作战体系，使航空武器的战场感知能力和作战效能大幅度提升，空中作战由能量主导、平台制胜向信息主导、体系制胜转变，表现为基于空天一体信息网络的空中体系作战。空中作战以空天一体信息为支撑，具有网络中心战特征。空战以超视距攻击为主，基于网络和信息优势，作战飞机具备全天候、全天时作战和全方位攻击能力。空袭作战以远程精确打击为主，作战方式发生由接触到非接触、由线式到非线式、由对称到非对称的深刻变化。信息时代，基于网络化作战体系的空中作战理论应用而生，形成了震慑作战理论、五环重心理论、效果中心战理论、空天一体作战理论、"空海一体战"和"全球公域介入与机动联合概念"等空中作战理论。

第九章　信息时代航空技术

我们认为，信息时代的开启时间应确定为 20 世纪 90 年代初始，其理由为：一是就社会而言，美国提出了信息高速公路、互联网等信息时代的标志事物；二是就军队而言，海湾战争作为信息化战争之滥觞，标志着精确打击等信息化战争能力初步形成。上述两个基本判断互相契合，具有明显的典型特征和时代标志。当然，信息时代的源头我们可以追溯到计算机技术的出现及其在航空装备上运用的早期阶段。人类步入信息时代后，对航空技术的军事需求和重视程度进一步提高，随着各国军队投入的不断加大，航空技术必然取得新的突破，将会进入新一轮的快速发展时期。

第一节　信息时代航空技术发展与进步

航空技术是综合性的高技术，信息、材料、微电子、通信、动力和武器等技术领域里的突破都会给航空技术的发展增添动力。随着信息技术、材料技术、制造技术、人工智能技术、激光技术、电磁脉冲技术等发展和应用，航空武器装备的结构、用途、作战方式和作战效能将会发生重大变化。

一、信息时代航空技术的发展基础

不同的时代往往都有自身显著的标志符号和特征。其中，科学技术的显著跃迁是其重要的标志之一。信息时代的基本标志就是信息科学与信息技术的突飞猛进式发展，以及在社会和军事等领域得到广泛应用。信息时代航空技术的发展也呈现出几个显著特征，它们共同构成信息时代航空技术的发展基础。

（一）信息技术的发展

信息技术是以计算机为核心对信息进行搜集、处理、存储、传输、分发和使用等技术的统称，包括微电子技术、数据存储技术、计算机技术、通信技术、探测与成像技术、网络技术、光电技术、智能技术等，它们共同为信息时代航空装备发展提供了强大的技术支撑，推动了航空技术向信息化方向发展。其中，微电子技术即微电子电路芯片技术，是信息技术的核心和基础，主要用于高速处理大量数据信息；高性能存储技术是满足大规模数据存储需要和增强计算能力的重要手段。随着存储技术由磁介质存储、光学存储向量子、生物存储技术的发展演进，不仅存储能力呈几何指数的增长，而且对计算机技术的发展也起到巨大助推作用。计算机技术是信息技术的核心和关键，是信息处理的中枢环节。自从计算机诞生以来，计算机的计算能力始终以指数规律增长，而体积和消耗的能量却在持续下降，为大量的嵌入式微型计算机和处理器的发展创造了条件，促使大批的信息化武器装备涌现出来。通信技术和通信能力随着计算机技术的发展发生了翻天覆地的变化，为机载多功能、模块化、大功率、远距离通信指挥平台建设提供了可能。探测技术根据电磁波、声学、震动和重力等原理对目标进行分析和识别，以掌握目标特性，是信息化武器装备不可或缺的感官和触角。

（二）材料技术的突破

材料对航空装备的重要基础性作用和战略地位已经为世界百年航空史所证实，所谓"一代材料、一代装备"也说明了航空装备与航空材料间的相互依存、相互促进的紧密关系。根据美国空军对 2025 年航空技术发展的预测分析，在全部的 43 个系统中，先进材料位居第二，在美国国防部制定的科技优选项目中，先进材料技术也被列在第二位。世界航空发动机行业公认，先进发动机推重比得以提高，70%以上的贡献来自高性能材料及其制备技术。同样，离开了第二代单晶叶片和第二代粉末高温合金涡轮盘技术，制造出推重比为 10 的发动机将是根本不可能的。

以飞机机体材料为例，到目前为止，飞机机体的材料结构大体上经历了 4 个发展阶段，正在跨入第五个发展阶段，如表 9-1 所列。

可以看出，信息时代的航空材料处在第四和第五两个发展阶段，代表性的航空材料主要为合金和复合材料。例如，美国 F/A-18E/F 飞机，铝合金、钛合金、复合材料分别占 31%、21%和 19%，而 F-22 飞机分别为 16%、39%和 24%，可以看出从三代机到四代机，钛合金和复合材料的比重有明显的提升。

中国航空工业集团于 2011 年对航空材料技术进行了专业梳理，形成了航空材料技术体系，主要包括铝合金、钛合金、结构钢、变形高温合金、铸造高温合金、粉末高温合金、非金属结构、树脂基复合、结构功能一体化复合、碳基/陶瓷基复合、金属基复合、隐身、透明材料与结构技术、特种功能、纳米、机敏、材料力学性能表征、无损检测与理化测试等 18 类材料技术。

材料技术包括设计、材料、制造及质量控制等多个环节，这些环节密切配合形成一个整体，才能最大限度地发挥航空材料的本质优势，不断制造出满足信息时代要求的航空材料。

表9-1　飞机机体材料发展

发 展 阶 段	年　代	机 体 材 料
第一阶段	1903—1919	木、布结构
第二阶段	1920—1949	铝、钢结构
第三阶段	1950—1969	铝、钛、钢结构
第四阶段	1970—2000	铝、钛、钢、复合材料结构（以铝为主）
第五阶段	2000—	复合材料、铝、钛、钢结构（以复合材料为主）

（三）制造技术的革新

飞机的制造技术经历了以手工为主的传统制造方法，向以数字化技术为主的现代飞机制造技术转变。这种转变大致上开始于20世纪60年代，主要推动力是计算机等信息技术的发展和应用，主要标志性起点就是计算机辅助设计（CAD）、计算机辅助制造（CAM）等技术，转变的技术路线图是从二维、三维再到虚拟现实的建模和管理，这样工程技术人员可以很方便地定义、展示、管理和共享产品设计、制造装配过程及其资源模型，大大加速了飞机的集成和过程的优化，也大大减少了重复性劳动量，大幅度降低制造成本，而且便于设计更改，有利于设计信息的传递和交换，提高飞机研制质量，加快研制进度。目前，数字化的设计制造技术能够覆盖飞机研制的全过程，从可行性分析、概念设计到飞机定型交付。

航空制造技术是航空武器装备发展的物质基础和技术保障，也是确保航空武器装备质量的重要保证，更是降低成本、提高效益的重要手段。当年，美国普·惠公司在较短时间内研制成功F-100发动机，原因在于之前10年开发出粉末冶金锻造、定向凝固、大功率电解加工和立方氯化硼刀具等一系列先进制造技术，为F-100发动机的研制和快速转入批量生产，提供了先进成熟的实现工程化的制造技术。国外的经验表明，一代飞机的更新总是伴随着新材料、新工艺、新技术的重大突破；武器装备更新换代，制造技术也必将更新换代，进而为武器装备更新换代提供坚实的物质和技术基础。20世纪70年代以来，以计算机辅助设计与制造集成化技术、先进数控加工技术、精密成型技术、连接技术、高能束流特种加工技术、单晶精密铸造技术、真空高温焊接技术、激光小孔加工、高性能涂层和热障涂层等为代表的先进制造技术的发展和工程化应用，不仅加速了航空武器的发展，也提高了武器装备的性能效果。美国普·惠公司认为，正是这些先进制造技术在发动机领域的应用，使得过去50年中发动机的推重比提高了3倍，翻修寿命提高了2倍，耗油率降低了50%以上。实践表明，采用数控加工技术可以使钛合金结构的制造费用降低40%；采用热等静压粉末涡轮盘可以节省材料 35%～85%，节约能源 50%，降低制造费用 70%～80%。

（四）动力技术的进步

100 多年以来，航空发动机由活塞发动机发展到涡喷发动机、涡扇发动机，军用小涵比发动机推重比达到 10，在性能、全寿命周期成本、适用性、可维护性、可靠性/耐久性、可生产性等方面实现均衡设计。一方面，军用战斗机发动机，经过了几十年的发展，战斗机已从早期的涡喷发动机发展到第四代的涡扇发动机，推重比达到 10，不加力耗油率已从 1.0～1.2kg/（daN·h）下降到 0.6～0.7kg/（daN·h），空中停车率降低至每 1000 飞行小时 0.2～0.4，热端零件寿命已超过 2000h。另一方面，无人机动力装置的可靠性逐步提高、使用维修成本逐步降低，活塞发动机和涡轴发动机适用于起飞重量较小的低速、中低空无人机，涡喷和涡桨发动机对中高空起飞重量较大的无人机有较好的适用性，涡扇发动机耗油率相对较低，广泛适用于高空长航时无人机及先进的无人攻击机，飞机起飞重量可以很大，如"全球鹰"达到 10t 以上。发动机能力的提升依赖于发动机技术的进步，先进的非定常全三维气动设计等技术的采用，提高了叶片机级负荷水平和效率，大幅度减少级数（四代机从 12～14 级减少到 8 级左右）和部件重量；先进的多通道强迫对流加气膜冷却技术、高温性能更好的单晶材料、先进的物理气象沉积热障涂层使涡轮前温度提高到 1973K 以上；二元矢量喷管为飞机提供直接力控制并减少红外辐射，使飞机可能实现超机动性并提高隐身能力；空心风扇叶片、整体叶盘、复合材料和金属间化合物等更大范围的使用极大地降低了发动机的重量，提高了发动机推重比等指标。

信息时代，特别是海湾战争、科索沃战争和伊拉克战争的实践表明，即使在信息作战和电子战技术十分发达的今天，装配先进动力的航空武器装备，仍是夺取制空权、决定战争胜负的决定性因素之一。

（五）隐身技术的出现

隐身技术是信息时代的产物，隐身与反隐身是当前或今后相当长一段时期信息化战争的重要课题。近 30 年来的航空技术发展中，没有哪一项技术能够像隐身技术那样，引起军用航空领域如此大的关注。隐身技术对航空武器装备的生存力和作战效能意义深远。自 F-117A 飞机诞生到 F-22 飞机的服役，隐身技术已经经历了 3 个发展阶段，并逐步走向成熟，开始在各种不同类型的武器平台上得到广泛应用。目前，隐身技术不仅在主战的固定翼飞行器上应用，在直升机、无人机以及飞机改进上也广泛应用；不仅应用于飞行器，也大范围地应用于各种水上和水下武器平台、陆上武器平台等，对各国的传统防御体系构成了巨大的冲击，迫使各国开始了新一轮的传感器和探测系统研究。当前，针对不同的威胁环境和不同探测系统，隐身技术发展主要集中在雷达隐身、红外隐身、射频隐身、可见光隐身和声隐身等方面。

隐身和反隐身犹如一对孪生兄弟，自隐身飞机诞生以来，反隐身技术就成为对抗隐身飞机的重要手段，受到世界主要军事强国的高度重视。隐身飞机的隐身性是相对的，外形隐身和涂覆吸波材料缩减 RCS 仅在 $1\sim20$GHz 频率范围内效果好，即对厘米波段单基地雷达迎头飞行时 RCS 减少，而对米波、毫米波、红外及激光雷达的隐身效果差。当从目标的两侧或上、下方向观测时，其 RCS 会明显增大，如 B-2 飞机机头方向的 RCS 小于 $0.1m^2$，而从侧上方或下方照射时，RCS 会达到几平方米。另外，隐身飞机在执行任务时会尽量减少自主探测信号的发射，但离不开外部支援数据的引导，因此，肯定会产生一定的电磁辐射信号。再加上，隐身飞机采用内嵌隐蔽式弹舱装载导弹和炸弹，在攻击时必须有开舱动作，这时 RCS 必定增加，在一定程度上丧失了其低可观察性，给对方制造了进攻的机会。这些飞机隐身技术存在的缺陷，正是当前反隐身技术的重要突破口和主要途径。目前，反隐身主要手段有米波雷达、地面无源探测系统、预警飞机雷达、超视距雷达等。

二、信息时代航空技术的发展过程

信息时代航空技术发展呈现多元化，既有体现信息时代特征的典型技术，也有比较管用的早期成熟技术，更有正在实施探索的新型和前沿技术成果。如果以三代和四代飞机作为信息时代的主要作战平台，与之相对的航空技术发展大体上可以划分为 3 个时期，即起步发展期、重点发展期和全面发展期。

1．起步发展期

20 世纪 50 年代至 60 年代中期，这个阶段属于信息时代航空技术的早期探索和起步阶段，能够体现信息时代特征的一些早期技术已经出现，并逐步应用到飞机上。首先，1952 年在截击机上开始装备电子数字计算机，用来控制飞机的自动定向、导航、实施攻击和自动投放武器等，这就是航空史上第一代机载电子数字计算机的应用。60 年代后，由于计算任务非常繁重，再加上微电子技术有了新的突破，机载计算机的应用得到进一步推广，50 年代只有 2 台机载计算机，到了 60 年代末已经达到 100 多种，后来应用扩大到空空导弹、空地导弹的制导系统。其次，导航系统的发展和应用。精确导航是信息时代飞机的必备要素和重要体现。虽然无线电导航在 30 年代就已经出现了并且延续至今，但真正具有信息时代意义的导航系统，应该是 60 年代后问世的惯性导航系统和多普勒导航系统为代表的自主导航系统，这些系统能为飞机等载体提供连续的导航信息。第三，涡轮风扇发动机的诞生和发展。20 世纪 60 年代诞生的涡轮风扇发动机，最初装备在民用飞机上，后来由于其优良的性能和较高的经济性，很快受到军用飞机的青睐，逐步取代涡喷发动机，成为新型飞机和三代飞机的主要动力，并确立了其在信息时代早期航空动力的霸主地位。

2．重点发展期

20 世纪 60 年代中期至 70 年代末，这个阶段可以认为是航空科学技术的信息化发展时期，大量的信息化技术被应用到航空装备从设计、制造环节和机载设备中，航空装备的整个信息化能力和水平有了一个明显的跃升。主要代表性的技术有：一是计算机辅助设计和制造技术。这个时期，早期的以手工为主的传统制造方法，逐步被以数字化技术为主的现代飞机制造技术所取代，减少了大量的重复性劳动，提高了设计和制造环节的效益；二是主动控制技术的发展。美国在 60 年代中期提出了主动控制技术，作为一项改善、提高飞机性能的综合性技术应用到飞机的设计之中，并与传统气动力、结构强度和发动机三大设计影响因素并列看待，随着主动控制技术的应用，使飞机的潜力和性能得到了充分挖掘；三是卫星导航系统的发展。70 年代发展起来的全球卫星导航定位系统（GPS），是以人造卫星为导航台的星基无线电导航系统，能为全球陆、海、空、天的各类载体提供高精度的位置、速度和时间信息，也包括为航空武器精确制导发挥重要的作用；四是航空电子综合系统的出现。20 世纪 70 年代初，美国空军提出了数字式航空电子系统，后来经过不断演进发展成为联合式航空电子系统，被广泛应用到了诸如 F-16C/D、F/A-18、F-15E、B-2、C-17、AH-64 等机型，后续进一步发展成"宝石柱""宝石台"先进的综合航空电子系统，使机载设备最大限度地实现了信息化和综合集成化；五是平视显示/武器瞄准计算系统技术的发展。该系统主要用于综合显示各种武器攻击方式下的目标瞄准计算和为飞行员提供直观的飞行参数、导航参数，它是在瞄准具技术和导航/攻击系统技术的基础上，于 20 世纪 70 年代后逐步发展完善起来的综合火力控制技术，对于提高飞机空战潜能发挥了重要的作用。

3．全面发展期

20 世纪 80 年代至今，这个阶段可以认为航空科技的发展全面进入信息时代，航空技术发展的深度、广度和影响力被大大拓展，更为未来相当长一段规划指明了航空技术发展的方向。一是隐身技术的新发展和广泛应用。隐身技术的问世，被认为是航空技术发展史上又一个里程碑，同时也标志着航空技术领域内一系列的重大技术突破。20 世纪 80 年代，改进研制型的 B-1B 轰炸机，采用了翼身融合体结构外形、S 形进气道、吸波结构材料等大量具有隐身性的设计和材料，取得了较为满意的隐身效果，是一款隐身技术被广泛开始应用的典型，其后设计生产的 F-117A、B-2、F-22、F-35 更属于全隐身作战飞机，也正式开启了隐身时代的到来。目前，新研制的作战飞机，隐身技术是一个必须考虑的选项。另外，AGM-129 等各种巡航导弹，AGM-136 等反辐射导弹也都采用了隐身设计。90 年代以来，隐身能力已成为衡量现代作战飞机和其他航空兵器的一项重要技术指标。鉴于此，俄罗斯、西欧等国家也都把隐身技术列为航空技术发展的重要研究课题，隐身技术呈现了迅速发展的局面；二是新一代涡扇发动机的出现和新发展。80年代后，在发动机技术不断更新、发展，发动机部件性能不断改进，寿命、可靠性等得到大幅度提高的同时，航空发动机的气动、燃烧、传热、控制、结构、材料、工艺等方面发展和应用了许多新技术，其中许多是科学研究的最新成果，有的则是工业生产的最新产品，另外，军用飞机发展进入第四代，对其装备的新型涡扇发动机，提出了带矢量喷管、推重比为10.0等新要求，航空发动机的发展又迎来了一个发展的新高潮。三是无人机技术的发展和应用。无人机技术起步较早，起初的应用主要是为了制造空中靶机，80年代以来，随着遥测技术、遥控技术等信息技术的发展，加之无人机成本低、可探测性低、适应性强、机动性强、风险小、长航时等优点，并且无人机参加了海湾战争、科索沃战争、阿富汗战争、伊拉克战争等近几场信息化局部战争的实战考验，高效地完成了照相侦察、抛撒传单、搜集情报、电子对抗、火力诱饵、指示定位、毁伤评估等艰巨的作战任务，进一步证明了无人机在现代战争中的地位、作用及其潜在的价值，加上美国在无人机作战等方面进行了大量的研究，促使世界无人机的发展进入了新的时代，并形成师级战术无人机系统、中高空长航时无人机系统和旅团级战术无人机系统等3次新的发展高潮。四是超视距发射不管空空导弹技术。它属于中远程空射导弹武器技术，一直是各国研究开发的重点。超视距发射后不管空空导弹可以使飞行员先敌发现、先敌发射，同时可实施多目标攻击和多次攻击，并能实现全天候、全高度、全方位攻击，属于现代信息化空战的主要发展方向。超视距空空导弹武器系统由超视距空空导弹、超视距目标探测系统、目标攻击火控系统和武器管理系统等分系统组成，美国的AIM-120"阿姆拉姆"空空导弹是其杰出代表，现在已装备到美军的主要三代飞机上，其改进型将装备第四代飞机。另外，防区外精确制导武器技术，也属于这个时期重点发展的领域，作为现代战争的重要攻击手段，精确制导武器的研制始于80年代，在之后海湾战争以来的历次信息化局部战争中作用突出，因此其发展受到世界各国的高度关注和重视，代表性的有美军AMG-158"联合空面防区外导弹"、AMG-86C"常规空射巡航导弹"等。五是电子对抗技术的发展。80年代中期，电子对抗技术的发展日臻完善，航空电子侦察向航空、航天与地面一体化的方向发展，"电磁空间"已成为第五维的战场，并成为关系到整个战场的胜负关键因素，这个时期重要的电子对抗技术成果有美国80年代装备的E-8A"联合监视目标攻击雷达系统"、21世纪初研制的EA-18G"咆哮者"电子战飞机等。六是新材料、复合材料的应用。20世纪80年代后，新研制的钛合金材料能够承受600℃，发动机高压压气机所有级的轮盘全部采用钛合金，使发动机的零件数和重量均有所下降，第二代粉末冶金高温合金使涡轮盘的使用温度提高到了750℃，定向、单晶高温合金在涡轮工作叶片中被全面使用，大幅度提高了发动机的涡轮前燃气温度及承受载荷，特别是 90 年代出现的第二代单晶高温合金承温能力比第一代高 30℃，成功地应用在推重比为 10 的 F-119 发动机上，之后又研制出了承温能力高于一代 60℃ 的第三代，第二、三代的特点是合金中加入了金属铼（Re），21 世纪初，加入了元素钌（Ru）的第四代单晶高温合金诞生，进一步推动了单晶高温合金的发展，针对 F-22 和 F-35 飞机的夹层型结构吸波材料等隐身材料获得新突破，并实际运用到两型飞机中。复合材料在航空领域的应用探索和研究一直受到关注，在减轻航空材料重量、提高强度、增强耐磨性和耐温性、提升抗腐蚀等方面发挥着重要的作用，特别是飞机结构材料使用复合材料优势明显，如 F-22 战斗机复合材料达 24%，而 F-15 只有 2%。80 年代生产的"海豚"直升机，复合材料用量占结构重量的 25%，80 年代后期生产的"虎"式先进直升机和 90 年代演示验证机"科曼奇"隐身直升机 RAH-66，其复合材料的用量更大，碳/碳复合材料也在这一时期被广泛应用，80 年代后军用飞机基本上都采用其作为刹车装置，美国还开始探索研制碳/碳复合材料涡轮盘和涡轮叶片，验证表明其工作温度可以达到 1649℃，90 年代的战斗机上，复合材料的用量已达到机体结构重量的 25%～30%。目前，复合材料所占机体结构的重量百分比和所占机体表面积百分比已成为战斗机先进性的标志之一。

三、信息时代航空技术的发展趋势

目前，信息时代方兴未艾，航空技术正面临着飞速发展期，制造工艺、航空材料、航空电子、航空动力、制导技术等领域不断创新，为未来航空装备的发展不断注入新的活力。

（一）制造技术发展趋势

制造技术已经成为衡量一个国家国防和军事实力发展水平的一个重要标志，未来航空制造技术在航空武器装备发展中占有的地位将会更加突出，21 世纪航空制造技术的发展方向主要集中以下方面：发展高性能、多功能、隐身/智能化等新材料结构制造技术；新型整体结构、高性能轻质复合材料结构、隐身结构、智能结构、隔热/冷却结构和微机电系统等新结构制造技术将得到迅速发展；制造过程实现计算机智能控制，也就是实现全数值量传递无纸化、计算机控制自动化、网络化、柔性化和集成化，制造系统的柔性、敏捷性和对军事需求的反应能力将有显著提高；不断提高生产系统的敏捷性和快速响应能力，增强市场竞争和应变能力，快速响应制造技术、计算机智能化工艺过程仿真与控制技术将得到迅速发展，成为占主导地位的重点关键制造技术；制造过程实现全数字化、柔性化、集成化、智能化和网络化，航空工业总体效能、市场竞争能力、快速响应能力将有显著提高；航空器制造过程全面实现计算机柔性集成化、智能化和网络化，生产全过程将实现计算机智能化控制、无图纸、无再制品、无库存、无停机待料、低成本、高效率、高能源利用率的精益敏捷生产；高超声速飞机的机体-发动机一体化结构设计将使飞机机体和发动机制造技术发展为无界面的融合技术。

（二）材料技术发展趋势

材料是航空武器装备发展的重要支柱,材料技术具有基础性和战略性作用。从当前材料技术发展的情况判断，未来航空材料技术发展需要重点关注：一是材料的高性能化。也就是要不断提高材料的力学性能、工艺性能及使用性能。如美国提出在未来 20 年内，将现有飞机的铝合金结构减重 20%，达到复合材料的水平。在提高材料性能方面，除了传统的调整成分、优化工艺方法外，复合化将是今后的主要方向之一。通过复合可以实现材料在力学性能、物理性能以及隐身性能等方面的结合，实现材料的多功能化及智能化。二是相关新技术的引入。如纳米技术有可能为航空材料的发展开拓新的发展前景，纳米改性复合材料的研究已全方位展开，英、德等国对由碳纳米管增强的树脂基复合材料开展了多项研究，结果无论是力学性能还是电磁性能均有改进。智能化是新材料技术发展的又一重要趋势，智能复合材料将材料技术与传感技术、信息处理技术和功能驱动技术集成于一体，使材料构件能够实现自测、自诊断、自调节、自恢复、自我保护等多种特殊功能。三是功能材料发展迅速。具有声、光、电、热、磁，以及防热、防腐、密封等功能材料，在航空工业发展中起着至关重要的作用。最近 20 年功能材料发展迅速，每年以 5%的速度增长，相当于每年有1.25 种新材料问世，如电子/信息材料的问世，对有源相控阵雷达的研制发挥着关键作用，再如隐身材料的频带不断拓展，维修性不断提高，增强了隐身效果、降低了维修成本。四是重视传统金属材料的深度开发。铝、钛、钢及高温合金材料仍占有重要地位，特别是高温合金仍是航空动力装置的主流材料，对传统材料的研发重点主要放在改进性能、降低成本上，以谋求长期效用。近年来，铝合金发展趋势迅猛，新品不断，大有实现替代复合材料的趋势，钛合金由于具有比强度、耐腐蚀性好等优点，在军用飞机上的用量不断增加，已成为航空领域不可或缺的重要材料。现在美国改变了替代材料的开发策略，从过去以新材料研究为主改为以改进材料为主，把力学性能、抗环境性能、减重等作为改进高温合金及其替代材料的重点。五是低成本和可维修性成为趋势。"成本与性能同样重要" 已成为国外飞机选材的指导思想。低成本化的重点是研发各种复合材料，同时注重传统金属材料的经济可承受性开发，金属材料低成本化的途径是大力开发及推广近净成形工艺，如开发性能相当于锻件的铸钛工艺等。另外，发展可靠性、维修性好的航空材料，以延长结构寿命和简化维修也越来越受到各国的重视。六是环境友好技术的开发。航空材料的环境因素越来越受到重视，主张多开发那些无污染和少污染的航空材料。例如，开发耐腐蚀的起落架钢代替镀隔及镀铬，在油漆、密封剂中不含有毒性挥发物等，飞机的噪声也是环境污染源，除了设计上设法降噪外，开发低噪声材料也是发展方向。七是数字化模拟技术与材料基因组技术的发展。2008 年，美国国家研究理事会发表了《集成计算材料工程》（ICME）的报告，提出了材料研发方面存在的几个主要问题，实际上也就是指明了今后材料工程方面需要改进的方法，从某种意义上看，ICME 是一个新的学科，旨在把计算材料科学的工具集成为一个系统，并与现代化的试验工具相结合，以加速材料的研发，改造工程设计的优化过程，并把材料设计、产品设计和制造统一为一个整体；2011 年，美国总统奥巴马正式提出了美国的材料基因组计划（MGI），作为一个加快材料研究与工程应用的科学技术，MGI 的目的是像人类基因组计划通过研究人类基因预测人类特征那样，通过研究材料的基本组成单元预测材料的各种性能，从而加快材料的开发和工程化速度。材料基因组计划的主要内容是计算材料学、新型试验技术和材料数据库，材料基因组计划主要依赖材料计算、试验及数据管理三大抓手实现目标，其最为突出的一点是在研究方法上，运用计算技术、模拟技术代替以往的试凑技术。美国政府希望通过该计划的实施，大幅度提高先进材料的性能，使新材料的研发和应用周期从目前的 10～20 年缩短为 5～10 年，最终提升美国的先进制造业，保持美国在全球的竞争力。

（三）航空电子技术的发展趋势

信息化战争对航空电子提出了更为挑战性的要求，未来的航空电子系统其综合化、信息化、标准化和智能化更高，可靠性、维修性、保障性、测试性和综合效能更好。一是具有开放式的系统结构。此结构便于构成分布交互式系统，有利于不同厂家生产的不同型号的计算机或其他硬件之间的互连互通互操作，有利于硬件和软件的移植、系统功能的增强和扩充，有利于缩短研制开发周期。二是综合化模块化技术。综合化是航空电子系统发展的灵魂和核心，综合化能减小航电系统的体积和重量，减轻飞行员的工作负担，提高系统可靠性，降低全寿命周期费用。实现系统综合化，需使用自上而下的顶层设计方法，将航电系统作为飞机的单一子系统进行整体的优化设计。模块化是实现系统结构综合化的基础，集成电路技术可以实现将各种完整的功能"浓缩"于一个标准电子模块之中。实现模块化，系统应采用通用的、标准的外场可更换模块（LRM）。三是商用货架产品（COTS）技术。也就是将流行的商用货架产品，直接或经过适当的改造后用于军用装备的技术。COTS 技术具有如下优点：采用通用的、开放的技术标准，兼容性好；具有良好的技术支持，便于扩充和升级，产品更新换代速度快；可以直接在商业货架上采购，供货渠道有保障，采购费用低廉；研制、生产周期短；产品维修和后勤保障方便，维修费用低；无需投入专项科研经费等。四是系统软件技术。随着航空电子系统综合化程度的不断提高、功能不断增强，航空电子系统软件程序量将成倍增加，为此必须加强软件的开发，尤其是软件语言的选择、软件结构的设计、嵌入式计算机实时操作系统需求的开发。五是先进的传感器技术。传感器的费用，一般占航空电子产品的70%，多功能、高精度、低截获概率的传感器技术，应体现在雷达技术、红外和光电技术、综合通信和导航技术、识别技术及数据融合技术之中。六是座舱显示控制技术。目前，作为飞行员信息输入接口的显示器，已进入液晶综合电子显示系统、平视显示器、头盔显示器时代。为适应超视距作战需要，数字地图战术情况显示器已推广应用，三维透视全景显示器正趋于成熟。七是仿真技术。随着综合航空电子系统日趋复杂化和成本的增加，系统仿真（含半实物仿真）就显得格外重要。通过仿真试验，可以尽早发现研制过程中存在的问题，减少空中试飞的时间和费用。目前，一些国家已通过地面仿真技术，完成70%～80%的综合研制任务，从而大大缩短了研制周期和节省了研制费用。

（四）隐身技术发展趋势

（1）外形隐身技术仍然是飞机雷达隐身的主要技术途径。经过几十年的发展，外形隐身技术已经成熟，针对飞机上的不同散射源已形成一些公认的隐身外形设计准则。对于目前隐身飞机的技术来说，外形隐身技术对隐身效果起到决定性的作用，一架仅仅依靠全面涂敷吸波材料的米格-21最多将RCS从$3m^2$降低到$1m^2$；但仅仅采用外形隐身技术的F-22，即便不采用任何吸波涂料，RCS仍小于$0.1m^2$，因此飞行器隐身的最主要手段还是外形隐身，但隐身外形的设计并不是想当然或者是可以抄袭的，而是依赖于计算电磁学的发展，同时也需要RCS试验设施的支持。

（2）各种新型隐身材料层出不穷，有可能成为下一代隐身飞机的关键技术。现在雷达吸波材料（RAM）需要从其吸波性能、带宽特性、重量、环境适应性等方面进行改进，新的RAM、新的吸波机理的研制与开发日益受到世界各国的高度重视，纳米材料、手征材料、智能材料、多频谱RAM等新型RAM的研究已在世界范围内展开，并初见成效。

（3）等离子体隐身尚处于发展中，技术前景有待实践检验。虽然等离子体隐身技术作为军事新宠有其相对于传统隐身技术的巨大优势，但也存在其自身的不足，如等离子体发生器有较大的重量和体积，产生等离子体的功耗较大；飞机上安装等离子体发生器的部位本身无法雷达隐身及等离子体发光暴露目标；等离子体的高温损坏机体材料及等离子体对机体材料的腐蚀；采用放射性同位素其剂量难以控制等问题。以上这些因素决定了在现阶段等离子体隐身技术依然处于试验阶段，远非实用技术，等离子体隐身技术距离完全实用化还有一段距离。

（4）针对各种反隐身措施的隐身技术亟待发展。近年来，无源探测系统（无源态势感知、无源雷达、电子情报系统、信号情报系统、雷达告警接收机、反辐射导弹）发展迅速，对飞机的探测能力大大提高，最大探测距离可达 500km 左右，远大于机载火控雷达的作用距离（200km）。无源探测系统具有作用距离远、不发射电磁波、隐蔽性好等特点，已经对作战飞机构成严重威胁，对隐身飞机电磁信号的主动控制已刻不容缓。

（五）航空动力技术发展趋势

国外正在发展的众多航空新动力技术进度不一，自适应发动机、TBCC 组合动力等新技术已经取得了突破性进展，并有较为明确的应用背景；间冷回热发动机、分布式混合动力等技术焦点集中在运输航空领域；太阳能动力等正处于演示验证阶段。总体来看，自适应发动机、涡轮机组合动力、氢燃料动力具有明确的应用前景，将在未来航空动力领域占据一席之地。

自适应发动机是指通过可调的机械部件和自适应的控制系统，能实时调节和控制发动机热力循环参数的发动机，在飞机起飞和高空高速等状态提供更大的推力，在巡航飞行等状态时又可降低油耗，显著增加飞机的航程，从而满足多种任务和不同飞行阶段的动力需求。自适应发动机近年来取得了重大技术进展，美国决定推动该项技术向型号研制转化，2012 年，美国空军投资 2.136 亿美元，开始实施为期 4 年的自适应发动机技术发展计划，确定美国通用电气公司和普·惠公司参与该计划研究，以促进自适应发动机技术的进一步成熟，使自适应发动机技术计划的概念达到初始全尺寸工程制造与发展阶段，为第五代战斗机开发提供所需的发动机技术。2014 年，美国空军在下一财年预算申请中披露，将为自适应发动机技术发展计划拨款 5900 万美元，未来 5 年的投入将接近 15 亿美元，该计划要在 2016 年完成发动机的整机地面试验，技术成熟度达到 6 级，具备正式开展发动机研制的条件，2020 年将开始飞行试验，技术成熟度达到 8 级。研究表明，与 F-135 发动机相比，自适应发动机油耗可减少 25%，净推力可增加 5%，加力推力可增加 10%，航程可增加 30%。美国海、空军下一代战斗机性能指标对航程的要求为 1850～2300km，自适应发动机技术可使战斗机飞行速度达马赫数 2.2，作战半径达到 1850km，在长时间巡航后仍能保持超声速作战能力。

涡轮基组合动力（TBCC）是将涡轮发动机与冲压发动机组合在一个推进系统中，在马赫数 3 以下涡轮发动机稳定工作，两种发动机在马赫数 3～4 之间实现切换，在马赫数 4 以上亚燃/超燃双模态冲压发动机工作。当前，TBCC 组合动力中用的冲压发动机技术在 X-51A 高超声速飞行器等项目的推动下，验证了碳氢燃料主动冷却超燃冲压发动机的可行性，在吸气式高超声速推进技术的发展史上具有里程碑意义，加快了向实际工程转化的步伐。TBCC 组合动力技术可用于高超声速巡航导弹，情报、监视与侦察和打击平台，以及未来可重复使用的空天飞行器等多种平台，也可用作单级入轨可重复使用空天飞机的动力。

氢燃料动力。氢是一种非常优质的燃料，燃烧热值高，排放无污染，但由于存储困难，影响了其在航空领域的使用。近年来，这种燃料重新进入航空动力技术领域，集中在氢燃料电池和直接以液氢作为燃料两个方向上。燃料电池是一种不经过燃烧，将氢直接转化为电能和热量的电化学设备。目前，国外研究较多的航空燃料电池主要是质子交换膜燃料电池（PAM）和固体氧化物燃料电池（SOFC）。除燃料电池外，国外还在探索直接以液氢作为燃料的可行性，主要集中在无人机领域。目前，验证项目包括美国的"全球观测者"和"鬼眼"无人机。在需求牵引和技术推动的共同作用下，未来航空动力技术将呈现加速发展的态势。涡轮发动机仍将是主要的航空动力装置，继续向着减轻质量、降低油耗、提高推重比以及改善可靠性、适用性和经济性的方向发展，并进一步向智能化方向发展。高超声速组合动力、新能源动力等非传统新型动力的关键技术也将取得新的突破，并进入工程研制阶段，其发展和应用将给航空发动机技术带来一场新的重大变革。

（六）无人机技术发展趋势

（1）无人机的作战能力进一步扩展，既可以承担战术级任务，也能承担战役、战略级任务；既可以支援保障，也可以攻击与实施保障并重，甚至作为新型杀伤性平台出现在战场上。侦察型无人机，现在已由战术侦察向战略侦察扩展。美军已计划用"全球鹰"高空长航时无人机取代 U-2 有人侦察机。21 世纪，无人侦察机将与侦察卫星、有人侦察机共同构成战场实时信息情报网络。无论在战略或战术侦察范围内，无人机都将成为应用广泛的低风险、高效费比的战场感知平台，成为 C^4ISR 系统的重要组成部分。杀伤型无人机将由目前进行电子干扰、反雷达攻击，向执行多种精确打击，甚至进行空战的方向发展。21 世纪，布局奇特、性能优异，具有高过载、大机动、高隐身能力的无人作战飞行器（UCAV）将发挥有人轰炸机、战斗机、武装直升机和巡航导弹的部分功能，成为空中精确打击武器系统的重要组成部分。此外，具有隐身特性、人工智能自主飞行控制、能自动进行敌我识别和自动武器投放功能的攻击型无人机，是重点发展项目之一。美国的长航时无人攻击机"攻击星"是正在研制的机型，它采用氢基特种燃料的喷气式发动机，能在空中长时间飞行，预计在 2025 年之前投入使用。

（2）无人机向小型化、智能化、隐身方向发展。美国正在研制的微型无人机，翼展不超过 15cm，质量不超过 1kg，可以在城市楼群间，甚至深入到建筑物内进行侦察。

（3）无人机任务设备向全天候、高分辨力、远距离、宽收容、实时化方向发展。由于雷达技术、光电技术和数字技术的飞速发展，未来无人机机载任务设备的性能将有质的飞跃，探测距离大幅度增加，灵敏度与分辨力更高，重量更轻，体积更小。如高清晰度的CCD数字电视将取代标准制式航空侦察电视；采用芯片内运动补偿和步进式光学扫描技术的第四代数码相机将在无人机上使用。在无人机上，将广泛使用具有全天候侦察能力的合成孔径雷达，除用于侦察监视地面、水面目标，还具有穿透树丛、地表，探测伪装目标、地下目标和地雷场的能力。无人机的测控、传输系统向远距离、安全保密、通用化和数字化方向发展，并且具有较高的生存率、低造价和低损耗。

第二节　信息时代航空技术特点

科学技术的发展总是呈现时代特征。航空技术的发展历史不过百余年，当人类进入信息时代，缘于信息技术在航空领域的广泛应用，航空技术也不例外地被烙上了深刻的时代印记，并表现出本领域的独特性。

一、综合化

信息时代，微电子技术、信息技术的高度发展，为实现航空技术的综合化创造了条件。航空技术的综合化，主要体现在航空电子技术、制造技术、组合导航技术、发动机技术、机电一体技术等领域内部，在物理和功能方面呈现出集成化、一体化的发展态势。

航空电子综合技术发展至今，基本上经历了分散、联合、综合到高度综合这4个阶段。随着综合水平的提高，系统将具有更强的功能、更好的容错能力和对各种不同需求的适应能力。采用综合的航空电子系统，提高了系统的可靠性、维修性、可扩充性、通用性和生存能力，降低了寿命周期费用。现代第三代战斗飞机大多数采用第二代航空电子系统。此系统为联合式结构，使用几个数据处理器完成低带宽的数据传输交换功能，如导航、武器投放、外挂管理、显示、控制等，各单元之间与数据总线交联，资源共享只在信息链后端的控制环节。这种结构简化了设备间的连接关系，减轻了系统的体积和重量，解决了任务处理显示控制的综合问题，对航空电子系统综合化起到了很大的促进作用，使飞机的功能和性能前进了一大步。但存在系统综合化程度低，资源浪费，信息总承载能力不足，模块化、标准化程度低，系统庞大、复杂，设备功能重复等诸多问题。为了解决上述问题，美国在为第四代飞机F-22研制的"宝石柱"、F-35研制的"宝石台"航空电子综合系统时做了重大改进和提高，"宝石柱""宝石台"分别为第三代和第四代航空电子综合系统，与"宝石柱"系统相比，"宝石台"系统进一步加强了系统的综合深度。当前，这种综合化的趋势更明显、综合程度更高、系统效能更好。

组合动力技术就其实质也是航空技术综合化的一种表现形式，是未来航空动力发展的一种趋势，特别是涡轮基组合动力已成为高超声速空天飞行器的关键技术。由于冲压发动机需要在高速启动，因此可多次重复使用和水平起降的空天飞行器需要采用多种发动机组合，才能实现从零启动加速到高超声速状态。目前，国外主要研究采用涡轮发动机和双模态冲压发动机的组合动力（TBCC），以及火箭发动机和冲压发动机组合的火箭基组合动力（RBCC）。TBCC 组合动力由于使用更加灵活，近年来研究非常活跃，新概念和新设计方案不断涌现。

导航系统的综合化，主要表现在组合导航技术上，它把两种或两种以上不同的导航设备，以适当的方式组合在一起，利用其性能上的互补特性，以获得比单独使用任一系统时更好的性能。在信息化局部战争中，单一导航系统往往在精度、抗干扰、隐蔽性等某一方面存在不足，难于满足航空载体的导航要求，因此，组合导航技术应运而生，它综合 2 个或 2 个以上导航传感器的信息，使它们优势互补，以期提高整个系统的导航性能。组合导航系统可分为重调式和滤波处理式两大类。若从设备类型分，组合导航系统又可分为无线电导航系统间的组合、惯性导航系统与无线电导航系统（或天文导航）之间组合两大类。另外，多于两种导航设备的组合称为多传感器组合导航系统。

除了上述航空技术综合化领域外，诸如机电融合技术、集成制造技术等综合化技术，也都有较高程度的发展，这里不再一一说明。

二、精确化

精确化是信息时代航空武器的一个基本特征。目前，绝大多数信息化航空武器和新型航空武器都具有精确投送、精确定位、精确制导、精确打击等相应的精确化能力。其中，精确制导技术是关键，具有按照一定规律控制航空武器的飞行方向、姿态、高度和速度，引导战斗部准确攻击目标的能力。它是以微电子、电子计算机和光电转换技术为核心，以自动控制技术为基础发展起来的信息技术。其以高性能的光电探测器为基础，采用目标识别、成像跟踪、相关跟踪等方法，控制和引导武器准确地命中目标。航空武器的精确制导系统是由导引系统和控制系统组成，制导是通过导引系统和控制系统共同完成的。在制导过程中，控制系统的控制方式大同小异，而导引系统的导引方式相差较大，按照导引方式的不同，精确制导方式可分为自主制导、寻的制导、遥控制导、复合制导。其中，自主制导又包括惯性制导、地形匹配制导、数字景象匹配制导和卫星定位制导等；寻的制导包括主动寻的制导、半主动寻的制导、被动寻的制导等；遥控制导包括指令制导、波束制导等；复合制导采用两种或两种以上的制导方式组合而成的制导方式，精确制导系统若要同时达到作战距离远、精度高，又要有较强的抗干扰能力，依靠单一的制导方式已经很难实现。因此，先进的精确制导武器系统往往采用复合制导方式，在航空武器的不同飞行段，采用不同的制导方式，互为补充，以达到准确命中目标。

三、隐身化

航空武器装备的隐身化思想和实践虽然出现较早，但只有到了信息时代才显得尤为重要和迫切，当前航空武器装备在面向全球张开的空天信息探索大网中如何才能遁形难度也越来越大，隐身与反隐身相伴而生、同步发展、互相角逐，是当前航空技术发展所面临的重要形势。隐身化的根本目的就是降低航空武器装备的可探测性，以提高目标的生存能力，从而提高目标的综合作战效能。当今世界，军事隐身技术唯美国独占鳌头，除早期几款飞机是局部运用了隐身技术进行设计外，完全意义上全隐身设计的飞机，美军已经发展到了第三代。第一代隐身飞机为美国 F-117A，其隐身技术所针对的对象是雷达探测器和红外探测器，对可见光探测器是无效的，因此，全身都涂成了黑色，通常只能在夜间出动执行任务；第二代隐身飞机为 B-2；第三代为 F-22、F-35。在隐身技术发展方面，各国高度重视，不遗余力，都希望占有一席之地。直到今天，美国国防部仍然将"目标特征控制技术"，即"隐身技术"，列入"军事关键技术项目"，包括雷达、红外、光电、声、磁等所有频率和波段的低可探测技术、反低可探技术及其系统综合技术。其中，飞机隐身技术是最重要和最主要的隐身技术之一，飞机隐身技术主要用于雷达隐身，抵抗雷达侦察，方法就是采用各种手段来减小飞机对雷达波的有效反射面积。现今用来减小飞机对雷达波的有效反射面积的主要途径有两种：一是改变飞机的外形和结构。由于一般飞机的外形比较复杂，总有许多部分能够强烈反射雷达波，如发动机的进气道和尾喷口、飞机上的凸出物和外挂物、飞机各部件的边缘和尖端以及所有能产生镜面反射的表面，因此必须对飞机的外形和结构做较大的改进。如 B-2 则是前缘后掠、后缘为大锯齿形，没有机身和尾翼，整个飞机像一个大的飞翼，其发动机进气道布置在机体下方，没有外挂物突出在机体外面。二是采用吸收雷达波的涂敷材料和结构材料。在机身、机翼和垂尾的结构中，采用了各种雷达吸波材料，整个飞机表面涂以黑色的吸收雷达波的涂料。一般来说，高分子材料的吸波和透波能力大大优于金属材料，而纤维增强和多层结构的复合材料在强度、韧性、疲劳强度等方面又优于单一的材料。

四、无人化

近年来，人工智能技术快速发展，促进无人机技术快速进步。智能技术和无人机的发展对航空领域来说，意义非常重大，有人甚至提出了未来航空技术的发展趋势是智能化、无人化。自 20 世纪 90 年代以来，在世界范围内掀起了一股发展无人机的热潮，军用无人机的发展进入了一个新的时期。当前，随着无人机的广泛应用，不仅改变了信息时代航空技术的面貌，也改变了航空作战力量的构成与结构，并且成为西方国家军队航空武器装备发展的重点之一。从近几场局部战争来看，无人机扮演的角色和发挥的作用越来越重要，已经成为现代信息化战争不可或缺的空中力量。军用无人机主要由任务载荷、推进系统、数据传输系统、控制计算机、功率分配单元、航向指示传感器、燃油箱及机体结构系统组成。根据其控制方式的不同，主要可分为按预编程控制飞行的无人驾驶飞机和通过电视图像、遥控系统，由地面上或发射飞机上的操纵人员进行实时控制的遥控飞机。近年来，有相当多飞行器将这两种控制方式结合使用，统称为无人驾驶飞行器。随着信息技术的发展，以美国为首的发达国家正在发展有一定自适应作战能力的无人作战飞机。在今后相当长的一段时期内，军用无人机将会不断扩展应用范围，发展出不同的类型和不同的用途。由于无人机的独特优势，在飞行领域方面将大大超出有人机的范围，可以预见，无人机将在未来 21 世纪的信息战、精确作战、无人化作战和陆海空天电"五维"一体化战场中发挥着至关重要的作用。随着下一步高空长航时无人侦察机、无人轰炸机、无人战斗机、无人预警机等投入战争，并能执行多种打击任务，将对军队的作战思想、作战样式和组织编制产生重大的影响，从而导致武器装备和作战理论的又一次变革。

第三节　信息时代航空技术应用对航空武器装备性能的影响

技术对航空武器装备发展的推动作用，主要表现在航空武器装备的性能持续得到改善和提高。在信息时代，正是信息技术和航空技术的相互融合，共同促进了航空武器装备的信息力和作战力达到一个新的高度。

一、航空武器装备作战效能显著攀升

据不完全统计，由于以信息化技术为代表的高技术在航空领域广泛运用，使得现代对地攻击飞机的常规毁伤能力较之过去整体上提高了近 70 倍，完成同一轰炸任务，精确制导武器的效费比约为常规炸弹的 25～30 倍，这表明信息时代航空武器装备作战效能有了巨大的进步。

一是航空电子装备的大量应用为空中作战提供了决定性保证。随着航空电子技术的应用，空中战场发生巨大变化，电子战（信息战）应运而生。电子战

已由过去的战斗保障和防御措施，发展成为夺取空中战场主动权的重要手段和先决条件。20 世纪 90 年代以来所发生的现代空中战争，大都以夺取"制电磁权"为先导。在海湾战争中，多国部队实施了规模强大的电子战，早在战前几个星期，就动用各型电子战飞机，查明了伊拉克电子设备的工作频率，并于空袭前一天开始实施"白雪"电子战行动。通过对伊军防空、指挥、通信系统大规模的"软杀伤"和"硬摧毁"，全面夺取了制电磁权和制空权，以致伊拉克遭空袭数小时仍未做出有效反应。在持续 38 天的空袭中，美军一直实施大范围、强功率电子干扰，使伊方指挥通信系统始终处于瘫痪状态。伊拉克虽然拥有一支庞大的军队和一些先进的武器装备，但也不能有效地发挥作用。

二是隐身飞机的迅速发展大大提高了空中作战行动的隐蔽性和突然性。1989 年美军入侵巴拿马，首次使用 F-117 隐身战斗轰炸机，让对方猝不及防。在海湾战争中，F-117 虽然只出动 1300 架次，然而却摧毁了伊拉克战略目标的40%。美军装备的 B-2 隐身轰炸机、F-22 战斗机和新一代 F-35 战斗机，将是未来空中战场的主力，也必然使空中作战样式发生巨大变化。

三是精确制导武器的使用使空中打击能力空前增强。毫无疑问，精确制导武器将是空中火力的绝对主角，由于其命中精度的大幅度提高，不仅保障了空中打击的有效性，而且大大减少了战争的损耗。海湾战争中，多国部队使用的精确制导弹药仅占总投弹量的 8.36%，但却摧毁了全部轰炸目标的 40%左右。凡是难以摧毁的点状目标，基本都用精确制导弹药来打击，其命中率高达 85 %以上。在科索沃战争中，北约部队使用了几乎所有空袭精确制导武器，其比例达到 90%，大大提高了空中作战的效费比。在伊拉克战争中，精确制导武器使用约占 68%，弹药消耗量与打击目标的比例为 3:2。

四是空天预警侦察系统的融合发展大大增强了战场透明度。现代空中预警系统、空中侦察系统和战术侦察飞机等，由于广泛运用红外、激光和测试雷达技术，其分辨力越来越高，最高可以达到达 10cm，甚至可以发现地下几米的目标。依靠这些侦察手段，对敌方一举一动了如指掌，使战争朝有利于自己一方发展。海湾战争中，美军照相侦察卫星能从 300km 高空，准确地辨别出伊方的火炮、坦克甚至单个士兵；电子侦察卫星，能 24h 不间断地同时监听 1 万路无线电话通信；预警卫星能随时探测到伊军发射的"飞毛腿"导弹，并为"爱国者"导弹截击提供 90s～5min 的预警时间。这就使得伊拉克军队的所有动向，几乎都在美军监视之下暴露无遗。

二、航空武器装备战场感知能力发生质变

战场态势反映了战场上各种力量存在的状态和形成的形势，全面、准确、及时地了解战场态势是空战的关键。战场态势感知除传统的侦察、监视、情报、

目标指示与毁伤评估等内涵外，还包括信息共享以及对信息资源的管理与控制。在信息化战争中，拥有战场态势感知优势的一方，战场将变得单向透明，部队将具有信息共享能力，航空武器的杀伤力可以成倍增加。

　　信息时代的作战飞机，由于机载各类信息化手段的使用，其战场感知能力较之过去有了翻天覆地的变化。通过使用各种机载传感器和战术数据链，飞机能够及时、准确地感知己方的态势、位置和敌方情况。以美国 F-35 战斗机为例，其全时段、全天候攻击陆地、海面和空中任何目标的强大能力，主要依赖于它所采用的多种传感器和高度综合化的航空电子系统。F-35 利用机载有源相控阵雷达、光电瞄准系统、分布式孔径系统、电子战系统以及通信、导航与识别系统等获取作战空间各种信息，其高度一体化的任务系统软件高效地完成传感器综合和数据融合，最终通过座舱大屏幕显示器和飞行员的头盔显示器显示各种信息，从而使 F-35 拥有空前强大的战场态势感知能力。

　　一是现代信息化的作战飞机，基本上都具有多元的战场信息获取能力：①机载雷达是主要的空中探索手段。例如，F-35 的有源相控阵雷达 APG-81，采用了先进的有源相控阵天线、高性能接收机和处理机，打破了雷达、电子战和其他功能之间的界线，能够同时承担通信、干扰、目标搜索等任务，实时跟踪目标、监视敌电子辐射信号和干扰敌雷达，可向飞行员提供精确的目标定位信息和自动目标跟踪提示。对空空作战而言，APG-81 雷达支持被动搜索、多目标跟踪和超视距跟踪与瞄准，能发现 145km 范围内的空中目标，能在 1s 内观察单个目标达 15 次之多，且能有效地识别地面和海上的目标。②各类传感器系统也是重要的空中信息获取手段。例如，F-35 的光电传感器系统，包括光电瞄准系统和分布式孔径系统，它们共同承担着对目标的探测和定位等任务，从而使飞机具有很强的目标跟踪和搜索能力。③电子战系统也具备对敌方信号的收集、识别与定位，包括对敌方雷达和来袭导弹进行探测的能力。例如，F-35 的综合电子战系统不仅包含了雷达预警、信号收集与分析，被动式辐射定位和电子对抗能力，并能与战斗机的机载有源相控阵雷达和光电传感器系统高度融合。这种高度综合化的电子战系统可以自动对比各种传感器探测到的威胁目标，在经过信息过滤后，自动将最佳结果显示给飞行员，极大地增强了飞行员对战场态势的感知能力。④除依靠自身装备的各种传感器了解战场态势外，借助机载数据链路获取各类战场态势信息，也是一个重要途径。例如，F-35 还能够借助多种数据链（Link-16、"多功能先进数据链"等）共享侦察卫星、空中预警机和友机所提供的多种信息，进一步提高战场态势感知能力，其最终的结果就是让单架飞机和整个攻击机群获得最大的态势感知，并与指挥控制节点相联，确保能对战场空间进行彻底的探测。

　　二是现代信息化的作战飞机，具有一定的传感数据融合能力。就是利用信息融合技术，将机载各种传感器设备及数据链提供的态势感知信息融为一体，这种高度融合对飞行员实施观测、判断、决策、行动提供了强有力的支持，增强了战斗机的攻击能力和生存能力。

三是现代信息化的作战飞机，具有较强的传感态势综合显示能力。座舱显示系统和头盔显示系统是当代飞行员获取态势感知信息的主要渠道。例如，F-35座舱的设计转为向飞行员全程显示所有系统情况和工作状态的模式，突出了战场势态感知和确保飞行员收到的是最为需要的实时信息。它的新型头盔显示器和大型平板多功能显示器为代表的新型座舱设备，不仅大大优化了战斗机的人机接口，而且使飞行员看到的是经过机载综合核心处理器过滤后的最有效信息，从而大幅度降低了飞行员的工作负担。

三、航空武器装备信息力成为主导能力

信息力即信息能力或者信息作战能力，作为一种新质战斗力，是信息时代的产物，也是衡量信息化武器装备的重要指标，信息化武器装备一定具有较强的信息力。现代航空武器装备本身就是一个信息化的平台，其信息力主要体现在对现代信息化战争具有较强的适应性，以及一定的信息攻击、信息防御等信息作战能力，其核心信息力就是电子战能力，包括电子侦察、电子干扰、电子防护和电子攻击等能力。

机载电子侦察可以先敌发现先敌打击。机载侦察主要有电光侦察、信号情报侦察、雷达侦察和预警侦察等。其中，电子侦察是主体。在经历了红外、激光、雷达侦察后，目前正在发展多传感器、多光谱侦察，且具有全天候、全天时、大范围、全频段的侦察能力。在历次信息化局部战争中，机载侦察发挥了重要的作用，可显著提高武器系统的作战范围、攻击精度和作战效能，增强对战场的感知能力和综合处理能力，已经成为现代战场上的一种力量倍增器。如最典型的 RC-135 电子侦察机，作为专门用于对其他国家弹道导弹进行探测/跟踪/监视的战略侦察平台，具有较强的信号情报侦察能力，能够精确测定 400km 外导弹发射场，导弹点火、起飞、飞行轨迹和弹着点。海湾战争中，RC-135S 通过搜索一定范围的声音、雷达和遥测信号，能在数秒内发现"飞毛腿"导弹并迅速确定其弹道，为攻击机摧毁"飞毛腿"导弹提供了重要情报。

机载电子干扰可以大大降低飞机损伤。最早出现对无线电侦察进行干扰的是箔条干扰技术，空中投下去以后，会形成箔条云，雷达波照射到这种"云"上，会反射回来，从显示器上看去就像一架真的飞机。如果箔条云的面积太大，雷达就会显示出成千上万个目标，真正的飞机隐蔽在其中而无法区分，这样雷达就失去了搜索和引导的功能，目标不被对方战斗机找到而得以幸存。之后，箔条作为作战飞机的自卫武器一直保留到今天。后来，人们利用多普勒效应研

究出了能分辨箔条与真实飞机的雷达投入运用，雷达只要"过滤"掉慢速目标（箔条速度较慢），就可以不受干扰地看到真实的飞机。如此，箔条在继续进行改进，电子战也在不断地发展。与箔条的运用思路类似，红外寻的导弹出现后，火焰弹应运而生。传统的火焰弹为镁-聚四氯乙烯-氟橡胶材料的混合材料，点燃后抛出机体，在空中剧烈燃烧，形成一个高温亮点，在红外导引头眼中，这一团火焰与飞机并没有分别，于是导弹就扑向诱饵，与真正的目标擦肩而过。因此，与箔条一样成为现代作战飞机的必备保命武器。为了对付火焰弹，20世纪80年代以后，先是出现了红外/紫外双色导引头，接着是更先进的热成像导引头投入服役，火焰弹的威胁大大降低，不过美国目前正在研制足以诱骗热成像导引头的红外诱饵。箔条和火焰弹统称为"无源干扰"，但很快有源干扰超过无源干扰成为电子战中的主要进攻手段。有源干扰分为压制性干扰和欺骗性干扰两种。前者能在无线电接收机上产生类似飞机内部噪声的干扰，因此又称为噪声干扰，它的干扰范围较广，对多种无线电设备有效，而且可以掩护己方的大机群。欺骗性干扰与压制性干扰不同，它主要用于干扰雷达，通过发射具有针对性的欺骗性电波，使雷达错误地"发现"和跟踪并不存在的目标，以此来掩护真正的飞机。

现代战争实践表明，电子干扰作用明显、威力巨大，即使面对密布雷达和导弹的防空火力网，如果干扰措施得当，作战飞机也能毫发无伤。近30年来，美军就是凭借其先进的电子干扰能力，使参战飞机的损失率不断降低。与此同时，无线电防御技术也在不断发展，有源相控阵雷达是目前抗干扰能力最强的机载雷达。如频率捷变雷达、脉冲多普勒雷达和相控阵雷达就是抗干扰能力出色的新式雷达。为了克制新型雷达，新的干扰技术正在不断发展，矛与盾的较量还将长久持续下去。在未来信息化战争中，占据电子战优势的一方必胜。

机载电子攻击是作战飞机重要的软硬杀伤手段。机载电子攻击是航空电子战的重要任务，目前具有电子战软硬杀伤能力的飞机，除专用电子战飞机外，还包括部分作战飞机。其中，电子战飞机是一种专门对敌方雷达、电子制导系统和无线电通信设备进行电子侦察、干扰和攻击的飞机，使敌方空防体系失效，掩护己方飞机顺利执行攻击任务，一般是由轰炸机、战斗轰炸机、运输机、攻击机等改装而成的。美国的电子战飞机主要有EF-111A、EA-3B"空中战士"、EA-6A"入侵者"、EA-6B"徘徊者"、EC-121"星座"等型号。俄罗斯的电子战飞机主要有雅克-28E、图-19电子侦察干扰机、伊尔-20电子侦察机等。EF-111是美国空军目前唯一的一种专用电子战飞机，它可遂行远距离屏障式的电子干扰支援作战，也可以随多机种机集群编队对敌空中与地面雷达、无线电系统进行护航干扰，还可以对空中作战的飞机进行电子干扰，从而达到对己方飞机的支援作战。具有电子攻击能力的三代作战飞机是通过外挂电子战吊舱实现的，而四代飞机的电子战系统为内埋式，如 F-35 飞机的综合电子战系统 AN/ASQ-239，该系统可对敌方射频信号进行收集辨别和定位，以便探测敌方的雷达和来袭导弹，并实施相应的反制措施和对抗手段，对敌方的射频传感器进行干扰或攻击，并对敌方的防空系统进行压制，从而瓦解敌方的作战能力。AN/ASQ-239 能够同时处理空对空和空对地的电子战任务，可直接对敌方空中和地面的目标进行准确地辨认、定位跟踪和打击。值得关注的是，AN/ASQ-239 系统除了能够引导反辐射导弹、AIM-120 空空导弹以及联合双任务双射程导弹（JDRADM）对敌方电磁波辐射源进行攻击外，还能够将其机载火控雷达作为一种定向能武器，对敌方雷达和其他传感器进行电子攻击。事实上，反辐射无人攻击机也是一种具有硬杀伤能力的电子战飞机，并且受到世界主要军事强国的高度重视。

四、航空武器装备体系构建成为可能

体系作战是现代战争的基本特征，空中体系作战需要航空武器装备体系作为物质支撑，而航空武器装备体系建设离不开空中战场感知、航空数据通信等关键技术的发展，正是这些技术使单一的航空武器装备有机地联系成为一个整体。

没有信息化武器装备就不可能建设航空武器装备体系。信息时代，是信息化航空武器装备的大发展时期，现有的三、四代飞机，特种飞机，航空精确制导武器，各种作战无人机，等等，绝大多数是信息化武器装备，它们通常装有大量电子信息设备，如电子通信设备、一体化传感器、电子计算机、自动导航定位设备等，正是这些为武器装备彼此之间建立链接提供了基础条件，再加上配以通信指挥机、预警指挥机等具有较强体系融合能力的航空平台，使得空中武器装备体系建设成为了现实。

数据通信技术为航空武器装备的体系建设提供了可能。作战飞机属于高速移动的空中平台，如果没有高效的通信手段与之建立联系，一个孤立的空中平台在现代信息化局部战争中的作用非常有限，平台必须依托体系才能发挥更好的效能。航空数据通信正是在这样一个背景下产生，特别是航空数据链系统经过几十年的发展，到了 20 世纪 90 年代，已经具备了扩频和抗干扰能力，它的应用价值进一步拓展。例如美军 Link-16 数据链，属于战术通信数据链，具有双向、保密、高速、抗干扰通信能力，用于美国三军及北约各国部队提供联合接口及传输监视和武器控制等八大类信息。目前，美国现役作战飞机基本上都安装了 Link-16 数据链。另外，美军借助卫星通信等，形成了低、中、上等三层一体化的数据链通信系统，为美军装备体系建设和体系作战能力的形成发挥着至关重要的作用。

软件技术决定航空武器装备体系建设的成败。可以认为硬件是航空武器装备体系建设的基础，而软件是航空武器装备体系建设的灵魂，二者不可或缺，并相互融合为一个整体，才能充分发挥航空武器装备体系的作战效能。硬件配备要以软件为牵引，软件的开发要以硬件为基础，硬件支撑软件，软件提升硬件的功能。首先，软件对航空武器装备的研发产生巨大影响：一方面，信息时代航空武器装备总成本中软件比重越来越高。现代化武器装备的设计、定型、生产、验证和评估等各环节都离不开计算机辅助设计、计算机辅助制造、建模与仿真技术，而这些技术都需要先进的软件技术支持。通过这些技术的应用，大大节省了研制的成本，加快了研制的速度，保证了研制的质量。例如，美国在 B-2 飞机的研制、定型和生产过程中，有 90% 以上的工作是由计算机直接或辅助完成的。另一方面，对航空武器装备本身来说，对软件支持的依赖程度越来越高。以美军飞机软件支持功能所占的比例为例，1960 年的 F-4 仅为 8%，1970 年的 F-111 为 20%，1982 年的 F-16 为 45%，1990 年的 B-2 为 65%，而2000 年的 F-22 为 80%。没有先进软件技术的支持，再先进的硬件也难以发挥其应有的能力。另外，在飞速发展的信息技术推动下，航空武器装备的升级换代已摆脱单纯依靠硬件升级的模式，以软件升级的方式对装备进行信息化改造，不仅能大大提高装备的作战效能，还具有代价小、周期短、收效快等优点。其次，软件决定了航空武器装备体系建设的成败。航空武器装备体系不是简单堆砌而成，也不是各种武器装备之间简单的物理连通，而是要通过软件的控制，使各种信息按作战需求有序地流动，满足体系内各部分之间的互连互通互操作的要求，实现不同武器系统的功能互补和协同动作，使之成为一个有机整体，可以认为没有软件就没有体系。

C^4ISRK 系统对航空武器装备体系作战能力的形成具有聚合和增强作用。信息时代空中战争，一方面由于作战力量构成复杂，整体性要求高，对加强统一指挥、集中控制提出了更高的要求；另一方面，C^4ISRK 系统的发展，又为提高指挥效能提供了强有力的手段，使空中战场指挥控制向着自动化的方向发展，从而大大提高了航空武器装备体系的整体作战效能。在迄今发生的几场信息化局部战争中，无论是独立的空袭作战，还是陆海空联合作战，赢得战争胜利的一方无一例外地都得益于先进的 C^4ISRK 系统。海湾战争中，多国部队投入的飞机有 20 多种、40 多个型号，总数达到 450 多架，而这些飞机又分属于 12 个国家，需从数十个机场和数艘航空母舰上起飞。在 38 天的空袭行动中，多国部队共出动飞机 11.4 万架次，对伊拉克上千个目标进行了轰炸，且许多在无月的黑夜进行。在如此复杂的情况下，多国部队空中作战行动之所以能无缝连接、有序不紊地展开，与其广泛使用 C^4ISRK 系统是分不开的。这说明，高效能的自动化指挥控制系统，已成为增强航空武器装备作战效能的"倍增器"。

第十章　信息时代航空武器装备

每一个时代都有自己的时代特征，人类发展进入信息时代，航空武器装备发展也被烙上深刻的时代印记。虽然信息时代航空武器仍然是由航空平台、发动机、航空武器和机载设备等 4 个方面构成，但它们被赋予了更多的信息化内涵，形成作战能力的机理也发生了质的变化，信息作战、软杀伤能力日益成为其核心能力之一。

第一节　信息时代航空平台

信息时代航空平台主要是指具有信息作战能力的空中作战平台，包括战斗机、轰炸机、预警机、侦察机、运输机和直升机等航空装备，它们共同的特征就是信息化水平比较高，在信息化战争中有较强的生存能力，具有不同程度的信息作战和反信息作战能力。

一、性能与构成特征

信息时代航空平台一般具有较高的信息化建设水平，其主要性能与构成特征如下：

一是航空平台的主要动力系统为涡轮风扇发动机。目前第三代作战飞机，也包括第四代等新型作战飞机普遍采用涡扇发动机，涡扇发动机能够适应信息时代要求，具有较好的经济性、隐身性和机动性等优良品质。

二是航空平台主体应该是三、四代飞机和新型专用飞机。从世界范围来看，信息时代的航空平台发展于三代飞机，它承载着主要信息作战使命，未来经过一段时间的发展，主要发达国家的作战主体飞机必将逐步过渡到信息时代特点更显著、信息作战能力更强的四代飞机，这是一个必然的趋势。

三是综合航空电子系统在航空平台中被广泛应用。综合航电系统是现代信息化航空平台的一个重要标志内容，也是衡量现代作战飞机的三大指标之一，它把机载通信、导航、探测、电子战、侦察、火控等离散式电子系统，有机地聚合成为一个统一的信息控制系统，不仅大大提高了飞机的可操纵性，更重要的是提高了飞机整体信息水平，增强飞机的火力控制和侦察、监视、干扰、电子战等信息作战的能力。

四是隐身平台和技术运用越来越广泛。隐身和反隐身是信息时代航空平台发展的时代主题和重要特征。隐身技术主要是抑制或降低航空平台的雷达、红外、可见光等有效探测能力，目前主要是对雷达和红外探测的隐身，三代和四代飞机绝大多数采用涡轮风扇发动机，相较于过去涡喷发动机本身就具有一定程度的降低红外探测能力，而雷达隐身技术最早在三代作战飞机局部使用，到了四代飞机才得以大规模推广而成为隐身"标准配置"技术。四代机通过飞机外形的隐身设计，外挂武器采用内埋或半内埋挂弹方式，同时对发动机尾喷的红外辐射能量采取屏蔽措施，降低飞机的雷达、红外特性，也就降低对方对本机的发现和截获概率，减少对方制导武器攻击的可能性，提高飞机的生存能力。未来航空平台的隐身和反隐身技术开发和应用将受到高度关注。

二、典型平台

信息时代航空平台的发展始于电子和计算机技术在航空领域应用，特别是航空电子设备以及反侦察反探测技术的使用，使航空平台信息化水平得以不断提高，同时也促进其信息化作战能力逐步形成和提升。

（一）F-22"猛禽"战斗机

1. 基本情况

该机由洛克希德·马丁公司研制，用以替代 F-15，是世界上第一种隐身战斗机和四代战斗机典型代表，也是美军当前和今后相当长时间内的主力重型机种。F-22 飞机于 1997 年首飞，现已完成装备部队并形成战斗力。F-22 拥有目前世界上最先进的隐身能力、超声速巡航能力以及航电设备和攻击武器，以争夺制空权为主，肩负对地攻击任务。F-22 是当代造价最贵的战斗机之一，也是当今世界最强的现役战斗机。它配备了 AN/APG-77 主动相控阵雷达、AIM-9 红外线空空导弹、AIM-120C/D 中程空空导弹、二维 F119-PW-100 推力矢量引擎、先进整合航电与人机界面等，具有超视距作战、高机动性、对雷达与红外线隐身等特性，据估计其作战能力为 F-15 的 2～4 倍。

2. 技术特点

F-22 在研究阶段，美国空军就提出要具备低空探测性、高度机动性和敏捷性、超声速巡航和飞越所有战区的足够远航程等几大优势。该机成功地将隐身外形设计技术、低超声速波阻技术、大迎角气动力技术和非定常前体涡控技术等融合在一起，在隐身性能和机动性能之间取得了良好的平衡，其雷达反射面积仅为 $0.065\mathrm{m}^2$，是 F-15 的 1%。F-22 的综合机载电子设备包括：中央数据综合处理系统；综合通信、导航和识别系统和包括无线电电子对抗系统的全套电子战设备；高分辨力的机载雷达和光电传感器系统；两个激光陀螺仪的惯性导航系统。其中，机载雷达为带电子扫描的主动定相天线阵，它包含了 1000 多块模块，为提高隐蔽性，设计有雷达站被动工作状态，它保证雷达站以主动状态工作时使信号更不容易被截获。F-22 除执行空中优势任务外，也能使用联合直接攻击弹药(JDAM)之类的武器进行精确对地攻击。机上装有 1 门内装机关炮和 3 个内部武器舱。其中，两个武器舱沿进气道安排，每个舱可容纳 1 枚 AIM-9M 导弹；另一个武器舱在机身的下部，可容纳 4 枚火箭 AIM-120A 导弹或安装在自动控制装置上的 6 枚 AIM-120C 导弹，在 4 个机翼下的悬挂装置吊架上可以安排 4 枚 AIM-120A 导弹或 8 枚 AIM-120C 导弹和副油箱。F-22 的最大飞行速度 1950km/h；近地最高飞行速度 1480km/h。实际最大飞机高度 18000m；作战半径 1300～1500km。该机的战斗损耗率在 10 年后将为 F-15 的 1/20，维护人员将减半，一个中队 20 年中的维持成本将比 F-15 少 5 亿美元。

(二) F-35 "闪电" II 战斗攻击机

1. 基本情况

该机是由美国洛克希德·马丁公司设计生产，属于单座单发多用途隐身战斗机，主要用于近距空中支援、轰炸、防空截击等多种任务，是美国继 F-22 之后研制的一种具有高度通用性的低成本多用途战斗机。F-35 有 3 种型号：F-35A 采用传统跑道起降，装备空军以替代 F-16；F-35B 是短距起降/垂直起降机种，以替代 AV-8B，装备海军陆战队；F-35C 是航空母舰舰载机型号。F-35 属于典型的第四代战斗机，融合了低可探测特征的气动外形和轮廓，作战半径超过 1000km，无超声速巡航能力，相对于三代战机该机具有不可比拟的隐身和突防优势。F-35 使用的武器与 F-22 相当，并拥有大尺寸内置弹仓。由于飞机体型较小，因此需要搭载尺寸更小的小直径精确制导武器。F-35 拥有最为先进的高度综合的航空电子系统，能够采集飞机内外部各种数据，并对其进行数据融合处理，以及对飞机和武器系统进行智能化控制，不必再像大多数三代机一样需要搭载瞄准吊舱，就可以发射精确制导攻击弹药。

2. 技术特点

一是科学的气动布局及隐身设计。F-35 采用了无边界层隔板超声速进气道，可以满足气动和隐身两个方面的要求，有利于进气道-机体一体化设计，降低了复杂性，减少了结构重量及生产和使用费用，但带来的问题是同时降低了高马赫数时的进气效率。F-35 的 RCS 的分析和计算采取整体计算机模拟，计算结论比较全面、精确，同时可以保证机体表面采用连续曲面设计，其头向 RCS 仅为 $0.065m^2$，比 F-15 低了两个数量级。红外隐身方面，在推力损失为 2%～3%的情况下，将尾喷管 3～5μm 中波波段的红外辐射强度降低了 80%～90%，减少了红外制导空空导弹的可攻击区。

二是先进的机载电子系统。F-35 机载电子系统包括 AN/APG-81 有源相控阵雷达、光电分布式孔径系统（EODAS）和光电瞄准系统（EOTS）等。其中，AN/APG-81 型主动电子扫描阵列雷达是所有型号 F-35 通用型，是第一种能够识别目标的火控雷达，这种雷达可以使飞行员在探测、确定目标，并引导武器打击固定/移动地面目标的同时，可以应对来自敌方的战斗机或者直升机的威胁。EODAS 由分布在 F-35 机身上的 6 套光电探测装置组成，可以实现 360°的环视视场，实时向飞行员提供接近己方的飞行目标信息。

三是新型的座舱设计。F-35 座舱仪表板与 F-22 的多功能显示器不同，它采用了一个尺寸为 8 英寸×20 英寸的大型全景多功能液晶触摸屏（MFDS），这是迄今为止最大的战斗机显示器。MFDS 可显示传感器、武器和飞机状态数据以及战场环境、战术和安全信息，可以全屏显示，也可分割成若干小窗口分别显示。F-35 采用头盔内嵌显示器系统（HMDF）来取代传统的平视显示器，它是由光电系统和飞行员头部位置跟踪装备的组合，可将信息直接送到飞行员眼前，使飞行员可以朝不同方向观察以寻求战术机会和飞行信息，这种离轴能力通过飞行员头部的运动而不是飞机的运动来瞄准威胁，增加了飞机的杀伤能力和生存能力。

（三）T-50"未来前线战机"

1. 基本情况

为保持俄罗斯航空技术的水平和美国争夺空中优势，在美国 F-22 和 F-35 隐身战斗机研究生产咄咄逼人的形势下，2002 年 4 月 26 日，俄罗斯政府又全面启动了第四代战斗机的研制工作。苏霍伊飞机军工集团负责设计与生产的 T-50（设计代号）飞机，在俄罗斯国防部第四代战斗机项目的竞标中，战胜了米格飞机制造集团提出的方案。2009 年 12 月 23 日，T-50 在俄罗斯远东阿穆尔河畔的共青城举行了内部出厂仪式。2010 年 1 月 29 日，俄罗斯第四代战机 T-50 终于从共青城航空生产联合体的机场离地升空。经过 47min 飞行，顺利完成了一系列预定的试验任务。T-50 飞机为重型双发歼击机，其中 T 表示三角翼，装备有先进的相控阵雷达和带有"电子驾驶员"功能的全新航空电子系统，这些设备可以大幅度减少飞行员的负担，使之能够集中精力完成战术任务。T-50 飞机采用的复合材料和创新技术以及空气动力外形设计、红外信号更弱的引擎极大地降低了被雷达、红外设备和目视发现的可能性。飞行员对飞机的控制也完全实现了数字化，所有信息都显示在座舱内彩色液晶大屏幕上。

2. 技术特点

通常，俄罗斯对四代机的作战能力用"4S"标准来衡量，即隐身能力、超声速巡航能力、超机动能力和超视距攻击能力，另外还包括短距起降能力和作战智能化能力等。

在隐身性能方面，T-50 除了采取优化战机的外形设计以尽量减少自身对雷达波的反射面积，大量使用复合材料（复合材料占 13%）及吸波涂料以吸收雷达波外，俄罗斯正在发展的先进等离子隐身技术，可以通过屏蔽敌方雷达波来达到隐身的目的。在飞机上使用等离子体发生器是俄罗斯的一项创新，这种特殊的装置能够产生非常高的热通量，把中性气体转换成包围机翼、机身的等离子体。经过俄罗斯工业部门的努力，航空等离子体发生器已开发出了几代产品，据报道装备等离子发生器可将飞机被雷达发现的概率降低99%。目前有关资料显示，T-50雷达反射截面平均为0.5m^2。

在超机动性能方面，T-50在设计上继承了苏式飞机的传统，非常强调远距、机动、隐身、超声速巡航能力的均衡。影响高机动性的因素很多，如飞机的升力、阻力、推力、重力、操控能力等。T-50的翼载荷要低于F-22，在机动格斗时，小翼载的飞机比大翼载的飞机要占优势，在大迎角状态下，T-50机翼可由此而获得很高的额外升力，如果再添上前端升降舵（活动边条）这种新装置，其机动性能要比F-22强。另外，T-50发动机采用三元推力矢量喷管，可以轻松地完成俯仰、偏航和滚转控制，明显要高于F-22的二元推力矢量喷管的技术。T-50在此基础上完全可以具备非常规机动、超机动性能，可以进行垂直面内的小半径筋斗，而且根本不惧失速、螺旋，在任何条件下，都能实施无顾忌的操纵，随心所欲地改变飞行姿态。

在超声速巡航方面，要求飞机的阻力要小、非加力推力要大。T-50的主翼前缘后掠角达45°，比F-22大3°，这样的机翼在超声速巡航时更为有利。据报道，T-50在发动机不开加力时的超声速巡航速度可达到马赫数2.0，而打开加力后，其最大平飞速度将提高到马赫数2.35，实用升限能达到21000m，这些性能数据均胜过F-22"猛禽"。

在超视距空战能力方面，要求具备较小的雷达反射截面（RCS）、较远的探测距离、较大的武器射程和优异的航电系统。T-50机载雷达可以探测400km以外的目标，能同时跟踪60个目标并打击其中16个。除此之外，T-50还装备新型无线电侦察和对抗系统，可以在不打开雷达、不暴露自己的情况下，发现敌人并实施干扰。T-50将装备超远距离空空导弹，射程可能达到420km，并另外装备射程为120～230km的中远程空空导弹。从雷达反射截面上看，T-50的前向雷达反射截面为0.15m^2，侧向为0.5m^2。飞行器的雷达反射截面积每下降一个数量级（雷达反射截面减小为原来的1/10），雷达对它的探测距离便缩短44%左右。按照这个计算方法，T-50对雷达反射截面为3m^{2}的小型目标的搜索距离为400km，对0.03m^{2}的F-22飞机的迎头截获距离将缩短至125km，而F-22在170km就可发现T-50，明显F-22占有"先敌发现"的优势。

（四）B-2"幽灵"战略轰炸机

1. 基本情况

B-2轰炸机是由诺斯罗普公司（1994年收购格鲁曼公司后改为诺斯罗

普·格鲁曼公司）为美国空军研制的第一代隐身战略轰炸机，1989 年首飞，1993年装备部队，1997 年形成初始战斗力。主要任务是从中、高空突防，对敌方战略目标实施常规轰炸或核轰炸。B-2 是"飞翼"式飞机，也称为"先进技术轰炸机"，机身、机翼和发动机融为一体，导弹、炸弹全部实现内埋，大大减少了飞机的雷达反射截面。第一次作战行动是 1999 年 3 月 24 日参加"盟军行动"时，2 架 B-2 从美国怀特曼空军基地起飞，往返飞行了 30 多小时，执行攻击南联盟军事目标的任务。美国空军装备了 14 架 B-2A。

2．技术特点

B-2 轰炸机是目前全球唯一的远程重型隐身轰炸机，雷达反射面积为 $0.1m^2$，与一只小鸟相似，仅是 B-52 轰炸机的 1/1000。装备有 AN/APQ-181 雷达、AN/APR-50 雷达告警接收机、AN/ALQ-161 射频监视/电子干扰系统、GPS-辅助目标确定系统以及 AN/APX-78 敌我识别应答等设备，说明 B-2 轰炸机具有较为强大的信息战能力。B-2 轰炸机在没有空中加油的情况下，最大航程 11100km，进行一次空中加油航程达 18520km，飞机载弹量 18160kg，一般 1 次执行任务在空中飞行的时间超过 10～30h，可以执行全球打击任务。由于 B-2 轰炸机有强大的打击威力，美国空军主要以第一打击力量使用。1 架 B-2 轰炸机可挂 16 枚联合直接攻击弹药，可分别攻击 16 个不同目标，2 架 B-2 轰炸机参战就可以代替 50 架战术飞机的作用。如果使用 8 架 B-2 轰炸机，它们的作战能力就可以与一艘航空母舰上的作战飞机相匹敌。

三、发展历程及发展趋势

信息时代航空平台的发展历程是航空平台与信息技术相结合的过程。随着信息技术向航空领域的渗透，改变了航空武器装备的内涵与综合性能，提高了作战效能和使用范围。这一趋势伴随着航空技术的迅猛发展，航空平台技术水平不断提升，信息化能力进一步拓展。

（一）发展历程

1．早期起步阶段

信息时代航空平台始于信息与航空技术的交融，起步于第二次世界大战。初期的融合只是个别信息技术应用到航空平台之中，例如德国在入侵的飞机上安装了报警系统；另外，由于雷达的使用，英国在飞机数量明显占据劣势的情况下，挫败德国的空中进攻，对扭转空中战局发挥了重要作用。第二次世界大战时由于信息技术刚刚起步，虽然单一的运用在战场的作用很明显，但总体上对航空技术和航空平台的影响还是有限和局部的。当然，也让大家看到了信息技术在战场上发挥的作用不可估量，提高了信息技术在航空领域开发运用的意识。

2. 稳步发展阶段

第二次世界大战结束以后直至海湾战争，这个时期是信息化航空平台的稳步发展时期。随着计算技术的出现和发展，先进的信息处理技术手段的应用，为航空平台的信息化改造创造了条件。诞生于 20 世纪 50 年代的 U-2 "黑寡妇"高空侦察机，是典型以信息作战为主要目的的航空平台，能够不分昼夜于21336m 高空执行全天候侦察任务，最新的 U-2R 型装备了更为先进的航电系统、雷达和侦测系统。随着雷达技术与计算机技术的融合，在 20 世纪 60 年代又催生出了第一代预警机，也是具有标志性意义的第一代信息化航空平台，表明空中信息作战初露端倪。这个阶段航空平台的信息化系统逐步形成，性能不断得到完善和提高，空中作战方式开始由单纯依靠空中火力和机动力，向火力、机动力和信息力转变，并且在越南战争、第四次中东战争、英阿马岛之战、美军空袭利比亚和海湾战争等战场上得到了运用，但也暴露出分系统建设带来的互联互通不畅、信息共享能力较弱等问题。

3. 体系融合阶段

海湾战争结束以后，战争的反思促使了武器装备发展理念的转变和更新，形成了由单系统建设向体系发展的全新思维，表现在航空平台的作战能力形成更依赖体系的存在和支持，空中作战平台与天级平台、地面平台衔接得更加广泛和顺畅，同时过去较为单一的航空平台功能趋向多元化，特别是 C⁴ISRK 系统的逐步建设为航空平台融入体系和网络创造了有利的条件。20 世纪 90 年代美国通用原子公司研制生产的中空长航时无人机 RQ-1 "捕食者"，就是一个典型的小型体系作战平台。一套完整的 "捕食者" 系统包括 4 架无人机、1 个地面控制站、1 套卫星通信链路和 55 名操作员，具有全天候实施侦察、远程信息传输、察打一体等能力。1995 年在波黑战争期间首次参战，先后有 5 架投入作战，共执行了 600 多次侦察任务；伊拉克战争中，"捕食者" "全球鹰" 等无人机为美军提供了 "广泛的作战能力"，摧毁时间敏感目标的信息一半以上是由无人机提供的，任务完成率达 76.6%。

（二）发展趋势

1. 功能趋向多样化

信息化空中平台的另一个发展趋势是多功能化，包括两层内涵：一是单一平台具有多种功能。RQ-1 "捕食者" 无人机，早期的 RQ-1A 型只有侦察、监视功能，后续的 RQ-1B 型具有察打一体功能，同样预警机作为一个平台，它能够发挥空中指挥所的作用，具有监测和指挥、控制与通信等多样化能力。二是不同作战功能的航空平台共同构成空中作战体系。像美军这样的发达国家，空中作战体系是比较完备的，既有担负预警指挥任务的空中预警机，又有担负空中战斗任务的歼击机，还有担负对地攻击任务的强击机和轰炸机，以及担负作战支援任务的空中加油机、电子侦察飞机、反潜作战飞机和电子战飞机等，它们是美国空中作战力量中不可或缺的重要组成部分。

2．更加注重隐身性能

近年来，以美军为代表的西方军事强国，在军用隐身技术方面加大了投入和开发力度，积极地探索隐身新原理、新途径，以实现空中、水面和陆地武器平台的低可探测性。美军正在研制的大多数新型航空平台，实现隐身化是其基本的战术技术指标。例如，美军下一代主力四代机 F-35 就有比较卓越的隐身性能。隐身原则不仅适用于战斗机，也适用于隐身轰炸机和无人机。美军从第一代在设计时对隐身有所考虑的飞机 SR-71，到第一代真正采用隐身外形原则设计的飞机 F-117，再到 B-2 和 F-22 飞机，隐身技术手段从只使用吸波材料到准二维多面体设计，再到采用无尾飞翼设计和连续可变曲率表面设计，技术在不断突破，隐身性能和效果也在不断提高。目前，美军为了降低技术风险，F-35 的隐身设计采用了比较成熟的 F-22 设计经验。同时应当看到，隐身技术的发展，也离不开电子计算机对电磁模型大规模运算的支持。

3．无人平台发展迅速

无人机发展起步较早，但进入 21 世纪以来尤其受到世界各国的高度重视。随着信息技术的发展，以美国为首的发达国家正在发展有一定自适应作战能力的无人作战飞机。特别是随着航空、航天和微电子技术的推动，现代战争的牵引，以及"零伤亡"战争理论的出现，促使无人机向着直接作战武器平台方向发展。近二十几年来，美国等国家在无人作战飞机等方面，开展了大量的研究工作，促使世界无人机的发展进入了新的时代，并形成 3 次新的发展高潮：第一次高潮是 20 世纪 80 年代兴起的师级战术无人机系统，陆海空三军都建立起无人机部队，代表性的有以色列"侦察兵"、美国的"猎人"、法国的"玛尔特"等；第二次高潮是 90 年代后兴起的中高空长航时无人机，海湾战争后，美国研制出了代表性的"捕食者""全球鹰"无人机，法国的"鹰"、以色列的"苍鹭"等无人机也是这一时期的杰出代表；第三次高潮是 20 世纪末兴起的旅团级战术无人机系统，主要发展陆、海军部队使用的作战无人机。进入 21 世纪以来，无人机发展主要特点和趋势：一是作战任务进一步扩展，由过去战术为主发展为战略、战役、战术并重，任务性质将由支援保障为主，扩展为攻击与保障并重。二是无人机向小型化、智能化、隐身化方向发展，美军正在研制的无人机翼展不超过 15cm，质量不超过 1kg。三是无人机任务设备向全天候、高分辨率、远距离、宽收容、实时化方向发展。

第二节　信息时代航空发动机

航空发动机的发展目前处在燃气涡轮发动机时期,型号主要包括涡轮风扇、涡轮喷气、涡轮轴、涡轮螺旋桨 4 种类型。其中, 涡轮风扇发动机与涡轮喷气发动机相比, 由于具备不加力情况下耗油低、经济性高、亚声速巡航性能好和飞行航程增大等优点, 已成为信息时代作战飞机首选动力系统。

一、性能与构成特征

信息时代航空发动机从性能上一般具有以下性能与构成特征:

1. 推重比大

相对于涡喷发动机, 涡扇发动机推力大、推重比高。二代飞机使用的涡喷发动机推重比一般在 7 以下, 三代飞机使用的涡轮风扇发动机推重比在 7～8 左右, 而四代战斗机的发动机推重比一般大于 10。例如, 美国的侦察飞机 SR-71 装的就是 J58 加力式涡喷发动机, 推重比只有 5.23; F-15 的加力风扇发动机 F100-PW-200 推重比达到了 7.8; 而 F-22 飞机装备的 F-119 发动机和 F-35 飞机装备的 F-135 发动机的推重比都大于 10, 其中 F-119 推重比为 11.6, F-135 推重比为 10.5 左右。

2. 经济性好

这也是信息时代航空武器装备发展特别强调经济可承受性的必然要求。涡喷发动机致命缺陷就是经济性较差, 也就是太费油, 原因是高速、高温的燃气由尾喷口流出发动机, 使大量的还可以利用的能量排入大气, 造成了能量的巨大浪费。涡喷发动机的耗油率一般（不加力）为 0.80～0.95kg/（kgf·h）。 涡轮风扇发动机是一种产生大的推力而排气速度较低的发动机, 与涡轮喷气发动机相比, 它的经济性有较大的改善, 同样条件下耗油率降低 1/3, 例如 F-15 飞机 F100-PW-100 发动机的耗油率（不加力）为 0.72, 而四代机 F-22 用发动机 F-119 的耗油率只有 0.62（不加力）, 其经济性更好。

3. 隐身性高

信息时代具有较好隐身性是航空装备的一大优势, 可以大大提高其空中生存能力。早期发现空中目标靠眼睛, 于是飞机涂上天蓝色或银白色以隐蔽自己, 后来靠声音侦察敌机, 于是发动机采取消声以对抗, 雷达出现后, 千方百计地减少飞机的雷达反射信号, 这就是飞机的隐身技术。实际上, 飞机隐身还包括红外隐身, 因为有许多空空导弹采用的是红外信号制导, 因此发动机的红外抑制技术也是飞机隐身技术之一。其中, 采用涡扇发动机就是主动减弱红外辐射

注: 1kgf=9.8N。

的重要技术措施。与涡喷发动机相比，涡扇发动机尾喷排出的燃气温度比涡喷发动机大大降低，红外辐射强度大大减少，另外涡扇发动机本身机匣壁温较低，如果再采取其他的减辐措施，可以起到引射和冷却的相同效果，红外抑制是一项综合性技术，但总体而言涡扇发动机的红外隐身性能远高于涡喷发动机。

4. 数控性强

现代涡扇发动机有着极其完善且复杂的控制系统，除了油门外，还包括主燃烧室燃油供应量控制、尾喷管喉道截面积控制、推力矢量控制、加力燃烧室供油量控制、温度极限值限制、最高转速限制、最大压力限制等十几项控制和限制功能。早期采用模拟式电子控制器，后来随着微电子技术的发展，采用数字式电子调节器，其典型代表有 F-100、F-404、F-110 等发动机。不过此时的数字式电子控制器，只完成了发动机的一部分控制功能，也就是还保留了部分液压机械式控制。20 世纪 80 年代后，出现了全功能数字电子控制器，这种系统除了作动筒和油泵等，计算和控制全由数字电子计算机完成。新一代的航空发动机都采用这种全权数字电子控制系统，可以充分开发发动机潜能，大大提高控制精度。

二、典型发动机

涡轮风扇发动机主要装备在第三、第四代飞机上，这些航空平台可以认为是信息时代航空装备的主要代表。涡扇发动机诞生于 20 世纪 50 年代，60 年代出现涡扇化热潮，70—80 年代得到广泛应用，90 年代以后高度发展，取代了涡喷发动机成为航空装备主动力和航空推进技术研究发展主要方向。

（一）F-119 发动机

该型发动机是由普·惠公司在完全竞争的条件下获得的为美国先进战斗机 ATF（后来称为 F-22）研制的新一代发动机。F-119 为小涵道比加力式涡扇发动机，与变循环发动机相比（GE 公司生产的），在结构上属于比较常规的设计，强调简单、结实，尽量采用成熟的技术，以避免比较高的研制风险和降低研制成本。1997 年装备 F-119 的 F-22 首飞，2005 年完成了所有的试验和评估，正式装备美国空军。F-119 最大推力为 15888kgf，总压力比 35，涵道比 0.3，推力比大于 10，质量为 1360kg。F-119 设计思路遵循"综合产品开发"的思想，实现发动机性能、安全性、维修性、可靠性与经济性等指标的平衡。主要特点：一是发动机单位流量推力大、推重比高，可以为飞机提供短距起降能力；二是不加力时推力大、速度特性好，可以为飞机提供超声速巡航能力；三是具有二元矢量推力，可以为飞机提供非常规机动能力；四是带有全权数字式电子控制系统，可以实现飞/推综合控制；五是具有高可靠性和良好维修性。

（二）F135 发动机

该型发动机是由美国普·惠公司研制的装备在 F-35 飞机上的最新一代加力式涡轮风扇发动机。1995 年，普·惠公司获得初始设计合同，2006 年装备常规起降型飞机 F-35A 首飞，总试验时数为 12600h。基准编号 F-135，发展型有 F135-PW-100（空军常规起降型 CTOL），F135-PW-400（海军舰载型 CV）和 F135-PW-600（海军陆战队短距起飞垂直降落型 STOVL）。F135 是由 F119-PW-100 发动机改型而来，也是双转子加力涡扇发动机，它采用 F119 的核心机。F135-PW-100/400 发动机的最大推力为 19135daN，中间推力为 12460daN，涵道比为 0.57，总增压比 35。F135 发动机被赋予了能为 F-35 飞机提供亚声速巡航能力，确保 F-35 飞机短距起飞、垂直带弹着陆和有较大的航程，并能在同一种飞机布局和发动机基础上发展陆海空 3 种机型。F-135 发动机具有先进的预测和健康管理系统，同时符合性能好、生存力高、可靠性好和低可探测性能等综合要求。

（三）AЛ-41Ф 发动机

该型发动机为俄罗斯第四代发动机，俄罗斯研发第四代战斗机的时间可以追溯到 20 世纪 80 年代，当时计划为多用途前线战斗机发展的发动机就是 AЛ-41FФ，该型发动机勉强发展到了备产的程度，其军用推力和加力推力分别达到了 12000kgf 与 17700kgf，推重比 10，涵道比 0.2～0.3，苏联解体初期已到达设计指标并完成官方试验，到 1998 年最大推力到达 20000kgf，推重比 11.1。1994 年 AЛ-41Ф 装在米格 1.44 上准备试飞，但因经费不足直到 2000 年才实现首飞，同年 4 月 27 日第二次试飞后就再没有见到相关进展情况报道，此后俄罗斯四代机和发动机的发展计划延宕了数年，这时期为俄罗斯四代发动机研制的第一阶段。由于四代机服役计划延迟，AЛ-41Ф 发动机技术用于改造 AЛ-31Ф，改造后的名称为 AЛ-41ФI，主要装备在苏-35BM 等三代半战机和四代飞机 T-50 的原始型及初始量产型。2010 年左右俄罗斯重启第四代发动机的第二阶段研制计划，用于四代飞机（前线空军的未来航空系统）T-50 量产型机上，型号定为 AЛ-41ФII（部分资料暂称），推力、速度和控制技术等指标有较大提升。

三、发展历程及发展趋势

信息时代航空发动机处在一个多型多代并存的时期，但毫无疑问涡扇发动机属于这个时代的主宰型号和典型代表。涡扇发动机的发展历程起步于涡喷发动机，最初的型号似乎是把双转子涡喷发动机低压压气机的叶片加长成为风扇，并在其后方加一个外涵道，这种涡扇发动机就称为涡轮前风扇发动机。由于涡喷发动机的高油耗和大噪声等经济性较差等问题，制约了涡喷发动机的进一步发展和应用，而涡轮风扇发动机较好地解决了这个问题，它一出现就广泛受到关注和重视。早在 1936 年，涡轮风扇发动机的设计专利就诞生了，但 20 世纪 60 年代世界上第一种用于飞机的是"康维"涡轮风扇发动机，为英国的罗·罗公司生产，装备在法国的"快帆"民航飞机上。由于涡轮风扇发动机有内外两个涵道，发动机的外径较大，起初认为这种发动机只能用于民航和军用轰炸、运输机上，后来逐步认识到涡轮风扇发动机具有提高战斗机性能的潜力，1964 年英国罗·罗开始了战斗机用涡扇发动机的研制工作，终于在 1968 年，第一款新研制的战斗机用"斯贝"涡扇发动机装备在英国空军 F-4 飞机上。20 世纪 60 年代中期以来研制的各种飞机，几乎毫无例外地都采用了涡轮风扇发动机，所以有人称 20 世纪 60 年代为航空史上的"涡轮风扇发动机时代"。

目前，军用飞机推进系统广泛采用的是航空燃气涡轮发动机，而且在可以预见的未来，这样一种状况不会颠覆性地根本改变。但随着航空科技的进步，在航空燃气涡轮发动机迎来一次新的发展高潮同时，世界主要军事强国为了继续抢占发动机领域的制高地，都在不遗余力地开发新型发动机。

一是发达国家都超前制定了新型发动机研究计划。美英等发达国家早在 20 世纪 80 年代末，为了确保在 21 世纪继续保持航空领域的优势地位，就开始制定实施了更先进的航空发动机研究和发展计划。美国称为综合高性能涡轮发动机技术（IHPTET）计划，英国主导的称为欧盟先进核心军用发动机（ACME）计划。俄罗斯也不甘示弱，提出了与美欧类似的研发计划，目标锁定在 21 世纪初验证推重比 18～20、耗油率下降 15%～30%和成本降低 30%的发动机技术，使发动机的整体技术能力在 1987 年的基础上翻一番。在此基础上，美国政府和军方又制定了后续发展计划，即多用途经济可承受的先进涡轮发动机（VAATE）计划，发展重点从提高性能转向降低全寿命周期成本，目标是在 2006—2017 年经过验证的技术，可以使经济可承受性指标达到 F-119 发动机的 10 倍，推重比达到 25～30。

二是发动机主要技术将会有一个新的突破，包括气动热力设计技术、耐高温轻质材料及复合材料、新结构和新控制技术等，将会在 21 世纪发动机中广泛运用。采用这些技术，可以对通用核心机、智能发动机、耐久性等 3 个重点领域进行攻关，促使航空燃气涡轮发动机在性能和成本上取得新的突破。

三是未来将重点攻关的几个重点领域。首先，超声速短距起飞垂直着陆飞机发动机研制方面，目前美国借助 F-35 研制走在世界的前列，俄罗斯等国家也高度重视并加大这方面研究和投入；其次，推重比为 15～20 的战斗机发动机研制，预计 2020 年前后能够推出，未来发动机重量进一步减轻，有可能取消加力燃烧室，采用全方位矢量喷管；第三，超声速运输机的发动机研制，美国、英国、法国、俄罗斯、日本等国单独或者合作研究了多种方案，从 20 世纪 90 年代起就开始着手实施，例如涡轮涵道发动机、外涵燃烧风扇发动机、超声速通流风扇发动机、变循环发动机和涡扇冲压组合发动机等，有的已经取得了相当的进展和成果；第四，新概念发动机的研发问题，目前许多国家正在推进各种新概念发动机研究工作，以期满足新型飞行器的需要和解决能源短缺、环境污染问题，包括超燃冲压发动机、脉冲爆震发动机、多（全）电发动机、超微型燃气涡轮发动机、新能源航空发动机等。

第三节　信息时代航空武器

从一般意义上理解，信息时代航空武器应当包括这个时代所有航空武器。下面主要阐述那些能代表信息时代特征的典型航空武器，因此这里所说的信息时代航空武器就是指信息化航空武器，主要是指航空制导武器，包括航空制导弹药和攻击无人机，其中航空制导弹药是主体，航空制导弹药又包括空空导弹、空地（舰）导弹、空射巡航导弹、制导炸弹和航空制导布撒器等。

一、性能与构成特征

航空精确制导武器的性能与构成特征：一是导引系统自动化程度高。一般采用导引、控制系统或装置，调控受控对象（导弹、炸弹）的运动轨迹，引导完成打击任务。二是命中概率高。常用圆公算偏差（以目标为中心，弹着概率为50%的圆域或半径，英文用CEP表示）来衡量炸弹或导弹的命中精度，例如"战斧"巡航导弹CEP为9m，为了达到较高的命中精度，中远程航空导弹通常采用复合制导的方式。三是作战效能高。作战效能指标一般包括精度、威力、射程、重量、尺寸、效费比、可靠性、全天候作战能力等，通常完成同一打击任务，航空制导武器的效费比为常规武器的20～30倍。四是大量用微电子技术和光电技术。精确制导武器的核心是制导系统，而制导系统的关键技术是微电子技术和光电技术，制导武器从发射到命中目标全过程是由制导系统控制的，制导系统大量应用的是微波、毫米波、红外、电视、激光等技术对目标进行搜索、捕捉、识别和跟踪。

二、典型航空武器

（一）空空导弹

1944年，德国研制成功X-4（未投入德国空军使用）有线制导空空导弹至今，在半个多世纪的时间里，空空导弹历经三代发展，目前进入第四代发展时期。

1．AIM-120"阿姆拉姆"

该型导弹由美国雷声公司研制，是美国海军和空军共同开发的第四代雷达型空空导弹，具有"发射后不管"和"多目标攻击"能力，1991年首先进入空军服役，1993年进入海军服役，并向国外大量出口。1994年12月AIM-120A停产，共有3500枚AIM-120A进入美国海/空军服役。之后，在AIM-120A基本型基础上，发展改进型AIM-120C/D/E，并为国外用户发展专用型。AIM-120系列空空导弹计划生产15450枚。AIM-120A导弹广泛应用了20世纪70年代以来在结构材料、制导和控制、雷达技术、固态电子学、高速数字计算机等技术领域所取得的成果，反映了世界空空导弹领域在70—80年代所达到的最高水平，被认为是世界上最先进的中距空空导弹，其最大射程达到80km，最小射程800m，最大速度马赫数4，最大过载40g，弹重152kg，弹长3.65m，制导系统为惯性中制导加主动雷达末制导。雷声公司将继续实施AIM-120导弹的生产改进计划，最新的改进型AIM-120C5型已经交付部队服役，并可对外销售。该型导弹改进了战斗部、增强了"大离轴"发射能力，使载机能够攻击尾后的目标。其载机除了改进的第三代作战飞机外，还包括F-22、F-35等第四代隐身作战飞机。

2．AIM-9X导弹

该弹为近距空空导弹，是由美国空军/海军联合提出研制，主要用于2000年后的第四代战机，目标是取代现役第三代"响尾蛇"AIM-9L/M/S/R导弹。根据美国空/海军要求，AIM-9X导弹应能对付诸如俄罗斯的AA-11和其他大离轴角发射全向攻击导弹，具有比对手更好的截获能力、更大的机动能力和优良的抗红外干扰能力，同时要求具有发射后不管能力。此外，为了充分利用现役大量库存的AIM-9L/M以减少研制经费，要求该弹采用现有"响尾蛇"导弹的发动机、战斗部和引信，着重发展高性能凝视红外成像导引头和低阻力大机动弹体气动外形布局。2002年，雷声公司向美国海军交付首枚生产型AIM-9X，计划到2018年生产数量将达到1万枚，同时准备大力向国外推销。AIM-9X导弹最大射程为17.7km，最大过载为50，最大离轴发射角为90°左右，弹长为2.9m，弹重85kg。其载机包括F-35、F-22作战飞机。

3．ASRAAM"先进近距空空导弹"

该弹最初由英、德两国于1984年组建的BBG公司联合研制，1988年改由英国宇航公司作为主承包商，1989年德国国防部宣布退出该项研制计划，英国宇航公司独家坚持继续研制，采用美国休斯公司的红外成像导引头、德国戴姆勒·奔驰宇航公司的战斗部和英国索恩EMI公司的主动激光引信。2002年开始全面投产，训练结果表明该弹的性能超过了"响尾蛇"和其他现役近距空空导弹。ASRAAM导弹载机包括最新研制的F-35战斗机，为此，需要专门研制滑轨式发射架，以便装在F-35战斗机的武器舱内。该弹采用凝视红外成像导引头和含光纤陀螺与固态加速度计在内的惯性测量装置，使其具有发射前和发射后锁定目标实施全向攻击的能力；可与头盔瞄准具交联使用，充分发挥导弹的大过载机动性能，实施后向攻击；凝视红外成像导引头采用的独特图像处理软件，可使导弹战斗部攻击目标的易损部位。ASRAAM 导弹最大射程为 15km，最大速度马赫数 3，弹重 87kg，弹长 2.9m。

4."流星"空空导弹

该型导弹是由英国、德国、法国、意大利、西班牙、瑞典六国联合研制，具体由 MBDA 公司（总部在伦敦）承担研制任务，原计划 2008 年服役，除装备"欧洲战斗机""阵风"等战斗机外，还与雷声公司的 AIM-120 导弹竞争，以装备 F/A-18 和 F-35 联合攻击战斗机。"流星"空空导弹是以吸气发动机为动力，采用了主动寻的雷达引导头及双向数据链技术，发动机燃气调节比大于 10，具有相当宽的飞行包线、"发射后不管"和"多目标攻击"能力，其整体作战能力超过现役的各种中程空空导弹。该弹体积和重量小于美国的 AIM-120A，其速度、机动性、抗干扰能力等性能更为先进，射程达到 150km，最大速度马赫数 4，弹重 185kg。

（二）空地导弹

空地导弹是航空武器中射程较远、精度较高的一类进攻性武器。信息时代，具有代表性的空地导弹主要有以下几种：

1. AGM-154 空地导弹

该弹是美国海军/空军联合发展的新一代通用防区外发射战术制导武器，也称为"联合防区外武器"（JSOW）。由原得克萨斯仪器公司作为主承包商，于 1989 年 1 月开始发展第一个型号 JSOW-A，代号为 AGM-154A，内装 BLU-97/B 综合效应小炸弹的字母式战斗部，用于攻击地面目标。1992 年进入工程研发阶段，1997 年投入低速生产，2000 年交付海军首批产品。第二个型号 AGM-154B，2002 年停止发展。第三个型号 AGM-154C，2004 年 9 月投入低速初期生产，2005 年 1 月开始服役，之后陆续进行多项改进。AGM-154A/C 主要用于海军，AGM-154B 主要供空军使用。AGM-154 导弹包括有动力和无动力两种，后续发展主要为动力推进型（Powered JSOW）。AGM-154 弹重 483～1023kg，弹长 4.26m，有动力最大射程为 380km，无动力最大射程 64m（高空）。AGM-154 导弹载机包括未来主力战机 F-35。

2. AGM-158"联合空对地防区外导弹"（JASSM）

该弹为美国空军/海军研制的新一代通用防区外空地导弹，具有对高价值固定和活动目标实施防区外打击的能力。其基本型 1996 年 6 月开始研制，2001 年 12 月获准投入低速初期生产，之后美国空军发展该导弹的增程型，其射程至少达到基本型的 2.5 倍，超过 371km。AGM-158 导弹采用低可探测性技术和先进的涡喷发动机，以及单一式高效能战斗部与字母式多功能战斗部，使载机能安全实施中/远距防区外精确对地攻击,能有效地摧毁敌方战役/战略纵深内的高价值固定或重新定位的地上和地下目标。导弹采用的制导系统为惯导加 GPS 中制导和红外成像末制导,以及抗干扰措施,使载机能在各种大气和战场环境条件下自主实施防区外精确打击。并采用数据链与载机进行通信联系,将导弹命中目标数据及时传回载机,以便于对攻击效果实施评估。AGM-158 为亚声速导弹,弹重 1023kg,弹长 4.26m,其载机包括 F-35 作战飞机。

（三）制导炸弹

制导炸弹被大量使用始于越南战争,信息时代有代表性的制导炸弹主要包括:

1.小直径炸弹（SDB）

该弹是为了适应美国新一代战斗机和轰炸机实施全天候精确空地攻击要求而发展的新一代小型制导炸弹,由于弹体较小,使载机装载能力增大到 4 倍以上,其大威力战斗部和多功能硬目标引信可有效摧毁各种固定目标,先进的双模或多模制导系统加上双向数据链,使其能够准确地命中目标要害部位并显著减少附带损伤。SDB 的射程、抗 GPS 干扰能力均优于 JDAM。2001 年 9 月,美国空军开始实施小直径炸弹项目,2005 年 4 月波音公司获准 SDB 低速初期生产,2006 年开始交付部队。2005 年 9 月,美国国防部决定开展第二阶段 SDB 项目竞争,内容是对整个武器包括全弹弹体、导航系统、导引头和数据链开展竞争,并要求加装末制导头,能够攻击地面活动目标。同年 10 月,美国空军正式发出第二阶段 SDB 项目的招标,2010 年投入使用。SDB 弹重 113kg,弹长 1800mm,弹径 190mm。其载机除部分三代机外,还包括 F-22、F-35 等四代作战飞机。

2.“宝石路”激光制导炸弹

该型炸弹是为了适应现代战术攻击飞机实施精确空地轰炸而研制的,其研制工作开始于 20 世纪 60 年代末,由得克萨斯仪器公司在现役常规炸弹 M117 上加装相应的激光制导控制装置和气动组件,改进发展成为新型航空炸弹,此为第一代“宝石路”Ⅰ。“宝石路”激光制导炸弹已有三代产品,第二代、第三代产品仍在生产和服役中,并不断进行着改进。“宝石路”Ⅱ是在“宝石路”Ⅰ的基础上发展起来的,属于二代产品,主要提高了机动性、维修性、可靠性,降低了成本,减少了体积和重量等。“宝石路”Ⅲ为该系列制导炸弹的第三代产品,编号为 MK84 的 GBU-24/A,1980—1981 年进行改进的,1986 年服役,通过改换大升力面尾翼、采用微处理器、改善电子组件性能、换用扫描式激光导引头等措施,提高了制导炸弹的机动能力和巡航距离、抗干扰能力以及搜索范围和制导的精度。“宝石路”激光制导炸弹后续发展型有增强型“宝石路”Ⅲ,编号为 EGBU-27/28,以及雷声公司为英国国防部研制的“宝石路”Ⅳ制导炸弹等。"宝石路"制导炸弹很多，而且还在发展中，因为不同的现役炸弹配上不同的"宝石路"制导系统就构成了不同型号的"宝石路"制导炸弹。其载机包括 F-35 作战飞机。

3."杰达姆"（JDAM）制导炸弹

该型炸弹英文原意为"联合直接攻击弹药"，为 20 世纪 80 年代末美国海军/空军联合研制的制导弹药，由麦道公司（现为波音公司）研制，1997 年开始交付美国空军第 509 轰炸机联队，载机为第 393 支队的 B-2A 隐身战略轰炸机，后续载机包括 B-1B、B-52H、F-22、F-16、F/A-18 等，1999 年首次用于科索沃战争，代号为 GBU-29/30/31/32，前两个为通用爆破弹，后两个为专用侵彻弹。在后续的阿富汗和伊拉克战争中，都曾用过"杰达姆"激光制导炸弹，并取得不俗的战绩。"杰达姆"是针对第三代激光制导炸弹在战争中暴露出来的各种缺点而发展的具有昼/夜、全天候、防区外、投射后不管、多目标攻击能力的第四代制导弹药，后来不断改进使之具备了加装数据链和实施超声速投放的能力，其载机也包括即将大量装备美军的 F-35 新型四代作战飞机。

三、发展历程及发展趋势

在航空武器发展过程中，经历了几个明显的变化：一是数量由少到多，射程由近到远。以空空导弹为例，美国有"响尾蛇""麻雀""猎鹰""不死鸟""阿姆拉姆"等五大系列，从几千米的射程到现在超远距 400km，空天导弹和航空鱼/水雷，将航空武器的作战对象，由空中和陆上扩展到太空和海洋深处。二是口径由大到小，威力由弱到强。对同一类型的空空/空地导弹而言，其弹体直径早期偏大，后随着技术发展而变小。三是精度从差到好，效能从低到高。随着航空武器威力增强、精度改善，以及载机的不断发展，现代航空武器系统的作战效能已有显著提高。若以激光制导炸弹的命中精度 CEP=3m 计算，海湾战争时的轰炸精度比第二次世界大战时要高了 900 倍。

空空导弹未来的发展，仍将沿着近距全向格斗和超视距多目标攻击两极发展下去，而超视距将会成为发展的重中之重。为了给新一代空空导弹提供技术支撑，各国将大力开展新一代空空导弹关键技术研究，涉及总体综合、结构布局、制导、发动机、战斗部，以及与之配套的装载航空电子/火力控制系统和保形外挂/高密度内挂等各项技术。

空地导弹未来的发展方向：①以美国为代表，注重对战略空地导弹不断改进更新，以适应常规任务需要。②各国下大力发展第四代近/中距战术空地导弹，以及对纵深固定/活动目标实施中/远、战术/精确攻击的防区外导弹。③由于反辐射导弹、机载反坦克导弹、机载反舰导弹等专用空地导弹，其作用的不可替代性，仍将是未来各军事大国全面发展的一类空地导弹，包括继续发展突防攻击时作为电子战软杀伤武器的机载诱惑导弹等。

航空炸弹未来的发展，将继续向小型化、制导化和系列化等方向发展。常规炸弹的发展重点是进一步通过制导技术改造，以提高其作战效能，同时常规非制导炸弹将会逐步退出历史舞台。当前，各国都把具有自主式攻击能力和独特使用灵活性的新一代制导炸弹作为发展的重点，尤其重视发展新一代精确制导的微小型炸弹，以供隐身战略轰炸机和攻击机使用。此外，还将继续改进发展适用于大面积轰炸机用的航空炸弹，如通用制导子母炸弹、带制导炸弹的反坦克子母炸弹、专用侵彻制导炸弹等。对于非常规炸弹，将会继续发展专门适用于对特定目标攻击的新型特种装药炸弹，例如美国正在发展一种摧毁生化战剂的串式特种装药炸弹。目前，正在研制中的突破传统航空炸弹概念，而采用崭新机理的新概念航空炸弹，将会同机载激光炮等其他新概念航空武器一道，陆续登上21世纪的空中作战舞台，成为新一代作战飞机的秘密武器，例如美英等国正在研制的用于破坏敌方电子设备、导弹导引头、计算机网络、数字传输线路的"微波炸弹"，就是此类航空武器。

第四节　信息时代机载设备

机载设备是为了完成飞行任务而安装在飞机或直升机（以下简称飞机）上的各种设备总称，主要任务是对飞机飞行中各种信息、指令和操纵进行测量、处理、传递、显示与控制，是整个飞机的指挥与控制系统。随着电子计算机为代表的信息技术飞速发展，机载设备的性能和面貌发生了极大的改变，其完成任务能力得到了显著提升。

一、性能与构成特征

信息时代飞机机载设备的信息化水平较高，电子器件和电子设备在机载设备中占有较大比重。单从担负的任务和功能来看，机载设备包括飞行控制系统、导航系统、综合显示系统、雷达系统、通信系统、电子战系统等。

飞机的飞行控制系统，主要用来全部或部分代替驾驶员控制和稳定飞机的角运动和重心运动，并能改善飞行品质。飞行控制系统分为自动飞行控制系统和人工飞行控制系统。该系统除了具有自动驾驶仪功能外，还能改善飞机的操纵性和稳定性，实现航迹控制、自动导航、地形跟踪、自动瞄准和武器投放、自动着陆和编队飞行等功能。飞行控制系统经历了由机械操纵系统、助力操纵系统、增稳控制操纵系统到电传操纵系统的发展阶段。

机载导航系统，主要用于精确确定飞机的位置和方位，并引导飞机沿着预先确定的路线飞行。导航的关键是确定飞机的瞬时位置，确定飞机位置有目视确定、航位推算和几何定位 3 种方式，目视定位由飞机驾驶员观察地面标志来判定飞机位置，航位推算是根据已知的前一时刻飞机位置和测得的导航参数来推算当前飞机的位置，几何定位是以某些位置完全确定的导航点为基准，测量出飞机相对这些导航点的几何关系，最后定出飞机的绝对位置。根据导航原理不同，目前常用的飞机导航方法有仪表导航、惯性导航、卫星导航、无线电导航、图像匹配导航、天文导航以及组合导航等。

电子综合显示系统，可以认为是一个综合性的航空仪表。航空仪表主要用来测量或调整飞机的运动状态和发动机的工作状态，是飞机感知外部情况和控制飞行状态的核心，相当于飞机的感官系统，对于保障飞行安全、改善飞行性能起着关键性作用。航空仪表按照功能的不同，分为飞行状态参数测量仪表、发动机工作状态参数测量仪表和其他飞机系统仪表三大类。20 世纪 70 年代以前的仪表大多采用机械式显示系统，且单一功能居多。80 年代后，随着数字电子技术的发展，利用微型计算机和多路传输数据总线为纽带，把传感器、显示器、控制器与飞行控制系统、发动机控制系统、火力控制系统等有机交联在一起，以实现飞机各系统之间的高度综合化，传统航空仪表独立存在的价值已不复存在，航空仪表发展进入新的"综合航空电子系统"。

机载雷达系统，主要用于飞机进行无线电检测和定位。如今机载雷达已成为计算机控制的机载信息探测和处理系统的重要组成部分，是机载设备中极为重要的、具有标志性的设备。机载雷达主要由定时器、发射机、接收机、天线、馈电设备和终端设备等组成，工作时发射机经天线向空间发射一串重复周期一定的高频脉冲，遇到目标雷达就可以接收目标反射回来的回波，以此检测出目标的空间位置。机载雷达走过了 80 年的历程，已发展出多种类型，主要有机载预警雷达、轰炸机装备的轰炸雷达、保证飞机飞行的导航雷达、实现高分辨率地图测绘的合成孔径雷达，以及用于战斗机火控系统的机载火控雷达等。

机载通信系统，主要用于空空和空地之间通信，基于作战需要，它的抗干扰性、保密安全性、环境适应性等方面要求会更高。地空通信、空空通信包括地面与飞机之间的通信、飞机与飞机之间的通信，此类通信是对飞机指挥引导的最主要通信手段，也是飞机作战、训练中的基本通信方式。地空通信最能体现空军通信的特点，地空通信的核心是以飞机为平台的机载通信。主要使用 VHF 和 UHF 频段，属视距通信，通信距离一般在 350km 以内。对于超视距远程作战飞机、直升机以及低空突防的飞机，也使用短波通信。预警机、空中指挥机等大型飞机还装备有卫星通信设备。此外，地空数据引导传输设备，也属于地空通信系统范畴。机载地空通信系统设备主要有机载通信电台、机载数据链、机载卫星通信设备等。

航空电子战系统，用于使用电磁能和定向能控制电磁频谱或攻击敌军相关设施，包括电子战支援、电子攻击和电子防护 3 种主要作战样式。航空电子战设备早期包括航空电子侦察、威胁告警设备、电子干扰设备、无源干扰箔条等，之后随着电子技术的发展，出现了机载自动化侦察设备，成为电子侦察飞机的主要信息收集手段，当前机载电子战设备完全实现了数字化，并进一步向小型化、综合化、自动化、专业化和硬杀伤能力转变，专用电子战飞机的出现把航空电子战能力推到了一个新的高度，机载电子战系统目前正向反隐身能力方向发展。以当前美国最新隐身第四代战斗机 F-35 为例，其机载航空电子系统的结构特点是模块化、综合化，采用了统一互联网和开放式系统结构。这样不仅顺应了航空电子的发展趋势，也满足了该机多国别多军种的不同需要，以及降低航空电子成本的目标要求。最终使得 F-35 飞机的航空电子系统相较于 F-22 有着更先进和更高的性价比，并保证了 3 种基本型别 F-35 的航空电子设备通用率达 90%以上。

二、典型机载设备

（一）F-22 飞行管理系统

F-22 飞行管理系统（VMS），包括综合飞行/推进控制系统和公共设备管理系统两部分。

1. 综合飞行/推进控制系统

在 F-22 飞机上，综合飞行/推进控制（IFPC）系统是由大气数据系统、推力控制系统和飞行控制系统等功能构成的单一系统，它将飞机的飞行状态、发动机的推力要求和推力转向的命令通过数据总线传到发动机控制器。发动机响应推力要求，将发动机喷管定位在适当的矢量角度，同时将动作响应回传发动机控制计算机。飞行控制系统对发动机的回传信息进行分析，并发出新的指令。发动机油门杆与发动机之间没有机械联系，由飞控计算机将油门杆的位置电信号转换成推力需求信号，飞控计算机排定油门位置输入与推力要求的输出。

2. 公共设备管理系统

该系统主要通过计算机对机载机电系统从控制方面进行综合和自动管理，以使机载机电系统在布局、能量利用和控制信息共享上达到最优。F-22 的公共设备管理系统对液压、机轮刹车、配电、燃油、灭火、第二动力、环境控制等7 个机载电子系统实施统一控制和管理，并直接与 VMS 的其他部分连接，这样便于将控制信息和传感器数据转换到综合飞行/推进控制器。公共设备管理系统的主控制器集中在 VMS 的控制处理机之中，并在不同的飞机分系统综合控制器之间进行余度管理。

（二）AN/APG-81 有源相控阵雷达

AN/APG-81 是由美国诺斯诺普·格鲁曼公司研制的新一代机载雷达系统，其载机为美国最新式的 F-35 战斗机。AN/APG-81 雷达是在 AN/APG-77 雷达的基础上改装发展而来的，是多功能综合射频系统/多功能阵计划的一部分。该雷达设计的一条重要原则是必须满足 F-35 对低可探测性的要求，同时还需要满足军方对 F-35 提出的可支付性、高杀伤力、高生存力和高保障性要求。AN/APG-81 雷达系统通过采用先进的 AESA 天线、高性能的接收机/激励器、商用的处理器（货架产品）等最新技术成果，较 F-22 所用的 AN/APG-77 雷达具有诸多的优势，包括采用开放式结构，制造和维修比较简单，同时也便于未来性能升级；T/R 模块采用双封装制，模块数目大量减少，可靠性大幅增加；系统成本减少 30%，重量减少 50%，系统预期寿命增加，同飞机初始设计寿命一致，可达 8000h；系统分辨率增加，同时能够以各种不同的脉冲波形工作，保证雷达信号低截获概率。但是，由于雷达的阵面尺寸较小，阵元数目有所减少，系统在作用距离上有所减少，约是 AN/APG-77 雷达的 2/3。AN/APG-81 雷达具有目标识别和跟踪、空空/空地目标探测、电子战以及 SAR 地图测绘等多种功能（工作方式）。例如，雷达在空空工作方式下，可以在指定空域进行提示搜索、无源搜索，以及超视距、多目标的搜索和跟踪，在 1s 内对同一目标观察多达 15 次。同时，雷达探测到的战场态势还可以通过战术数据链系统在整个 F-35 编队内部或与其他作战单元进行共享，使得 F-35 不仅是战场信息的接受者，也是战场最前端信息的反馈者。

（三）"宝石柱"系统

20 世纪 80 年代中期，美国空军莱特实验室提出了一项综合航空电子系统计划，即"宝石柱"（Pave Pillar）计划。旨在为 21 世纪先进技术和战略飞行器定位并建立航空电子综合系统结构，使飞机能以最低限度的支援能力，从所部署位置出发进行作战。"宝石柱"计划采用 80 年代最新技术，通过系统结构的改进，实现航空电子系统的高度综合。"宝石柱"计划具有系统结构按功能划分，采用标准电子模块，高速多路数据传输总线，所有任务软件统一用 Ada 语言编写，以及由航空电子模块处理机执行等特点。"宝石柱"航空电子系统的关键部件包括任务数据处理机、系统海量存储器、通用遥控终端、通用信号处理机、传感器数据分配网络、数据交换网络和视频数据分配网络。采用的关键技术主要涉及通用模块技术、高速多路数据传输总线技术、软件技术和数据融合技术等。"宝石柱"系统技术，已在 F-22 和 F-16、F-18 的改进型上使用，为新一代航空电子系统提供了通用的综合方法和结构范式。

（四）"宝石台"系统

"宝石台"系统是 20 世纪 90 年代美国空军莱特实验室实施"宝石台"计划

后推出的新一代综合航空电子系统。此计划意在展示 21 世纪综合航空电子系统结构的概貌，它是在"宝石柱"先进系统结构的基础上，采用人工智能和神经网络等技术，并将共用模块、资源共享和重构等概念融入 CNI、EW 和雷达等传感器中，使其功能和性能发生质的飞跃。"宝石台"系统结构包括综合核心处理机系统、光电数据分配网络、综合传感器系统、飞机管理系统等，它重点改进"宝石柱"系统的项目和工作，包括采用了综合核心处理机技术、更高的综合范围和综合深度（实现了综合传感器系统、综合飞行管理系统和综合外挂系统）、信息融合和人工智能技术的应用、仿真和试验演示技术在研制工作中得到充分应用。"宝石台"作为美军新型作战飞机 F-35 的航空电子系统，与 F-22 相比具有其自身的特点和优势，它采用开放式系统结构，突出系统经济可承受性，减少模块类型，实现综合核心处理，以商用标准为基础，统一的数字航空电子系统网络等，代表了未来航空电子系统发展方向。

三、发展历程及发展趋势

机载设备种类较多，发展经历各不相同，最早的机载设备产生于飞机诞生初期，最新的机载设备几乎与航空科技的最新成果同步。在信息时代的今天，借助飞速发展的信息技术和电子技术，机载设备的发展加速走向电子化、计算机化，功能趋向综合化、一体化，实现功能方式由物理向软件发展的一个新阶段。

机载雷达的发展，自问世以来经历了 80 余年，期间雷达装备随着半导体、集成电路技术的发展，在技术体制上从微波机载雷达发展到 PD 雷达，再到相控阵雷达，在功能上从发展单一功能机载雷达到多功能机载雷达。如今，雷达装备在不同载机上得到了广泛应用。未来，军用飞机以能隐身、高机动、多用途、精确打击为主要发展方向，这就决定了以相控阵技术为基础的多功能机载雷达将会在一段时间内成为主导。在工艺和技术方面，机载相控阵列向飞机机体的仿形阵和敏感蒙皮的方向发展，使得机载相控阵雷达由目前的立体结构向面状分布结构转变；雷达信号、数据处理将进一步数字化和综合化，雷达控制和显示等功能融入航空电子综合系统之中；雷达的可靠性和维修性将有根本性的改进，有可能使机载雷达逐步做到使用期内免去维修。未来机载雷达将会发展成为以微波雷达为主体、集多频段探测器为一体，进行多传感器数据融合的综合系统；将是一个低截获概率的能探测隐身目标的探测系统；将具备自适应对抗各种人为电子干扰、抗击反辐射武器和高功率能量武器能力的探测系统；将具备远距离识别非合作目标、二维高分辨能力的探测系统；将是一个利用机身和机翼外表仿形安装的共型阵探测系统或敏感蒙皮系统。从更长远发展的观点看，未来机载雷达将不再是一个独立系统，它必然与飞机融为一体；信息的获取和处理多样化、高速化；系统高度可靠，使用完全自动，寿命期几乎无需维修。

机载通信系统的发展，从出现时间和技术体制上看，大体上经历了短波通信、超短波通信、数据通信和卫星通信等几个阶段。当前和未来相当一段时间内，数据通信和卫星通信仍然是航空通信两个主要的发展方向。其中，数据通信是未来航空通信发展的一个重点，开发大容量、高速率、抗干扰、抗摧毁、安全保密的实时数据链系统是航空数据通信发展的基本趋势。21 世纪的卫星通信发展趋势是通信数字化，以提高卫星通信保密、抗截获、抗干扰的能力；向更高频段发展，为抗干扰提供充足的带宽资源，也利于实现机载设备小型化；运用多种类型的轨道，使各系统互为备份、互为补充，以提高对各种环境的适应能力；转发器分散搭载，以提高系统的安全性；通信卫星具有抗摧毁能力，美国的 Milstar 系统已有体现；更多采用星上处理及交换技术，以提高系统的抗干扰能力，简化机载终端设备；发展高速宽带跳频，使现有干扰技术无法实施干扰，同时注重发展混合扩频技术及其运用；卫星采用多波束、窄波束工作，以提高卫星覆盖和辐射能力，还可以通过天线自适应技术有效地避开敌方的干扰。

机载电子战系统的发展，大体经历了早期的航空电子战设备时期，扩展频段、增大功率、走向自动化时期，向数字化和软件重编程转变时期，进入小型化、模块化和高度自动化时期等 4 个发展阶段。未来信息化战争，机载电子战系统必须适应数字化战场环境，才能满足快速变化的信息战需要；电子战系统必须面对高精度、远距离并具有优良防护能力的信息化武器系统；电子战系统必须面对更为广大的空间范围和频谱范围；计算机网络攻击要求电子战系统具备新的能力。上述电子作战需求，决定了未来电子战系统的发展方向：一是发展综合性机载电子战系统，进一步提高自动化、综合化水平；二是发展分布式干扰系统，类似于美国的"狼群"网络化电子战系统；三是大力发展先进红外对抗系统；四是继续发展专用电子战飞机和反辐射武器；五是实现隐身技术与载体外干扰相结合；六是发展计算机网络攻击技术。

机载导航系统的发展，大体上经历了四航道信标、无线电罗盘和原始推算导航仪等早期较为粗放的航向导航方式阶段，到航空无线电导航混合体阶段，再到自主式导航系统阶段，以及后来相继出现卫星导航、激光环形陀螺捷联式惯性导航系统、各种组合导航系统、微波着陆系统、地形辅助导航系统、JTIDS 和位置报告系统等导航方式。其中，卫星导航系统及其增强系统和组合系统将越来越起到核心作用，并将导航覆盖范围、导航精度和其他各项性能提高到一个新的高度。未来，随着航空平台对导航精度和可靠性要求越来越高，导航系统将会进一步走向综合，在硬件模块化、综合化的基础上，对各类导航传感器信息进行综合利用，对导航系统工作模式和各导航传感器状态实施智能管理，实现信息化、自动化、智能化的综合导航，以适应航空平台对导航系统性能要求。

机载侦察系统的发展，经历了早期的航空照相侦察、现代红外侦察、激光侦察、雷达侦察，一直到目前正在发展中的多传感器和多光谱侦察等，从早期简单的昼间侦察，发展到如今的全天候、全天时、大范围、全频段的侦察。机载侦察系统主要包括电光侦察设备、信号情报侦察设备、雷达侦察设备和预警设备等。今后机载侦察系统发展重点包括：新型机载侦察探测设备，如有凝视式红外热像仪、机载攻击一体化设备、无人机毫米波侦察雷达等；高性能多传感器侦察系统，如"捕食者"中高空无人机载多传感器侦察系统、"全球鹰"高空无人机载多传感器侦察系统等；机载多传感器侦察指挥一体化系统，如美国空军的多传感器指挥控制飞机、美国海军的多任务海上飞机（P-8A）；另外，还有多平台机载侦察系统等。

机载航空电子的发展，大体上发端于机载通信技术，先后经过航空导航技术需求的牵引，飞机自动驾驶仪发展的推动，机载雷达探测手段的驱使，以及电子对抗技术的出现，多样化显示和控制装置的使用，激光技术的应用，直至目前综合航空电子系统的发展阶段，航空电子系统从最初的分立式到联合式，再到综合式历经半个多世纪，并且随着综合水平的提高，系统将具有更强的功能、更好的容错能力和对各种不同需求的适应能力。未来，随着量子电子技术、光量子技术和微电子技术的发展，航空电子系统结构、功能和规模将取得革命性进展；航空电子系统的研制和生产将进一步趋向智能化、微型化、芯片化、系统工程化和网络化。主要体现在采用开放式航空电子系统结构，以便提高系统的冗余和重构能力，用最低的寿命周期费用达到所要求的性能和保障性，并为今后系统功能的扩展和性能的改进提供便利；采用COTS技术，以提高兼容性、扩充性，优化后续维修保障，缩短研制周期；采用综合传感器系统，减少重量、体积和功耗，增加可靠性，以提高航空电子系统的总体性能；还有包括采用多功能综合孔径系统、统一数字网络、综合控制和显示系统等，这里不再一一赘述。

第十一章　信息时代空中作战

20世纪末，人类社会跨入信息时代的门槛。1991年爆发的海湾战争，初步显现出战争空中化、信息化的迹象，是机械化战争迈向信息化战争的转折点。以海湾战争为标志，空中作战迈进信息时代。海湾战争、科索沃战争、伊拉克战争等信息化条件下局部战争空中作战实践表明，信息时代的空中作战样式和制胜机理都发生了根本变化。与喷气式飞机时代空中作战追求单机平台机动性和火力优势不同，信息时代空中作战强调以信息为主导，以空天一体信息化作战体系为依托，实施空中精确作战，谋求作战效益最大化。

第一节　信息时代空中作战理论

信息时代，信息技术与航空航天技术相结合，形成网络化空中作战体系，信息成为空中作战的主导因素，空中作战的效率更高，在局部战争中的地位作用更加突出。基于网络化作战体系的空中作战理论应运而生，形成了震慑作战理论、五环重心理论、效果中心战理论、空天一体作战理论、"空海一体战"和"全球公域介入与机动联合概念"等空中作战理论。

一、震慑作战理论

1996年，美国军事理论专家哈伦·厄尔曼和詹姆士·怀德在其军事理论专著《震撼与威慑：快速夺取控制权》中，正式提出了"震慑"理论。这一理论认为，未来战争将不再强调摧毁敌人的兵力，而是要把重点转移到削弱敌人的战场态势感知能力和战斗意志上来；在作战行动中无需大规模投入兵力，只需使用部分精锐部队，并发挥先进的指挥控制系统和远程精确打击兵器的作用，以迅雷不及掩耳之势，在全维战场上对敌人发起高强度的"外科手术式"打击，迅速击垮对方的斗志，从而以最小的代价迫敌屈服。

震慑理论的实质是"快速夺取控制权"；目的是"少战而屈人之兵"；手段是精确火力打击与心理威慑相结合；对象是敌人的意志、感知和认知；制胜机理是通过对敌人施加足够强的心理震慑，摧毁敌人的抵抗意志，迅速夺取控制权。

信息化空中力量具有较强的远程精确打击能力和信息进攻能力，可以对敌全纵深实施精确火力打击和信息压制。因此，在核威慑效应降低的信息化时代，信息化空中力量是震慑作战的主体力量，空中精确打击是震慑作战的主要手段。

"空中斩首"是震慑作战的主要方式。所谓"空中斩首"，就是在准确掌握情报信息的基础上，通过周密计划和严密组织，使用空中远程精确打击手段，针对敌方首领及军事指挥机构进行的毁灭性精确空袭行动。目的是通过精确空袭消灭敌方元首、统帅或有重要影响力的人物，摧毁、瘫痪敌方的军、政指挥机构，瓦解敌方抵抗意志，造成敌方军、政指挥系统混乱，为尔后行动创造有利条件。

农业时代的战争，主要通过暗杀和地面奇袭方式擒杀敌方首领达成"斩首"目的，"奇"和"谋"是达成"斩首"目的的关键因素。工业化时代的战争，要想消灭敌方的首脑人物或摧毁敌方的首脑机关，必须由表及里，层层剥皮，先大量消灭敌人的军队，尔后才有可能达到目的。随着航空航天武器装备技术特别是航空航天信息技术的飞速发展，信息化弹药、信息化空天作战平台和空天地一体化 C^4ISR 系统大量装备并运用于局部战争，使得掌握信息优势并具备空中远程精确打击能力的一方，完全能够超越敌方地面防御体系，首先攻击敌方的领导指挥系统，这就使直接攻击首脑具有了可能性。空中远程精确打击与高精度的侦察手段相配合，基本上具备了发现即摧毁的能力，为直接攻击对方的首脑机关创造了条件。

实施震慑性空中打击的行动要则：

一是综合多种侦察手段，周密组织情报侦察。震慑性空中打击需要摧毁的目标大都位于敌纵深地域，而且有严密的对空防御和坚固的防护工事，因此，准确掌握情报信息，做到"战场透明"，是实施空中精确打击的重要前提。必须综合运用陆、海、空、天四维一体的侦察手段，广泛搜集目标的数量、分布、位置、机构、性质、防护等详细资料，详细查明敌防空兵力的部署、作战能力和电磁频谱。

二是超越大规模毁歼环节，直接攻击核心目标，力求速战速决。震慑性空中打击的目的是瓦解敌抵抗意志和抵抗能力，迫使敌放弃抵抗或无力抵抗，以迅速达成政治、军事和作战目标；或达成惩罚、报复、警告、抑制、清除等特殊战略目的，配合政治、军事和外交斗争。应精心选择高价值核心目标或敏感目标，在实施空袭作战时，要坚决超越大规模毁歼环节，直接攻击、重点攻击核心要害目标，这样可以迅速产生震慑效应，快速达成作战目的。要超越大规模毁歼环节直接攻击核心目标，还要控制空中突击兵力规模，广泛示形造势，欺骗麻痹敌人，隐蔽突防。这样可以减少己方伤亡，达成速战速决。

三是集中使用信息化武器装备实施精确空袭，尽量减少附带毁伤。震慑性空中精确打击的物质基础是信息化武器装备，要取得符合作战意图的终极效果，必须使用精确制导武器，对目标实施精确的"点摧毁"。确保对核心要害目标精确摧毁，不但可以对敌产生巨大的震慑效应，而且可以减少附带毁伤，降低负面影响，利于同心理战以及政治、外交斗争相配合。

四是综合运用多种手段，战慑并举。震慑性空中精确打击的重心是敌人的意志、感知和认知，通过对敌人施加足够强的心理震慑，摧毁敌人的抵抗意志，迅速夺取控制权，或达成特殊战略目的。必须综合运用多种手段，将火力打击、信息压制、心理攻击、政治施压有机结合起来，战慑并举，这样可以产生最大的震慑效应。强调适度控制打击规模，以打促变，促使敌方领导层内部发生分化；实施高强度电子干扰，压制敌方态势感知和指挥控制能力；实施广泛的信息欺骗，利用广播、网络等信息传媒进行心理攻击，瓦解军心士气；配合火力打击和信息压制，对敌施加政治和外交攻势。通过对敌方采取政治施压、在国际上采取外交攻势两种途径，可使敌方政权陷入内忧外患、孤立无援的被动境地。

二、五环重心理论

五环重心理论是美国空军司令部前主管计划与作战的副参谋长助理约翰·A.沃登三世提出来的。1988年，沃登在他所著的《空中战役制定计划》一书中，提出了关于空袭目标选择的两个重要观点：一是"重心在计划工作中是重要的"，因为"重心"指的是敌人最为脆弱之点，突击该点最有可能取得决定性的效果；二是"指挥是真正的重心"。按照这一理论，沃登主持了1991年海湾战争中"沙漠风暴"进攻性空中战役计划的制定。海湾战争结束后，沃登把空袭目标选择的两个重要观点发展成为一个用5个同心环来说明的目标选择理论。美国空军最高指挥当局充分肯定了沃登的五环重心理论。美国空军在其2000年1月22日颁发的第2-1号条令《空中作战纲要》中正式将五环重心理论定为其空袭目标选择的基本理论依据。

五环重心理论是用5个同心环分别代表5类不同的目标及其相互关系。5类目标分别为：领导层、生产设施、基础设施、民心和野战部队。五类目标的相互关系：领导层处于五环的中心，其他4类目标按生产设施、基础设施、民心和野战部队的先后顺序，从里到外组合成相互关联的五环图。其要点：一是以摧垮敌方领导层或使其失去统治能力为目标，而不以消灭敌方军事力量为目的；二是围绕攻击领导层，可对其他4个环内的任何目标实施打击，直到领导层屈服为止；三是对其他环内目标的突击，依其对领导层的影响程度安排攻击次序。野战部队虽处于沃登五环重心目标的最外一环，但野战部队抗击力强弱对领导层的决心影响极大，因此，有时野战部队往往被优先考虑列为重点攻击的目标；四是对任何目标的打击都要体现重心思想。

沃登认为，如果对敌"重心"施以某种程度的打击，便可产生更大的效应，"因为它指的是敌人最为脆弱之点，突击该点最有可能取得决定性的效果"。因此，"指挥员和计划人员最重要的职责也许就是准确地判明敌人的重心所在，并对其实施打击"。①沃登的重心理论阐明了在战争规模有限、战争目的有限的情况下，利用空军独特的优势击敌要害，迅速达成目的的思想。重心理论提出后，美军的作战纲要和条令都体现了这一思想。如：1993 年 9 月出版的《联合作战纲要》中指出："摧毁或压制敌人的重心是取得胜利最直接的途径"；1995 年 1 月出版的《美国武装部队的联合作战》中指出："用作战飞机、导弹、特种作战和其他纵深打击力量，直接攻击敌战略重心，是联合战役一项必不可少的行动。"

五环重心理论在海湾战争和科索沃战争的实践中得到了充分的运用。据美国《战争的革命—海湾战争的空中力量》中指出："伊拉克入侵科威特后不久，五角大楼的一组空军参谋官员就开始计划旨在将伊拉克军队逐出科威特的空中战役。美国空军参谋部负责作战计划的副部长约翰•A.沃登上校对此项工作进行了监督。"②沃登的计划要点是以敌方领导层为目标，因为萨达姆不仅是伊拉克的总统和军队的最高指挥官，也是美伊问题的根源。美军空中力量通过瘫痪"领导环"的指挥控制系统，使其与军队隔开；通过摧毁电台和电视台等系统使其与人民隔开，并对"生产设施环"内核生化武器生产、储存设施和发电厂、炼油厂实施重点摧毁；在"基础设施环"，主要是切断伊拉克的补给线，摧毁工业设施；在"军事集群环"重点消灭伊拉克共和国卫队。

五环重心理论在科索沃战争中进一步得到了检验。北约空袭南联盟依然是沿着清晰的五环重心理论进行的：第一，空袭的真正意图是削弱南联盟领导层的统治能力，推翻米洛舍维奇政权，迫使南联盟从科索沃撤军。因此，首先是对总统府、国防部与内政部、米洛舍维奇各处掩蔽所实施高强度打击，并通过软硬杀伤，瘫痪南联盟指挥、控制与通信联络系统，使其领导层"耳聋""眼瞎""口哑"，即使能躲开空袭也不能发挥统帅作用；第二，围绕领导环，打击其他4 个环的重要目标。"生产设施环"重点是突击电力、油料和化学物质生产基地等目标，通过打击发电厂、炼油厂等生产设施，使南联盟军事和经济迅速陷入瘫痪。"基础设施环"重点是对桥梁、公路、铁路、工厂等进行空袭，令南联盟人民生活水平倒退了数十年，使人们产生厌战情绪，降低政府威信。"民心环"内通过断水、停电、轰炸交通设施和有意或"无意"轰炸平民百姓，使南联盟人民惧怕战争，瓦解民心，意在迫使南联盟政府屈服。对"军事集群环"目标

① 〔美〕约翰•A.沃登三世. 空中战役[M]. 李素辉、商力，译. 北京：空军指挥学院研究部，1990：6.
② 〔美〕托马斯•基尼，艾略特•科恩. 战争的革命——海湾战争的空中力量[M]. 白华，译. 北京：国际文化出版公司，2001：35.

的打击，意在削弱其进行战争的主体。

三、效果中心战理论

"效果中心战"理论是美国空军在总结海湾战争后的历次局部战争经验教训的基础上，根据 21 世纪初美国国家军事战略的需要，提出的一种新的空中作战理论。

"效果中心战"理论是指围绕战争要达到的效果这一中心，制定军事行动方案，确定打击目标，合理配置兵力，运用部队的远程打击力量，对敌政治、军事及经济等战略重心实施大规模的精确打击，从而尽快达成战争目的。整个战争的进程都以要达成的政治目的为中心。"效果中心战"不是指彻底摧毁敌人，而是要能够有效地控制敌人，使敌人的军事力量不能或难以发挥有效的作用，从而被迫服从于己方的意志。对敌目标继续打击或停止打击的决定，完全取决于是否达到了战争目的。

传统的战争理论是以实力为后盾，以摧毁和消耗敌有生力量定胜负。"效果中心战"理论强调，不需要对敌战争机器进行彻底的摧毁，只要求根据战争要达成的目的，部署一支搭配合理的空中力量，对敌战略中枢体系实施适度的打击，使其难以发挥效能，从而实现对敌决策体系的有效控制。其实质就是剥夺对手的战略自由，但并不意味着要根除其所有的战术行动。在科索沃战争中，南联盟的军事力量并没有受到重创，仍保留大量的作战飞机和地面部队，但由于整个防空体系被以美国为首的北约部队所控制，南联盟无法采取大的军事行动。

"效果中心战"理论的提出，以隐身与精确打击能力为前提条件。"效果中心战"理论所强调的是对敌国家指挥当局所依赖的战争中枢系统实施精确打击，使其不能或难以发挥效能，而敌方战争中枢系统又是防御最严密的部分，因此，突防能力强、打击精度高、可进行全天候、全时段打击的隐身及精确打击武器成为首选兵器。精确打击是"效果中心战"理论的重要作战样式之一，它可使敌战略中枢系统迅速陷入瘫痪，从而夺取战场控制权，并可最大限度地减少战争风险和附带伤亡。隐身兵器凭借隐身突防的优势，可对敌重要目标实施打击，从而确保"并行作战"的顺利进行。如在海湾战争期间，F-111A 隐身战斗轰炸机的飞行架次只占总出动量的 2%，其打击的目标却占总打击目标的 43%。

信息化武器打击效果评估与跟踪系统在作战中的运用，也为"效果中心战"理论的形成和实践创造了有利条件。武器使用评估与跟踪系统有能力跟踪投下的每一颗炸弹，然后将结果反馈给空中行动指挥中心。该系统的使用，对减少误伤、避免对已经被摧毁的目标进行重复攻击具有重大意义。在伊拉克战争中，美国空军的作战能力与海湾战争相比有了质的飞跃，就是因为美国空军拥有一套经过改进的武器跟踪与评估系统。先进的网络化武器系统，可以通过数据链向空中行动指挥控制中心报告武器弹着点，指挥控制中心可在武器爆炸后迅速收到这一报告，这会在相当程度上提高评估工作的速度。

四、空天一体作战理论

1957 年 10 月 4 日和 1958 年 1 月 31 日苏联和美国分别发射第一颗人造卫星，此后双方开始了外层空间的争夺。20 世纪下半叶，随着航空技术、航天技术和信息技术的迅猛发展，现代战争的作战空间不断拓展，世界航天大国在航天领域的竞赛与对抗日趋激烈，天基信息系统对空中作战的信息支援保障作用越来越突出。技术进步和空中作战实践推动空中作战形态和空中力量建设向空天一体方向发展，空天一体作战理论应用而生。

1959 年，《美国空军航空航天基本概则》中首次以"航空航天力量"代替"航空力量"，把地球表面以上的整个空间称为"航空航天空间"，并视为空军的作战环境。1984 年版美国空军条令定名为《美国空军航空航天基本概则》中指出：航空航天部队的基本任务是打赢航空航天战争。20 世纪 80 年代，美国空军率先成立了空军航天司令部，其下属的航天力量占美军全部航天力量的 90%，成为美军联合航天司令部的主体力量。1991 年的海湾战争第一次在战争中实现了航空航天系统的综合运用，并对战争的结局起到了关键作用。1992 年版《美国空军航空航天基本理论》中进一步把"制空制天"确定为空军的首要任务。1998 年颁布的《美国空军太空作战条令》中提出，大气层和太空之间没有绝对的分界线，从技术特性上看，航空器与航天器基本相同，包括兵力结构、设施、控制、操纵、人员训练等都是相互联系的。1999 年初，美国防务专家在航空航天教育基金会的专题讨论上，提出了联合航空航天力量为一体的作战理论新构想，并指出联合航空航天力量是一支由各军种航空航天部队组成的作战力量，要通过协调一致的行动达成作战目的。20 世纪末，美国空军提出的《全球参与：21 世纪空军构想》和《2020 年空军构想》等报告，全面阐述了"全球参与"战略的 6 种核心能力，即航空与航天优势、全球攻击、全球快速机动、精确打击、信息优势和灵活的作战支援。而建设一支无缝结合的航空航天力量，是实现这 6 种能力的基础。为此，提出了 21 世纪航空航天一体化进程，第一步是将美国空军变成一支航空航天力量，进而再将其改造成一支航空航天力量。21 世纪初，美军通过阿富汗战争和伊拉克战争进一步实践了空天一体化作战，并丰富和发展了空天一体化作战理论。美国空天一体作战理论包括航空航天一体化力量、航空航天一体化侦察、航空航天一体化指挥、航空航天一体化进攻和航空航天一体化防御。航空航天一体化力量，是航空力量与航天力量的兵力组织结构、指挥控制和训练等基本实现一体化；航空航天一体化侦察，是将太空侦察卫星、空中侦察机和飞行器，以及地面（海上）和地下（水下）侦察力量组成一体化的侦察网，形成统一的全球监视网络和态势感知能力；航空航天一体化指挥，是将太空通信卫星和空中指挥机，以及地下指挥所、地面（海上）机动指挥车（舰）统一组成一体化的指挥网，对空天作战力量；航空航天一体化进攻，包括进攻性制空、进攻性制天、制地、制海、战略打击和进攻性制信息作战；航空航天一体化防御包括防御性制空、防御性制天、导弹防御和防御性制信息作战。

苏联1957年成功发射世界上第一颗人造地球卫星后，就开始研究空间的军事利用问题，集中力量优先发展军事航天力量。1962年，苏联就率先提出"必须研究利用宇宙空间和宇宙飞行器来巩固社会主义国家的国防问题"。1964年建立了导弹空间防御部队。苏联一直重视空战场、天战场及其一体化的研究。苏军认为，现代对空防御是一个由防飞机、防导弹和防航天器三者组成的统一系统；苏军1983年出版的《简明军事百科词典》指出，"……为了抗击敌人从空中和宇宙空间进行的突击，可实施抗击空中和宇宙空间袭击的战略性战役。"[①]俄罗斯成为独立国家后，先后出台了《2001—2005年度俄罗斯武装力量建设计划》和《2001—2010年国家发展武器装备和特种技术纲要》等，在国力下降的情况下，仍然加大军费投入，旨在加强空天防御体系的建设。俄军对空天作战理论的研究非常重视。认为今后的战争将是交战双方的航空航天进攻作战，空天袭击是未来的主要威胁，必须实施空天防御，保持防空部队和导弹航天防御部队的机构统一，并建议使防空兵力、导弹航天防御兵力、空军和航空航天兵力一体化，建立空天防御军。俄军提出，抗击空天袭击的战略性战役是按照最高统帅部企图和计划实施的，在目的、地点和时间上协调一致和相互联系的太空作战、空中进攻战役、空中防御战役和其他战斗行动的总和，是俄军战略性战役的基本样式之一。俄军认为，抗击空天袭击的战略性战役，是指在重要战略性空天方向上抗击敌首次和后续空天进攻的行动。目的是夺取和保持战略制空制天权、制信息权和为实施战区战略性战役创造条件，削弱或压制敌战略和战役预备队，降低或破坏敌军事潜力，瘫痪或破坏敌国家和军队的指挥系统。抗击空天战略性战役的首要任务是：在空中、太空、地面和海上毁伤敌空天进攻兵力兵器结构的基本组成部分掩护最重要的国家设施和武装力量免遭敌空中和太空的侦察与突击。空天防御战役的主要作战行动包括实施侦察预警、反卫星作战、反导作战、消灭巡航导弹以及空中战役等。以空天一体作战理论为指导，俄罗斯于2015年组建武装力量新军种—空天军，从8月1日起开始正式执行任务。空天军由航空部队、防空和反导防御部队、太空部队组成，并对其作战实施统一指挥。俄罗斯《国防》杂志主编科罗特琴科认为，空天军的成立，

意味着美国无法在未来将其"快速全球打击"的计划付诸实施，因为俄罗斯依靠强大的预警能力，能消除美国前瞻性军事和军事技术计划可能酿成的威胁。

五、"空海一体战"和"全球公域介入与机动联合概念"

2009 年下半年以来，根据国防部长盖茨的指示，美国空海军效仿 20 世纪 80 年代以苏联为对手推出"空地一体战"理论的做法，开展主要针对中国的"空海一体战"（Air-Sea Battle，ASB）理论研究。2010 年 5 月，美国智库"战略与预算评估中心"发表了《空海一体战—战役构想的起点》的研究报告，对"空海一体战"作了全面的阐述。2015 年 1 月，美军又将"空海一体战"更名为"全球公域介入与机动联合概念"。尽管"空海一体战"和"全球公域介入与机动联合概念"不属于单纯的空中作战理论，但在战略和联合作战层面对空中作战和空中力量建设发展具有重大影响。

（一）"空海一体战"理论

"空海一体战"设想，一旦发生冲突，解放军将发动大规模先发制人的攻击，其目的是重创西太平洋地区美军基地驻军；破坏美军指挥和控制网络；摧毁重要补给点和部分后勤补给舰船，以大幅度牵制美军后勤力量。在短时间内重创美军，进而拖延美国的作战进度，并凸显美国无力协助盟友防御的窘境，迫使美国付出极高代价以扭转不利局面，或接受中国占据优势的既成事实。为了应对挑战，美军设想的西太地区战役有以下主要内容：

第一阶段，夺取和保持主动权。主要行动包括：抵挡首波进攻，降低美军及其盟军和基地的受损程度；对解放军的战斗网络发起"致盲"作战；对解放军的远程情报、监视、侦察及打击系统实施压制性进攻；夺取和保持制空、制海、制太空和制网络空间的优势。

第二阶段，打赢持久的常规战争。主要行动包括：遂行持久战，保持和利用在各个战场的主动权；实施"远程封锁"作战；保持后勤作战能力；扩大工业生产（尤其是精确制导武器）。

美军出台"空海一体战"是外部因素和内部因素共同作用的结果，主要包括以下 4 个方面：

一是应对中国军事上的挑战。通过多年的建设，中国的军事实力有长足的发展，武器装备，特别是"杀手锏"装备取得长足进展。美方列出的杀手锏武器包括反卫星武器、反航母武器、地基激光武器、远程导弹、潜艇和防空系统等美国认为，在西太平洋地区受到中国的军事威胁，要加强在该地区的作战准备和作战能力。

二是寻求当前与未来的平衡。准备未来战争与打赢当前战争之间应保持平衡，以利于军队建设和发展。美军内部争论当前与未来哪个战争更重要，非传统和传统哪个威胁更迫切。随着伊拉克战争美军逐步撤出，美国的目光转向中国，认为在 21 世纪 30 年代"将和一个强大的国家或敌对的国家联盟打一场大规模战争"。

三是深化联合作战的需要。至今美国空军和海军还远未能实现"互联互通互操作"，联合水平尚待提高。美军想通过"空海一体战"理论的牵引，有效整合空、海军资源，提高联合作战水平。

四是军种之间的利益之争。美军各个军种为了自身利益而提出自己的作战理论。经过伊拉克战争和阿富汗战争，陆军、海军陆战队的地位有所提高，海军和空军的地位有所降低，因此提出"空海一体战"理论与"混合战争"理论相抗衡。两个作战理论虽属学术之争，却是以空、海军为代表的"正规战"利益集团，与以陆军为核心的"非正规战"利益集团之间，争夺"话语权"和经费、资源而进行的明争暗斗。

（二）"空海一体战"更名为"全球公域介入与机动联合概念"

2015 年 1 月，美国参联会明确把"空海一体战"更名为"全球公域进入与机动联合概念"（Joint concept for Access and Maneuver in the Global Commons，JAM-GC），其理由是：首先，"空海一体战"理论是对冷战时期美国和盟国创造的"空地一体战"理论的简单复制和移植，与现实背道而驰。其次，"空海一体战"理论严重违背和平发展的时代潮流，不利于中美发展新型军事关系，同时也从根本上损害美国自身利益，从一出台就受到了美国战略家的质疑和反对。第三，以重点发展海空军为目标的"空海一体战"在美国由来已久的军种竞争中受到了来自陆军和陆战队的强烈抵制。

与原"空海一体战"概念相比，新概念重点在 7 个方面进行了调整：一是从战役层级阐述 2020—2025 年美军为获得和保持全球公域进入和行动自由拟采取的作战方式，强调美军在全球公域的行动自由是实施灵活威慑、力量投送和地面进入等其他作战行动的先决条件。二是阐述实施联合和联军作战的新方法，强调应在现有"联合作战进入概念"所确定原则的基础上，吸收"空海一体战"实施跨域、跨国和跨机构行动的有益思想。三是要求美盟军必须能仅凭在时空上受限的作战领域控制权，开辟拥有当时当地相对优势的安全窗口、通道走廊和有限区域，借此阻止对手破坏己方行动，同时实现作战目标，并为其他行动提供支援。四是调整既有的指挥控制结构和习惯做法，确保在通信拒止或降级环境下能有效实施指挥协同，同时强化组成部队和更低层级编队作战中心的跨域指控技能，为贯彻指挥官意图和机动方案提供支援。五是主张对陆上和海上基地能力建设采用更全面、创新性的综合解决方案，同时改进后勤保障方案，强调在危机发生时建立远征陆海基地，以及维持联合作战效能的能力，对遂行作战进入和作战机动至关重要。六是扩大地面和两栖部队在应对全球公域

"反进入/区域拒止"（Anti-Access and Area Denial，A2/AD）威胁中的作用，赋予其袭击、佯动、力量显示、情报监侦等任务，以及其他可由机动和低信号特征远征部队实施的小规模、短时间作战行动任务。七是强调加强美军与盟国和伙伴国的一体化和互操作能力建设。

尽管"全球公域进入与机动联合概念"由"空海一体战"更名而来，但"空海一体战"办公室副主任莫里斯指出，更名不是以"联合进入与机动"取代"空海一体战"，并非抛弃"空海一体战"另起炉灶。更名前后的概念是接续关系。新概念基本关注点在"全球公域"，旧概念核心关注点同样在"全球公域"，目的都包括"在全球公域获得和保持行动自由"，新旧概念在本质上一脉相承。所谓"全球公域"，是指地球上无人独有、全体共享的区域，但对于美国而言则是进入别国主权空间的通道。所谓"进入与机动"，在美军既有理论和概念中就是指不管有没有阻碍，都必须确保随时进入某个区域并在该区域实施作战。确保对全球公域的出入自由、充分利用与有效控制，是美国霸权的核心关切和军事基础。在此意义上，新概念比旧概念更加具体，更加务实。

第二节　信息时代空中作战行动

信息时代以网络为中心的空中作战模式与以平台为中心的空中作战模式有本质区别，出现了空中威慑、基于网络的空中信息作战、以超视距攻击为主的空空作战、远近结合的精确空袭、空中禁飞等新的空中作战行动样式。

一、空中威慑

威慑是国家或军事集团，通过显示武力或表示准备使用武力的决心，以期迫使对方不敢贸然采取敌对行动或使行动升级的军事行为，是军事斗争的一种形式。威慑的手段和方式，随着军事斗争手段和形式的发展而发展。冷战结束后，由于核武器的杀伤破坏威力巨大，使其受到国际社会的普遍限制，核武器的威慑功能有所下降。核均势的出现和核威慑效应的下降，客观上要求国家或军事集团必须寻找可替代的、有效的常规威慑手段。这些常规威慑手段和方式，必须具有仅次于核武器的震慑威力，同时能够以比使用核武器更灵活有效的方式达成国家或军事集团的意志。信息化空中力量及其所具有的空中精确作战能力，正好满足了这种要求，成为继核威慑之后军事威慑的首选手段。例如，美国两次对伊拉克的战争，空中威慑行动取得一定成效，发挥了重要作用。

空中威慑包括3类典型行动：

一是紧急机动兵力，营造态势。1990年伊拉克出兵科威特，美国为充分贯彻"政治谴责、外交孤立、经济窒息、军事进逼"的综合对伊施压之策，立即启动了全球兵力机动程序。先是迅速调度部分空海力量及情报手段聚焦海湾，明确向伊传递用兵决心；继而紧急部署空中力量显示强大存在。仅 8 月 7 日～10 日，美国空军便派出了 5 个作战中队的 48 架 F-15C/D、44 架 F-16C/D、5 架 E-3B 前往沙特阿拉伯遂行紧急空中防御任务。至 9 月下旬紧急部署初步完成时，海湾地区已集结美国空军作战飞机 400 余架、支援飞机 100 余架，与美国海军、海军陆战队及盟军的战机相加，总数已达 900 余架，充分显示美国空中力量在海湾的存在，对伊产生明显军事压力。伊拉克战争前夕，美英迅速从全球基地调集 1000 余架战机飞赴海湾，战机数量之多、型号之全，为战后局部战争所独有，其中，海湾游弋待命的 7 个航母战斗群上的 490 架各种舰载机，也创历年来美英舰载机参战规模之最，共同构成北起土耳其安卡拉，西至地中海、红海，南到波斯湾、印度洋，重点在伊拉克南部的"月牙形"立体施压部署态势。

二是循序升级行动，持续施压。随形势发展循序升级威慑行动，是空中威慑的典型做法。海湾战争中，美国空军在兵力紧急机动部署阶段之后，开始了强化攻势升级压力的部署行动，从美国本土和驻英德空军基地陆续增调 F-117 隐身战斗轰炸机、F-15E 战斗机、E-8A 预警机、B-52 战略轰炸机、A-10 攻击机等飞赴海湾地区，兵力集结规模、兵种构成以及战备态势均转向了进攻。至开战前，多国部队在海湾地区集结的兵力总数已达 43 万人，飞机 2800 多架，其中作战飞机 1800 多架，基本形成以沙特阿拉伯为中心，多军兵种、多基地混合配置、对伊三面包围的立体攻势，已经具备产生威慑效果的必要条件。伊拉克战争爆发前的 12 年间，美国在伊拉克领土南、北两侧各建立了一块"禁飞区"，削弱了萨达姆政权对伊 60%国土的控制能力，极大加强了美军对伊拉克的空中监控，还在海湾地区保留了一支 2～3 万人的常驻部队，部署数百架飞机，长期保持对伊拉克固定军事压力。后来，美国还视需借助武器核查对伊进行了数次规模不等的警示性空中打击，进一步削弱了伊拉克经济、军事实力。

三是进入战区演练，强化威慑效果。抵近部署，特别是抵近采取军事行动，是空中威慑的重要选项。海湾战争爆发前，美军为熟悉沙漠战场环境、加快进入临战状态，同时也为进一步威慑伊军，对所有航空兵部队进行强化训练，举行了数十次各类演习，其中战术空军着重演练沙漠、暗夜条件下的空中突防、轰炸、空中格斗、近距空中支援及各种战术协同科目。战略空军则主要赴沙特阿拉伯熟悉航线，演练远程奔袭。作为空中威慑的重要内容之一，美国空军战前加强了空天战场监视与侦察活动。危机爆发后立即动用大批卫星和飞机从空中监视伊军动向，至开战前已有 20 余枚在轨高性能卫星执行海湾侦察任务。预警、侦察飞机、无人机及直升机每天出动侦察监视，也对伊军行动产生较大震慑。伊拉克战争中，美军不仅如法炮制上述空中威慑行动，还积极实施心理战，长期空投心理战传单，客观上也起到了加速伊军心理崩溃的威慑效果。

二、基于网络的空中信息作战

空中信息作战是以网络化作战体系为依托进行的空中信息侦察、空中电子干扰和反辐射攻击等行动。信息时代的空中作战从信息作战开始，并且贯彻空中作战的始终。空军能否首先夺取并保持战场制信息权，对空中作战乃至联合作战全局具有重大影响。

（一）空中战场态势感知

由天基、空基、陆基、海基侦察监视平台及相关数据传输、处理设备组成的多维一体网络化信息感知系统，具有战场信息获取、处理、共享功能，可以全面、及时、准确地获取战场环境信息和目标信息，是空中作战的前提和基础。信息时代的空中作战，在作战行动发起前，通常要依托多维一体网络化信息侦察系统，综合运用侦察卫星、侦察飞机、无线电技术侦察、雷达等现代侦察手段，广泛搜集与作战有关的情报资料，内容包括：敌兵力编成、部署，特别是主要目标的防御和兵力部署情况；需要突击目标的数量、分布、特征。敌雷达和无线电通信的电子频谱等。空中作战全过程，要通过多维一体网络化信息侦察系统，实时感知战场态势，为作战决策和行动提供实时、全面、精确的战场情报信息。

海湾战争中，多国部队充分利用陆、海、空、天等多种电子侦察平台和手段，联合实施战略战术侦察，实现了对伊拉克多平台、多手段、全方位的不间断侦察。美军运用电子侦察卫星、战略战术电子侦察和监控飞机以及部署在地面（海上）的无线电监听站和电子情报营等，在海湾地区组成了一个庞大的航空、航天和地面（海上）立体电子侦察系统，从空间、空中、海上、地面昼夜不停地对伊拉克实施电子侦察。在航天电子侦察方面，战前，美军实施了全面调用军事侦察卫星系统的"恒源"计划。战争期间，多国部队用于主被动电子侦察的卫星多达 34 颗，其中 2 颗"大酒瓶"电子侦察卫星、1 颗"旋涡"通信侦察卫星、3 颗"弹射座椅"电子侦察卫星、5 组共 20 颗"白云"海洋监视卫星、1 颗"长曲棍球"合成孔径雷达卫星。这些卫星昼夜不停、持续不间断地对伊军的雷达、通信系统和各类军事目标实施侦察。此外，多国部队还使用了多颗国防通信卫星。上述这些卫星组成了一个空间电子侦察、通信网络，不断将获取的伊军电子情报传递到美国本土情报处理中心，经技术处理和分析后，在 1h 内再由通信卫星传递到美军驻沙特阿拉伯的战区指挥中心，供指挥官和用户使用。在航空侦察方面，多国部队在海湾地区共部署了 300 多架电子侦察与监控飞机和直升机，包括 RC-135、TR-1、RF-4C、OV-10 和预警机等，在空中进攻战役期间，仅 RC-135 和 TR-1 这两种电子侦察机就出动了 180 架次，在伊拉克和科威特上空进行电子侦察，最多时一天出动 9 架次，为多国部队制定作战计划及时提供依据。美国陆军和海军航空兵还使用"先锋""指针""短毛猎犬"等型无人驾驶侦察机对伊军进行战术侦察。多国部队战略侦察机、战术侦察机和无人驾驶侦察机主要搜集伊军战役战术纵深的兵力部署与调整、武器装备、工事构筑以及空袭效果评估等情报，为指挥官提供实时战场情况。在地面侦察方面，仅美军在海湾地区就设有 39 个无线电监听站、8 个电子侦察营及 5~7 个电子战情报连，11 个航空和装甲侦察中队，约有 13000 余人。通过地面无线电技术侦察与空间卫星侦察的配合，查清了伊军各类无线电台的高频、甚高频、特高频和超高频等各频段的信号。通过地面和空中无线电技术侦察，截听和测定短波、超短波无线电信号，获取了许多有价值的情报，如伊军的实力部署、编制序列以及其雷达、防空导弹、通信系统的配置和技术性能等。

科索沃战争中，北约使用了 50 多颗卫星、80 余架各型有人侦察机和大量无人侦察机、欧洲境内的 50 多个电子监听站、海上部署的航母战斗群和电子侦察船以及数量众多的谍报人员，运用多种先进手段对南联盟进行侦察监视，获取了大量政治、军事情报，以及电子目标情报。北约在 1998 年上半年就开始利用各种电子侦察手段对南联盟特别是科索沃地区进行侦察监视。10 月初开始，美国空军的 RC-135 和 U-2 等侦察机就已经在科索沃上空对塞尔维亚军队进行监视。从 11 月开始，美军侦察飞机每天对科索沃地区的侦察时间达到 10~20h。与此同时，北约派出 400 多名间谍进入南联盟，以外交官和国际组织工作人员的身份作掩护，潜入预定目标，并利用"全球卫星定位系统"记录下这些目标的准确坐标，查明驻科索沃的塞族军队集结地域。战争期间，北约还出动了多架预警指挥飞机、电子侦察飞机，对南联盟实施全天候、全频段的多维立体侦察监视。空袭过程中，几乎每轮轰炸行动都有 E-2G、E-3 预警指挥飞机担任空中预警，监视南联盟军队的行动。通过侦察，北约掌握了大量有关南联盟政治、经济、社会的情报以及军队部署、目标分布、无线电和雷达的参数、电磁辐射源位置等军事情报，为空中打击提供了准确的目标。

（二）空中电子干扰

在组织全面电子信息侦察、掌握敌人基本情况的基础上，从突击编队、空中掩护（拦截）编队起飞前，到空中作战结束，都要组织空中和地面电子干扰力量进行积极的电子干扰，为空中编队突防、突击和空中交战创造有利条件。空中电子干扰的方法通常有以下几种：一是预先布设干扰走廊。电子干扰飞机以小编队在预定区域施放无源干扰，形成一定宽度和长度的干扰带。二是远距离干扰支援。使用远距离大功率专用电子干扰飞机提前到达预定空域做环形飞行，并适时施放积极干扰。三是使用无人驾驶电子干扰飞机抵近干扰。干扰对象主要是敌制导雷达、炮瞄雷达。四是电子干扰飞机在空中编队内进行伴随干扰。当空中编队进入敌雷达探测范围，通过敌防空火力区，遭敌歼击机拦截时，干扰机立即实施有源或无源干扰。五是空中作战飞机挂载电子干扰吊舱，实施自卫干扰。

海湾战争中，多国部队空中力量在实施空中进攻战役时，十分重视运用电子干扰，战术巧妙、手段齐全、效果显著。战前，美军在沙特阿拉伯、土耳其和以色列 3 个方向设立了战略电子干扰网络，并在海湾地区部署了 81 架 EF-111A、EC-130H、EA-6B 等型专用电子干扰机，数架 EH-60 型电子干扰直升机，对伊拉克形成了全方位、多层次、立体的电子干扰系统。此外，多国部队参战的作战飞机均安装了机载自卫电子干扰设备。在空袭前 23h 至开战后 3 天这 93h 中，美军首先使用地面干扰站和舰载大功率发射机，对已弄清的伊军各频段无线电信号实施大规模、强烈的、全面的压制性杂波干扰，最大限度地削弱和破坏伊军的 C^3I 系统和地空导弹、警戒引导雷达等防空设施的效能，致使伊拉克雷达白茫茫一片，各电台信号被噪声淹没，通信中断。

在科索沃战争中，美军空袭前，首先出动 EA-6B 专用电子战飞机对南联盟的预警雷达和火控雷达实施干扰，出动 EC-130H 专用通信干扰飞机对南联盟 20～1000MHz 频率范围内的无线电指挥通信系统实施干扰。它们从南联盟防空导弹的射程之外，对南联盟的防空雷达系统、通信系统实施干扰和压制，保障突击机群的安全和空袭行动的顺利进行。当远距离支援干扰效果不好时，EA-6B 和 EC-130H 电子战飞机便在其他战斗机的掩护下实施近距离支援干扰。此外，还经常使用无人驾驶干扰飞机实施近距离支援干扰。在空袭中，无人干扰机盘旋在空袭目标的上空，进行强烈的电子干扰，有时也投掷一些有源干扰器材，对南联盟的电磁辐射源实施近距离的干扰压制。美军经常在突击机群中编入专门遂行电子干扰任务的飞机，实施随队支援干扰。执行随队干扰任务的飞机既可以是专用电子干扰飞机，也可以是和突击机群相同机型的装备有专门电子干扰设备的飞机。例如，参加首轮空袭的 8 架 B-52H 中，就有 1 架装备了大功率电子干扰设备。除使用专用电子干扰飞机遂行电子干扰掩护任务外，在作战飞机上还装备了自卫电子干扰设备，以提高飞机的战场生存能力。在突击机群将要经过的航路上，投撒无源干扰物，在一定空域范围内形成无源电子干扰走廊，它与有源电子干扰相结合，对南联盟的预警系统起到了一定的迷惑作用，为轰炸机实施突防提供安全保障。

（三）反辐射攻击

使用反辐射武器对敌指挥控制中心、重要雷达站、通信枢纽实施火力摧毁，是空中信息作战的重要方法。反辐射攻击作战中往往采用诱惑战术，即首先出动无人驾驶机，诱使敌方雷达开机，由侦察设备探测目标雷达的位置和信号参数，再发射反辐射导弹摧毁目标雷达。

海湾战争空中进攻战役中，多国部队由机载雷达报警系统对伊军地面雷达进行精确的分析定位，或发射空射战术诱饵引诱伊军雷达开机、发射地空导弹，再由 F-4G 型反雷达飞机或 EA-6B、ASE、A-7E 等型飞机发射"哈姆"反辐射导弹攻击伊军雷达阵地，摧毁其雷达，压制其防空雷达系统，在电子战"硬摧毁"的有力打击下，伊军大多数雷达遭到破坏，剩下为数不多的雷达也不敢开机。在首次空袭中，伊军有 100 部防空雷达开机，由于遭到反雷达导弹和精确制导武器打击，4h 后只剩下 15 部雷达勉强可以工作，地空导弹只好用光学跟踪系统进行作战，有的干脆盲目发射，基本上失去了作战能力。伊军整个防空体系对多国部队的空袭作战未造成大的威胁。

在科索沃战争中，为了彻底摧毁南联盟的指挥通信和雷达系统，使电子战的效益达到最佳，北约部队还大量运用了以反辐射攻击为代表的"硬摧毁"电子战手段。在实施电子干扰的同时，使用反辐射导弹及其他精确制导武器，对南联盟的电子系统和指挥控制系统实施了摧毁破坏。美国空军的 F-16C/J、EA-6B 及欧洲国家的"狂风"电子战飞机都可挂载反辐射导弹，实施反辐射摧毁。它们通常伴随空袭机群飞行，一旦发现南联盟的警戒及制导雷达等电磁辐射目标，就可随时对其进行攻击。空袭中，几乎每个突击机群都编有可挂载反辐射导弹的电子战飞机。北约部队所使用的反辐射导弹有多种，典型的有美国 AGM-88"哈姆"导弹，可装在美军 EA-6B 专用电子战飞机和 F-16C/J 反辐射攻击机等多种战斗机上。此外，英国使用了 ALABM 反辐射导弹，这种导弹挂载在"狂风"电子战飞机上，对南联盟的防空雷达同样具有较大威胁。除了对南联盟的雷达等目标实施反辐射攻击外，北约还使用了巡航导弹、制导炸弹等多种精确制导武器，实施精确火力打击。

三、以超视距攻击为主的空空作战

20 世纪 60 年代以前，空战武器以机载航炮为主，攻击距离在 1000m 尺度上，空战保持着传统的以尾追战术为主的格斗空战形式。70—80 年代，空战武器以近距空空导弹为主，攻击距离在 10km 尺度内，其相应的空战，就演变为视距内大进入角攻击战术为主的导弹机动空战。90 年代以来，空战武器以半主动雷达制导中远距空空导弹和红外制导近距空空导弹为主，攻击距离增大到目视范围之外，以迎头和前半球拦截战术为主的超视距攻击成为可能，超视距空战形式逐渐成熟。超视距空战，是指在飞行员的目视能见距离以外使用中远距拦射导弹进行攻击的空战，主要凭借座舱仪表、显示器来发现、识别、攻击目标。

中程空空导弹最早用于实战是在越南战争期间，但成绩不佳。虽然在越南战争的空战中曾有过多次使用空空导弹击落飞机的记录，但是没有一次是真正意义上的视距外空战。但不管怎样，超视距空战在越南战争中已初露端倪。

20 世纪 90 年代初，以美国为首的多国部队对伊拉克实施的海湾战争中，双方空军共进行了 10 余次空战。伊拉克空军被空空导弹击落 36 架，其中"麻雀"中距弹击落 26 架，占击落总数的 72.2%，共发射 71 枚中距弹，命中率达 36.6%。中距弹的战果和命中率均超过了近距格斗导弹，这在空战发展史上还是第一次。不仅如此，这些战果还是通过超视距攻击获得的。如 1991 年 1 月 18 日夜即海湾战争第二天，美国 4 架 F-15C 护航战斗机在空中巡逻，接到 E-3 预警机的通报，发现 1 架伊军"幻影"F1 飞机正在 2400m 高度上飞行，F-15C 立即转向目标，很快利用机载雷达发现并锁定目标，在距伊机 19km 处，发射 1 枚"麻雀"导弹将其击落。事实表明，超视距空战已经正式登上空战舞台并逐渐走向成熟。

1992 年 12 月 27 日，在伊拉克南部禁飞区上空，美国空军 2 架 F-16C 战斗机对迎面飞来的伊军 2 架米格-25 飞机，发射了 1 枚 AIM-120 "先进中程空空导弹"，当场击落一架米格-25 战斗机。AIM-120 是美国研制的世界上第一种"发射后不用管"的中程空空导弹，其首次使用并取得战果，揭开了空战史上新的一页。在此之前的超视距空战，由于大多采用半主动雷达制导的导弹，发射导弹后，载机必须保持对目标的跟踪和照射，直至击中目标。在这段时间里，载机不能做大的机动，否则很容易遭到敌方的攻击，甚至可能出现空战双方都被对手击落的结局。而 AIM-120 的最大特点是"发射后不管"，因而可避免上述缺点。这次"禁飞区之战"表明，"发射后不管"的超视距空战崭露头角。

科索沃战争中，尽管北约没有动用地面武装，通过空中打击达成了战争全局目的，但是由于北约与南联盟空中力量对比太悬殊，真正的空战却很少，只发生在战争的最初阶段。1999 年 3 月 24 日，南联盟曾派出先进战机米格-29 起飞迎敌，当天就被击落 3 架，26 日又有 2 架米格-29 被击落。南联盟 5 架米格-29 飞机全是被北约飞机用超视距空战的方式打下来的，充分显示了超视距空战在空战中的地位和作用。北约空军成功进行超视距空战，得益于其先进的信息系统支持。作战中，北约始终掌握着制信息权，基本实现了信息数字化网络传输和无缝隙连接，战场态势对北约单向透明。而南联盟的米格-29 战斗机尽管具有超视距空战能力，但在空战中缺乏信息系统保障，升空后只能单打独斗，成为北约战机的空中靶机。

四、远近结合的精确空袭

20 世纪 90 年代以后，随着科学技术的进步，各国特别是发达国家的地面防空力量已逐步形成了远中近程、高中低空的对空防御配系。因此，空中力量受到大量现代化地面防空兵器的严重挑战。在这种情况下，仅仅以单一的轰炸机或依靠战斗机对轰炸机进行护航的空袭作战样式，显然是难以完成空袭任务，甚至难以到达目标上空或接近目标。因此，军事强国依托信息技术，积极发展防区外远程精确打击兵器和隐身飞机，空袭作战往往从隐身飞机超越轰炸和精确制导武器防空火力圈外远程打击开始，远程精确打击与临空精确突击相结合，成为空袭作战的主要样式。

海湾战争伊始，多国部队对伊拉克发起了旨在瘫痪其战争体系和战争潜力的战略空袭。巴格达时间 1991 年 1 月 16 日凌晨 2 点，多国部队的"阿帕奇"（AH-64）直升机贴地飞行，隐蔽进入伊拉克，用"地域火"导弹首先摧毁了伊拉克南部的两个警戒雷达站。凌晨 3 时许，2 架 F-117 隐身战斗机接着用 1000kg 的重磅激光制导炸弹摧毁了伊拉克南部一个主要的防空截击指挥中心和西部一个主要的防空作战中心。"阿帕奇"直升机和 F-117 成功的"踹门"行动，在伊军雷达探测区和指挥控制网上打开了一个缺口。随即大批 F-15、F-14 开始向各自的目标发起打击。多国部队的空袭目标是全面瘫痪伊拉克的防空系统，切断伊军指挥中心与各个部队之间的联系，因此空袭一开始就极其猛烈，全面压制令伊军毫无还手之力。空袭发起后仅仅 5min，巴格达及附近的防空系统便陷入瘫痪。空袭发起十几个小时后，伊拉克战前号称固若金汤的防空体系遭到毁灭性打击，众多军事设施损毁严重，伊拉克空军的反击企图也被多国部队空军扑灭。一周后，多国部队开始了第二阶段空袭，空袭目的转向夺取战场制空权。这一阶段，伊拉克军队的机场、机库、飞机及其掩体、防空兵器成为多国部队空袭的主要目标。在为期一周的空袭中，伊拉克 62 个机场、375 个飞机掩体和 150 多架飞机被摧毁，100 余架伊军飞机被迫逃往伊朗。至此，伊拉克空军彻底丧失了战斗力。在第三周的空袭中，多国部队的空袭目标从各种设施转为伊拉克地面部队的主力。此时，伊军防空网已经被彻底摧毁，空袭开始为即将发起的地面战斗做准备。多国部队空军平均每天出动 2600 架次，每天投弹量近 500t，造成伊拉克地面部队大规模人员伤亡，重装备损毁率达 45%。与第二次世界大战和越南战争相比，海湾战争空袭作战的效益显著提高：一是精确制导武器的精度和威力显著提高，发挥了关键作用。海湾战争中，航空弹药占战场投射总弹药量的 85%，其中空对地精确制导武器占 8%，却完成了 40% 的对地突击任务。二是天基信息平台第一次全面支援了空中作战行动，对空中作战起到了至关重要的作用。各类卫星为联军空中力量提供了全面的侦察、监视、通信、预警、导航、气象等重要的作战保障。在卫星的指引下，联军空中力量对伊拉克的军事目标实施了不间断的精确打击。

以美国为首的北约空袭南联盟是继海湾战争后全球范围内规模大、投入高新武器多、持续时间长、现代化程度高、通过空袭手段直接达成战争全局目的的局部战争。北约空袭作战大体可分为 4 个阶段：在第一阶段，空袭目标主要是南联盟防空体系，目的是削弱南联盟防空作战能力，夺取制空权。北约共出动飞机 1300 多架次，发射巡航导弹 400 余枚，使用的精确制导武器高达 98%，基本夺取了战场制空权，但并未完全达到作战目的。第二阶段空袭，北约重点打击目标为南军防空系统和科索沃及其附近地区的南军警部队，同时开始打击南联盟各类基础设施。目的是削弱南军作战能力。第三阶段北约空袭作战行动的重点是全面打击南联盟各类目标，目的是最大限度地削弱其维持战争的能力。第四阶段空袭，北约进一步加大空袭力度，对南联盟保持强大的空中压力，目的是最大限度地削弱南联盟的作战实力和战争潜力，迫使南联盟最后就范。在 78 天的空袭中，北约在 50 余颗卫星的支援下，先后动用海军舰艇 55 艘，共投入各型飞机 1100 余架（其中美国投入 940 架），共出动各型飞机 38000 余架次，发射巡航导弹 1300 多枚，发射和投射各型导弹和炸弹 23000 枚，对南联盟 40 多座城市、7600 个各类固定目标和 3400 多个活动目标进行了连续、猛烈的打击。科索沃战争开创了通过空袭作战达成战争全局目的的先例，在军事领域产生了深远影响。与海湾战争相比，科索沃战争北约空袭作战效率进一步提高：一是空天一体信息系统为精确打击提供了有效的信息支援保障。北约为掌握战场制信息权，综合运用了多种航空和航天信息作战系统。在航天空间，北约动用了十几种卫星系统，50 多颗卫星直接为空袭作战服务。在航空空间，北约投入大量侦察飞机、预警指挥机、电子干扰飞机，与航天信息作战系统和海上、地面信息作战系统相配合，对南联盟实施了"全空域、全时域、全频域、全领域"、"陆、海、空、天"一体的信息压制。二是作战飞机和机载武器有实施远程精确打击的能力。"联盟力量"行动中，B-2、B-1B、B-52 战略轰炸机均具有全球到达、全球作战能力，AGM-86C 机载巡航导弹射程可达 2500km，防区外发射空地导弹射程也在 500km 以上。三是具有很强的战场态势感知和战场毁伤评估能力。四是高效的通信手段和指挥控制能力。尽管北约的作战指挥区域横跨欧美两大洲，涉及北约 10 多个参战成员国，参战机种多达 30 种以上，由于有了高效的空间卫星通信手段，使天基、空基、陆基和海基指挥控制系统连成一体，实现了对作战空间、时间和进程的有效控制。五是广泛使用精确制导弹药。在空袭第一个月，北约投射的武器 90% 是精确制导武器，在整个 78 天作战中投射精确制导武器的比重为 35%。这些新型武器弹药具有精度高、毁伤力强、智能化和"新机理"等特点，大大提高了空袭作战的效率。

2003 年 3 月 20 日爆发的伊拉克战争，是 21 世纪一场全新样式的现代化战争，整个战争共持续 44 天。在这场战争中，空中力量发挥了主导作用。伊拉克战争初期，并没有像海湾战争和科索沃战争那样，发生争夺制空权的激烈作战。因为经过 12 年的空中禁飞和 11 年的经济制裁，伊拉克空军已经完全丧失了与美英争夺制空权的能力。美英空中力量在战争一开始就对伊拉克实施了代号为

"斩首行动"和"震慑行动"的空中精确打击行动。"斩首行动"的企图，是一举除掉萨达姆，打乱和瘫痪伊军指挥体系，使伊处于群龙无首的状态，缩短战争进程。因此首轮空袭中，仅发射了 45 枚巡航导弹，出动了 2 架 F-117 隐身战斗机，投掷了 4 枚精确制导弹药，对位于巴格达郊外的伊拉克领导人地下隐蔽所、萨达姆住宅及其亲属和高级助手的住地进行了突然的"斩首"攻击。而"震慑行动"的目的，是在"斩首行动"未获成功后，企图通过突然的大规模轰炸，对整个伊拉克"造成立即失去抵抗能力的震慑效果"，并以此瓦解伊拉克军民的抵抗意志，从而达到在战争初期就能实现速战速决的目的。因此，在"震慑行动"中，美军从 30 多个基地和 5 艘航空母舰上出动重型轰炸机和各型战斗机集中对萨达姆的官邸、指挥中心、政府主要部门等目标进行了"饱和轰炸"。共发射巡航导弹 300 多枚，投掷精确制导炸弹 3000 多枚，美军几乎全部摧毁了伊拉克首都巴格达、南部重要城市巴士拉、北部石油重镇基尔库克和萨达姆家乡提克里特的伊拉克政府设施，基本使得伊拉克军事指挥系统陷于瘫痪。由于没有争夺制空权的激烈较量，所以美英联军开战第三天就开始了地面作战，美英空中力量在开战之初就将支援地面作战作为重要的作战任务。正是在空中精确打击力量的掩护、支援下，美军地面部队才得以快速向巴格达推进。

五、空中禁飞

空中禁飞是指空中力量强大的一方，通过设置"禁飞区"，控制一定空域，限制敌方航空兵的活动自由，是海湾战争后出现的一种空中斗争新手段。空中禁飞的实质是禁飞方凭借强大的空中力量，通过空中威慑加空中打击，限制对方、控制对方，谋求更大的军事效益。如果被禁方企图打破空中禁飞，或在禁飞区内开展地面军事行动，禁飞方可随时予以坚决的空中打击，直到被禁方不敢或没有能力破坏空中禁飞为止。

海湾战争结束后，美、英、法等国为了遏制伊拉克，维护其在中东地区的战略利益，先后在伊拉克北部和南部设置了两个禁飞区，对伊拉克实施了长达 12 年的空中禁飞。北部禁飞区设置于 1991 年 4 月，起初叫"安全区"，范围包括北纬 36° 线以北的伊拉克领空，设置理由是为伊拉克北部的库尔德人提供人道主义援助和保护，制止伊拉克在该地区采取军事行动。南部禁飞区设置于 1992 年 8 月，起初范围为北纬 32° 线以南的伊拉克领空，设置理由是为伊拉克南部的什叶派穆斯林提供人道主义援助和保护。1996 年 9 月，美、英、法将南部禁飞区的北部边界线从北纬 32° 扩大到北纬 33°。

从 1991 年海湾战争结束到 2003 年伊拉克战争爆发，美英等国每日派出作战飞机在伊拉克禁飞区内巡逻，监督空中禁飞执行情况。在北部禁飞区，盟军空中巡逻的代字起初为"提供安慰行动"，1997 年后改为"北方观察"。南部禁飞区是盟军执行巡逻任务的重点，空中巡逻的代字为"南方观察"。

联军飞机在执行巡逻监控任务时携带高速反辐射导弹、激光制导炸弹和空空导弹，发现伊军飞机和地面部队有违禁行动，立即予以警告或攻击。12年空中禁飞期间，联军总共出动194200多架次飞机，执行伊拉克南、北两个禁飞区的巡逻监控任务，平均每天出动飞机40多架次。执行巡逻任务的飞机虽然受到数千次威胁或攻击，但无一架被击落。从禁飞区建立之日起，美、伊两国围绕禁飞与反禁飞的军事斗争就没有停止过。在禁飞区内，不仅"禁飞"，而且"禁看"，空中禁飞完全剥夺了伊拉克对己方领空的控制能力。期间，美军以伊拉克违反禁飞规定为由，对伊进行过多次空中打击。例如1996年9月代号为"沙漠攻击"的空中打击行动；1998年12月代号为"沙漠之狐"的空袭行动。

1992年3月，在美、英、法等国的操纵下，联合国还通过决议授权北约在波黑强制执行禁飞行动，以对波黑塞族武装施加压力。1992年10月，美、英、法等国在前南斯拉夫波黑共和国地区建立了"禁飞区"。

第三节　信息时代空中作战特点

信息时代以网络为中心的空中作战，其制胜机理与以平台为中心的空中作战有明显区别，体现出信息主导、网络中心、体系对抗、精确高效等特点，空中作战更具战略性。

一、信息主导，具有网络中心战特征

海湾战争以来的几场局部战争空中作战实践充分表明，火力、机动的重要性已经让位于信息。信息力，即获取、传输、处理、使用信息的能力，成为信息化条件下空中作战的核心能力。信息力对其他作战能力的发挥具有重要影响。传统机械化时代以平台为中心的空中作战模式逐步被以网络为中心的空中作战模式所取代。以平台为中心在空中作战，主要依靠空中作战平台自身的探测装置和武器形成战斗力，平台之间信息共享的手段相对有限。空军网络化作战体系的发展及其作战运用，从根本上克服了主要依靠单个武器平台完成作战任务的局限，力量基于网络聚合，信息基于网络共享，功能基于网络互补，行动基于网络协同，形成以信息为主导、以网络为中心的体系作战能力。

海湾战争中，空中作战的信息化已经初露端倪，但主要表现为平台加制导武器的精确打击，尚未形成由打击武器、航空侦察监视、天基信息系统和指挥控制中心组成的完整网络化作战体系。体现在目标信息的处理和传输慢，时效性差，只能打击固定目标，打击移动目标和时敏目标的能力还有限。科索沃战争中，空中作战信息化、网络化模式初步形成。少量飞机加装了数据链，信息

传输开始形成了数字化和网络化结构，大大缩短了目标打击周期，从发现目标到实施打击的时间，由海湾战争的数小时（或数天）最快缩短至 20min。伊拉克战争中，空中作战信息化、网络化模式进一步完善，网络中心战能力趋于成熟：首先，指挥信息系统网络化程度高，能有效与海军、陆军、陆战队等军种空中力量实施一体化的联合作战；其次，空中作战平台的信息化程度比以前任何战争都高，F-15E 攻击机、F-16 战斗机等主战飞机都完成改装了 L-16 数据链，高性能无人侦察机投入使用，形成了与空中、空间侦察监视设施和地面指挥中心的网络化结构。美军依托网络化侦察监视和打击系统，对伊军的每一步行动了如指掌，攻击的灵活性、实时性空前提高，从发现目标到实施打击的平均时间为 45min，比阿富汗战争提高了一倍，最快的只有 12min。

二、空战以超视距攻击为主，具有"三全"作战能力

信息时代空空作战的一个显著特点，是由近距空战发展为以超视距空战为主。超视距空战，是空中交战双方在目视观察范围以外进行的战斗。超视距空战与视距内空战，不只是空战开始距离上的差异，实质上是两种不同形式的空战。超视距空战是以雷达探测、中（远）距导弹截击为特征，而视距内空战是以目视发现、近距武器格斗为特征。超视距空战的首用基本战术是迎头攻击，而视距内空战首用基本战术是尾后攻击。就空战的环境来讲，也有重要区别。视距内空战可以说是"面对面"的战斗，空战中环境制约较少，战斗胜负主要取决于飞行员的技术水平及飞机性能的发挥。而超视距空战则是不见面的战斗，通常由空中预警指挥机担负指挥引导任务。双方利用电磁、红外等探测手段发现和跟踪对方，同时又利用电子干扰手段阻止对方获取信息和破坏对方导弹的跟踪，这种复杂的电磁斗争对战斗的胜负起着重要的作用。这些特点都是视距内空战所没有的。

空战样式由近距空战向超视距空战发展，是依靠信息、速度和射程优势实施非对称作战的思想在空战中的具体体现，是航空高技术尤其是信息技术飞速发展的必然结果。预警机在空战中的广泛使用，可以为空中作战飞机提供信息支援，扩展了空中作战范围。机载火控雷达使得飞行员看得更远。如美军 F-15C 战斗机雷达探测距离可达 185km。美军 F/A-22 装备的 APG-77 有源固态相控阵雷达（AESA），可迎头探测距离达 296km 的目标（雷达反射截面积为 $5m^2$），具有很强的"先敌发现"能力。数据链的使用，不但可以使作战飞机接收多维空间探测平台和武器平台的信息，有效感知战场态势，而且扩大了空空导弹的有效攻击距离。空空导弹性能进一步提高，能够打得更远。例如 AIM-120 先进空空导弹可在 100km 距离发射，并可同时攻击数个目标，使空战更具突然性，甚至可在对手毫无察觉的情况下完成攻击，结束空战。

信息时代空空作战的另一个显著特点是"三全"作战，即全天候、全天时作战，全方位攻击。对于歼击机之间的近距格斗空战来说，不同天候条件、昼间和夜间有较大差别。因为在复杂天候气象条件和夜间空战，目视和光学搜索瞄准受限，需要雷达搜索发现目标和瞄准，而在急剧机动条件下，双方态势变化迅速，飞行员单靠雷达荧光屏的显示难以进行有效地跟踪。同时，在复杂天候气象条件下操纵飞机的自由程度不如良好天候气象条件下，在夜间操纵飞机的自由程度不如昼间。而对超视距空战来说，主要利用机上雷达搜索发现并跟踪目标，然后发射导弹，复杂天候气象对发现、跟踪和攻击行动影响不大，昼间空战和夜间空战没有很大差别。

值得注意的是，隐身技术、电磁对抗的广泛应用，大大降低了作战飞机的可探测距离。敌我识别能力也限制了超视距空战能力的发挥。这必然使某些具有超视距空战能力的作战飞机，在一定条件下，不得不回到视距内进行近距空战。

三、空袭以远程精确打击为主，具有"三非"作战特征

随着作战飞机航程的大幅度增加、空中加油技术的广泛运用、指挥控制能力的空前提高，以及空地武器打击距离的显著增大和打击精度的显著提高，远距离空中奔袭成为空袭作战的主要样式，防空火力圈外远程精确打击成为空对地作战主要手段。美国空军更是具备了"全球到达、全球作战"的能力。

首先，远航程作战飞机和远射程精确制导武器，为空袭作战提供了远程精确打击手段。如美军使用盟国的前进基地或航母战斗群实施空中打击时，打击距离通常在几百千米至上千千米，从本土起飞实施"远程奔袭"的打击距离则达上万千米。20世纪90年代以来发生的海湾战争、科索沃战争、阿富汗战争和伊拉克战争等局部战争中，美国空军都广泛运用远程空袭作战，动用B-52、B-2轰炸机从美国本土起飞，经过多次空中加油，B-52轰炸机在防区外投掷AGM-86C空射巡航导弹。B-2隐身轰炸机飞入对手纵深投掷907kg GBU-31"杰达姆"炸弹，对选定目标实施精确打击，对加速战争进程发挥了重要作用。

其次，空中作战平台趋向隐身化和无人化，使空中突防能力进一步增大。海湾战争中，F-117隐身飞机共出动1290余架次，无一受损。科索沃战争中，美军使用了6架B-2A隐身轰炸机、5架B-1B隐身战略轰炸机和24架F-117隐身战斗轰炸机进行了多轮多波次的隐身突防。特别是美军首次使用的B-2A隐身轰炸机，由于采用了第二代隐身技术，其雷达反射截面积仅0.01m²，在战争中多次深入防空纵深，突防成功率很高。美军在阿富汗以无人机参与打击，开创了作战兵器无人化的新时期。无人机在伊拉克战争中的广泛应用进一步验证了空袭兵器无人化的发展趋势。其典型代表"捕食者"无人机飞行高度可达

7000多米，装有高分辨率摄像机，能够实时传送现场图像，还能携带两枚"地狱火"空地导弹。"捕食者"无人机在阿富汗战争中使用自身携带的空地导弹，对塔利班地面目标进行攻击，命中率达92%。伊拉克战争中，美军使用了改进后的RQ-1B"捕食者"型无人机，具有快速到达战场提供侦察、指示目标的能力和实时打击能力，还可以携载多枚"海尔法"（也称"地狱火"）导弹、反辐射导弹或集束炸弹。美军利用该型无人机多次对伊军的防空阵地等目标实施精确打击，收到了良好的作战效果。

第三，网络化指挥信息系统，为远程精确打击提供了实时全域的侦察情报信息保障和高效的指挥控制手段。实时全域的侦察情报信息和精确高效的指挥控制，是远程精确打击的基础。多维一体网络化指挥信息系统，具有数据融合功能和很强的情报获取、传输、处理能力，能够实现预警卫星探测系统、空中预警机、侦察机、地面情报雷达系统和技侦系统的情报共享与集中处理，实现武器装备交链控制，提高指挥控制能力，对空中进攻集群进行精确指挥控制，以保证空中进攻集群协调行动，成功突防突击。例如伊拉克战争中，美军在空中部署的U-2战略侦察机和RQ-1"捕食者"无人侦察机、RQ-4"全球鹰"无人侦察机、EC-130战场指挥控制机、E-8"联合星"监视与指挥机和E-3预警机，形成完善的空中侦察监视体系。利用以上机载空中指挥控制和预警、侦察、监视系统与其他航侦系统相结合，可保持对重要目标或特定地域实施不间断地侦察监视。并能向后方的指控中心发送实时的战场态势图像和情报，使美军的侦察监视实时化。

第四，覆盖全域的电子对抗能力是远程精确打击的重要保证。远程精确打击处在异常复杂的电磁环境中，这种环境有直接和大量的来自敌方的电子侦察、电子干扰和电子攻击。空中进攻集群要完成远程打击任务，就必须实施反侦察，消除敌方的电子干扰并干扰敌方，预防敌方的电子攻击并能有效攻击敌方。因此，空中进攻集群必须具备强大的电子对抗能力，保持对敌电磁优势，形成对整个作战区域全频谱覆盖的电子对抗能力，才能确保作战行动顺利进行。

空中远程精确打击快速、灵活、可控、高效，可超越地理、物理障碍，脱离接触，对敌战略重心实施非接触打击，可产生巨大的政治和心理效应。因此，导致作战方式由接触到非接触、由线式到非线式、由对称到非对称的深刻变化，使空中作战体现出明显的"三非"（非接触、非线式、非对称）作战特征。从海湾战争、科索沃战争到阿富汗战争，再到伊拉克战争，在信息技术飞速发展和空中远程精确打击能力不断提高的基础上，"三非"作战迅速成熟起来。美国依仗着信息感知、指挥控制、远程机动、精确打击能力占绝对优势的信息化空中力量，不断实践着信息化条件下的"三非"作战。海湾战争，美军空袭行动持续达38天，摧毁伊拉克大部分设施，伊军一线部队基本丧失了战斗力，二线部队战斗力削弱了 25%，而地面战斗仅进行了 100h。科索沃战争，北约凭借高精度、远毁伤、非接触的空袭战，在没有运用地面部队的情况下，仅用 78 天的时间，就使南联盟 50% 的经济潜力遭到破坏，战争潜力和作战能力遭到重创，大部分重要指挥控制系统、作战体系丧失作战能力，国家经济陷于瘫痪，最终被迫接受停战条件，北约顺利达成战略企图。伊拉克战争中，美英空中力量在战略瘫痪思想的指导下，对伊拉克战争体系中的关节点目标实施了非接触、非线式、非对称打击。通过空中精确打击，完全瘫痪了伊拉克战争体系，彻底动摇了军心士气，导致伊拉克地面部队迅速土崩瓦解。

四、空中作战效果显著，具有战略性

孙子认为："善攻者，动于九天之上。"[①]杜黑强调："空中战场是决定性战场""一支独立空军是一支进攻力量，它能以惊人的速度向任何方向打击陆地或海上的敌方目标，并能突破敌方任何空中抗击。"[②]这些以往看来颇为片面的观点，而今随着空中力量信息化程度和空中作战效果的显著提高，逐步变为现实，而且被诸多战例所印证。

20 世纪世界军事领域发生的最大变化，莫过于飞机和核武器的出现。飞机的问世和空军的诞生，极大地改变了战争的面貌，把伴随人类社会数千年的战争，由陆地和海上平面空间，推向了立体空间。在机械化战争时代，随着航空装备性能的不断改善，空军作战能力迅速提高，在战争中的地位迅速提升，由支援陆海军作战的"配角"迅速成长为与陆、海军并肩联合作战的"平等伙伴"。如果说在海湾战争之前，空军基本上是从属于陆、海军作战，并以陆、海军作战的胜利为胜利，空中战场只是陆海战场的辅助战场，那么海湾战争之后，随着空军空中精确作战能力的逐步形成，空中力量和空中战场开始在局部战争中发挥主导作用。

海湾战争中，空袭从"配角"变成"主角"，成为主要的进攻作战样式。38 天的空袭摧毁了伊拉克军队 60% 的防御能力，对整个战争的结局—迫使伊拉克撤军、无条件接受联合国决议，起了决定性作用。科索沃战争 78 天作战，空中打击贯穿战争始终，成为基本进攻样式。以美国为首的北约依靠空袭达成战争目的，实现了"以炸迫降"。

在阿富汗战争中，美军通过第一阶段的强大空袭，摧毁了塔利班的防御设施，使其迅速垮台，为尔后的地面清剿和维和行动创造了条件。在伊拉克战争中，由于北约对伊拉克长达 12 年的空中禁飞和 11 年的经济封锁，伊军早已丧失了制空权。虽然在战争初期没有发生争夺制空权的激烈较量，但美英空中力

---

① 孙武. 孙子兵法[M]. 北京：中国档案出版社，2001：33.
② 〔意〕朱里奥·杜黑. 制空权[M]. 曹毅风、华人杰，译. 北京：解放军出版社，1986：52.

量在"斩首行动"和"震慑行动"中仍然发挥了主导作用，在后续作战中，美英空中力量以精确打击手段，集中攻击了伊拉克军政要员的住所、指挥系统、通信系统、地面防空系统、地面部队、电力供应设施等要害目标，从而摧毁了伊拉克坚持战争的物质基础，削弱了民众的抵抗意志，使伊军地面部队的战斗力化为乌有，美英联军才以令人瞠目结舌的速度，迅速推进到巴格达，推翻了萨达姆政权。

系统考察海湾战争之后几场初具信息化特征的局部战争，我们可以明显看到，空中战场已经成为局部战争的主战场，信息化空中力量成为局部战争的主导力量，空中作战效果的显著提高，使空中作战具有战略性，导致局部战争空中化。

结　束　语

　　进入 21 世纪，能够改变战争规则的颠覆性技术正日益受到广泛关注，高超声速、定向能、无人机、人工智能等技术在航空领域的应用，正在引起空中作战样式的深刻变革。

　　高超声速技术将改变战场规则。在航空领域，速度一直是空中力量追求的终极目标之一，高速代表着能够更快地遂行作战任务，塑造和改变空中战场环境。从航空技术突破超声速以来，追求更高的速度成为空中主战装备的重要的性能目标。由于高超声速飞行器作为飞行平台，其超高的飞行速度和飞行高度使其免受现役防空武器的威胁，能够实现战场快速响应和武器投送；作为弹药载体，可以采用垂直或水平发射，在临近空间的中高层巡航工作，能在 1～2h 内到达全球任意地点，打击高价值时敏目标。高超声速装备也极大减少了军队前沿部署和后勤保障的需求，使其作战使用更加灵活。

　　定向能技术将有效破解防空难题。激光武器本身固有的特点使人们对它寄予厚望，可以以光束向目标发射激光能量，反应迅速、转移火力快，且不受目标运动和重力的影响；具有从干扰到摧毁不同程度的多种杀伤形式；附带损伤和自残可能性最小；能从单个平台上进行多次低成本发射，作战效费比高；全方位交战，并可利用高分辨率光学传感器实现成像，监视与远距离探测的协同作用。这些特点势必将使其成为未来战争中的重点武器装备，可用于战略和战术导弹防御，巡航导弹防御、反卫星、防空和舰船防御，地面作战和近距空中支援，以及飞机自卫等领域。利用飞机作为平台，发展机载激光武器，在未来将逐步成为现实。作为定向能武器的一类，机载微波武器特别是高功率射频（HPRF）和高功率微波（HPM）武器，其使用价值的重要意义在于它不像一般弹药那样损坏目标的物理结构，在几乎没有附带损害的条件下，可以成功摧毁现代信息作战要使用的各种电子目标。利用高能微波武器（HPM）有效摧毁侦察、监视、情报传感器和指挥控制系统，是各军事大国在定向能武器发展方面的重要选择，尤其是机载、弹载微波武器将在压制敌方防空力量和摧毁敌方电子武器系统方面能够发挥巨大作用。

　　人工智能技术将显著增强航空器协同控制能力和自主作战能力。近年来，在无人机、大数据和云计算技术，特别是人工智能技术的推动下，航空器飞行控制系统正在实现从仪表飞行到自主飞行的飞跃,实现单机自主控制飞行管理为中心扩展到多机种协同控制任务飞行为中心的飞跃。进入新世纪,人工智能技术强劲发展,在理解、判断、推理和人机交互等方面得到了实用性阶段。在航空领域,人工智能技术已经应用于航空平台设计、保障分析、飞行控制、辅助决策、人机协同和群体协作等方面,显著提高了航空器设计与控制能力、人机协同能力,催生了新的作战方法。例如,利用分布式人工智能技术,推动无人机蜂群战法的产生。

未来,新的颠覆性技术应用于航空领域,将不断塑造和改变空天战场,创造出超乎想象的全新的空中作战样式。

参 考 文 献

[1] 中国空军百科全书编审委员会. 中国空军百科全书[M]. 北京：航空工业出版社，2005.

[2] 华人杰，曹毅风，陈惠秀. 空军学术思想史[M]. 北京：解放军出版社，1992.

[3] [意]朱里奥·杜黑. 制空权[M]. 曹毅风，华人杰，译. 北京：解放军出版社，1986.

[4] 空军指挥学院研究部. 世界空中作战八十年[M]. 上海：上海科学普及出版社，1988.

[5] 朱荣昌. 空军技术发展与军事理论变革[M]. 北京：蓝天出版社，2014.

[6] 姜明远. 信息化空军装备及其运用[M]. 北京：国防工业出版社，2017.

[7] 韩继兵. 空中精确作战研究[M]. 北京：解放军出版社，2010.

[8] 李德顺. 航空兵与空战[M]. 北京：航空工业出版社，2007.

[9] 《空军大辞典》编辑部. 空军大辞典. 上海：上海辞书出版社，1996.

[10] 军事科学院世界军事研究部. 世界军事革命史（中卷）[M]. 北京：军事科学出版社，2011.

[11] 顾诵芬，等. 世界航空发展史[M]. 郑州：河南科学技术出版社，1998.

[12] 李恩波 郑瑞峰. 航空兵创新史[M]. 北京：解放军出版社，2011.

[13] 郭世贞. 军事技术论纲要[M]. 北京：解放军出版社，1990.

[14] 章俭，管有勋. 15场空中战争[M]. 北京：解放军出版社，2004.

[15] 闵增富，等. 空军军事思想概论[M]. 北京：解放军出版社，2006.

[16] 北京航空材料研究院. 航空材料技术[M]. 北京：航空工业出版社，2013.

[17] 张耀. 航空科学技术的发展[M]. 北京：航空工业出版社，2007.

[18] 杨卫丽. 航空武器的发展历程[M]. 北京：航空工业出版社，2007.

[19] 张东辰，等. 军事通信—信息化战争的神经系统[M]. 第2版. 北京：国防工业出版社，2008.

[20] [苏]弗·谢·佩什诺夫. 飞机发展的几个主要阶段[M]. 秦丕钊，等译. 北京：航空工业出版社，1989.

[21] [美]小约翰·D. 安德森. 飞机：技术发展历程[M]. 宋笔锋，等译. 北京：航空工业出版社，2012.

[22] [美]马克·P. 沙利文. 可信赖的发动机：普惠公司史话[M]. 乔俊山，译. 北京：航空工业出版社，2013.

[23] [英]彼得·皮尤. 罗尔斯·罗伊斯的传奇[M]. 闫尚勤, 等译. 北京：航空工业出版社，2013.

[24] [俄] г．в．斯米尔诺夫. 俄罗斯航空发动机制造史（上）[M]. 向巧, 等译. 北京：航空工业出版社，2015.

[25] 李成智. 飞行之梦—航空航天发展史概论[M]. 北京：北京航空航天大学出版社，2004.

[26] 黄起陆. 飞机与航空发动机[M]. 中国人民解放军后勤工程学院，1998.

[27] 方昌德. 航空发动机的发展历程[M]. 北京：航空工业出版社，2007.

[28] 李业惠. 飞机发展历程[M]. 北京：航空工业出版社，2007.

[29] 王细洋. 航空概论[M]. 北京：航空工业出版社，2006.

[30] 昂海松. 航空航天概论[M]. 北京：科学出版社，2008.

[31] 王云. 航空航天概论[M]. 北京：北京航空航天大学出版社，2009.

[32] 过崇伟. 航空航天技术概论[M]. 北京：北京航空航天大学出版社，1992.

[33] 张锡金. 飞机设计手册：第 6 册[M]. 北京：航空工业出版社，1999.

[34] 王宝忠. 飞机设计手册：第 10 册[M]. 北京：航空工业出版社，1999.

[35] 马述训. 飞机设计手册：第 16 册[M]. 北京：航空工业出版社，1999.

[36] 蒋枫. 飞机设计手册：第 17 册[M]. 北京：航空工业出版社，1999.

[37] 龚庆祥. 飞机设计手册：第 20 册[M]. 北京：航空工业出版社，1999.

[38] 林左鸣. 世界航空发动机手册[M]. 北京：航空工业出版社，2012.

[39] 侯志兴. 世界航空发动机手册[M]. 北京：航空工业出版社，1987.

[40] 徐洸. 高新技术与空军作战[M]. 北京：国防大学出版社，2000.

[41] 王成俊, 等. 新武器技术发展概论[M]. 北京：军事科学出版社，2002.

[42] 宋华文, 等. 信息化武器装备及其运用[M]. 北京：国防工业出版社，2010.

[43] 王明俊, 等. 装备信息技术概论[M]. 北京：国防工业出版社，2010.

[44] 周三. 世界空军武器图鉴[M]. 北京：航空工业出版社，2010.

[45] 匡兴华. 高技术武器装备与应用[M]. 北京：解放军出版社，2011.

[46] 桑建华. 飞行器隐身技术[M]. 北京：航空工业出版社，2013.

[47] 赵建世, 等. 军事理论教程[M]. 上海：上海交通大学出版社，2015.

[48] 孙连山, 等. 航空武器发展史[M]. 北京：航空工业出版社，2004.

[49] 周红. 机载精确制导武器[M]. 空军工程大学工程学院，2004.

[50] 王小谟, 等. 雷达与探测-信息化战争的火眼金睛[M]. 第 2 版. 北京：国防工业出版社，2008.

[51] 张津, 等. 现代航空发动机技术与发展[M]. 北京：北京航空航天大学出版社，2006.

[52] 霍曼. 飞速发展的航空电子[M]. 北京：航空工业出版社，2007.

[53] 魏刚. F-22"猛禽"战斗机[M]. 北京：航空工业出版社，2008.

[54] 魏刚. F-35"闪电Ⅱ"战斗机[M]. 北京：航空工业出版社，2008.

[55] 王建春，等．军队信息化词典[M]．北京：解放军出版社，2008．

[56] 宋华文，等．信息化武器装备及其运用[M]．北京：国防工业出版社，2010．

[57] 叶文，等．航空武器系统分析[M]．北京：国防工业出版社，2011．

[58] 张伟．机载雷达装备[M]．北京：航空工业出版社，2012．

[59] 马银才．航空机载电子设备[M]．北京：清华大学出版社，2012．

[60] 钱正在，等．军事航空航天技术概论[M]．北京：国防工业出版社，2014．

[61] 杨政卫．玄武双尊—俄罗斯第五代战机[M]．北京：航空工业出版社，2014．

[62] 中国航空工业发展研究中心．国外军用作战飞机技术变革及工业发展研究[R]．2012．

[63] 刘永，等．反隐身技术与航空武器装备建设研究[R]．北京：空军装备研究，2012．

[64] 科学技术部专题研究组．世界前沿科技发展报告[M]．北京：科学出版社，2006．

[65] 国防大学训练部．信息化武器装备发展研究[R]．北京：国防大学，2003．

[66] 第三机械工业部六二八研究所．国外航空工业统计汇编[R]．1978．

[67] 丁立铭．21世纪初航空制造技术发展趋势与对策[R]．北京：中国航空信息中心，2001．

[68] 舒志强．软件—信息化武器装备体系建设的灵魂[C]．空军后勤与装备信息化建设论文集，2005．

[69] 刘永泉．航空动力技术发展展望[J]．航空科学技术，2011（4）：1-3．